幼儿心理健康教育原理与方法

下册

主　编　郑希付
副主编　叶美伶　徐　亮
　　　　王蓓蓓　陈　伟

广东高等教育出版社
Guangdong Higher Educcation Press
·广州·

图书在版编目（CIP）数据

幼儿心理健康教育原理与方法. 下册/郑希付主编. —广州：广东高等教育出版社，2022. 7
ISBN 978 -7 -5361 -7235 -7

Ⅰ. ①幼…　Ⅱ. ①郑…　Ⅲ. ①学前儿童 - 心理健康 - 健康教育　Ⅳ. ①B844. 12

中国版本图书馆 CIP 数据核字（2022）第 062841 号

出版发行	广东高等教育出版社 地址：广州市天河区林和西横路 邮政编码：510500　电话：（020）87553335 http://www. gdgjs. com. cn
印　　刷	广州市友盛彩印有限公司
开　　本	787 毫米 ×1 092 毫米　1/16
印　　张	20. 25
字　　数	408 千
版　　次	2022 年 7 月第 1 版
印　　次	2022 年 7 月第 1 次印刷
定　　价	60. 00 元

前 言

孩子是祖国的未来，民族的希望，幼儿时期的心理健康状况会影响其一生的健康成长。学前教育是基础教育的基石，也是预防和解决中小学甚至成人后的学习、社交、心理、社会问题的关键。培养幼儿积极的心理状态、健全的人格和良好的环境适应能力是落实党和国家教育方针的内在要求，也是学前教育的职责所在。

近年来，幼儿心理健康教育在我国越来越受重视。习近平总书记在全国卫生与健康大会上提出，要加大心理健康问题基础性研究，做好心理健康知识和心理疾病科普工作，规范发展心理治疗、心理咨询等心理健康服务。党的十九大报告也明确指出，要加强社会心理服务体系建设，培育自尊自信、理性平和、积极向上的社会心态。2019 年，国家卫生健康委员会、教育部等 12 部门联合制定了《健康中国行动——儿童青少年心理健康行动方案（2019—2022 年）》，倡议各级各类学校建立心理服务平台或依托校医等人员开展学生心理健康服务，学前教育、特殊教育机构要配备专兼职心理健康教育教师。2021 年 4 月，教育部发布《学前教育专业师范生教师职业能力标准（试行）》，其中再次强调教师要关注幼儿心理健康，掌握幼儿心理健康教育的基本知识。由此可见，幼儿心理健康教育已经成为当务之急。但是，目前幼儿教师以及学前教育相关从业者能够获得的专业的心理健康教育专业支持和帮助还远远不够，相关的培训和学习资源较少，迫切需要专业的引领和指导。

为更好落实党和国家的教育方针与政策，回应一线幼儿教师与学前教育相关从业者的实践需求，我们组织专业力量，结合国内外的最新研究成果，编写了这套《幼儿心理健康教育原理与方法》（含上、下两册）。本套书兼具理论与实践，它既面向读者传递心理健康教育范畴内的理论知识，又引导读者熟练运用这些理论予以分析、解决具体的幼儿心理健康教育问题，真正将理论知识实践化。

本套书采用循序渐进的思维习惯设计基本框架：首先，从专业的角度概述幼儿心理健康教育原理以及国内外发展趋势，通过对幼儿身心发展特点的分析明确幼儿心理健康的标准，进而阐述幼儿主要心理问题的观测、评估、诊断与分类；其次，从个别心理辅导、幼儿课业治疗、游戏辅导、家庭辅导、团体心理辅导这几种技术手段出发，系统阐述了幼儿心理健康教育的新理念和实用方法；最后，为解决幼儿教育工作者心理健康教育实践中的需求，详尽论述可实操的幼儿心理健康教育训练方法以及开展幼儿心理健康教育的途径，给广大幼儿教育工作者以新的启发。

此外，本套书在编写过程中遵循的理念包括以下四个方面。

第一，发展性。心理学研究表明，仅靠心理治疗等事后干预措施难以控制或消除心理疾病，更为有效的方法是促进个体心理健康水平与心理素质能力的提升。幼儿心理健康教育应当立足于教育和发展，以积极的视角培育幼儿的积极心理品质，挖掘他们的心理潜能。

第二，全体性。幼儿心理健康教育的核心理念是面向全体学生，着眼于防。幼儿心理健康教育需从两个方向出发：一是以培养全体幼儿积极心理素质为目标的发展性心理健康教育，二是以针对幼儿发展过程中存在的常见心理问题为导向的补救性心理健康教育。

第三，整合性。美国心理学家布朗芬布伦纳认为，个体发展的环境是由小到大层层扩散的四个系统构成，每一个系统都会通过特定的方式影响个体的发展，且系统间也会相互作用。因此，幼儿心理健康教育需整合所有系统资源，从课内到课外、从学校到家庭、从小环境到大环境，将心理健康教育的原理与方法渗透到幼儿日常生活与教育管理中。

第四，实用性。目前，幼儿心理健康教育从业者需要的不仅是一本专业的教科书，还必须是一本实用的工具书。本书的实用性包括：既能面向当前幼儿心理健康和发展的问题，解决幼儿典型心理行为问题；又力求提高幼儿教师的工作岗位胜任力，为教师赋能；同时还能指引教师如何将幼儿心理健康教育融入常规教学环节和过程，优化培育心理健康的土壤。

本套书定位为以幼儿心理健康发展为本，以幼儿教师育人能力建设为切入点，通过提升幼儿教师的心理学理论素养与心理健康教育的基本模式与方法，促进幼儿身心健康成长。此外，本套书还希望通过幼儿园管理人员的科学管理以及教师带动学生、家长参与，共同优化学前教育的育人环境。本套书将幼儿心理健康教育的原理与方法完美地结合在一起，具有突出的可读性和实践指导性。这既是专业的教科书，也是实用的工具书；既适合作为对幼儿园教师、管理人员以及学前教育相关从业者进行幼儿心理健康教育能力相关课程培训的教材，又可作为家长对孩子进行心理健康教育的指导书。

本套书由郑希付确定全书框架和总体思路，并完成最后统稿。全书由高校心理健康教育专家和学前教育教学经验丰富的一线心理教师共同完成。上册具体分工如下：第一章“幼儿心理健康教育概论”由徐亮、张雪莲、侯瑞灵和陈雪军撰写；第二章

“幼儿身心发展特点与分析”由石梦良、王蓓蓓、童焕新、丁薇撰写；第三章“幼儿心理问题的观察与评估方法”由曾庆、朱婵媚、张蔚欣、谢晓媛撰写；第四章“幼儿主要心理问题分类”由叶美伶、张珺、黄佳丹、肖杰、张丽娟、李娟娟撰写；第五章“幼儿心理辅导方法”由孙楠、陈卓健、窦伟伟、卢佳适撰写。下册具体分工如下：第一章“幼儿课业疗法的原理与方法”由祝菡、谷小容、袁晓娜撰写；第二章“游戏辅导原理与实践”由金艳、黄珊珊、庄楚群撰写；第三章“幼儿心理问题的家庭辅导”由李俊娇、王文清、胡琰健、侯百合撰写；第四章“幼儿心理问题的团体辅导”由吴文丽、王衣景、黄凤娟撰写；第五章“幼儿心理健康教育训练”由蒋冬红、杨海蓉、王霄迪撰写；第六章“幼儿心理健康教育的途径与设计”由陈伟、王子洁、许晓达、舒畅撰写。

幼儿心理健康教育是一项基础性、专业性、长期性的工作，是落实中央精神的重要举措，是教育内涵发展的时代需要，也是促进学生全面发展的必然要求。衷心希望本套书的出版能为我国幼儿心理健康教育事业的发展做出贡献。本套书在编写过程中，得到了广东教育学会学生健康促进专业委员会和广东高等教育出版社的大力支持，在此深表感谢。在编写过程中，我们广泛参阅了国内外诸多同行的大量相关文献以及资料，在此谨致以诚挚感谢。由于能力所限，文中难免存在不少疏漏和不当之处，恳请读者与同行批评指正。

郑希付

2022 年 5 月 5 日

目　录

第一章
幼儿课业疗法的原理与方法

第一节　幼儿课业疗法的原理与意义

一、幼儿课业疗法的内涵

幼儿课业疗法源自“作业疗法”。作业疗法最早是建立在通过有目的的作业活动来预防或改善身体和精神障碍的理念之上。在20世纪，初期的作业活动，主要起源于争取对精神病患者的人道主义权利和治疗的探索之中。世界作业疗法协会（World Federation of Occupational Therapists，WFOT）对作业疗法提出的最新定义为：作业疗法是通过作业活动来促进健康和幸福的一种以患者为中心的保健专业。（陈小梅，2019）

有学者（黄锦文，2005）认为解释 Occupational Therapy 这个概念并非易事，Occupational Therapy 有很多中文的翻译，国内一般译为“作业治疗”，在香港地区译为“职业治疗”，在台湾地区译为“职能治疗”，也有人认为“生活治疗”更为贴切。日本学者小原正俊（2009）希望人们从“作业”这个词的语言束缚中解放出来，他认为“作业疗法”并不是给病人提供各种“作业活动”的疗法，本质应该是“引导人们如何生活，如何将人生过得更有活力的疗法”，同时，他认为 Occupational Therapy 应该是引导人进入一种忘我、集中的心理状态的疗法。

越来越多的作业治疗师认为作业活动除了使患者身体功能得以恢复之外，应更关注其社会心理状态。国内的一些专家开始尝试将作业疗法应用在学校，如穆慧等（2007）通过作业疗法有效地改变了厌学学生的认知模式，消除了他们的情绪障碍；王聪等（2020）专家将作业疗法应用到高校心理健康服务领域的探索；严朝珊、彭娟（2020）翻译整理了美国作业治疗协会“5～21岁儿童和青少年作业治疗实践指南”，为作业治疗师在家庭、学校和社区开展作业治疗服务提供决策指导和实践支持。

提到“作业”，人们往往会想到学校布置的作业，或者作业施工、体力劳动。因此，针对现在“双减”的学校环境，本章采用“幼儿课业疗法”的提法。幼儿课业疗法是在一个自由、受保护或者仿真的环境下，通过各种课业活动，帮助幼儿了解自己，解释过去生活的意义，并激发幼儿面对将来生活的勇气，克服困难，选择过更有意义的生活的疗法。

二、幼儿课业疗法的原理

早期的作业疗法强调技术的使用。随着社会的进步，尤其是医学发展和健康需求的增加，从20世纪80年代开始，临床治疗师们对实践经验进行总结。国内学者陈小梅（2019）总结罗列出9种模式作为作业疗法的理论基础，分别为发育模式、作业活动模式、人—作业模式、精神动力模式、感觉统合模式、运动控制模式、康复模式、生物力学模式和作业功能模式。

虽然作业疗法始于西方，但是幼儿课业疗法更倾向于东方哲学思想。森田疗法是依据东方文化背景创立的一种疗法，它的本质是通过亲自体验去理解而达到治疗目的，是一种超越言语和理性的治疗方法。森田疗法指“顺其自然”地“接受症状”，坦率地“接纳和认可现实中的自己”，把目标分阶段逐步实施和体验，通过绝对安静、轻作业期、重作业期和社会康复期达到治疗的效果（田代信维，2006）。森田疗法不像传统的精神分析那样从现在回顾过去，而是怀着“纯真之心”，立足现在、探索未来，提出解决问题的思路和创意并去行动，是系统的、阶段式的精神疗法。

作业疗法的基本理论还在不断发展和完善。国内学者（古琨如等，2012）开始在中国传统文化背景下对作业治疗进行思考，从作业活动（华容道、九连环）和作业模式两个方面阐述文化来源于生活，也影响着生活中的各种活动。幼儿课业疗法的实施者必须了解理论的适应情况和优缺点，分析幼儿的特点和实施的环境，将理论灵活、有效地运用到学校环境中。

三、幼儿课业疗法的应用

教育部颁布的《3—6岁儿童学习与发展指南》和《幼儿园教育指导纲要（试行）》作为幼儿园两大纲领性文件，对于幼儿课业疗法的开展起着引领性指导的作用。

（一）课业活动的应用分类

作业活动的种类繁多，随着作业疗法应用的不断推行，一些新的作业也被引入其中。根据幼儿的身心发展和幼儿园活动的安排，幼儿课业疗法的课业分类如下。

1. 维持日常生活能力所需要的基本课业

这类课业包括更衣、进食、个人清洁和卫生、简单的家务活动等，其目的是维持幼儿日常生活的基本需求。

2. 贡献性的课业活动

一是通过课业活动生产制作出美的或有用的产品，主要包括手工制作（木工、编织、陶艺、刺绣、剪纸、泥塑等）、饲养、园艺活动（饲养小动物、插花、花卉果蔬的种植等）；二是服务他人的活动，主要包括烹饪、环境布置和整理、照顾他人、志愿服务等。其目的是让幼儿参与和享受幸福生活，跟他人保持良好的互动。

3. 消遣性的文体活动

主要指幼儿独立或者以小组形式开展各种沙盘游戏、绘画、音乐、舞蹈、体育运动、下棋、书法等活动，其目的是让幼儿感受和体验艺术之美、运动之力，丰富幼儿的日常生活，使其身心健康发展。

4. 大自然探索活动

大自然是幼儿最好的老师，通过自然主题的探索活动，释放孩子的天性，使幼儿身心变得更自由和灵动，激发幼儿的好奇心和探索欲望。

（二）幼儿课业治疗师的角色

根据上述对幼儿课业疗法内涵和活动应用的阐述，课业治疗师的角色需要明确。课业治疗师应该在幼儿参与课业活动的时候提供便利，使其适应，并获得支持。课业治疗师在幼儿参与活动的过程中就好像促进者一样，让幼儿通过参与，积极体验整个过程。

课业治疗师的职责是协助幼儿积极地参与一些有意义的课业活动，并将其自我中心和自我控制的感觉带给幼儿，将幼儿集中在一些跟过去或将来有关的课业活动上。课业治疗师要相信，幼儿能过自己选择的有意义的生活，真正的课业治疗是以幼儿为中心的自主疗愈活动。

四、幼儿课业疗法的作用与意义

作业治疗的起源和发展虽然与康复医学密切相关，但是作业治疗学的实践者提出了积极参加有意义的日常活动可以建造健康身心状态的理念。幼儿课业疗法中的课业是与幼儿“成长”密切相关的，通过各种课业活动使幼儿能更有勇气、更灵活地适应家庭、学校和社会生活。

心理学家爱利克·H. 埃里克森（Erik H. Erikson）提出人格的社会心理发展理论，其中第三阶段学龄初期（3～6 岁）是主动对内疚的冲突。在这一时期如果幼儿表现出的主动探究行为受到鼓励，幼儿就会形成主动性，这为他将来成为一个有责任感、有创造力的人奠定了基础。如果成人阻止或者嘲笑幼儿的独创行为和想象力，那么幼儿就会逐渐失去自信心，之后他们更倾向于生活在别人为他们安排好的狭窄圈子里，缺乏自己开创幸福生活的主动性。课业疗法会给幼儿提供一个安全、自由、受保护的环境，通过各种课业活动，期望幼儿获得如下的成长：

（1）通过幼儿精细动作的锻炼，促进其身心全面发展；

（2）能简单掌握一些生活技能，增加自我掌控感和价值感；

（3）激发他们动手操作的欲望，保持跟他人的良好互动，在亲身体验中获得成功和喜悦；

（4）走进大自然，使幼儿身心变得更自由和灵动，激发幼儿的好奇心和探索欲望；

（5）发现生活的意义和美好，提升审美情趣与生活品位；

（6）感受生命成长的力量，体会生命的不确定性与艰辛，从而尊重生命，热爱生命，敬畏生命并成就生命。

总之，幼儿课业疗法将会提高幼儿个体行为活动过程中人体的完整性和适应性，让其意识到无论其贫富与否，无论其身心健全与否，都有生存的意义。

第二节　幼儿课业疗法之沙盘游戏

一、沙盘游戏概述

（一）沙盘游戏的起源与含义

英国伦敦的小儿科医生洛温菲尔德（M. Lowenfeld，1890—1973）受到威尔斯“地板游戏”的启示，将游戏的区域放到一个限定的箱子内，并将其作为一种儿童心理治疗技术加以完善，于1929年创立了“游戏王国技术”。1957年，卡尔夫将“游戏王国技术”加以改造和发展并与荣格分析心理学相结合，融入东方的哲学和文化，创立了“沙盘游戏疗法”。从沙盘游戏（Sandplay）的起源可发现，沙盘游戏是以游戏来开展的，而游戏是儿童的天性。

沙盘游戏以心理分析之无意识理论为基础，注重共情（empathy）与感应，是在“沙盘”中发挥原型和象征性的作用的过程，也是心理诊断与治疗的工具之一。在沙盘游戏治疗师所营造的自由和保护的气氛中，沙盘游戏者利用沙盘、沙子、水和沙具，把无形的心理事实以某种适当的象征性的方式呈现出来，表达前言语阶段的经历和受阻的心理能量。

从沙盘的发明开始直到现在，沙盘游戏已经成为提升幼儿心理健康教育的重要方式之一。

（二）沙盘游戏吸引幼儿的原因

沙盘游戏是一个富于表达的介质，可通过导向转化和治愈的人物造型为象征性的表达运用提供媒介。幼儿对沙具的象征意义具有天生的理解力，因此在沙盘游戏过程中更能触及其内心深层的问题。这使得他们能平衡外在现实和内在现实，逐步达到行为矫正和心灵自愈的目的。

1. 非语言的表达方式让幼儿的创作没有压力

由于语言发展水平的限制，幼儿常常不能表达自身的特殊需要和想法。因此，我们通常无法通过话语去理解特殊幼儿的行为及其内在心理状态。但沙盘是一种自然的语言，能够帮助幼儿更好地表达“无法用言语表达”的内在情感和身心状态，他们完成自由创作而没有需要用语言表达出来的压力。

2. 增加身体五感的打开程度与感受

沙盘游戏丰富的沙具、柔软细腻的沙和自由且受保护的空间，能满足幼儿感觉的需要，特别是触觉的需求。幼儿通过触碰不同材质的沙具——陶瓷的、塑料的、木质的等来体验不同的触觉刺激——硬硬的、软软的、尖尖的、细细的、粗粗的、滑滑的等；通过不同的玩沙方式，来满足触觉感觉的需要——用手抓沙、紧握沙、将双手埋在沙中、用手轻抚沙、手指搓沙、用手漏沙等；通过给沙盘加水，感受到干沙干爽可以自在流动，湿沙黏糊有味道但可以随心塑造各种形状。他们通过感知、触摸，运用多种感官并发挥自己的想象力来增加感受力。

3. 幼儿能够主动参与和改变

沙盘游戏以幼儿为中心，为他们创造了一个“自由且受保护”的空间，而教师扮演的是保护者的角色，是引导者，是朋友，是沟通伙伴。沙盘游戏的一切活动均由幼儿主动发起，由幼儿主导脉络和发展。幼儿在愉悦的情绪中主动地去尝试，去改变，去创造，从而爱上“上课”。

4. 让幼儿体验到被允许并激活幼儿的内在动机

沙盘游戏中，幼儿完全自由地选择和使用沙和沙具，创造自己的沙盘，创造一个属于他们的世界。幼儿可自由挑选沙具，可用沙堆成小山、隧道，挖成小河、大海，一切活动都源于他们的内在动机。在沙盘游戏过程中要顺其自然，不强迫幼儿选择某一类沙具或完成某项任务。正是沙盘游戏的这一重要特质，让幼儿发现这是一个向他们敞开的世界，是全然接纳他们的世界，从而真正地放松，真正地做自己。

（三）沙盘游戏对幼儿发展与教师工作的意义

幼儿在游戏中获得自我认识，展现内心世界，表达对周围世界的理解。同时，沙盘游戏不仅具有游戏特点，还以其特有的“自由且受保护”的空间，让幼儿在安全、支持、容纳的环境中学习和练习新获得的技能，如语言技能、活动技能、社会交往技能等。

1. 增强幼儿的语言表达能力

在沙盘游戏过程中，幼儿不但主动去尝试不同的游戏方式，还主动与教师和同伴互动。幼儿在游戏过程中增加与人的沟通互动，主动扩展想象力，提高口语表达能力。儿童的词汇量、语句的长度、词汇多样性及沟通互动方面均会有显著的提高。

2. 有助于幼儿情绪的稳定和表达

幼儿可以在沙盘中不受束缚地建造自己的世界，表达平时被压抑或不被允许的想法和愿望，将其愤怒和攻击性的行为物化地演示出来，从而减少因内在冲突而产生的压力，释放负性能量，整合自己的内心世界。幼儿在自由和包容的气氛中释放自己的不良情绪，逐渐变得轻松愉快。

3. 提升幼儿的专注力和自我认知力

幼儿在摆放沙具、移动沙子的过程中，能够通过触觉和运动觉作用其大脑神经，进而有效地集中注意力，锻炼幼儿的空间感觉能力和具体形象思维能力。同时沙盘是一个有边界的空间，将幼儿的注意力集中在这个有限的空间之内，可以有效地帮助训练其专注力。幼儿还可以通过沙盘对自己有意识或无意识的认知进行重构，进而激活自身的治愈与康复因素，从而促进自我认知以及人格的健全发展。

4. 提升幼儿与他人积极相处的能力

团体沙盘游戏有助于幼儿提高人际交往能力，增强自信，学会与人沟通和交流，学会倾听和尊重他人，学会以适当的方式关注别人，锻炼解决问题的能力，建立人际边界，改善同伴关系，提升团队合作意识。

5. 帮助教师开展教育工作

在以往的教育中，当幼儿做错事或者做得不好的时候，教师就成了问题的纠正者，这很难避免教师将意愿强加给幼儿，师幼之间容易发生冲突。这种冲突有时可能会阻碍幼儿的发展。许多时候教师也并不十分清楚幼儿的内在心理需要，有些内在需要是被我们所忽视的。在沙盘游戏过程中，通过沙具的象征性启发，我们就可以看到幼儿内心意象的表现和投射，根据沙盘中所表现的情境与情节去洞察幼儿的内心，帮助幼儿面对自己的潜意识，更能促进幼儿的健康成长。

（四）沙盘游戏教师要具备的条件

（1）除需要心理学的基础和训练之外，还必须具备这样两条重要的能力或素质，即对象征的理解，以及能够建立一个自由和受保护的空间。

（2）心理容器（包容幼儿发生在沙盘中和沙盘游戏室内的所有状况）。

（3）联结者（连接幼儿和他的沙盘，连接意识与无意识，连接沙盘与外在世界）。

（4）守护者（陪伴并守护整个沙盘游戏过程）。

（5）见证人（回应和见证整个沙盘游戏过程）。

（6）促进者（促进幼儿内心中生成自我治愈的力量）。

在沙盘游戏中，当幼儿感觉到自己不是独自一人，不管他处于悲伤中还是处在喜悦中，在表达自己的所有情感时，他都会感觉到自己是自由的，同时又是受保护的。这种信赖关系可以重建一个母子结合体。这个心理的情境能够帮助幼儿获得内在的安宁，而这种安宁包含了整个人格发展的潜力。教师的任务就是去感知这些力量（自我治愈），并在其发展过程中像守护一件珍品般地去保护它们。对于幼儿而言，教师就代表着守护者，代表着空间，代表着自由，同时也代表着界限。

二、幼儿沙盘游戏的特点

（一）沙盘游戏适合幼儿群体

1. 正常幼儿群体的沙盘适用

（1）入园焦虑。

入园焦虑已成了幼儿园中较常见与棘手的一个问题。沙盘游戏可以为这些幼儿提供一个有效的释放和表达情绪的途径。

（2）适应困难。

许多幼儿在入学的时候，因为面对一个新的环境，常常会遇到各种各样的问题。沙盘游戏能让幼儿模拟真实的世界中的各种人际交往，让幼儿学会协商、分享、公平竞争等交往原则。

（3）品行障碍。

矫正幼儿品行障碍的重要方式是情感宣泄，沙盘游戏能够让幼儿在虚拟空间中将他们的愤怒与攻击性行为表现出来，最终起到转变的作用。

（4）注意力集中困难。

沙具有可触碰与移动的特性，能够通过触觉和运动觉作用于幼儿的大脑神经，进而有效地集中幼儿对于具体物件与活动的注意力，从而促进幼儿注意力的集中。

2. 特殊幼儿群体的沙盘适用

(1) 对幼儿创伤后应激障碍 (PTSD) 的治疗和干预。

幼儿创伤后应激障碍 (Post－traumatic stress disorder, PTSD) 指幼儿在对抗重大压力后，其心理状态产生失调的后遗症。这些经验包括生命遭到威胁、严重物理性伤害、身体或心灵上的胁迫。幼儿经历灾难后的症状，包括做噩梦、怕黑、焦虑、缺乏安全感、刻意逃避任何跟灾难有关的事物等。有学者对“5·12”汶川大地震中丧亲学生的沙盘特点进行相关研究 (陈灿锐, 2009)，得出沙盘游戏能帮助解决地震丧亲学生的心理问题，能够达到治疗和缓解孩子心理创伤的目的。

(2) 对幼儿多动症 (ADHD) 的治疗和干预。

多动症 (Attention Deficit and Hyperactivity Disorder, ADHD) 幼儿的两大主要症状，为注意障碍和活动过度。多动症幼儿在沙盘游戏过程中往往表现得多动多话，在沙盘游戏中呈现出整合性主题。沙盘游戏疗法可以帮助多动症幼儿在游戏中释放情绪压力，使其多动行为得到控制，并且在游戏中使其注意力得到培养。相关学者对多动症儿童的个案研究表明，沙盘游戏对幼儿多动症患者能取得良好效果，有效率为93.33%。王巧敏等 (2010) 研究结果表明：研究组在沙盘游戏治疗后社交退缩、攻击、违纪方面有明显改善，多动症状明显减少，自控能力明显加强，人际关系得到明显改善，亲子关系得以改善。

(3) 对幼儿孤独症 (ASD) 的治疗与干预。

孤独症 (Autistic Spectrum Disorder, ASD) 幼儿的沙盘内容表现为无交流、少秩序，在初期沙盘游戏过程往往会出现突发性的情绪性狂乱。袁圆等研究者 (2015) 对孤独症幼儿初始沙盘进行收集分析，发现孤独症幼儿初始沙盘以创伤式主题为主，治愈主题单一并且少，初始时动沙、动沙具少，沙具种类少，多为交通工具，作品呈现为混乱、重复，创伤主题特征多于治愈主题特征。周念丽等 (2012) 认为孤独症幼儿沙盘作品缺乏社交场景，很少使用人物、连接物，并且通过分析创作过程及其作品，可以评估孤独症幼儿的能力水平。孤独症幼儿沙盘游戏疗效研究进展表明：孤独症幼儿在社会交往、语言沟通及刻板行为这三个方面都得到改善。

除此之外，相关研究表明，沙盘游戏对攻击性幼儿、沉默寡言退缩型幼儿都有较好干预效果。

(二) 幼儿沙盘游戏主题：受伤与治愈

人们在生活中不同程度地经历了身体和心理上的创伤。幼儿的出生 (顺产的产道挤压或剖宫产的手术等，包括孕育过程中可能的不稳定性) 就是最早的创伤。幼儿沙盘中，幼儿在意识与潜意识的对话中，很容易将生活、家庭和人际中的各种压力以受伤的主题呈现出来。

【知识拓展】

1. 幼儿沙盘游戏中的11大受伤主题

(1) 混乱：沙具分散，无主题，无界限，有较大的随意性，如图1－1所示。

图1-1　混乱

（2）限制：沙具失去了本来的自由，处于受困的境况。

（3）分裂：各个沙具之间没有任何联系，呈孤立分离状态。

（4）空洞：沙盘上几乎没有任何沙具，或者有少量的无生命的沙具，如图1-2所示。

图1-2　空洞

（5）隐藏：沙具被埋藏了起来。

（6）忽视：沙盘中的沙具失去支持，处于无助的状态。

（7）倾斜：沙具被有意地倾斜或倒置，如图1-3所示。

（8）受伤：沙具正在遭受或已被伤害，如图1-4所示。

图 1-3 倾斜

图 1-4 受伤

（9）残缺：沙盘作为一个整体，相对于其他沙具明显缺失。

（10）攻击：沙具被攻击或发出攻击行为。

（11）威胁：沙具正处在受威胁的可怕境遇中，如图 1-5 所示。

图 1-5 威胁

2. 幼儿沙盘游戏中的十大治愈主题

幼儿沙盘游戏中的治愈主题及其表现，往往反映着幼儿内在的积极变化。比如，聚集的能量、开始的旅程、生长的树木、沟通的桥梁等，都是典型的沙盘游戏治愈主题的表现。

（1）旅程：有运动的迹象或线索，如图 1-6 所示。

图1-6　旅程

(2) 能量：沙盘中呈现活力、生气和运动，如图1-7所示。

图1-7　能量

(3) 连接：各沙具之间发生连接。
(4) 深入：深层地去探索和发现。
(5) 诞生：新生命的诞生。
(6) 培育：为生长和发展提供滋养和帮助，如图1-8所示。

图1－8 培育

（7）变化：创造性地使用沙具。
（8）灵性：带有宗教和精神性质的象征出现。
（9）趋中：沙盘的中心出现了整合的现象，如图1－9所示。

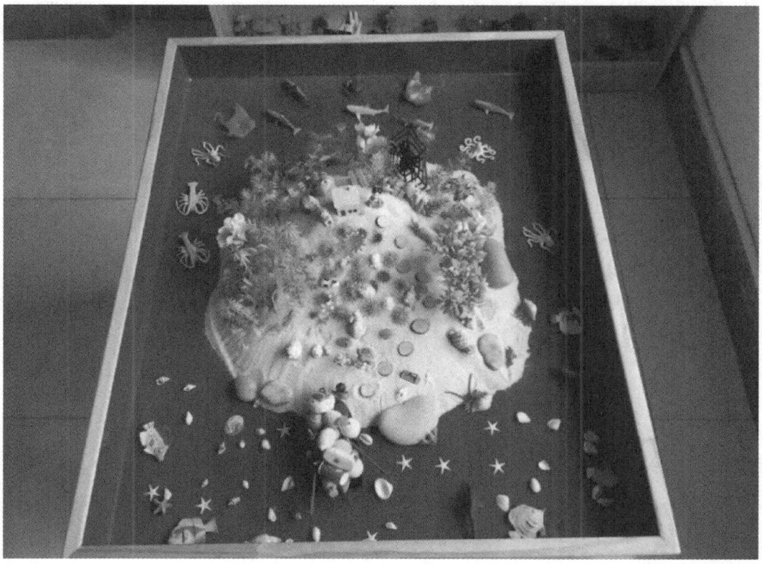

图1－9 趋中

（10）整合：呈现有组织的结构整体性的情境，如图1－10所示。

图 1－10　整合

（以上沙盘图片来自于网络）

（三）幼儿沙盘游戏过程

幼儿沙盘游戏的过程一般经历问题呈现、冲突和转化、获得治愈三个时期，各个时期的沙盘作品主题和场景存在很大差异。在问题呈现时期，创伤主题较多，治愈主题较少。男孩作品中多出现武器类等具有攻击性的沙具和威胁、受伤等攻击性场景。进入冲突和转化时期，创伤主题会随着干预次数呈波浪式减少，治愈主题逐渐增加，作品中受伤、攻击场景逐渐减少，出现一些比较和谐的生活场景。在获得治愈时期，治愈主题数量超过创伤主题，画面整体变得和谐统一。

【典型案例】

下面以幼儿沙盘个案（曲亚，2019）为例进行介绍：小辰，男，某幼儿园大班幼儿，在口头攻击表现、身体攻击表现及交往困难三个维度的得分较高，具有敏感、焦躁等情绪问题和攻击、交往困难等行为问题。

小辰沙盘游戏干预过程的时期分析

1. 问题呈现时期：第 1、2 次沙盘游戏

小辰的第 1 次沙盘游戏作品主要是由武器类和交通工具类组成，每一类基本都是各自摆放在一起，互相没有组织和联系，体现分裂主题；坦克、轮船、装甲车、小汽车围成一圈，将警车（象征正义）限制在圆圈之中，阻碍警车前进；桥梁表示联结，却被放置在最外围，两侧没有可联结的事物。游戏中小辰不断往桥梁上撒沙子，试图将其掩埋，反映了个案心理的防御以及对外界的不信任，但桥梁暗含着治愈的可能性。（见图 1－11）

图 1－11　小辰第 1 次沙盘游戏作品：坦克的世界

2．冲突和转化时期：第 3～9 次沙盘游戏

小辰的第 3 次沙盘游戏作品充满着战争的味道：坦克横在画面上方，四周被交通指示牌包围着，处于包围圈之中的飞机走投无路地倒立在沙子上面，警车受到威胁而掉头又撞到飞机，体现倒置、限制、攻击、受阻等创伤主题。（见图 1－12）个案在沙盘中的受阻也体现了他的同伴关系状况、同伴交往方式和冲突解决的方式。

图 1－12　小辰第 3 次沙盘游戏作品：包围

第 7 次沙盘游戏中，小辰先创造了“我生气了”的沙盘场景，表达不良情绪，转移过度活跃的心理能量。个案在原先沙盘的基础上，做了一些改变，如将倒置的小汽车重新放好，调整了栅栏的位置等，还增添了许多沙具如绿树、别墅、茶具等，表现平静之后的心情。沙盘游戏作品中没有打斗情节的出现，并且首次出现象征希望和积极能量的沙具绿树，表示小辰的心理能量正在进行积极转化。（见图 1－13、图 1－14）

图 1－13　小辰第 7 次沙盘游戏作品（1）：我生气了

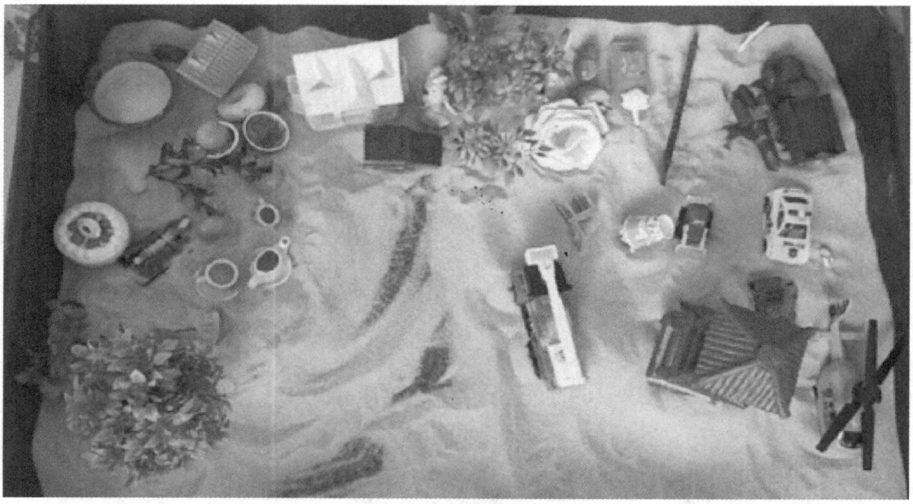

图 1－14　小辰第 7 次沙盘游戏作品（2）：海边时光

3．获得治愈时期：第 10～12 次沙盘游戏

个案这一阶段的沙盘游戏作品中出现了很多具有积极象征意义的沙具，比如桥梁、鸟窝、树木、湖泊、大海等。在第 12 次沙盘游戏中，个案将其沙盘作品命名为“聚会”，作品中的沙具投射出个案心理的开放性和丰富性。个案将不同种类的沙具有机结合并统一于同一个主题，是“整合”主题的体现；桥梁连接着房子和食物，房子中的人得到了能量的补给，体现了“联结”“能量”的主题；人物与人物之间有着适宜的距离，各类沙具之间紧密联系而不显拥挤，投射出个案内心的和谐与统一，象征个案获得了治愈。（见图 1－15）

图 1－15　小辰第 12 次沙盘游戏作品：聚会

（四）初始沙盘的意义与关注

初始沙盘是沙盘游戏的一个环节，是指个体在沙盘游戏治疗过程中完成的第 1 个沙盘。初始沙盘具有很强的可操作性，大量研究表明，初始沙盘既能呈现沙盘游戏者所关注的生活事件、对事件的认知和情绪情感，又能为后续的咨询工作提供解决问题的线索与方向。张日昇等（2005）发现：给幼儿介绍沙盘时通常需要他们的父母或朋友在场，在引导幼儿熟悉沙盘游戏时发挥重要作用；幼儿沙盘制作时间都比较长；沙具选择以动物类为主；制作过程中频繁移动沙具；空间使用以“占满”类型为主；大多数幼儿制作时都不动沙；作品主题以“无明确主题”为主，有明确主题的主要为“动物世界类”和“家庭生活类”；制作过程中，幼儿主动与见证人频繁互动。

（五）幼儿沙盘游戏中的沙具象征

沙盘游戏治疗师钱晓雁（2016）在 4 000 多小时的幼儿沙盘游戏个案中，总结归纳出具有普遍性的象征沙具。

1．沙漏

古代时间计时器；文化背景下的沙漏，有对情感的珍惜、事物的变迁等象征。沙漏在沙盘游戏中的象征，是等待，是自然。在幼儿个案中，沙漏都是在沙盘游戏治疗的中期阶段出现，选取沙漏的幼儿性别比例基本持平。当沙漏出现时，幼儿更多的是无意识地表达一种“慢一点，再慢一点”的心理感受。这种感受或许是由教师“太着急”，或许是由于家长们对孩子的期望太过于着急与焦虑引起的。

2．山洞（湿沙）

人类走出洞穴，住进房屋，意义重大深远。这标志着人类结束了长期迁移、颠沛流离的生活，安定下来有更多时间进行生产劳动，为种族繁衍、农牧业生产创造更好的条件。

在幼儿个案中，经常会看到幼儿用湿沙搭建山洞，山洞里藏着“敌人”，或是自己一方的队伍躲藏在山洞里。搭建山洞的基本是男孩子。一方面，这可能沿袭了自古男性准备作战的传统。另一方面，喜欢搭建山洞的幼儿，多半是在现实层面好斗殴或被集体排挤的孩子。当他们受挫，无法承受现实带来的焦虑与恐惧，他们就会“躲”进山洞里。在那里，他们能调整与治疗心灵的创伤，同时防御外界带来的再次攻击。（见图1－16）

图1－16　山洞（图片来源于网络）

3. 饭菜

在幼儿沙盘中，沙子经常被幼儿当作饭菜，装进锅里或碗里。这象征着作为饭菜的沙子可以滋养幼儿的心灵。滋养的过程，就是整合心灵的过程。

4. “大便”（湿沙）

经常有幼儿在沙盘里倒进很多水，然后用手像“和稀泥”一样地搅，说这些都是大便。玩“大便”的幼儿，都有一个普通的特征：肛欲期固着。肛欲阶段（1～3岁），婴儿要接受排泄大小便方面的训练，主要为肌紧张的控制，快感表现为忍受和排便。弗洛伊德认为，性心理的发展过程如不能顺利地进行，停滞在某一发展阶段，即发生固着；或在个体受到挫折后从高级发展阶段倒退到某一低级的发展阶段，即产生了退行，就可能导致心理的异常，成为各种神经症、精神病产生的根源。而沙盘中的沙子，正好满足了儿童“玩大便”的游戏的需求。在这个过程中，儿童通过“大便”的沙子，来唤醒他们的早期创伤——肛欲期固着，从而在不断地玩沙子的过程中，在教师“自由与保护的空间”的陪伴下，逐渐地修复及疗愈内在创伤，最终达成幼儿的人格顺利发展。

三、幼儿个体与团体沙盘课业治疗的实施

（一）沙盘室的相关准备

1. 沙盘室的建立要求

- 15～30 平方米独立、安静的房间。
- 2 个沙盘、3～4 个沙架。
- 1 200～1 600 个各个种类的沙具。
- 水罐或盛水器、沙铲。
- 数码相机。
- 钟表、椅子。
- 彩色画笔和纸。

2. 沙具的基本种类

- 人物（各种年龄、性别的普通人物，各种职业人物，童话、神话、传说及宗教人物，卡通人物，人身体的某个部分，等等）。
- 动物（各种野生的、家养的动物，史前的动物，传说或想象中的动物，卡通动物，恐怖的怪兽，等等）。
- 植物（生长在不同环境的各种类型的树木、灌木丛、树枝、荆棘、苔藓、草坪，各种花草、种子和蔬菜、水果，松果、枯木等）。
- 建筑物（各种房子、亭子、塔、城堡、桥、栅栏、路标等）。
- 交通工具（各种车、船、飞机、坦克等，如救护车、古代的马车等）。
- 家居用品（各种家具、生活用品、医疗用品、食物、书等）。
- 神秘（象征）物件（如佛像、图腾柱、十字架、金字塔，以及各种原型雕塑、面具等）。
- 抽象材料（如各种贝壳、石头、玻璃珠、塑料片、橡皮泥、小木块、彩纸、棉花、线团等）。

3. 沙具的收集与摆放

- 尽可能地丰富，让幼儿可以有更多的选择，能自由地表达他自己。
- 真正重要的并不是沙具的总数目，而是我们提供的沙具所带有的象征价值。
- 收藏可以带有个人色彩，体现教师的个人风格，但不能只收集自己喜欢的或看起来漂亮的沙具，还要准备那些看起来丑陋、阴暗、邪恶和可怕的东西。
- 沙具的材质、大小尺寸不一。
- 收藏不一定一次完成，可以在保证基本的种类之后，逐渐增添、充实。
- 沙具尽可能按种类摆放，整齐、干净。

4. 如何理解沙具

沙具不是普通的货物或材料，而是充满了情感和象征意义的承载体，而这种象征意义对人的心理具有重要作用。

沙盘游戏教师要熟悉自己所使用的沙具，尽可能地去理解其中所包含的象征意义。但是，当面对实际的幼儿开展工作时，又不能生硬地套用任何的象征理论，而是要根据幼儿的具体情况，考虑某种沙具对他个人所具有的心理意义。

沙盘与沙具是幼儿与教师之间的纽带，借助于此，幼儿可以自然而有效地呈现自己的内在心理世界，尤其是那些难以用语言来形容和描述的内容。

（二）幼儿个体沙盘游戏实施方案

1．收集幼儿前期资料

幼儿进行沙盘游戏前，教师可先对其家庭情况及幼儿身心发展情况有一个调查了解，让父母填写一些问卷和量表，如“父母教养方式评价量表”“Conners 儿童行为问卷”“儿童社会交往焦虑测评量表（SASC）”“3～7 岁儿童社会适应行为评定量表”等，收集一些教师对幼儿个体或团体想要提前了解的信息。

通过非结构化访谈，教师可以了解幼儿各方面的详细情况，可以分别围绕以下几个方面进行访谈：个案幼儿身心发展的各方面情况，个案幼儿的家庭背景、成员组成、生活环境、家长的教育方式与理念等，个案幼儿在幼儿园的日常表现行为、个性特征、同伴交往能力及其兴趣所在，个案幼儿的攻击性行为表现、典型攻击性行为事件等。

2．开始指导语

（1）感受沙子，体验沙子带来的感觉。

教师：“我们先来感受下沙盘里的沙子，把两只手放在沙上。沙子是温的还是凉的？是干的还是湿的呢？沙子有没有味道呢？”

（2）介绍沙盘游戏的基本构成要素。

教师：“我们来看看沙盘底部是什么颜色的。这个颜色让你想到什么呢？像天空还是大海呢？”

（3）选择沙具。

教师：“你可以就刚才那样继续玩沙，画各种沙画；也可以走到沙架旁边，看看有没有哪个沙具在跟你说话。选择自己所喜欢的，然后把沙具拿到沙盘上，任意摆放出你想要的样子。”

3．介绍沙盘游戏及一些基本要求

在沙盘游戏室中，教师向幼儿介绍沙盘、各种沙具以及为湿沙盘提供的用水，告诉幼儿可以运用这些材料在沙盘上创造出任何图景。

此外，教师还需向幼儿明确一些沙盘游戏的基本要求：

- 告诉幼儿可以拿沙架上的任何沙具；
- 如果弄坏了物品，教师会去修，但不能故意破坏；
- 进行沙盘游戏时不可伤害自己，也不可伤害同伴和教师；
- 沙盘游戏结束后，沙盘由教师来收拾，幼儿不需要将沙具归位。

如果幼儿问“可不可以挖沙子”之类的问题，可以提示他自由创作。如果幼儿在沙盘游戏中不碰触沙子，表明幼儿防御性强或者有自我封闭的倾向。当幼儿双手插入沙子时，他原先对世界的恐惧和防御性就消除了。此时教师需要理解并静心等待，不可要求幼儿一定要接触沙子。

幼儿在创造沙盘过程中或在结束时会自动讲一些故事，如果幼儿没讲，教师可以在结束前邀请幼儿讲讲他摆了些什么，想要表达些什么感受。故事会表达出幼儿的情感、沙盘所呈现的主题，等等。

教师不对游戏内容和幼儿所讲的故事做出评价和解释，要做的只是认真地倾听，真心地接纳。教师和幼儿进行简单交流时要注意提问的技术："你愿意告诉老师你摆放的是什么吗?""你的沙盘里有什么故事吗?""刚刚你一直看着这个沙具，你想讲一讲吗?"等等。如果幼儿沉默，那么允许沉默，要相信，幼儿只要制作了沙盘，沙盘游戏的效果就已经开始出现，幼儿的情绪已经得到释放和转化。如果幼儿有回答，可以简要记录。教师应避免提出尖锐或带有否定意味的问题，如"为什么你要这样做?""你为什么要拿骷髅头这么恐怖的沙具呢?"这样有可能让幼儿觉得被责备或否定而影响沙盘游戏效果。特别注意不能对幼儿的沙盘内容加以评价，好坏都不行。"你选的这个沙具很不错啊，我很喜欢"这样积极的评论性语言，有可能会导致幼儿下次拿一些会得到教师表扬的沙具而不是出自内心想要拿的沙具。

4. 开展沙盘游戏工作

当幼儿开始对沙盘和沙具自行探索后，教师则在沙盘的短边一方坐下，沙盘的长边留给幼儿坐，观察并记录沙盘游戏的进程。

记录内容包括幼儿是如何开始进行的，是立即投入还是比较犹豫；第一件选择的沙具是什么，之后又选择了哪些种类的沙具；沙具在沙盘中的摆放位置是怎样的，彼此的摆放关系又怎样；幼儿在沙盘上的探索空间有多大；最终摆出的结果是什么；等等。幼儿离开沙盘室后，教师拍摄沙盘图片，留作资料以备分析。幼儿沙盘游戏过程记录表见表 1－1。

表 1－1　幼儿沙盘游戏过程记录表

姓名：　　　性别：　　　年龄：　　　沙盘制作时间：

序号	项目	内　容
1	所选沙具	
2	沙具摆放顺序	
3	沙具移动过程	
4	幼儿制作态度	
5	是否有主题	
6	沙盘照片	
7	教师感受与分析	

教师记录幼儿制作沙盘的态度，如表现持续性、耐心等。沙盘作品照片，一般采用幼儿位置正面俯冲和教师角度斜面俯冲照片各一张。游戏中出现有特别意义的细节图也可以拍照记录下来。要注意这些事项：幼儿制作沙盘时，教师尽量采取允许、鼓励和理解的态

度；当幼儿对沙盘沙具肆意破坏时，或者是随意扬沙到外面，攻击团体沙盘游戏中的其他同伴时，教师可适当制止。

在幼儿离开沙盘游戏室后，教师再对沙盘进行拍照。切记不可当着幼儿的面拍照。最后由教师负责整理沙盘并摆还沙具。沙盘作品是幼儿内在心灵的呈现，切记不能由幼儿自己拆除，毁坏内心的表达和建构过程。

5. 制定次数及结束

沙盘游戏的次数至少需要 5 ~6 次（团体沙盘至少需要 10 次），每次一节课时间。事前应和幼儿的父母及班主任商定他们是否可以坚持下去。如果父母要求停止，应提前通知教师，教师需让幼儿有结束的心理准备，并再进行沙盘游戏 1 ~2 次，否则，突然停止会使幼儿不适应，进而对幼儿的心理产生不良影响。

【典型案例】

一般幼儿的个体沙盘都可以采用自发性沙盘游戏的方式进行。有研究表明，针对一些特殊群体幼儿，教师可以在中间阶段开展针对其问题的主题沙盘游戏，引导幼儿改善其行为问题。下面以攻击性行为幼儿为例（曲亚，2019），见表 1 –2、表 1 –3。

表 1 –2　沙盘游戏干预方案

阶段	干预单元	目的内容	方式
阶段一	第 1、2 次沙盘游戏	建立良好信任的咨访关系	自发性沙盘游戏
阶段二	第 3 ~10 次沙盘游戏	针对个案的攻击性行为表现进行主题沙盘游戏，以改善个案攻击性行为问题	指导性主题沙盘游戏
阶段三	第 11、12 次沙盘游戏	结束沙盘游戏，巩固干预效果	自发性沙盘游戏

表 1 –3　指导性主题沙盘游戏活动方案

活动主题	活动导入故事或情景	故事导入目的	活动过程概述
身体攻击	《棒棒虎打架》《怪兽来了》	了解打架的危害，学习受到攻击时的处理方式	通过故事引入主题
言语攻击	《爱说脏话的小白兔》《小霸王》	体会言语攻击带来的伤害，学习礼貌用语	
个性特征	《菲菲生气了》《输了怎么办》	合理地宣泄情绪，正确面对挫折	
交往困难	《敌人派》	合理解决同伴冲突	

（三）幼儿团体沙盘游戏实施方案

幼儿团体沙盘游戏是指在教师的陪同下，5 位幼儿共同在一个小组团体的环境中，用双手借助沙盘、沙子、沙具创造三维作品，促进团体中的幼儿调节情绪、调整关系，进而促使问题解决，实现自我和团体成长。

1. 团体沙盘游戏指导语

在开展团体沙盘游戏前，教师要向幼儿说明游戏的相关情况，如："小朋友们，我们今天来开展团体沙盘游戏。我们用沙盘室当中的沙具来共同创造一个作品。我们只要把自己喜欢的沙具拿回来，按照自己的想法，表现出来就可以了。我们摆放的顺序是由抽签决定的，每人每次只能拿一个沙具，不许拿走别人的沙具。大家一起选择沙具时不说话，我们按照抽签的顺序轮流摆放沙具。每个小朋友每次只允许完成一个动作或放一个沙具，每轮结束后大家可以商量是否有想移动的沙具，需要少数服从多数。在团体沙盘制作过程中，有小朋友不想玩了，可以放弃一次。我们的团体沙盘游戏是一节课的时间。"

2. 团体沙盘游戏步骤

（1）触摸沙子，体验沙子带来的感觉：让幼儿闭上双眼，双手轻轻放在沙子上，调整呼吸，去感受沙子的质地、温度；让幼儿放飞自己的想象，去体验和感受这种想象。

（2）抽签确定顺序。

（3）每人每次完成一个动作（拿沙具或开河堆山），不能说话，不能拿走他人或自己摆放的沙具。

（4）每轮可以有一次讨论移动沙具的机会，需要幼儿根据少数服从多数的规则来决定。

（5）欣赏、理解沙盘作品：沙盘作品完成以后，邀请幼儿从不同的角度看自己的作品，让幼儿讨论摆放每个沙具时他们的想法和感觉，对沙盘作品进行主题的命名。

（6）拍照与拆除。等幼儿离开沙盘室后，教师拍照做记录并拆除沙盘。

第三节 幼儿课业疗法之艺术活动

伴随着社会发展，对幼儿的心理健康问题的重视度越来越高。而因为幼儿的语言表达能力还比较欠缺，所以对他们实施谈话辅导收效甚微。值得注意的是，人的大脑分为左右两个半球。语言功能主要定位在左半球，该半球主要负责言语、阅读、书写、数学运算和逻辑推理等。而知觉物体的空间关系、情绪、欣赏音乐和艺术则定位于右半球。当出现以情绪困扰为主要症状的心理问题时，以言语为中介进行心理咨询是无能为力的，就像心理学家莱（Ley）所说"一个人不能用左半球的钥匙去开右半球的锁"。而属于右半球的绘画艺术活动可以影响和治疗患者的情绪机能障碍。艺术活动因为其直观性、前语言性等特点，在帮助幼儿进行心理疏导时，有着得天独厚的优势。艺术活动也是幼儿学习、生活中很重要的活动形式，在专业的艺术治疗师引导下，幼儿通过绘画、音乐、剪纸等形式，可以缓解内心的矛盾冲突。

一、绘画治疗

（一）绘画治疗概述

绘画治疗是艺术治疗的重要组成形式。因为人类用图画思考早于用文字思考，而幼儿也正是从图像思考逐渐发展到文字思考的。幼儿似乎天生就懂得用视觉的表现手法来表达情绪。幼儿能通过颜色、形状、线条、内容等在自己绘制的画作中更自由地表达真实想法和喜怒哀乐。通常，幼儿在用绘画表达情感时，会放下心理防御，更容易将真实的想法表现在绘画的内容中。这种表达不仅可以让幼儿释放不良的情绪，还能够让训练有素的教师通过画面发现幼儿的心理状态，及时把握幼儿存在的心理问题。

1. 绘画治疗的起源和发展

绘画治疗作为艺术疗法的其中一种，经历了三个主要的阶段。

第一阶段是 18 世纪初到 20 世纪初，绘画仅仅作为精神疾病的一种诊断手段，并且精神病学家一致认为绘画能促进患者的心理健康。绘画治疗起源于欧洲精神病院中的住院患者，他们的艺术作品引起很多人的兴趣，他们的画跟常人有所不同，医生们认为可以通过画来进行精神分裂症的诊断。现代心理学先驱弗洛伊德注意到很多来访者无法用自己的言语表达出来的梦境中的东西都可以通过绘画画出来，所以他认为一个人的绘画作品蕴含着个人内在的被压抑的意识。瑞士心理学家荣格则认为人在经历创伤后会通过幻想等方式进行自我安慰，因此在绘画或其他艺术创作的过程中，人会把这些幻想展示出来，而这些幻想是可以表现人所受到的创伤的。如图1－17 这个人像，面部扭曲，头顶长着角，人的身体左右分裂，千疮百孔，从画面可以看到患者内心的挣扎不安。这些画与正常人的画有很大差异，往往画面很荒诞，脱离常规的思维。

图 1－17　人像
（图片来源于网络）

第二阶段是对儿童绘画的关注。随着儿童心理学的发展，许多心理学家把目光转向了儿童的心理画创作上。19 世纪末 20 世纪初，人们真正开始研究儿童绘画。

美国艺术教育家玛格丽特·纳姆博格是最早提出“艺术治疗”这一概念的，她认为可以借助绘画来诊断儿童的问题，了解儿童的经历和其对事件的看法或受到的创伤。这时候对儿童绘画的研究主要集中在观察儿童画了什么，以及不同年龄阶段的儿童是怎么画的。

第三阶段是对儿童绘画的测试。1926 年，古德伊纳夫（Goodenough，1926）提出根据对画的结构分析来评估儿童的智力。古德伊纳夫和哈里斯（Harris，1963）还发展了“画人测验（draw a man）”，将绘画与儿童的心理年龄（而不是生理年龄）联系起来。

选择人作为绘画对象，是因为儿童画中经常出现人，儿童也喜欢画人，“人”的特征比较普遍。如果选择房子，不同文化背景中的房子有很多不同的特征，不便于标准化。

古德伊纳夫“画人测验”的评价指标包括儿童画出人物形象的细节数量、身体各部分比例的正确性、线条的流畅性、身体各部位整合所表现出的动作协调性等，通过综合评价来确定儿童的智力发展水平。

古德伊纳夫还发现，“画人测验”除了可以揭示儿童的智力特点，还能揭示儿童的人格特征。儿童在画人的过程中，会提供自己以及对他人知觉等重要信息。

之后，许多理论家和研究者更广泛地研究儿童画，并将其作为测量儿童发展和儿童人格特征的一种方法。

2. 绘画治疗的优势

第一，艺术提供了特有表达的可能，儿童可以在作品中表现发生在不同地点、不同时间的事件，可以把不可调和的情感合在一起。绘画是一种投射技术，它能反映人们内在的、潜意识层面的信息，把人的内在的态度、情绪等通过图画投射出来；由于图画是符号，没有价值判断的影响，所以人们对图画的防御心理会比较低，来访者易于在绘画过程中表达自己最真实的情感、冲突和需求。

第二，绘画治疗是灵活的、多面性的，它适合不同年龄、不同情况的人群，可以在日常生活情境中开展。图画所传递的信息量远比语言丰富，表现能力更强，非常适合语言表达不丰富的人，因而深受各种人群尤其是幼儿的喜欢。他们对绘画有着天然的兴趣，拿着纸笔，不需要教导，就能够随意涂画。

第三，绘画等艺术方法可以安全释放毁灭性力量，使心灵得到升华。图画是表达自我的有效工具，在绘画中人们易于将潜意识里的情感和需求表达出来，故而通过对绘画作品的分析、理解可以达到诊断和治疗的目的。

3. 绘画治疗与幼儿情感教育

第一，把握幼儿的情感状态，提升幼儿的适应能力。在幼儿园的情感教育中，利用绘画手段来对幼儿实施情感教育可以有效地预防幼儿不良行为的发生。幼儿教师通过解读幼儿绘画作品中存在的情感，就可以对幼儿的心理健康水平实施定位，得以更好地了解幼儿的生活及情绪状态，大致把握幼儿是否处于普遍的心理年龄发展水平。通过一幅小小的画，幼儿一览无余地展示内在想法，从与教师的交流中获得内心的自我认同，从而促使自己对自我认识有更准确、客观的认识，消除自我意识的混乱，建立自我同一性，提升自我适应能力，进而促进自我心理的健康成长。

第二，纠正幼儿的不良情感，释放负面情绪。幼儿教师通过仔细查看幼儿的绘画作品，及时发现幼儿在绘画作品中的与一贯表现不一致的地方，可以及时了解幼儿的情感变化。对于那些在绘画中出现了心理问题的幼儿，教师要及时进行矫正，使幼儿能够恢复到正常的学习和生活中来。例如，一个小男孩在主题是“我的一家人”的绘画中，画了妈妈拉着自己的手，而画的背景色是非常灰暗的。这个时候我们就要多去关注该幼儿，以绘画为中介去跟幼儿进行对话。在上述这幅画中，幼儿只是画了妈妈拉着自己的手而没有画其他人，原来是因为他的爸妈最近离异了。在充分了解该幼儿的基础上，幼儿教师理解该幼儿属于单亲家庭，比较孤僻，于是给幼儿实施了绘画治疗。通过幼儿教师一段时间的治疗和正确引导，幼儿把自己的不良情感都宣泄在绘画中，把自身的不愉快释放了出来，终于走出家庭变故的痛苦，从不愿意与人交流变得活泼开朗，开始融入其他幼儿的游戏。

（二）幼儿绘画发展阶段特点

要看懂幼儿的绘画，需要综合考虑幼儿绘画时所处的发展阶段以及其他的影响因素，根据幼儿个体情况具体分析。幼儿在不同的成长阶段，绘画能力受认知能力的影响，也会表现出很大的差别。因此，在对幼儿进行绘画治疗时，首先要了解幼儿不同年龄阶段的绘画特点，才能把握哪些是幼儿表现出来的共性特征，哪些是幼儿的个性造成的。

1. 了解幼儿绘画发展特点的重要性

了解幼儿绘画发展的阶段及其特点，对于指导幼儿绘画、与幼儿沟通、把握幼儿心理都有非常重要的影响。

(1) 对正常表现和非正常表现有所认识。

只有先了解某一年龄阶段幼儿绘画的正常表现或者应当出现的特征，才能知道什么是不正常、不应当出现的表现。

图1－18和图1－19分别是两个6岁左右幼儿的画，我们来对比一下。

可以看到，图1－18，画作《公园》中有两个很大的人，左边是幼儿的妈妈，右边很远的地方是爸爸带着她的妹妹，她和妈妈的表情是开心的，她眯着一只眼做出俏皮的样子。妈妈带着她在公园看荷花，池塘里荷花开得正盛，荷叶也很葱绿，还有青蛙和蝌蚪、小鱼在水中自由地游。整个画面感觉很和谐，颜色也很赏心悦目，画面元素多是圆形的，没有太多尖利的形状。人物的五官完整，画的比例很合适，画面占了全部的纸张，这是一幅适应良好的小姑娘的画。

图1－19画作《逗号》，也是一个6岁幼儿画的。相比较而言，这幅画里虽然也出现了人物，可是唯一的那个人被一个长椭圆形所围住，五官、姿态都很模糊。虽然也用了一些明亮的色彩，但是可以感觉到幼儿在使用色彩时的状态很不稳定，似乎是很急躁地涂抹，最后还把画出来的图像全部用混乱的线条给遮蔽了。这里反映出这是个内心缺乏安全感，甚至对自我充满否定、不自信的幼儿。画的结构混乱，元素单调，反映出这个幼儿目前应该正处于情绪非常不稳定的时期。

根据幼儿所画的一系列画以及绘画过程中的表现，可以搜集到一些关于幼儿心理问题的重要信息，从而更好地对幼儿进行教育。

图1－18 幼儿画作——公园

图1－19 幼儿画作——逗号

了解幼儿绘画发展阶段对于区分发展落后、有学习障碍的幼儿也是很有必要的，这些幼儿的绘画从一个阶段发展到另一个阶段会是一个比较漫长的过程。

(2) 对幼儿做出恰当的判断。

如果不考虑幼儿的发展阶段而只根据作品的形式或内容做出推测，就很有可能做出不恰当的判断。

图 1－20 幼儿画作——月亮

图 1－20《月亮》是一个 4 岁的男孩子画的。习作任务是用碎纸片拼贴出一个圆形月亮，然后自由绘画月亮下的世界。该幼儿从来没有进行绘画方面的训练，手指的精细动作明显比较落后，所以在将纸片撕碎的任务上完成度有限，体现在最初的几张纸还能撕成相对较小的纸片，但很快就不能坚持按指令作业。在画月亮下的世界时，幼儿试图在右侧画上一栋房子，但是画到一半就开始随意涂抹。这是因为 3～4 岁的孩子还在涂鸦期，对事情暂时缺乏计划性，没有前瞻性，所以这时的画面显得比较凌乱，这些是正常的现象。

对幼儿画面的含义保持警觉是幼儿教师应该具备的素质，但还是要结合幼儿的发展阶段以及其他的信息，不断验证之前的推测，以免误读信息。

2. 罗恩菲尔德幼儿绘画发展阶段理论

罗恩菲尔德认为，幼儿艺术能力的成长可以与幼儿组织思维的过程和认知能力的发展相对应。在这个意义上，艺术能力是幼儿在运动、知觉、语言、符号形成、感觉意识、空间定向等方面发展中某种能力出现的指标。他描述了绘画发展的六个阶段。

第一阶段：涂鸦期（2～4 岁）。基于肌肉运动的最早的图画，即未分化的无意识涂鸦，随后成为心理活动的表征，发展出有控制的涂鸦，包括横向、纵向乱涂，然后发展出能封口的圆形涂鸦，直到这个时期的后期，幼儿可以为自己的涂鸦命名，即命名涂鸦。

第二阶段：图式前期（4～7 岁）。符号表征早期发展，特别是出现表现人物的基本造型。

第三阶段：图式期（7～9 岁）。符号表征继续发展，特别是出现人物、事物、构图和颜色方面的图式；使用基地线。

第四阶段：写实主义期（9～11 岁）。以事物本来的空间深度和颜色来绘画的能力不断增强，同时也越来越表现出刻板性。

第五阶段：假写实主义期（11～13 岁）。对人物和环境更具批判意识，更注重细节描画，美术表现中的刻板性增强；画漫画。

第六阶段：决定期（青少年期）。绘画表现更为复杂和细致。幼儿的绘画水平能否达到这一水平，关键取决于本人的兴趣或他人的鼓励；一些人的绘画能力发展不到这个阶段。

一些学者发现，皮亚杰的幼儿认知发展理论提到的发展阶段与罗恩菲尔德提出的幼儿绘画发展阶段是相对应的，如表 1－4 所示。

表 1－4　幼儿认知发展阶段与绘画发展阶段对照表

<table>
<tr><th colspan="3">幼儿认知发展</th><th colspan="3">幼儿绘画发展</th></tr>
<tr><th colspan="2">阶段</th><th>表现</th><th colspan="2">阶段</th><th>表现</th></tr>
<tr><td colspan="2">感知运动阶段
（0～2 岁）</td><td>依靠自己的肌肉动作和感觉来应付外界事物，尚未内化到头脑中，抓握、抚摸以及其他动觉和感觉活动有助于思维的发展</td><td colspan="2">准备阶段
（0～2 岁）</td><td>美术始于感觉与环境的首次接触和儿童对这些感觉经验做出的反应，触摸、感受、看、抚弄、听、嗅是美术活动的基本背景</td></tr>
<tr><td rowspan="5">前运算阶段
（2～7 岁）</td><td rowspan="4">象征思维阶段
（2～4 岁）</td><td rowspan="4">已出现象征符号机能，因而能够凭借意义对意义所指客观事物加以象征化，出现延迟模仿、象征性游戏、绘画等行为模式</td><td rowspan="4">涂鸦期
（2～4 岁）</td><td>未分化涂鸦</td><td>无控制地涂抹，满足动觉经验</td></tr>
<tr><td>经纬线涂鸦</td><td>重复性运动的控制，手眼的协调性加强</td></tr>
<tr><td>圆形涂鸦</td><td>重复画图，并用它来表现一切事物</td></tr>
<tr><td>命名涂鸦</td><td>认识到绘画与外界之间存在的关系，受画面象征符号启发而命名，显示初步的手、眼、脑的整体协调</td></tr>
<tr><td>直觉的半逻辑思维阶段
（4～7 岁）</td><td>开始从表象思维向运算阶段发展，但判断仍受直觉表象自动调节的限制，其突出特点是自我中心思维</td><td colspan="2">图式前期
（4～7 岁）</td><td>以自我为中心观察现实生活，画面形象呈几何形组合，透明或 X 光画表示所知的存在；为表现自己的感觉，常夸张重要，忽略次要</td></tr>
</table>

续上表

幼儿认知发展		幼儿绘画发展	
阶段	表现	阶段	表现
具体运算阶段（7～11、12 岁）	形成了初步的运算结构，获得反演可逆性与互反可逆性，但仍离不开具体事物表象的支持，发展了解除中心化作用，即开始能站在别人的立场上看问题	图式期（7～9 岁）	用几何线条的图式来表现视觉对象，并重复出现，但有时会因特别经验而改变，画面有明确的空间秩序
		写实主义期（9～11 岁）	脱离了几何线条的程式化图式，转向自然描绘，出现透视，能表现重叠形式，线条更具现实性
形式运算阶段（11、12～14、15 岁）	开始从具体事物中解放出来，在头脑中区分形式和内容，运用语词或符号进行抽象逻辑思维	假写实主义期（11、12～14、15 岁）	从自发的艺术活动过渡到理性活动，注意比例、明暗、透视等，试图精确地表现实物，自我批评能力增强

3. 涂鸦期幼儿的画（2～4 岁）

早期研究者认为涂鸦是无意的，仅仅是胳膊、手腕等运动留下痕迹的结果。但是近几十年来，人们对涂鸦的看法发生了改变。尽管幼儿涂鸦在成人看来是无意义的混乱的线条，但是幼儿却在其中发展了表达自己的能力，就像语言和手势一样。学习语言都是从听到大人的声音开始，然后咿咿呀呀不清楚地说，但是这个过程必不可少。

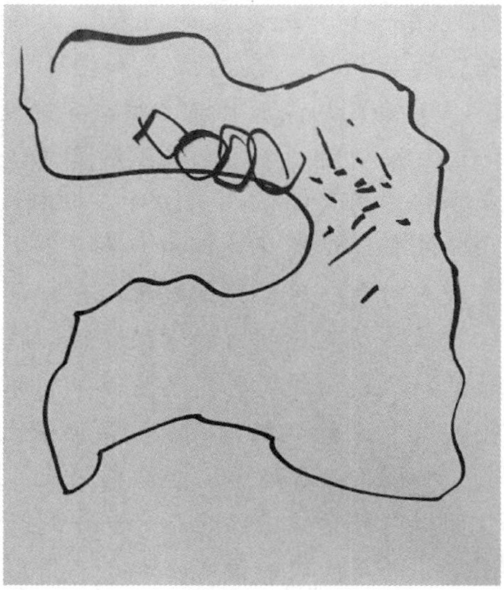

图 1－21　幼儿画作——蛇和汽车

幼儿在涂鸦中意识到，画在纸上的线条和形状也可以代表他们环境中的事物、动作甚至声音，不是图形表征，而是事物特征、动作表征。例如：有个幼儿画了一幅画，告诉妈妈他画了汽车，还有蛇（见图 1－21）。他妈妈找了半天都不知道哪里是汽车，幼儿指着 4 个歪歪斜斜地靠在一起的圈，原来他画了奥迪的标志。蛇就是一条很长很长的线。

幼儿画的不是图形，而是他们认为的最本质的特点。也有可能幼儿只是画了一条线，而这条线代表小狗在地上跑的轨迹，虽然看不到狗，但是孩子会说有只狗在跑。比如，孩子可能画了几条短线，这几条短线代表的是喇叭的声音，因为他感觉喇叭的声音就是一顿一顿的，嘟嘟嘟，他把声音画出来，就认为画的是个喇叭。

【知识拓展】

幼儿涂鸦期绘画的特点

(1) 无意地使用线条和颜色。

涂鸦期的幼儿主要是体验肌肉运动的快乐，就好像小宝宝会站立了、会移动几步了，他们自己会感到很开心一样。画线条让幼儿感到能控制自己的手部肌肉，并因此体验到快乐。

涂鸦期的幼儿对于颜色的使用通常也不是很有意识的，使用颜色纯粹是为了高兴，而不是为了给太阳涂个红色的笑脸、给草地画上绿色等等，因此，他们通常不会在意选择什么颜色，常常不换笔，只用一种颜色画画。笔者发现，在拿颜色笔的时候，幼儿还是有颜色倾向的，常常会去拿固定的几个颜色，只是在使用时不会按照现实中的颜色来运用而已。比如图 1－22 中，幼儿用红色、粉红、蓝色、紫色、白色、黄色等来涂抹草地。

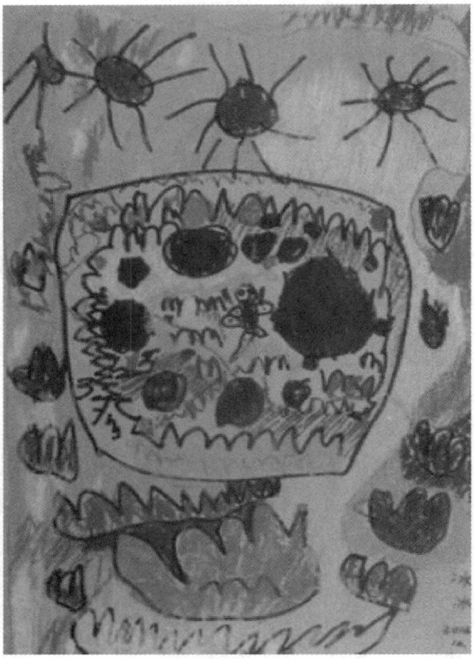

图 1－22 幼儿画作——草地

(2) 幼儿涂鸦遵循渐进发展过程。

凯洛格（Kellogg，1969）对幼儿早期的图形活动进行了最为详尽的研究，她提出幼儿的涂鸦也遵循一个渐进发展的过程，从简单的标记开始，最后出现复杂的模式和图形。她通过分析 2～3 岁幼儿的涂鸦作品，得出了幼儿涂鸦绘画的渐进发展过程，提出了 20 种基本涂鸦形式。后来，格罗姆（Golomb，1981，1990）把凯洛格提出的涂鸦类型简化为两种——平行线（横线、垂直线或对角线运动）以及环形线和圆圈（圆形运动）。

随着幼儿控制力的增强，线条越来越密，从平行线往环形线发展，从短的线条，到复杂的折线或曲线，再发展为简单的环状曲线。

(3) 用涂鸦的方式来利用画纸上的空间。

如图 1－23 所示，凯洛格提出，2～3 岁的幼儿可以用不同的涂鸦方式来利用画纸上的空间，这就意味着幼儿开始认识到纸的边界了，他们开始以各种方式来使用和安排线条和图形，并用涂鸦的方式堆积出三角形、长方形等。然后，在此基础上，幼儿慢慢发展到能够用单线画出这些形状。

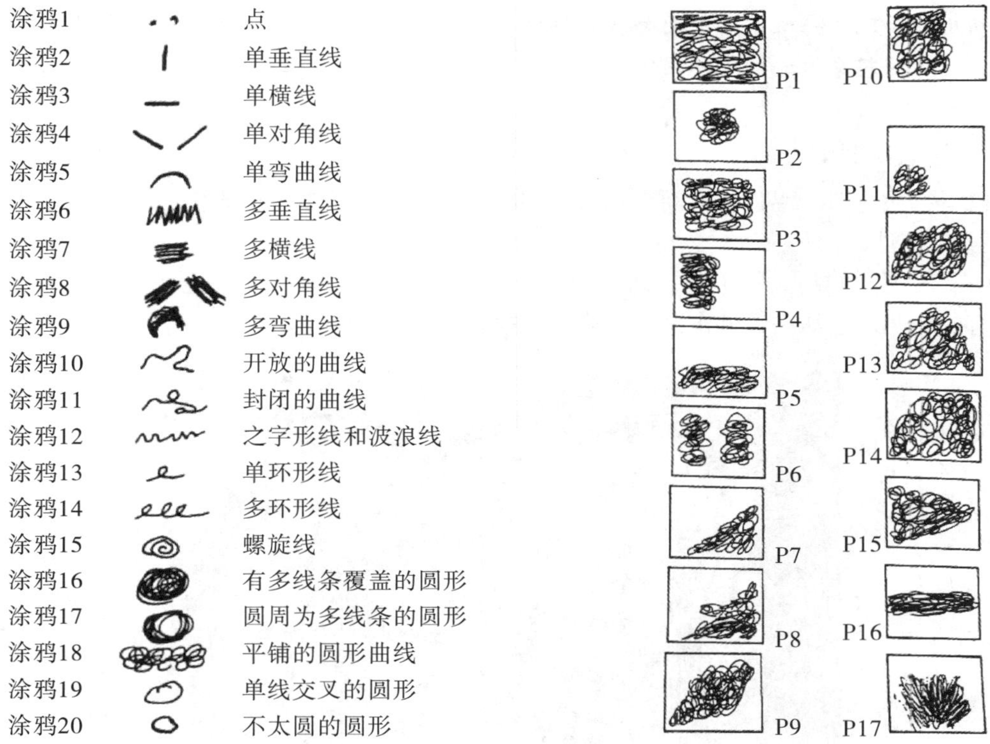

图 1－23　凯洛格 20 种基本涂鸦形式和 17 种涂鸦安排

（4）对涂鸦进行命名。

3～4 岁时，幼儿还在涂鸦，但是已经能够命名涂鸦，开始根据涂鸦图形讲故事。这是很重要的阶段。这一阶段幼儿将他们自己的动作、画面上的形式与他们周围的世界联系在一起。因为对图画的讲述在这一阶段变得越来越重要，所以对教师来说，即使幼儿画出成人不能辨认的涂鸦画，了解幼儿是否愿意积极谈论自己的作品也是很有价值的。

如果请幼儿对自己的涂鸦作品进行描述，幼儿会为了取悦成人而简单地讲一个和画面形象有关的故事。例如，有个 3 岁的小女孩，爸爸懂一些绘画，每次来都看着女儿的画怀疑地问，“你画的是什么啊?”女孩子因为有一次画了像花朵一样的东西，爸爸夸奖了她，于是回答：“嗯，这是昨天看到的花园吧。”之后，每次爸爸问，她总是说画的是花园。

（5）命名涂鸦的内容会随机改变。

3～4 岁的幼儿，讲故事可以作为绘画活动的一个组成部分。但要注意，这个阶段的孩子注意力保持的时间短，词汇量也有限。他们讲述的涂鸦内容在几分钟之内会发生很大的变化。比如，幼儿开始说“这是妈妈”，但是很快又说是个太阳。到了第二天，当他们再看到作品时，可能又说出完全不同的东西来。

教育者要知道，视觉符号所代表的意义的变化，在这一年龄阶段是正常的表现。

（6）具有大胆的想象。

著名教育心理学家加德纳发现，涂鸦期的幼儿常常因为抽象作品的颜色和图案而对抽象派的作品很喜爱，他们可以从抽象的油画作品中辨认出一些形象，比如玩具、脸等等。

幼儿喜欢玩在一堆东西里面寻找物体的那种游戏，成人思维容易定型，看抽象画时看不懂，幼儿的想象力还处在不固定的时期。

4. 图式前期幼儿的画（4～7岁）

以下将从造型、用色、空间表现来阐述图式前期幼儿绘画表现的特征。

（1）造型。

人：出现“蝌蚪人”形象。即，用一个大圆圈代表头，两条直线连接在圆圈下象征双脚，有的幼儿还会从头部伸出两条线来代表手，如图1－24所示。

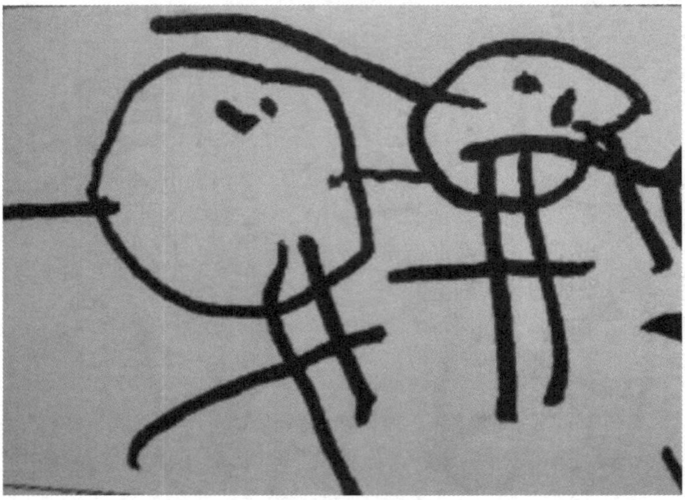

图1－24　蝌蚪人（图片来源于网络）

儿童心理学家皮亚杰认为，幼儿是用感觉来了解世界的，头部是人的感觉官能的中枢所在，所以他们画人强调头部。也有人认为，动的物体比静的物体易引人注意，因此蝌蚪人常出现眼睛、嘴巴，而忽略了鼻子和耳朵。有些幼儿还会画出肚脐眼，有人认为，这可能是因为幼儿对肚子有过强烈的体验。

方形：圆形是幼儿画画出现的第一个几何造型。到4岁左右，幼儿会画方形，如图1－25所示。方形的出现告诉我们，幼儿的发展又迈向了一个新的阶段。画方形比画圆形费时费力，幼儿的手眼协调、肌肉运动能力到达一定程度才能完成。而且方形是两边平行、另两边垂直的形状，幼儿必须依赖空间关系才能画出来，说明他们的认知也得到了发展。

图 1－25　幼儿习作——我的小区

格子、栅栏状或其他反复呈现的简易造型：某些幼儿在这个阶段会极热衷地反复画一些格子、栅栏状的物体，它们或许代表窗子、楼梯、栏杆等等。这些机械的、重复的动作往往还伴随着嘴里的喃喃自语，似乎这种活动给幼儿带来了安全感、控制力。虽然没有证据，但是很多人发现，当幼儿正在经历一些压力、冲突、没有安全感时，画面上常会出现格子状的造型。例如，笔者的一名学生，家庭氛围非常紧张，妈妈和爷爷奶奶有比较多的冲突，妈妈动辄打骂孩子，孩子认为自己总是犯错，他的画面总是重复出现方格，如图 1－26 所示。当然，这也不意味着所有幼儿在绘画时有格子出现就代表有情绪障碍，还要结合教师平时的观察。

图 1－26　幼儿习作——乌龟世界

一般表现符号：除了画人之外，幼儿渐渐开始喜欢画些他喜爱的动物，如小猫、小狗、小白兔、恐龙等。这些动物都像人一样活着，有拟人化的脸部，会说话。虽然幼儿画的动物拟人化的脸是正面，但是身体往往是侧面的。这就像古埃及的壁画一样，遵循着美术发展的规律。

（2）用色。

此阶段的幼儿图画中的用色看似是随意的，他们可以把人脸涂成绿色、红色或其他任何颜色，并没有要表现现实中人的肤色的意图。虽然随意用色去表现，但并不意味着色彩对他们没有意义。图画的色彩只是跟现实生活中的颜色没有关系，但是跟幼儿的个人情感还是有着某种关联。有人做了研究，让4岁的幼儿涂色，他们基本上会用黄色来描绘一个快乐的主题。但是如果同样的图像，当这批幼儿被告知是一个悲伤的故事时，大部分孩子改用了棕色来涂同一张画。

当然，也有的幼儿用色是随机的，按照盒子的颜色顺序一只一只地拿，或者只拿盒子里干净的、比较新的那些颜色。

比伦（Birren，1992）研究发现，较小的幼儿对黄色有偏好，随着年龄增加，会更喜欢红色和蓝色，对这两色的喜好会持续到成年期。一般而言，幼儿对色彩的偏好顺序是红、蓝、绿、紫、橙、黄，男孩女孩之间无多大差异。

陆雅青发现，心智复杂或性格内敛者偏好低彩度的中间色（黑白灰），而个性单纯、开朗者多半偏好彩度较高的颜色。

（3）空间表现。

此阶段幼儿描绘的是主观认知的空间观，物和物之间没有客观的逻辑关系，物体之间的大小比例也是如此。比如，孩子画了一家人，他会把自己画得比较大，放在中间，他的旁边是爸爸、妈妈，更远的地方才是别人。空间布置表达的是他的情感喜好。

卡延·马西赫（Kalyan－Masih，1976）要求98个4～6岁的孩子画一张画，要求“画一间房子后面有一棵树”。4岁以下的幼儿只会涂鸦；5岁的幼儿根本就忽视主题，而将房子和树并列；6岁的幼儿将房子画在树的下方，或者树和房子分别画在纸的两边。实验显示，没有一个6岁以下的幼儿能够运用重叠的技巧来表现这个主题。

研究者们认为，在图画中利用重叠的技巧表现物体远近的能力，大概在9岁以后才能自然发展形成。成人不要太早教导幼儿重叠的空间表现技巧，否则，即使幼儿肯听话去模仿，也会让他们增添困扰，甚至打击自信。

（三）绘画治疗的活动形式

经过近几十年的发展，绘画心理疗法扩展出许多形式，根据给出的刺激程度，可将绘画分为三类。

第一类是不作任何要求的自由绘画。玛格瑞特·纽博格以及凯恩·纽博格两姐妹提倡让儿童自发地绘画。妹妹纽博格在纽约城沃尔登学校进行美术教学时，不拘泥于标准化的课程模式，鼓励学生在自发的美术活动中学习。姐姐凯恩也是一名艺术教育工作者，她认为绘画是一种无意识意象的显现。凯恩还提出了一套使用音乐、动作、声音和涂鸦等手段帮助幼儿自发绘画和涂色的特殊方法。

比如，让幼儿听音乐，根据音乐带来的感受，随意地绘画。一般幼儿都能随心所欲，按照自己的心情自由绘画。但是有些幼儿因为天性拘谨，或者家庭氛围紧张，抑或受情绪影响，不能下笔。这时，教师可以引导幼儿从简单的形状开始，比如，先随意画三条线，然后自由地画三个点，再给予幼儿丰富的色彩笔，让其随意地画。

涂鸦法就属于自由绘画的活动形式。涂鸦法是让幼儿用铅笔或者蜡笔和水彩笔在画纸上涂鸦绘画的方法。这种方法操作起来不用幼儿思考什么，让幼儿试试在白纸上随便画。当画好之后，教师可以问幼儿"看出什么图形的话，告诉我一下"，询问投射出来的东西，让幼儿在能够看得出图形的地方涂上颜色。涂好之后，教师围绕这幅画与幼儿展开具有探讨、疏解性质的谈话。

第二类是规定了内容的绘画，如画自画像、画树、画人际关系等。这一类绘画同时兼具心理测试的功能。教师可以给予很简单的指导语，比如，"请小朋友们在纸上画一个人。"这一类的绘画包括以下种类。

房树人测试（house tree person test，简称 HTP）：是由巴克推广，被广泛使用的技法。"房树人测验"相对来说方法多种多样，在测验的形式上又有许多变通。例如，有的简单要求被测者画出房、树、人，有的要求被测者在画完房树人后，再用蜡笔对画进行涂抹上色，还有的对人物画要求画性别相反的两个人物。另有一种为综合性"房树人测验"，要求参与者在同一张纸上画房树人来进行测试，这三者有互动作用，例如从屋和人的位置与距离都可看出幼儿与家庭的关系，所以这两种分析多数会结合使用。总而言之，"房树人测验"不仅是一种人格测验，而且是一种智力测验。它可以动态地掌握思维情绪的演变，并且能触发幼儿的创造力，甚至通过绘画后的沟通，起到治疗作用。

人物画：通过画人物来判断幼儿在人格上是否存在缺陷的一种方法。比如，过大或过小的脑袋，夸张的牙齿、断手、断胳膊，鼻子、脚、耳朵等的省略，都表达了特殊的意义。这种方法与房树人的方法有相似之处。很有趣的是，就算幼儿教师不给任何指导，幼儿也经常会自觉地在纸上画人、画树、画房子。而且，笔者凭多年的经验发现，幼儿笔下的人物往往与幼儿自己的形象有较高的相似度。

动态家庭绘画法（kinetic family drawing，简称 IFD）：这种方法在操作中类似如下的指导语——"请画出你们一家人，包括你自己在内，画大家正在做事的情景"。采用这种绘画法，家庭内部的动力被投射出来。教师通过动态家庭绘画法可以得到大量的信息，这也是在测试幼儿是不是单亲家庭和自闭症幼儿时经常使用的一种绘画疗法。

风景构成法：一方面可以作为测试法；一方面在描绘风景主题的时候，也能够起到充分治疗的作用。在加好框的画纸上，按照"河川、山、田、道路、房子、树木、人、花、动物、石头及你希望加入的东西"的顺序，让幼儿将 11 个项目在画纸上，构成一幅风景图。在操作这种方法的时候，教师要求幼儿一定要按照顺序来一个一个地画入，画好之后还要上色，上完色才算是完成。教师可以根据这幅风景图中的事物的形象和事物的色彩来解读幼儿心理健康水平及情感状态。

第三类主要是对未完成的画进行添补，如添人物或者填色，几年前大热的填色书《秘密花园》就属于第三类。这一类绘画主要包括如下形式。

心理曼陀罗绘画：幼儿在画好的大圆中通过想象来画画；或者在大圆中描绘了线条，幼儿用颜色进行空间涂抹。在绘画心情曼陀罗时，幼儿把消极的情感表达出来，因此绘画后可以体验到心灵的放松。幼儿画完以后，教师可以提问：现在你的心情是什么样的呢？可以说一件让你最感动/最伤心/最开心/最难过的一件事吗？……

图1-27 “心理曼陀罗绘画”

“续画”游戏：这是英国儿科医生唐纳德·温尼科特在治疗中常使用的方法。这个游戏是由心理医生和幼儿共同创作出涂鸦式图画的活动。温尼科特在桌上放上一叠纸和两支铅笔，然后他会建议玩游戏。若幼儿同意，他会先在纸上随意画一些线条，请幼儿添加几笔，再给它一个命名。接着，反过来，幼儿先画，温尼科特在此基础上添加，使它成为某一样东西。温尼科特引导这个来来回回的过程，同时与幼儿自然地交谈画的内容，他的目的是借此让幼儿安心自在地进入幻想世界或者梦境。每次会谈，通常会产生三十幅左右的图画。随着这些画的含义越来越深入，幼儿会感到它们是有意义的交流。这个游戏延续了温尼科特的一贯思想：游戏是幼儿的表达，表达本身带来疗愈。

图1-28 绘本《形状游戏》内页

绘本大师丹尼尔的《形状游戏》讲述自己小时候有一天和全家去博物馆的经历，在回家的路上，妈妈给他买了一本画簿，与他一起玩形状接龙的游戏，即，每人轮流用笔画出一段线条或形状，共同创造出一个形象，从此他爱上了绘画。

（四）幼儿绘画课业疗法指导

绘画三疗法见图 1－29。

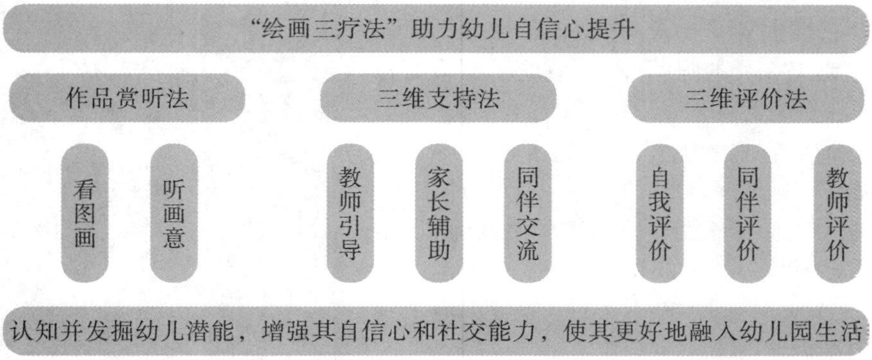

图 1－29 绘画三疗法

1. 作品赏听法

（1）看图画，看懂幼儿的画。

要读懂幼儿的绘画，需要综合考虑幼儿绘画所处的发展阶段以及其他的影响因素，根据个体情况具体分析，而不要过多关注和解释一张绘画作品中的结构性元素是否正确。在这个 5 岁幼儿童童的主题绘画作品《彩色的人》（见图 1－30）中，画面内容过于简单，表明童童内心力量的不足；5 岁的幼儿应该能用一些图案表达自己的想法，可是童童还只是在不停地涂鸦，并且注意力坚持的时间很短。由此可见，童童可能内心缺乏一定的安全感，缺乏自我认识。

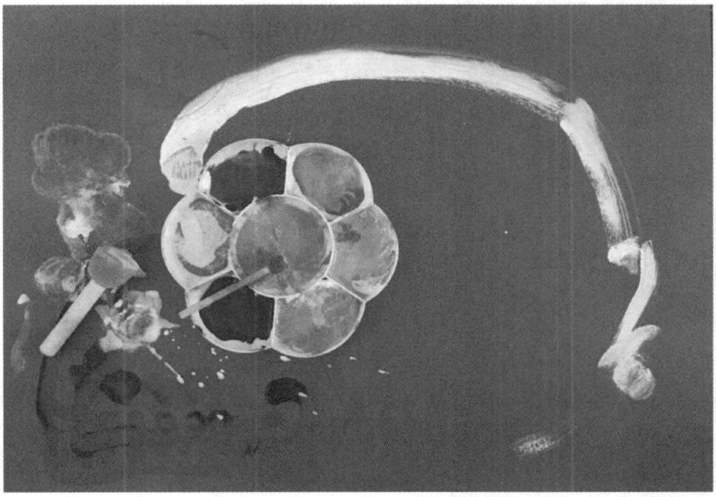

图 1－30 幼儿习作“彩色的人”

（2）听画意，听懂幼儿的话。

在“我和小动物”主题绘画活动过程中，如图 1－31，小志与教师（T 表示教师，Z

表示小志）的沟通如下：

T：“你画了什么？”Z：“海龟。”

T：“这个海龟在做什么呢？”Z：“它死了。它都变红了，它很生气。”

T：“它是怎么死的呢？”Z：“它吃了很多有毒的东西。”

T：“是谁给它吃的呢？”Z（想了很久）：“有人给它吃的。”

T：“这个人为什么给它吃有毒的东西呢？”Z：“因为这个人很坏。”

T：“这个人怎么坏呢？”Z：“他觉得海龟很烦，总是很调皮。”

T：“这只小海龟被毒死了，它觉得委屈吗？”Z：“嗯。它想和别人做朋友。”

图 1－31　幼儿习作《我和小动物》

在绘画活动过程中，很多幼儿都是画自己与小动物很开心的场面，而小志却画了一只死了的海龟，还让教师帮忙在画纸上写下“海龟死了”。小志是个非常好动的幼儿，嘴巴总是管不住，经常插话，而且常常很大声，有时去捉弄别的幼儿，其他幼儿都不太喜欢他，家长也反映养育他比较困难。从围绕这幅作品进行的交流互动看，这也符合他日常生活的状态。因为不懂得怎么与其他幼儿相处，也不太能控制自己的言行，所以他总是被人批评，内心有很多激愤的情绪，他把这个情绪投射到了画上，这只调皮的海龟最后被人毒死了。从中可以看出，小志也想有朋友，只是还不知道怎样才能变成受欢迎的孩子，这时就需要教师进一步去引导他。

2. 三维支持法

第二步，三维支持法，这建立幼儿自信心的抓手。

我们通过“作品赏听法”了解了幼儿的初始状态之后，再进行第二步的“三维支持法”。“三维支持法”指的是，通过绘画活动中教师、家长和幼儿园小伙伴三个维度的支持，一起助力构建和增强幼儿的自信心。

（1）教师引导。

幼儿的创造需要一定的技能基础。教师在幼儿绘画过程中的正确引导，可以帮助幼儿无形中巧学技能、巧用技能，进一步内化为自身技能，并在今后的美术活动中灵活运用。

①顺势引导法：幼儿在进行美工活动时，往往会出现最后呈现的画面效果与自己心中所想脱节的现象。比如，很多幼儿在绘画过程中经常说：“我画错了。”此时教师要捕捉现有画面的发光点，顺势引导幼儿将“画错了”的缺点转为这幅作品的特点，这对缓解幼儿绘画过程中的焦虑感、帮助幼儿建立自信心有重要的作用。

绘本《美丽的错误》中，如图 1－32 所示，展示了很多因错误而产生的艺术创意，比如，泼洒的颜料，被描绘成了大象的外轮廓；不小心滴落的两滴墨水，被画成小汽车的轮子。教师在教学中可以教导幼儿幽默地使用错误，将错误变成美丽的错误。

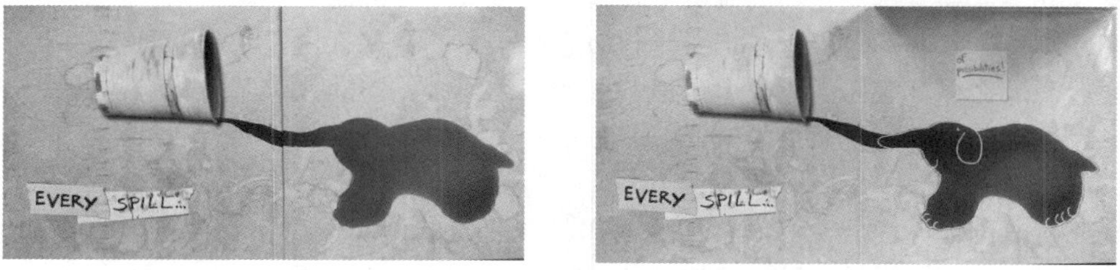

图 1－32 绘本《美丽的错误》部分内容

②螺旋式推进法：幼儿的绘画经验，需要在“思”和“画”的过程中不断探索和积淀，才能逐步积累。当幼儿的实际绘画结果与他心中原本想要表达的内容出现偏差时，教师要引导幼儿在原画基础上采取添加等补救措施，从而收获意外的惊喜。

比如在色彩游戏主题绘画活动中，如图 1－33 所示，小宇用黑色笔画了一些比较凌乱的线条，然后说：“画好了。”因为本堂课是引导幼儿通过随意画出来的线条，观察线条之间出现了哪些形状，然后把这些形状用不同颜色涂出来，于是教师引导他：“哇，我看到了你画的线条里藏着好多房子。”这样就引起了小宇的兴趣，接着他就在纸上寻找这些房子，并告诉教师他也找到了。因为小宇平时很不喜欢涂颜色，所以教师接着问：“你能把这些房子用颜色画出来吗？”小宇开始拿颜色笔去涂抹他找到的“房子”。教师赶紧表扬他：“你不仅找到了房子，还找到了好多其他的东西，而且颜色也很丰富。”小宇听到表扬之后，就更加认真地继续涂抹颜色。

图 1－33 幼儿习作《色彩游戏》

（2）家长辅助。

在幼儿教育过程中，一方面，幼儿希望得到教师的肯定和认可，因此，在每次活动中，教师要积极关注幼儿的点滴表现，及时给予肯定和回馈；另一方面，教师也要引导家长重视幼儿的教育。所以，教师可以多联系家长，与家长沟通。教师可以真诚地告诉家长孩子具有的潜质，鼓励、暗示家长在这方面更多关注孩子的表现；可以与家长协商，从绘画活动开始，让家长每天在家陪着孩子一起进行绘画练习，并给予家长一定的指导，让家长知道如何辅导孩子的绘画活动。

家长并不需要教授幼儿如何画某个物体，家长只需要对幼儿的画表示感兴趣，并且询问幼儿，画里有哪些形象，这些形象是什么心情，它们会怎么说话，这是什么故事，这个故事之后会怎么样，等等。家长也可以给幼儿提供绘本，与幼儿一起分享绘本故事。这些都是家长可以提供的力量。

（3）同伴交流。

幼儿初步创作完成后，可以将幼儿的作品展示给其他小伙伴，并鼓励大家一起交流。此环节有三个要点：①肯定幼儿已取得的成效；②指明幼儿需要改进的方向，推动幼儿下次表现得更好；③引导幼儿借鉴其他小伙伴在绘画中的优点，取长补短。

3. 三维评价法

第三步，三维评价法，这是增强幼儿自信心的助跑器。

美术活动是幼儿表达情感的一种形式，每一件作品都代表了他们心里的想法。因此，教师要鼓励幼儿和小伙伴积极主动参与所完成绘画作品的评价。

（1）自我评价。

幼儿自我解读作品，不仅可以总结经验，为日后更好地在画面中表现内容做准备，还能提高口语表达能力、增强自信心。

自我评价中最简单易行的办法是，鼓励幼儿为自己的绘画作品取名字。作品有了名字，就像有了灵魂，幼儿的画由抽象瞬间变得具体，可以沟通。如图 1－34，幼儿为自己的作品取名《海龟在念书》，这是他对自己作品的解读。

图 1－34　幼儿习作《海龟在念书》

（2）同伴评价。

幼儿互评可以促进彼此互相学习，提高观察、与人沟通的能力。

(3) 教师评价。

经过幼儿的自我解读和同伴的点评后，教师再进行画龙点睛般的补充评价，可以让幼儿明确新的发展目标。在教师的提示下，幼儿绘画能力的提高将会更有方向。

(五) 幼儿绘画课业疗法作品分析、评估

人们可通过幼儿绘画的过程和作品的表现形式了解、分析幼儿的内心世界、性格倾向和精神状态。解读幼儿绘画作品的基本元素，包括颜色、线条、形状、构图、内容等方面的信息。

为了更好地理解幼儿的画，我们要知道一些普遍性的象征意义，以便更好地感受幼儿传递出来的无意识的信息。

国内学者张加朝通过营造不同的情绪氛围，观察幼儿在不同情绪状态下的绘画作品，发现不同情绪状态下大班幼儿的画面呈现出不同的表现。这对我们通过作品理解幼儿的情绪有很大的启发作用。如表 1－5 所示。

表 1－5　不同情绪状态下大班幼儿的画面表现

情感表达	维度				
	色彩	造型	构图	题材	行为表现
高兴情感	红色、黄色、绿色、橙色、粉红色等暖色或色彩明亮的颜色	圆形、半圆形、椭圆形、弧形等形状不尖锐的图形	对称式构图、水平式构图、三角形构图、方形构图、圆形或半圆形构图	选择与自己生活密切相关的事物或生活中高兴的事物来表达高兴情绪	高兴、喜悦、眉飞色舞，伴随有肢体的激昂、亢奋
悲伤情感	蓝色、灰色、黑色、白色等冷色调或灰色调颜色	三角形、菱形、锯齿形等尖锐的图形和一些不规则的线条	水平式构图或三角形构图、方形构图等单一的构图	选择生活中使自己不快乐或悲伤的事或物表达悲伤	沮丧、悲伤、流泪、哭泣等，情绪低落
愤怒情感	深黑色、深灰色等暗沉的颜色	凌乱的线条和凌乱的块状，或大面积的涂抹	凌乱的构图，物体的空间位置关系比例失调	选择以凌乱的线条，或以黑色、灰色大面积的涂抹来表达愤怒	生气、砸东西、尖叫、咬人

以下从线条、构图、阴影、颜色等元素来分析幼儿的绘画作品。

1. 线条

幼儿所绘线条的长短、轻重等都包含着不同的意义。

幼儿一笔画出很长的线条，表示幼儿能较好地控制自己的行为，这样的幼儿比较稳重，但有时会压抑自己。而总是画断续的线条，表示幼儿具有冲动性，最近情绪状态不太稳定。

幼儿画很重的线条可能代表儿童内心的紧张、焦虑或不安，也可能代表脑部的生理疾病，比如发育迟缓的孩子，笔触是很重的。图1－35是发育迟缓的7岁孩子的画。她几乎每张画都用很重很重的线条，一遍一遍地涂抹成很粗的边界。

图1－35　学生习作《乌龟》

幼儿画非常轻的线条可能代表幼儿的适应性问题，比如对陌生环境的生疏感；也可能反映幼儿矛盾、优柔寡断、胆小、害怕和没有安全感的人格特质，如果有些幼儿经过长时间的相处，还是画轻轻的线条，就可以考虑这个原因；还有可能是无精打采、沮丧状态、意志缺乏的倾向，比如幼儿上了一天课，下午又去游泳，然后来画画时显得没有精神，这时画出的线条可能就很淡。

2. 构图

（1）画面的大小。

如果幼儿把物体画得非常大，这个物体有可能对幼儿非常重要，或者是幼儿正在关注的事物。而当幼儿将物体画得非常小，只占画纸的很小一部分，有可能表示其自我评价较低，可能是拘谨、胆怯和害羞的倾向，也可能是缺乏安全感、情绪低落、退缩的倾向。

幼儿期早期的孩子把画面画得很小是正常的，但如果画得过小且让人不易看懂其内容，就可能表示孩子在情绪上有所困扰。

（2）画面的位置。

画的内容处于纸的中间部分：这是最普遍的情况，代表安全感。幼儿普遍是以自我为中心的，所以把物体画在纸的中央是很正常的。幼儿还喜欢把自己画在纸的中间部分。

画的内容处于纸的下部：可能是稳定、安静的人格倾向；但也可能表明没有安全感、缺乏适应性，或情绪低落有悲观主义倾向。

画的内容处于纸的边缘或最下部：表示幼儿缺乏安全感、没有自信，需要外部支持；也可能代表幼儿依赖他人，害怕独立；或者逃避尝试新的东西，沉迷于幻想中。

画的内容处于某个角落：往往是退缩的象征。

3. 阴影

画面中有过多的阴影可能提示幼儿存在某种焦虑。

有时候幼儿画阴影的方式是，把人的脸部或身体的下半部分涂成暗色调。有研究发现，即便是黑人幼儿也不会把人脸画成黑色，除非他们有焦虑。幼儿把身旁的同伴的脸涂黑的话，表达幼儿对这个同伴感到厌恶和焦虑。

如果幼儿把太阳或云涂黑，有可能是幼儿不高兴的表现。

当然，解释阴影时也要联系画面的其他部分来考虑。

4. 颜色

色彩心理学近几年备受关注，有人用不同的颜色来概括人的个性，医院研究什么颜色的病房、墙壁让病人心情更平复，颜色如何影响血压，什么样的颜色吸引人们的注意，等等。

对于颜色代表的意义，不同的人意见分歧很大。有人认为，深蓝色代表和平与宁静，黄色代表温暖和愉快，黑色代表虚无感。也有人认为，红色代表活力和温暖，黑色也能代表黑夜，表示需要休息；但是如果黑人幼儿用黑色的话，则是表示一种自豪。

图 1－36　颜色示例（图片来源于网络）

不过，也有一些共识，比如，有的幼儿选择一种颜色，可能表明他不太灵活、很少变通行为模式；过度使用一些颜色，可能就表示特定的信息。比如，过重的红色代表愤怒；连续不断地使用黑色常常与抑郁情绪有关；过度使用暗色系，可能跟忧郁情绪有关；过度使用鲜艳颜色，可能有急躁的倾向；过度使用很淡的、几乎看不清的颜色，可能是想要隐藏自己。

二、音乐治疗

（一）音乐治疗概述

音乐治疗是一个系统的干预过程，在这个过程中，治疗师运用各种形式的音乐体验，以及在治疗过程中发展起来的，作为治疗的动力的治疗关系来帮助治疗对象达到恢复健康的目的。

1940 年，音乐治疗作为一门学科在美国堪萨斯大学正式成立。经过几十年的发展，音乐治疗已经日趋成熟，成为一门完整的交叉学科。音乐治疗思想在我国古已有之，但作为一门新兴的学科，音乐治疗在我国起步较晚。1980 年，在美国亚利桑那州立大学任教的副教授、美籍华裔音乐治疗专家刘邦瑞先生，在中央音乐学院进行了讲学活动，首次把音乐治疗介绍到中国。1988 年，中国音乐学院成立了我国第一个音乐治疗专业。1989 年，中国音乐治疗学会成立。这标志着音乐治疗这门学科正式在我国生根发芽。如今，专业的学术团体、医疗机构、教育机构、专业的音像出版社和设备研制中心相继成立，形成了由音乐家、心理学家、医学家和其他专业人员组成的专业音乐治疗队伍。

奥尔夫音乐教育体系是当今世界最著名、影响最广泛的三大音乐体系之一。其基本核心观念“元素性音乐教育”，蕴涵了丰富的治疗转化潜能。系统地接受音乐训练被认为对幼儿的各种身心障碍和学习困难等问题有着积极有效的治疗作用。奥尔夫音乐治疗就是在奥尔夫音乐教育体系的基础上形成和建立的，是音乐治疗中非常重要的方法和派别。奥尔夫音乐四个核心理念分别是原本性、整体性、体验式、过程取向。奥尔夫音乐治疗通过展开四种原理的音乐活动，让幼儿参与其中，从而使孩子们将原本的音乐和动作、舞蹈、语言紧密结合在一起，让每个幼儿都参与到音乐当中去，这样可以让幼儿充分地感受音乐、表现音乐和创造音乐。奥尔夫教学内容主要是来自幼儿最熟悉喜爱的民歌、谚语、童谣和儿童游戏。奥尔夫音乐治疗十分注重教学过程，在音乐教学活动中尽可能让孩子用自己的方式、随自己的意愿去做，让幼儿自己去参与音乐活动，去创造，发挥其想象力和创造力。

（二）音乐治疗与音乐教育

音乐治疗与音乐教育在本质上存在着不同的区别，其教学目标与活动形式及在选取的角度、教学活动等方面都不相同。两者之间的区别主要体现在：

第一，治疗目的和教学目的不同。音乐治疗的目的是通过音乐对人进行正向积极的引导，借助特定的音乐活动，使人得到放松，情绪和身心得到有效缓解，达到保持、恢复、改善和促进人身心健康的目的。而音乐教育的目的是培养人在音乐艺术方面的能力，如音乐知识技能、音乐鉴赏等，使人最终能演奏出完美的音乐作品或提升其音乐审美修养。因此，从事音乐教育的人只需要具备音乐基础，而音乐治疗师除了具备音乐知识，还需要具备心理学的知识。

第二，音乐活动方式不同。音乐治疗活动有音乐放松训练、歌曲演唱、器乐演奏、音乐绘画、肢体律动等，活动并不要求演唱或演奏的质量。比如在歌唱环节，目的是让每位幼儿以唱出声音的方式表达情绪，发出声音；器乐演奏环节，则是让幼儿按照音乐治疗活动的规定融入整体中，以改善人际关系等。音乐教育是按设定好的活动流程，以演唱、演奏、节奏律动等为主，强调作品呈现的质量。

第三，音乐要素的运用不同。在音乐治疗中，节奏、旋律、力度、织体等的运用目的都是为了刺激、影响脑部的神经变化。适合的音乐要素的恰当运用，是音乐治疗过程的重要体验部分，尽管音乐要素的选用类型根据治疗的方式与个体存在的差异各不相同，但最终的目的是为了使音乐影响人的情绪，从而趋于正常化。音乐教育是为了使学生学习音乐要素，理解、掌握与记忆音乐要素，能划分音乐要素的特点，对音乐要素的概念、含义、运用等由浅入深地进行有步骤的掌握。

第四，团体音乐治疗和集体音乐教学师生关系不同。团体音乐治疗是通过创设某种小团体氛围，让幼儿在其中形成良好的互动关系，讲究幼儿之间的动力关系，通过互动学会并且能够接受他人的情感表达和相关行为。而集体音乐教学中，教师仍然是处于中心主导地位，基本上要依据统一的教材，以传授方式进行活动。

（三）音乐治疗的功能

音乐治疗对幼儿成长具体产生的影响大致可以分为以下几个方面：

1. 对幼儿感知能力的影响

在幼儿的成长阶段，每个幼儿在视觉、听觉、触觉等方面发育的状态是不同的。感官反应过于敏感或者过于迟钝都是需要训练和治疗的。幼儿在接受音乐治疗时，治疗师应为其设计专业的训练计划。在设计的音乐搭配舞蹈的训练过程中，为幼儿提供听觉、触觉、视觉等多重感官经验，通过音乐的体验来发展和整合他们的听觉、视觉和触觉作用。这样的训练刺激感官的发展与接收，满足了感官的需求，扩大了感知容量，增强了感知信息，在不同程度上促进了幼儿感知能力的发展。

2. 对幼儿认知学习和语言表达能力的影响

音乐治疗活动在训练幼儿演唱、演奏的同时，还加入了自由朗诵、念童谣等活动。这些活动为参与其中的孩子们提供更多听觉训练、节奏训练、语言训练的机会，在潜移默化中让幼儿较好地控制节奏，并且根据唱词的音调把握语音轻重和语调的抑扬顿挫，在语言动作都协调的同时，也培养了幼儿认知学习和语言表达能力。

3. 对幼儿情绪、情感表达和注意力的影响

音乐治疗本身也是一种心理治疗，轻松、愉快的训练氛围，有助于幼儿情绪的放松，系统的歌唱、乐器演奏和音乐游戏训练可以帮助幼儿学习如何正确识别或表达情感。注意力问题在幼儿的成长时期成为家长关注的焦点，对于一些注意力不集中、精力容易分散的幼儿而言，音乐治疗有十分积极的作用。音乐治疗中有趣的歌谣训练、乐器演奏可以很快吸引幼儿的注意力，并且伴随听、唱、视、动等多种活动交替进行，让幼儿的注意力得以长时间保持。由于注意力带动多种感官的参与，音乐治疗也锻炼了注意力的分配能力和各器官的协调能力。

4. 对幼儿沟通技巧和交往能力等社会适应能力的影响

在幼儿成长时期，社交障碍是个比较常见的问题。音乐治疗活动形式多样、灵活多

变，过程中会有歌曲演唱、韵律操、打击乐演奏的活动穿插进来。在轻松快乐、融洽自然的情景下活动，不仅增加了幼儿之间的彼此学习、模仿、互动、熟悉的机会，还有助于加深幼儿对家长、教师、同学的情感，更增加了幼儿对集体活动的参与意识。幼儿处于积极良好的状态，会更加注重自我在整体活动中的行为，能有效提高幼儿的沟通技巧和交往能力。

（四）幼儿音乐课业疗法活动示例

怎样进行音乐治疗呢？

华德福音乐治疗师建议：首先，在室内尽可能地创造安静的氛围。可以选择一些恰当的时机播放音乐，比如打扫卫生和午休前，但次数不宜多。其次，播放音乐要尽量调低音量。因为对于年幼的孩子而言，成人听到的很轻的音乐才是他们耳中刚刚合适的音乐。而在课堂上，蒂娜（Tina）鼓励教师多用唱歌的方式替代播放音乐，创造一个歌唱的氛围。

教师可以通过聆听式音乐治疗、即兴式音乐治疗、再创造式音乐治疗等方式来和幼儿开展活动。

关于聆听式音乐治疗，国内学者程烁宇对其具有代表性的九种方法进行了整理，其中适合幼儿的主要是音乐想象法。即，在听音乐的过程中，教师引导幼儿展开想象，并与幼儿讨论想象的内容，根据幼儿的描述大致了解幼儿的问题根源，再通过音乐逐渐引导幼儿调整情绪，与音乐形成同步，以达到平复情绪、舒缓心情的作用。

在进行即兴音乐治疗时，教师首先需要利用音乐的感染力让幼儿进入放松、舒适的状态，依靠教师的自身专业能力与幼儿建立良好的关系，然后引导幼儿通过随心所欲的演奏来表达出真实感受。例如，奥尔夫即兴音乐治疗法，就是以奥尔夫教育理念为指导原则而形成的一系列教学模式，在音乐治疗中鼓励各种类型的幼儿进行自发性的音乐即兴创作，乐器的选择以简单乐器为主，例如木琴、鼓、锣等。无论幼儿是否具有音乐基础，他们都能够利用这些乐器进行自发性的音乐表达，甚至孤独症儿童等有发育障碍的人群都可以参与其中。

再创造式音乐治疗强调的是让幼儿不仅仅听，更要亲身参与各种音乐活动。根据活动特点，再创造式音乐治疗包含以下5种：①放松训练。听着教师的指令或音乐做出各种肢体动作，帮助自己身体放松。②语言类活动。根据旋律，把说话、歌谣加入节奏中，配上器乐伴奏，还可以模仿各种动物和物体发出的声音，编成多声部的合奏。③声势。用身体的各个部位发出声音来打节拍，如拍手、拍腿等。④器乐。用器乐进行独奏、齐奏等，可以分组、分声部进行演奏。⑤肢体活动。听到一定的声音指令或音乐时做出各种动作、姿势，或随着音乐舞蹈。

在使用打击乐器进行音乐治疗时，要根据幼儿的不同年龄特点，创设不同的打击乐活动。对于小班幼儿，由于其年龄小、力气小，这时可以选择简易、轻便、体积小但音色清脆、明亮的铃鼓；对于中班幼儿，由于其对音色有一定的辨识能力，但对于打击乐的打点节奏及运用上还不够灵活，所以采用能表现高、中、低音的非洲手鼓比较合适；大班的幼儿已经具备一定的节奏能力，可以采用具有中国特色且需要运用鼓棒技巧的中国鼓。

下面以打击乐器为例，简单地介绍音乐治疗的实施方法。

打击乐器是以敲敲打打的形式演绎的乐器，在幼儿园里是非常常见的教学形式。一些锅碗瓢勺都可以成为打击乐器，它是最廉价却是最实用的音乐治疗乐器之一。对有焦虑情绪的幼儿进行音乐治疗的关键，取决于乐器的运用是否恰当、是否有效。

1．治疗活动目的

治疗活动目的主要包括：（1）锻炼幼儿主动表达自己的意愿，为幼儿提供自我发挥和表达的机会。（2）通过自由选择乐器、把玩乐器，增强孩子对周围环境的操纵感，从而增强其安全感。（3）锻炼幼儿听从口令，统一行动，让幼儿感受集体活动的快乐，在集体活动中获得归属感。

2．治疗活动过程

国内学者李岩等对新入园幼儿从第一天开始实施8次、每次30分钟的音乐治疗活动，取得了良好效果。八次音乐治疗活动构成一个完整的音乐治疗方案，每次治疗活动体现一个明确的治疗主题，按照乐器（打击乐）操作、自我熟悉、同伴接纳、游戏合作、融入集体的治疗次序逐步开展。

（1）呈现打击乐器吸引幼儿。

把各种各样的幼儿打击乐器倒在地上，并装作很随意的样子将乐器一一奏响。这时，幼儿们纷纷跑来好奇地围着，有的幼儿拿起乐器不停地把玩。幼儿们对这些打击乐器很感兴趣。大部分幼儿都跑过来抢乐器。这时，教师要让幼儿们自由地表达，对于他们随意地把玩打击乐器的行为不去制止。

（2）自由选择打击乐器，发泄情绪、把玩打击乐器。

在心理辅导中，有的辅导室特别设置发泄娃娃、发泄棒等发泄玩具，让人通过敲敲打打将不良情绪发泄出去。而打击乐器本身就是敲打的玩具，它很自然地成为发泄情绪不可缺少的“武器”。尤其是当幼儿们哭闹不休时，敲打一下乐器，幼儿们立马停止哭声，将注意力转移。如果此时抓住幼儿们的好奇心，鼓励幼儿们自由地选择打击乐器随意敲打，幼儿们会特别乐意，敲着敲着就会将不良情绪全部发泄出来，忘记自己哭的事情。

（3）组织有节奏地敲打，发现音乐的动听之处。

不能一直乱敲乐器，时间久了，幼儿们也会觉得很吵，不好听，会影响幼儿们的情绪。随着幼儿们对自己手里打击乐器的熟悉，教师要有计划地组织他们回到自己的座位，然后约定，如果教师打鼓，幼儿们可以伴随教师的鼓声随意地打响自己的乐器；但是鼓声一停，必须马上让自己的乐器安静。大部分幼儿听到鼓声都能够把玩乐器。这是幼儿们第一次走出家庭、走向社会参加有组织的集体活动。幼儿们被这种许多伙伴一起听从指挥同时做一件事情的新奇感深深地吸引着。此时教师可以教幼儿们一些简单的节奏，如“哒哒”“哒哒哒”“哒哒哒哒”等，让幼儿们有规律地敲打。幼儿们通过聆听便会很自然地发现敲打乐器的声音原来也可以这么好听，心情也会愉悦许多。

（4）集体合奏，体验同伴一起玩的快乐。

光自己一个人敲，或自己敲自己的，幼儿们会渐渐觉得没意思。这时候，教师可以鼓励幼儿邀请同伴与自己一起合奏，你敲一下，我敲一下，或者让幼儿们按照一定的次序进行演奏，这样每个幼儿都会在心里念叨要轮到自己了，这样敲出来的效果也会有所不同。幼儿们会增进相互之间的了解，更加卖力地敲打，消除焦虑不安的感觉，很自然地融入集体中，学会控制和等待、尊重他人，体验同伴间一起玩乐器的快乐。

（5）创造性地敲打乐器和自制乐器，体验乐器带来的愉悦感。

幼儿们注意力不够集中，也不够定性，如果一直都是按照教师的思维进行敲打，他们的心理需要就不能得到满足。他们天生爱幻想，喜欢创造，因此教师只需给他们创造表现音乐的机会，让幼儿们自己去寻找其他打击乐器或自制乐器，如用豆子和纸杯自制沙锤，自己创造性地敲打出不同的音乐。当教师发现幼儿敲打出与众不同的节奏时，要及时给予幼儿表扬和鼓励，这样可以大大提高他们的自信心。

第四节　幼儿课业疗法之身体、自然与劳作的活动

一、身体活动之感统训练课业疗法

（一）感统训练概述

感统是感觉统合的简称，指的是利用各个感官（视觉、听觉、嗅觉、味觉、触觉、前庭觉等）从周围环境中获得各种感觉信息，并将这些感觉信息输入大脑，而大脑对这些信息进行筛选、解释、联系、统整，最后做出适应性反应的能力。

现今感统不协调的幼儿越来越多，这类幼儿往往好动不安、语言发展迟缓、讨厌被触摸、注意力不集中、平衡能力差、易摔倒、手脚笨拙等。很多机构开设了感统训练，让幼儿使用滚筒、滑梯、蹦蹦床等枯燥地进行不断重复的机械练习。

感统训练是非常综合的身体活动。幼儿园可以将感统训练融入幼儿教育的课程中，使幼儿受到充分的感觉信息刺激，促进大脑发育，从而发展幼儿的各种生理潜能；同时也有助于为幼儿营造一个自我探究的心理环境，提高幼儿的认知能力，有效开发幼儿的心理潜能。

感觉统合分为基础统合与高级统合。基础统合为低位统合，主要包括听动统合、视动统合、视听动统合、手眼协调、身体各部位的协调运作、注意力集中等。高级统合则为高位统合，主要包括注意力的调控、动作企划、形象思维、逻辑思维、语言、情绪控制、记忆等。

感统训练注重幼儿感觉动作的发展，它能促使幼儿不断与环境产生互动，在发展动作能力的基础上，提高幼儿的应变能力、协调能力和平衡能力，注重幼儿动作的整体性和协调性，促进幼儿神经系统组织整合功能的发展。感统训练还注重幼儿个性的发展，逐步积累与他人相处的经验，锻炼处理矛盾的能力，有助于幼儿人际关系的建立。感觉统合理论为生活在现代社会的幼儿产生的各种学习困难现象找到了症结，帮助教师和家长了解到幼儿某些行为背后的原因。3 岁到 7 岁是幼儿身体运动的协调性、记忆、注意、语言表达以及前庭觉、本体觉、触觉、听觉、视觉等快速发展的时期，是他们感觉统合基础能力和高级能力发展的敏感期、关键期，同时也是对感统失调幼儿进行干预的敏感期、关键期。

（二）音乐感统训练

音乐感统是将感觉统合游戏与音乐按照感觉统合原理和音乐心理学的规律及原则相融

合，关联儿童发展心理学、儿童精神分析学、特殊教育、学习心理学、心理咨询与诊断等学科的一种新型教育和干预治疗方法体系。

建立这一体系涉及功能性音乐创作。在音乐感统游戏中，幼儿始终处在音乐氛围中，进行针对性强、信息强度大的感觉信息输入意义的律动、运动、挑战游戏、舞蹈和角色扮演等活动。音乐感统由于有音乐的融入和丰富的游戏形式，促进幼儿听觉能力、联觉的发展，促进感觉统合关联脑力的提升，丰富了幼儿音乐治疗的手段，也呵护了感觉统合失调幼儿的心理。

1. 听辨音乐，提升幼儿的空间感和听动统合能力

听动统合能力是指听觉和动作的协调能力，即听到一个指令后迅速用动作表现的能力。

幼儿们的听觉辨别能力决定了听觉信息的接收程度，听觉信息接收不完全，会极大地影响体验和理解，影响学习效果。听觉能力弱的幼儿，对声音来源的辨识力不足，好动、注意力不集中、记忆力差，常常不知道如何与人沟通，语言表达能力不佳，常常对别人的言语似听非听，答非所问。

在音乐感统体系中，为提升听动统合能力选择的音乐，一般有对比强烈的音效，或者在音乐中穿插自然声、突兀的打击乐器音响等作为指令信号。根据游戏规则，当声音信号出现时，幼儿要迅速做出相应的反应。如“碰碰车”游戏中，幼儿模拟开车，当听到“嘀嘀——”的音响时，幼儿做按喇叭的动作，根据“嘀嘀——”声的长短延长手势；当听到“砰砰”的音响时，幼儿模拟刹车，根据“砰砰”“砰砰砰”的次数踩刹车。在“捡珠子”的游戏中，幼儿听到强的音乐，要相应地捡大珠子；听到弱的音乐，要相应地捡小珠子。

为提升听动统合能力，音箱的摆放也不容忽视，要左右各有一个音箱，尽量将两个音箱的距离拉开。在“捅泡泡”游戏中，当音乐中出现“噗”的声音时，幼儿除了要听辨每次“噗”的次数（有时是1次，有时是2次，有时是3次），还要听辨每次“噗”的方向，如果声音在左边，就在左边的位置敲泡泡；如果声音在右边，就在右边的位置敲泡泡；声音在中间，就在中间位置敲泡泡。这样，幼儿在捕捉声音信息的同时还捕捉了视觉信息，更好地促进幼儿视听动统合能力的发展。

2. 按摩挤压发展触觉，提升运动企划能力

触觉是人体发展最早、最基本的感觉，也是人体分布最广、最复杂的感觉系统，更是新生宝宝认识世界的主要方式。丰富的触觉刺激对智力与情绪的发展都有着重要影响。

触觉是影响幼儿生活、学习、活动最广泛的一种感受器。触觉感受器可以感受温度、物体的形状，接收和传达情感等。触觉失调的幼儿有胆小害羞、黏人、怕生、情绪不安、缺乏自信、人际关系冷漠、注意力不集中、缺乏安全意识等不良表现，造成幼儿适应环境的困难，还会引起视觉、听觉、嗅觉、味觉分辨力不佳，甚至造成大小肌肉及关节协调不良。

在“快乐蛇”游戏中，幼儿伴随音乐在地上爬行扭动，当听到最强音的时候，上身突然挺立，随即又趴下爬行扭动，反复进行。幼儿在身体与地面扭动接触时，通过全身皮肤

上的神经细胞来接收外界的压力、痛痒以及物体质感等刺激后所产生的一种感觉，刺激了触觉神经的发展，提升了运动企划能力。在“啄木鸟”游戏中，幼儿双掌弯曲成爪状，在前面一位幼儿的后背敲击按摩，当音乐出现“5 5 5 5 i”时从背部敲击至头部，当音乐出现“5 5 5 5 3”时从背部敲击至腰处，听辨音高位置敲击不同的身体部位。在“跷跷板”游戏中，当音乐出现刮奏时，幼儿平躺于地面，伴随音乐的上行下行，教师可以拿触点球在幼儿身上滚上滚下，每一次的敲击和触点球的接触，都促进了触觉神经的发展。

3. 快乐游戏，提升前庭觉、本体觉、平衡能力的发展

前庭觉在幼儿发展过程中的作用最大，涵盖了其他感觉的许多作用，它的发展奠定了幼儿整体发展的基础。前庭平衡失调的幼儿方向感不强，左右辨别不清，动作协调能力差，自制力差，很难与同伴分享玩具，常常因为一些小事与同伴争吵。幼儿本体觉是以前庭平衡觉和触觉的发展为基础的，是自信心和创造力的根本。对前庭或本体觉失调的幼儿或特殊儿童进行前庭觉与本体觉协调性的训练，目标在于提高其前庭觉和本体觉的统合能力，使前庭平衡觉与本体运动觉的信息有效整合，掌握四肢在三度空间的位置，形成有意义的身体知觉。

在“跳跃与舒缓”游戏中，短音的时候幼儿做跳跃的动作，如单脚跳、双脚跳、两脚轮流跳，发展幼儿的本体觉，强化幼儿的身体信息反应，逐渐修正大脑对信息的辨认。或者让幼儿围成一个圆圈，短音的时候绕圈跑，长音的时候原地旋转；或短音的时候幼儿轻捶前面幼儿的背，长音的时候幼儿从头到脚轻抚前面幼儿的身体。这些都促进了幼儿前庭觉的发展，让大脑能正确了解环境的状况，调整大脑输出的信息，很快地让大脑和身体取得协调。

“大象和小鸟”游戏中，伴随着沉重缓慢的大象音乐，幼儿边表演大象，边走平衡木，促进平衡能力的发展；伴随着欢快的小鸟音乐，幼儿边舞动双臂边旋转，促进前庭觉的发展，使身体和地心引力建立起协调感，保持倒三角身体架构的安全性。

4. 感觉记忆，提升左脑的理解和组织思考力

人类大脑的本质功能在于记忆，左脑负责理解、组织和逻辑分析，右脑负责观察、感情和想象。左脑的记忆力属于有意识地执行，建立某种感觉关系的理解，进一步积累经验和信息，成为某种记忆模式，这便是左脑的组织力。而左脑的组织力又是幼儿认知学习的基础。左脑发展不完全，关系的建构能力便不够，同时也会影响数概念思考、科学探索和生活规划的能力。

“家庭联欢会”的乐句结构规整，一般为小快板的速度8拍为一个乐句，每4拍后加四拍间奏，在每次间奏的时候，教师说一个家庭成员的称谓，顺序为妈妈、爸爸、奶奶、爷爷、妹妹、弟弟、姐姐、哥哥。音乐结束，教师请幼儿按照刚才的顺序说说教师刚才念了些什么，可以从记4个词汇开始游戏（音乐一遍），然后过渡到8个（音乐两遍）。幼儿在熟悉记忆后，自由创编各个角色的动作，当间奏念到各角色称谓时，幼儿表演相应的动作。在此基础上，教师播放单纯旋律，在间奏的地方，幼儿既要专心听辨音乐，又要及时念出家庭成员的称谓，还要创编动作，富有挑战性。

5. 兴奋抑制，提升情绪转换能力

感觉统合失调的幼儿，在情绪方面一般与普通幼儿有较明显的差别。比如：有的过于兴奋，安静不下来；有的过于抑制，兴奋不起来。他们在情绪兴奋和抑制之间的转换有一定困难。

情绪转换的能力也是一项重要的心理能力，这种能力可以通过游戏获得。教师为幼儿提供一个适宜的心理环境，幼儿在环境中获得探索和操作机会，使神经、肌肉和骨骼获得正常发展，形成开朗的个性、稳定的情绪及适当的行为。

在音乐感统游戏中，我们给出功能性的音乐，先让幼儿伴随欢快的音乐律动、跳跃、奔跑等，创造氛围，让幼儿兴奋起来；紧接着音乐进入休止或舒缓的段落，给出安静的环境氛围，让幼儿静止或做放松动作等，使幼儿情绪抑制。音乐开始的时候，教师引导幼儿伴随欢快的音乐做各种律动，包括模拟开车等，鼓励幼儿充分兴奋、手舞足蹈。音乐骤停的时候，教师引导幼儿摆出各种造型。在幼儿熟悉游戏玩法之后，在音乐停止的间隙，教师提出各种简单的问题，比如“你几岁啦?”“你叫什么名字?”“你喜欢吃什么?”等等，都是幼儿很快就能回答的问题。如此反复进行，让幼儿情绪转换的“开关”变得更加灵敏。

6. 听听说说，提升想象力、语言能力，刺激联觉

从感觉统合观点来看幼儿语言发展，前庭神经发展不佳、协调能力不足，会影响发音、说话、阅读、写作等能力，触觉刺激不足也会影响前语言期的沟通。

想象属于感觉统合特殊脑力，它是人类特有的对客观世界的一种反映形式，需要一定的持续注意。想象力与注意力、记忆力密切相关，想象力强的幼儿，理解力、迁移能力就强。而联觉是人脑的一种功能，听到欢快的音乐，是不可能产生悲伤情绪的联觉的。

在幼儿对《乌鸦喝水》的故事情节已经有所了解后，教师可让幼儿完整欣赏乐曲：第一乐段是缓慢沉重的音乐风格，幼儿对应的联觉是乌鸦因为口渴飞不动了；第二乐段是和弦装饰音及快速的半音音阶下滑，幼儿对应产生的联想是乌鸦在四处找水，发现水后快速俯冲下来，但却因喝不到水而沮丧；第三乐段是伴随大调自然音阶上行，幼儿对应产生的联觉是乌鸦将石头扔进瓶子，此时可引导幼儿点数乌鸦扔石子的次数，并对应第四乐段 $\dot{1}$7654321 乌鸦喝水的次数；最后欢快的音乐让幼儿产生的联觉是愉快的情绪。

欣赏感受完乐曲之后，幼儿可以开始创编动作，比如用拖沓的脚步边飞边找水，张开双臂、头往下表现乌鸦俯冲下来，每一次扔石子和每一次喝水都配合点头，最后乌鸦跳起欢快的舞蹈。区域活动中，要求幼儿找来干净的瓶子，用报纸搓成 8 个纸团当石头。再次表演的时候，教师可以要求幼儿边随音乐表演边讲述故事，音乐开始就开始讲，音乐表现什么情节就讲述什么情节，讲述过程中不能停顿。因为幼儿往往用一句话就能表达的一个情节，对应的音乐却很长，这对初玩的幼儿来说有一定的难度。在这个过程中，他们的讲述受到音乐发展进程的约束，所以他们有时候要进行语言的扩张，有时候要进行语言的压缩。这种游戏对于训练幼儿驾驭语言的能力非常有好处。

二、大自然课堂作业疗法

(一)为什么需要大自然课堂

苏联著名的教育家卡普捷列夫曾经提出:“儿童应该尽早而且长时间地投身于大自然中,从中吸取对它的印象,体验大自然在每个人的心中激起的思想和感受,儿童需要亲眼看到太阳的起落”。幼儿,需要与自然界形形色色的现象融合在一起。幼儿既是自然人,也是社会人。幼儿身心发展的稚嫩性决定了他们是社会化不充分的人,导致幼儿更倾向于自然的本性,所以有“儿童是自然之子”的儿童观。幼儿作为自然之子,保存着与群山、田野等万物交流的能力。幼儿的亲自然性、亲生命性与生俱来,幼儿对大自然有着天生的喜爱与探索欲望。然而现在的孩子离自然越来越远……高楼林立的城市,挺拔的水泥森林,坚硬的柏油路,五花八门的电子产品,隔绝了孩子和自然的相守。孩子不再理解食物的来源,不再认识家乡的动植物,不再对家乡的地理感兴趣。儿童如果没有与自然的接触,没有在自然中学习、探索、体验的经历,他的感觉和知觉都会受到影响,容易变得孤独、焦躁、易怒,在道德、审美、情感、智力成长中有所缺失。自然教育是门深奥的学科,我们要经常带孩子走进自然,发现自然之美,满足他们的好奇心,欣赏那些美丽的色彩,聆听夏日的蝉鸣,去抚触树干、叶片、猫狗的毛发,去品尝当季的食材……也许多年后,孩子已不再记得发生过什么事,看见过什么动物,但这些触觉、听觉、视觉、嗅觉、味觉上的感受一定留存心底,带给他们莫大的感动。朴素的自然最疗愈人心。

(二)什么是大自然课堂

爱自然是人的天性,自然是一切美的源泉,没有孩子会生来不爱树林、池塘、草地,不爱野花和小鸟。大自然是一个神奇的世界,涓涓溪流般的叶脉、会跳舞的色彩精灵、壮观的蚂蚁王国,对孩子们来说都是认识大自然的好时机。大自然的课堂能激发幼儿的五感体验及对美的求知与探索。让孩子们,特别是城里的孩子们回到自然中去,重新亲近大地,带领他们在自然里做游戏,去体验人与人、人与自然以及自然本身原本应有的和谐与平衡。这不仅是环境教育,也是对幼稚心灵的抚爱和陶冶。

1. 以自然为师

提倡以自然为师,这里的自然是真实而非人造的自然,不仅仅是指种种花草树木、野兽家禽,“要让幼儿在细雨中尽情地奔跑……让幼儿光着脚丫在充满露水、湿润的草地上奔跑;让他们在树荫下静静地打盹休息;当清晨的阳光唤醒他们时,让他们叫喊,让他们欢笑。”像鸟儿需要回归大自然一样,幼儿教育也需要让幼儿回归自然,幼儿在与大自然的接触中会有更多的生机。幼儿在与自然相互作用的过程中通过感知形成的知识是其进行任何一种认知和活动的基础。大自然所具有的新奇、形象、直观、可感知的特点是与幼儿的思维发展特点一致的。自然界的绚丽多姿以千变万化的形式展现在幼儿眼前,激发幼儿的好奇心与探索欲望,吸引大自然之子去发现、去探索、去感悟。幼儿园对幼儿进行自然教育要以自然为师,让幼儿在大自然中通过与自然的接触感受神奇的大自然,在大自然母亲的怀抱中感受母亲的博大胸怀,并释放幼儿与生俱来的天性。

2. 顺应幼儿天性

顺应幼儿天性的教育必须与幼儿发展的进程保持同步，学会耐心等待，在教育活动中为幼儿留下足够的空白，让幼儿自己去填写涂鸦，让幼儿尽情地跳跃、嬉戏，表现一个真实的自我。顺应幼儿的天性，意味着要给予儿童足够的自由，使其本性自然地流露。幼儿的自然教育应该给幼儿创造大自然的体验空间，让幼儿自由表现他们的游戏、涂鸦、探究与好奇等，给幼儿一个完整的生活。

3. 创造大自然的体验环境

“所接触的环境愈广，所得的知识愈多。”因此，幼儿大自然课堂要从幼儿的生活环境出发，开发环境资源，利用环境资源，自然环境才是幼儿获得经验的直接源泉。在好奇心的驱动下，自然界中的一切事物都会令幼儿着迷。自然界中四季的更迭以及随之变化的花草树木、各种活泼可爱的小动物、变化莫测的雷雨冰雹、绚丽多姿的日月星辰等自然现象都是幼儿知识的宝库。在大自然的环境中，教师可以随时生成有意义的教育活动，可以让幼儿在大自然中走进生活、走进生命，用他们的慧眼去发现世界、探索世界、认识世界。

（三）大自然课堂里的材料特点

（1）外形独特有趣：各种自然物都有着可爱的颜色、形状和独特的纹理。

（2）材料随处可取：马路边、公园里随处可见、唾手可得，这些都是来自大自然的馈赠。

（3）蕴含无限知识：各种抽象复杂的概念，比如方位、力学、平衡、四季认知等，都可以在自然物游戏中不知不觉习得。

（4）能够创意改造：自然物可以被改造成各种物品，让孩子们轻松变成环境的主人。

（5）可以反复利用：大多数的自然材料都可以反复利用，孩子们可以不断地改进和重新设计。

（6）男孩女孩都爱：自然物有很好的开放性，吸引着不同性别、兴趣和年龄段的孩子，每个人都有机会创造出属于自己的游戏。

（四）幼儿园艺作业疗法的介绍

让孩子种植小植物的意义不得了。著名大师李笑来说过，耐心是一切成长的刚需。种植物非常需要耐心，因为植物的成长往往没那么快，并且很少给出“直接反应”。种植小植物不仅可以引导孩子养成善于观察、勤于思考、乐于分享的好习惯，还可以培养孩子的爱心、细心与恒心。幼儿参与种植活动，可以培养幼儿之间的合作动手能力，一起为植物角里的植物浇浇水，除除草，设计摆放的位置等，并将其移放在阳光充足的地方接受光照，让植物生长得更加茂盛，这些都可以培养幼儿之间的合作能力和动手能力，同时培养他们爱劳动的品质。

1. 创建种植区

每个幼儿园都有大面的墙，墙上除了画上一些图画外，还可以充分利用起来，把废旧的木头和瓶瓶罐罐放在一起，种植植物，创设一个美丽的植物角。

为了让幼儿感受植物的生长过程，拓宽视野，养成爱生活、爱劳动、爱观察的良好习惯，可在幼儿园里为每个班级开辟一块种植园地（户外种植区或户内种植区），让每个班选择想种植的植物或蔬菜。可让幼儿每天来到幼儿园观察自己种的豆子、花朵，给它们浇水，看它们生根发芽。（见图 1－37，图 1－38）

图 1－37　户外种植区（图片来源于网络）

图 1－38　户内种植区（图片来源于红缨教育官微）

2．幼儿的观察与记录

在植物角区域里面，最重要的是观察。教师应引导幼儿积极主动地仔细观察各种植物，从中发现植物平时不易引起注意的特征变化，培养幼儿的观察力，激发幼儿对探索大自然奥秘的兴趣。在植物角里，幼儿可以熟悉各种植物，了解它们的生长过程。教师也可以邀请幼儿互相介绍自己所带来的植物，并在记录本上将植物每个阶段的生长状态都画下来或写下来，让幼儿参与植物的生长过程，并且从中体验快乐，收获成就感。幼儿观察记录表见图 1－39。

我的观察记录

日 期		天 气		记 录 人	
照顾方式	晒太阳	浇水	除草	捉虫	施肥
我的发现					

我的观察记录

日 期		天 气		记 录 人	
照顾方式	晒太阳	浇水	除草	捉虫	施肥
我的发现					

图 1－39　幼儿观察记录表（图片来源于网络）

(五)幼儿动物游戏课业疗法的介绍

(1)饲养动物的前期准备。教师可以先让幼儿阅读法布尔的《昆虫记》。法布尔将昆虫的多彩生活和自己的人生感悟融为一体,用人性去看待昆虫,这可以为幼儿打开认识昆虫世界和其他小动物的兴趣之门。如果打算养小蝌蚪,可以先和幼儿一起读《小蝌蚪找妈妈》,让幼儿理解小蝌蚪的变化,再让幼儿在饲养当中去发现和获得直观的经验。

(2)如果在饲养中遇到一些技术问题,可以和幼儿一起查阅资料,讨论经验。这个过程就是很好的教育。

(3)当幼儿以爱的名义粗鲁对待小动物时,教师要加以制止并及时引导,尝试让幼儿换位思考,明白小动物与玩具不一样,不能随便拿捏逗弄,要细心呵护它们,体会小动物的感受。

(4)饲养小动物,是给孩子上一堂完整的生命教育课。幼儿可以从中学到照顾小动物,培养爱心,见证一个生命的变化过程。幼儿可以从中了解到生命科学中最基本的知识,比如生命是如何成长、繁衍的;通过与小动物嬉戏玩耍,喂养、训练和护理小动物,幼儿能逐渐了解小动物的各种行为和表情的意义,比如养蝴蝶的过程就能让幼儿体会到生命的短暂与可贵、美丽与艰辛。

如果小动物不幸离世,教师可以开展生命教育,平复幼儿哀伤低落的心情,让幼儿理解生老病死是自然现象。教师和幼儿可以给小动物举办葬礼,为小动物制作小墓碑等等。教师可以为幼儿阅读《獾的礼物》《当鸭子遇到死神》《活了100万次的猫》《永远在一起》《大猫小猫》《再见,莫格》等绘本,教会幼儿面对分离、学会告别,让幼儿明白:无论是宠物还是亲人,都要好好地说一次再见。

(六)幼儿大自然课堂作业疗法的实操

【实操展示】

活动1　石头小屋

材料:石头、木块等。

玩法:用石头和木块进行组合,看看能搭几层楼。也可以搭桥或者其他的建筑物。(见图1-40)

教师准备及引导:

(1)周末可邀请家长带孩子在小溪边、路边寻找各种石头,以备上课所需。

(2)在把石头叠成各种作品的过程中,幼儿可以观察不同石头的形状、大小、色彩,感受不同重量之间如何达到平衡(如图1-40)。这样既锻炼了幼儿的想象力、手眼协调能力,又引导孩子从不同的角度、用不同的眼光去看待事物。

图1－40 各种石头（图片来源于小北和小柚公众号）

活动2 树枝小屋

材料：树枝、彩泥、剪刀等。

玩法：超轻黏土有黏性，用它来做连接的材料再好不过啦！瞧，多维空间的小房子做好了！

教师准备及引导：

（1）生活经验是孩子建构的基础，搭建前可以跟孩子先确定搭建的主题，让孩子说一说该建筑物的特点，再有目的地选择材料进行搭建。（见图1－41）

（2）鼓励孩子将丰富的自然材料加入到搭建游戏中，多样的材料能锻炼孩子更多的游戏技能，比如探索平衡、捕捉美感等，还能让普通的搭建游戏更富有创造性。

图1－41 搭建游戏（图片来源于小北和小柚公众号）

活动3　树叶故事盒（树叶也可用各种果实、蔬菜代替）

材料：树叶若干、记号笔、纸盒等。

玩法：通过添画或手工制作，将树叶变成鲜活的小动物，并为它们一一命名，接着就可以来表演自己创编的故事喽。(见图1-42)

教师准备及引导：

(1) 和孩子收集一些小石子、小树枝之类的自然物。万物有灵，孩子们眼中更是如此。孩子可以根据需求将它们运用于语言游戏中。

(2) 准备一些小纸盒。孩子将丰富的材料在盒子里随便一摆，就成了神奇的故事盒了。孩子脑海里奇妙的故事就能在故事盒里进行演绎（如图1-42)。

图1-42　树叶故事盒（图片来源于小北和小柚公众号）

活动4　树枝秋千

利用树枝创作是原生态手工制作，寻找原材料本身就是亲近自然、认识自然的最好方法。例如掉落的树枝，它的颜色、形态、轮廓，早已被大自然赋予了创作的美。在制作的过程中，既锻炼了孩子的动手能力，也让我们享受到很多乐趣。

材料：树枝、绳子、剪刀、锯子等。

玩法：把树枝锯成一样长的一小段，再用绳子把它们扎紧，两头系上长绳子，小熊的树枝秋千就做好喽！(见图1-43)

教师准备及引导：

(1) 幼儿园的花园里，各种形状、颜色的树叶，弯曲、分叉的树枝俯首皆是，它们都能成为大自然的艺术品。

(2) 树叶和树枝捡回家后要进行清洗和处理，树枝粗糙的部位要进行打磨或修剪。

（3）制作完成后可引导孩子为作品取个有趣的名字，在家里找一个适合的地方进行展示（如图 1－43）。

图 1－43　小熊荡秋千（图片来源于小北和小柚公众号）

活动 5　草叶拓印及植物标本

材料：草叶、香料若干、面粉团。

玩法 1：草叶和香料都有不同的肌理，形状也大不相同，在面粉团上将它们进行按压、拓印，会有不一样的惊喜哦！（见图 1－44）

教师准备及引导：

（1）和孩子一起认识常见蔬菜，如金针菇、小蘑菇、西兰花等，共同说说对各种蔬菜有什么样的想象，如小蘑菇像雪人圆圆的脑袋等。

（2）引导幼儿运用掐、剥、组合等不同的方式进行制作，必要时可协助孩子利用道具切开蔬菜。

（3）鼓励孩子通过闻、看、摸来发现自然物的特点，尝试用语言表达拓印的肌理效果，并介绍自己的创意。

玩法 2：标本是让孩子对自然、植物产生兴趣的最快方式。对幼儿来说，最方便也是最快速的标本制作法是冷裱膜塑封法。

教师准备及引导：

（1）需要黏性冷裱薄膜，然后撕开放到平整面上。

（2）捡到的树叶按照喜欢的造型摆黏在一面上。

（3）撕开另一张黏性薄膜，盖在树叶上。要注意开头一定要对齐，然后用硬物不断从一边压平，防止产生过多的气泡（如图 1－44）。

图 1－44　**植物标本**（图片来源于网络）

三、劳作活动课业疗法

2018 年以来，劳动一直是教育界的研究热点。特别 2020 年 3 月，中共中央和国务院发布《关于全面加强新时代大中小学劳动教育的意见》（以下简称《意见》），强调大中小学全教育学段开展劳动教育，幼儿园也必须以之贯穿。劳作活动不仅是学前教育实践的重要组成部分，更是教育幼儿的重要手段，其会增强幼儿的体魄，提高动作的协调性和灵活性。劳作活动课业疗法非常重视劳作活动对幼儿成长的影响，同时，课业疗法更强调劳作活动只是外在形式，活动对幼儿的意义才是劳作活动的灵魂。

（一）幼儿劳作活动对幼儿的意义

1. 促进幼儿生命成长

人类的劳动不只是成人的活动，而是一种贯穿人生命成长的活动。幼儿是人类生命最初的形态，劳作应该是符合最初生命状态的活动。在物质充裕的智能时代，幼儿劳作活动不再是简单的物质生产和体力消耗的活动，而是人全面发展的基石，是具有教育性和人格化的活动，是人生命生长中至关重要的元素。

2. 促进幼儿的社会性发展

幼儿接受劳作活动，是一个从“自然人”转变为“社会人”的过程，他们能够从中初步获得基本的社会规范和行为准则，了解如何实现社会价值和自我价值等。要让幼儿实实在在地感受到必要的社会刺激，就应使幼儿积极参与劳动活动，融入劳动环境之中。幼儿只有在与劳动环境真实接触时，才能真切地体验到劳动的分工，体验到劳动者之间的交流和合作，才能在真正意义上实现自身社会性的发展。

3. 促进幼儿的认知发展

首先，幼儿劳动的价值在于促进其自身内在的成长与发展，在此基础上形成“自我”认识。幼儿在与劳动环境，尤其是自然环境的接触中，逐步形成对客观世界的认识，身体动作也不断发展，同时激发学习的好奇心、计划性、独立性和探究性。

其次，幼儿在劳作过程中能释放情绪，感受自由。他们感受到的不仅仅是可观可感的物质美，还有与劳动中的人的交往之情，以及分享劳动成果的喜悦。劳作能培养幼儿积极劳动的态度。

最后，劳作有助于促进幼儿意志品质的发展。任何劳动都需要幼儿克服困难，付出体力坚持完成，所以劳作活动可以培养幼儿的责任心和意志力。

4. 促进幼儿的道德发展

劳作活动是幼儿形成良好道德品质的重要途径，也是幼儿深刻理解劳动意义和劳动价值的直接方式。一方面，幼儿通过体验劳作带来的自我满足感和幸福感，形成“劳动幸福”“劳动快乐”等正确的劳动观念，以及认真投入劳动生活的积极态度。另一方面，在劳作过程中的体验也会让幼儿认识到劳动的艰辛，更容易对劳动人民产生同理心，形成热爱劳动、尊重劳动人民的积极情感并且能够养成珍惜劳动成果的习惯。

（二）幼儿劳作活动的实施原则

1. 安全性

开展幼儿劳作活动遵循安全第一的原则，幼儿教师要对劳作的场地、环境、路线、设施设备甚至消防和疏散通道进行勘察，认真排查安全隐患。

劳作活动使用的工具，最好有保护装置。如果没有，教师要教会幼儿正确的使用方式，指出安全操作注意事项，最好图文结合，便于幼儿理解学习。有一定难度的工具和材料，可以请成人协助幼儿操作和使用。注意做好材料的卫生消毒工作，科学合理地调控劳作任务量及劳动时间，保护幼儿的身体健康。劳动过程中，让幼儿遇到问题学会及时求助。活动时如有保健医生及安保人员随行更好。

幼儿户外活动服装应以宽松、舒适、透气、吸汗、便于运动的棉质运动装为主。活动中教师应做好分工，各负其责，照顾好幼儿；活动结束务必清点幼儿人数，检查幼儿着装，带领幼儿做放松运动，舒缓幼儿情绪，然后组织幼儿有秩序地回园或者回教室。

例如，进行种植劳作活动时，要选择安全、适宜种植的场所，让幼儿学习安全使用种植工具（如：锹、铲等）。活动中要避免幼儿使用工具碰撞打闹，关注个别体弱、能力差的幼儿，做好个别照顾和保护。

2. 生活化

日常生活为幼儿提供了鲜活的劳作活动素材。劳作的内容往往需要融合在他们的实际生活中，离开现实生活环境空谈劳动是没有教育意义的。幼儿劳动教育要结合生活，回归生活，并为幼儿的现实生活服务。因此，幼儿园劳作活动应围绕与幼儿生活密切相关的自我服务劳动、日常家务劳动、社会公益劳动、大自然游玩活动以及简单的生产劳动等进行，构建以娱乐休闲、服务自我、服务他人与服务社会等为主的劳作活动体系。

3. 体验性

相比成人劳作是对劳动知识、劳动技能、劳动成果方面的考虑，幼儿园劳作活动应注重幼儿的情感体验，不用成人的劳动标准去评判幼儿，不追求技能训练，强调劳动过程带来的愉悦感。从幼儿的身心发展特点来看，幼儿对于劳动的理解是非常纯粹的，他们的劳作是自由的、愉悦的、创造性的活动，他们能够全身心地投入劳动之中、享受劳动的过程，而不去考虑劳动的结果与价值。幼儿在其精神世界中有着绝对的领导权力，以自己喜爱的方式自由劳作，在自由的劳动中体验自我身心的愉悦。

4. 适度适量

幼儿劳作能力的培养是一个循序渐进、从不会到会的过程。幼儿的年龄特点，决定了他们的理解能力有限，动作发展水平较低，作为幼儿教师更应该用平和的心态、适宜的方法对其进行引导、教育。作为劳作活动的实施者，幼儿教师要仔细观察幼儿，倾听幼儿，全面了解幼儿，立足于幼儿已有的劳动经验，要考虑劳作的精细化要求，考虑劳作的强度和劳作时长。

（三）幼儿劳作活动的实施过程

1. 根据幼儿发展水平，确认劳作活动内容

《3—6岁儿童学习与发展指南》（以下简称《指南》）指出幼儿的学习方式和发展速度各有不同，幼儿年龄越小，个体差异就越明显。幼儿教师不能要求孩子在统一的时间达到相同的水平，应允许幼儿按照自身的速度和方式达到《指南》所呈现的发展“阶梯”。因此，小、中、大三个年龄段的劳作难度和操作要求是不同的，要根据孩子的身体发育情况，尤其是精细操作的能力，分年龄段地开展劳作活动，同时随着幼儿年龄的增长和能力的发展，逐步提高劳作活动的难度。

3岁以下的幼儿劳作以自我服务为主，主要培养幼儿“自己的事情自己做”的意识和最基本的生活技能；3～4岁幼儿的劳作仍以自我服务为核心，学习自己穿衣、吃饭、整理、洗漱等技能，同时可以开展一些简单的劳作活动，比如打扫卫生、包装礼物、制作贺卡、给植物浇水等，培养幼儿主动劳动的态度；4～5岁幼儿的生活自理能力有所提高，除了自我服务的劳动之外，应该增加为集体服务或者贡献性的劳作活动，例如为家人整理餐桌、种植植物、饲养小动物、泥塑、编织等；5～6岁幼儿的劳动内容可以进一步扩展到为社区（社会）服务的劳动和一些需要精细操作的劳作活动，比如做社会志愿者、社区卫生小卫士（分类垃圾），以及进行各种职业体验劳作（雕刻、扎染、木工、烹饪）等。

2. 根据劳作活动内容，开拓劳作活动空间

本着安全、方便的原则，幼儿园园内开展劳作活动是理想选择，但是为了增加幼儿劳作的体验，丰富幼儿劳作的环境，幼儿园应在能力范围内积极开拓劳作的空间。

首先，要开发幼儿园园内的场地，完善相关设施条件，通过环境引导幼儿主动劳动，保障幼儿劳作活动的开展。虽然场地空间有限，但各幼儿园要根据本园实际情况和能力，充分利用幼儿园的已有空间和可开辟空间。

其次，社区是幼儿生活的重要场域之一，以其场域的开放性和外延性、人员的多样性和丰富性、资源的充足性和流动性的特点，有效地补充家庭教育和幼儿园中时间与场地的封闭性与单一性，将劳动与生活融为一体。（胥兴春等，2020）社区中的劳作场景、劳动者随处可见，社区人员职业多样，各司其职，幼儿对劳动形态和劳动内容的认知不断丰富。幼儿通过日常生活、与社区中不同职业劳动者的接触，并与自身经验相联结，觉知自己的生活与不同职业的劳动者息息相关，丰富自身对劳动的认知和理解水平，从而萌生对劳动者的敬重。

最后，为了促进幼儿园劳作活动更好地开展，可以联系政府机构或者社会组织提供幼儿劳动的实践基地。比如与政府部门联合，让警察、消防员、医生等职业人员进入幼儿园的劳作活动中，为幼儿生动地呈现工作内容，让幼儿真切地感受不同职业的人的劳动内容，进而尊重劳动成果。

3．根据劳作活动空间，创新劳作活动方式

根据幼儿课业疗法的目的，劳作活动的方式以操作练习和生产实践为主，但是不排除创新其他的劳作方式，比如模拟训练、榜样示范、情景模拟表演等。

根据劳作活动的内容，操作练习和生产实践是比较容易想到的劳作方式。比如，教师可在小班布置“洗手绢”活动，引导幼儿洗东西、晒东西和整理东西；可以在中班建立各类“小作坊”，教幼儿学会安全使用各种工具后进行工艺品创造，比如扎染或者木工、剪纸；大班可以在植物园种植花草树木，引导幼儿松土、播种、浇水、采摘等。

为了更加丰富幼儿劳作体验，教师可以创新劳作活动的方式。比如，开展模拟训练“小小快递员”活动，在幼儿园的一楼大厅放一个置物架，每周固定时间小、中、大班的孩子会给自己喜欢的小朋友（班级、年级不限）放一个礼物（制作和包装礼物的过程又是一次劳作活动）。中午的时候会派大班的小朋友（每周轮换班级）将礼物取出来，在大厅根据投递的年级、班级进行分类，最后送达各个班级（可以提前制作签收单让幼儿签收）。限于场地和劳动设施、条件等因素，可以邀请劳动者带着他的工具来学校进行示范教学，教师可以提前布置场地（布置场地、制作背景和相关替代工具也是一次幼儿劳作活动），用一些替代工具进行情景的模拟和表演。比如开展“小小工程师”活动，可以让成人劳动者带着工具现场组装一个生产工具或者物品，或者用视频介绍制作过程。幼儿观察学习后，可以制作设计图纸，用乐高或者一些替代物品进行拧螺丝、敲打等活动，组装完成一个作品。

4．根据劳作活动方式，多元化评价手段

在康复医学领域，作业治疗的评定包括治疗前评定、治疗期间评定和治疗后评定，相关评定是制定治疗计划的基础。（陈小梅，2019）但是正常的幼儿不是患者，同时上述劳作活动的方式也让我们看到，幼儿劳作活动与成人劳作活动是不一样的。

首先，明确评价的目的，开展评价一定是为促进幼儿更积极地参与和体验劳作活动。当然，为了更好地了解幼儿，更好地设计劳作活动，开展相关劳作能力的评价也是可以的，但是切记，幼儿劳作的目的是为了使自身得到成长。其次，运用多元化评价手段。评价以过程性评价为主，更多关注孩子的观念、态度、意识以及习惯方面，能力相对而言是次要的。教师评价时应着重点评幼儿在劳动活动中的努力和运用方法，如请完成手工劳动的小朋友介绍自己制作的过程、遇到的问题、解决问题的方法以及劳动分工情况；再通过幼儿的表述，关注幼儿与他人合作交流、人际交往情况，关注幼儿在劳动过程中是否能坚持、克服困难。教师可以采用观察法、追踪法和作品展示法等对幼儿的劳作进行评价，鼓励以口头表扬为主，物质奖励为辅。最后，多元化评价主体。教师可以邀请家长和社区的其他劳动者甚至是幼儿自己，多方进行评价。幼儿园可以将幼儿的劳作活动整理成劳动成长档案袋，向家长开放，鼓励家长对幼儿劳作活动进行评价；也可以将幼儿在劳动中进步和成长的故事以书面的形式进行记录，保存幼儿劳动作品，让幼儿自己评价。

（四）幼儿劳作活动的设计示例

纵观以上幼儿劳作活动的阐述，可以看到有创意的幼儿劳作活动非常多，比如跟地域文化有关的编织、剪纸、扎染劳作，也有劳作作品很有展示力量的烹饪、木工、泥塑、园艺劳作。希望幼儿教师可以创新出更多的幼儿劳作活动，拓展幼儿劳作活动的空间，丰富幼儿劳作的体验。

【实操展示】

下面展示一个跟幼儿生活相关、主题常见、劳作环境布置简单、便于开展的幼儿劳作活动，希望幼儿教师可以发掘出更多的劳作意义。

小小快递打包员

1．劳作活动的主题：“小小快递打包员”

2．劳作活动的目标

（1）幼儿能根据不同的物品，选择不同的包装方法和包装材料；

（2）让幼儿体验打包成功的乐趣，感受动手完成任务的满足感；

（3）让幼儿体验打包、搬运、摆放物品的困难，学会分析打包失败的原因，锻炼幼儿动手操作能力和解决问题的能力；

（4）让幼儿明白每个简单的劳作都很重要，都需要智慧的参与，要尊重每一个劳动者。

3．劳作活动的准备

（1）劳作环境的准备。

①教师要创设一个空间，为了增加真实性，可以参考快递店、菜鸟驿站的装饰；

②利用隔断分功能区，简单分为物品放置区、打包区、作品展示区；

③摆放桌椅和置物架，方便幼儿进行打包的操作；

④提供打包流程图、工具使用安全须知（图文并茂）；

⑤张贴跟快递店、菜鸟驿站相关的张贴画、海报等，适当放置装饰品；

⑥摆放垃圾桶，便于清洁杂物。

（2）劳作材料的准备。大小不同的纸箱、材料不同的包装纸、各种胶带、剪刀、绳子、模拟的或者真实的快递单、快递打包充气袋、笔、可填充材料等。

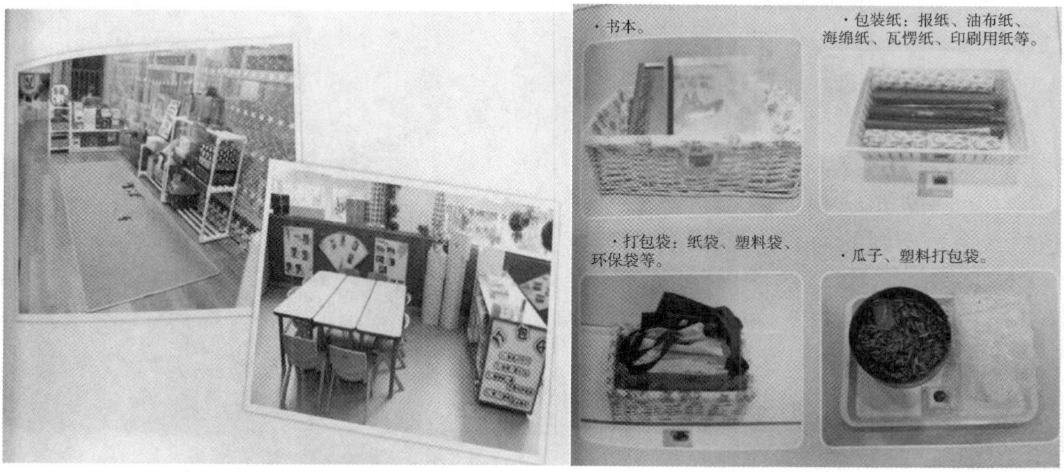

图1－45　劳作活动（图片来源于刘红喜主编的《共生课程探索与实践丛书》）

4．劳作活动的过程

（1）劳作准备。

为了增加幼儿劳作活动的参与度和真实性，幼儿上学前，可以从家中带一个打包的物品来园，物品可以是用的，也可以是吃的，吃的食物要注意卫生和保存。

（2）活动导入。

教师提供幼儿园附近菜鸟驿站或者快递店的真实图片，提问学生：

- 小朋友们，这是哪里？你们去过吗？你们父母有没有网上购物啊？
- 看图片上的包裹，你们想知道里面是什么吗？老师也很想知道里面是什么，工作人员把快递的东西打包得也太好了吧。

（3）布置任务。

劳作活动的任务根据幼儿的年龄考虑分级安排。当然，具体劳作过程中，针对不同幼儿，幼儿教师可以灵活处理。

布置任务1：小班的打包活动

- 整理包装材料，简单地对包装物品进行分类；
- 将自己的个人物品整理好，例如衣服、玩具等，用纸箱或者塑料袋装好；
- 利用剪刀、胶带、绳子等，尝试参照包装流程图进行简单打包；
- 跟同伴讨论打包的方法，并说给家长听；
- 观察家中收到的快递包裹，跟家长一起拆开，并尝试再打包起来。

布置任务2：中班的打包活动

- 整理包装材料，对物品进行分类，尤其是将打包工具进行分类；
- 按照包装流程，分工合作，尝试对大小不等的物品进行打包；
- 能使用不同的打包工具，并说出安全使用注意事项；
- 分类整理打包完成和未完成的包裹，正确摆放；
- 对包裹的外表进行一定的装饰，尝试将一个礼物打包好送给家长；

•展示打包好的物品，并跟同伴分享和讨论打包过程。

布置任务3：大班的打包活动

•整理包装材料，对物品进行分类，尤其是将打包工具进行分类；

•按照包装流程，尝试对大小不等、材质（包括食物）不同的物品进行打包；

•探索给易碎的物品进行打包；

•分享打包的过程，并跟同伴讨论不同的打结方式和打包方法；

•对相同的物品进行打包比赛，看谁打包得又快又好；

•简单填写并读取快递单据，跟家长进行一次邮寄包裹活动；

•能展示并统计包装好的物品，进行一定的计数。

图1－46　打包活动（图片来源于网络）

（4）教师的支持。

制作打包流程图，并讲解给幼儿听；介绍并示例使用打包的工具，提示安全使用工具的注意事项；介绍打包劳作的不同功能区，并贴上标识牌；鼓励幼儿大胆分享打包过程和方法，探索打包的方式；如有需要，要安抚幼儿情绪（急躁、生气等），协调小组互动；如有需要，协助幼儿进行分类、展示、选择包装材料；如有需要，协助幼儿进行统计、记录和填写等工作；与幼儿一起探索更科学、合理、快速的打包方法，激发幼儿对打包活动的兴趣。

（5）活动总结与评价。

幼儿本次劳作任务可能需要几次完成。教师在实施过程中做好拍照等过程性资料的收集，开展劳作活动前要做好活动的规划设计，每次的劳作成果或者未完成任务都要组织幼儿分享感受和经验，增加幼儿合作方面的考虑。幼儿对动手劳作有着强烈的好奇心，教师要允许幼儿在一定程度上的“破坏”行为，重点了解“破坏”背后的原因和动机；幼儿劳作的时候，卫生情况有时难以保证，双手涂色或者衣物沾点泥土很正常，务必跟家长做好沟通工作，取得家长的理解和支持。

评价促进幼儿劳作活动的开展，但不是主要目的。教师在劳作开展前，根据幼儿的月龄，评估劳作任务，同样是小班，月龄、性别对劳作任务的完成都会有影响。因此，评价幼儿劳作活动，注重过程性评价，多用口头鼓励，物质奖励最好是跟本次劳作活动有关的物品。评价主体多元化，把幼儿劳作过程制作成一本手册，让幼儿自己看到劳动成长的历程。

5. 劳作活动的拓展与反思

春种、夏长、秋收、冬藏，大自然和社会都有一定的发展规律，几乎所有的劳作都具有复杂性和系统性，完成任何一项劳动都需要能力和经验的积累。比如本次设计的“打包”活动，看似简单，其实有很多步骤和要求，涉及很多共生的行业。

为了更加丰富本次劳作活动的设计，幼儿教师可以拓展单次的劳作活动，将“请进来和走出去”相结合，用合适的方式让幼儿体验快递派送的乐趣和意义。一是可以邀请快递工作人员到园内，身穿制服的成人对幼儿充满吸引力；二是可以在园内或者附近社区，尝试让幼儿派送快递，直接体验跟“打包”相关的工作；三是可以带领幼儿参观快递店、菜鸟驿站、物流公司等，让幼儿直接接触生活中的工作环境。同时，为了促进家校合作，可以适当邀请家长到校进行一些亲子劳作，如有家长擅长或者从事某个行业，也可以邀请来学校指导劳作活动的开展。

因此，反思当下的劳动教育，幼儿的劳作活动不仅是动手和成果，还是系统和条理的思维方式、朴素的做事风格的养成，在劳作中遇见未来的自己，克服恐惧，共生成长。

第二章
游戏辅导原理与实践

第一节　儿童与游戏

一、幼儿的世界与游戏

还记得小时候滚铁环、抛石子等游戏吗？那时候我们玩得满头大汗、不亦乐乎，玩着玩着就长大了。从古到今，从西方到东方，任何民族的儿童都喜爱游戏。游戏是儿童的主要活动，他们在游戏中学习知识，在游戏中与人交往，在游戏中健康成长。从心理学的角度来看，儿童游戏不仅仅能带来欢乐，它对儿童的成长也有着特殊的作用。

（一）游戏概述

1. 游戏的特征

游戏是一种繁复的、多层面的行为，会随着儿童的成长而发生重大的改变。游戏往往比较容易辨认和观察，却不容易下定义。早期对游戏的看法是比较哲学式的，但没有给游戏一个清楚的定义，当心理学从哲学中分化出来后，心理学家们尝试从不同的角度对游戏下定义，关于游戏有如下的一些叙述："游戏是一种没有目的的、与生俱来的倾向""游戏是一种行为过程""游戏是一种情境""游戏是儿童的一种自主行为""心理学最有力的原则之一就是：游戏是儿童发展的一种过程"。著名的美国教育家杜威（John Dewey）认为，游戏是幼儿生活的一部分，在幼儿阶段，"生活即游戏，游戏即生活"。游戏是幼儿认识世界的途径，是幼儿通过实际行动探索周围世界的一种积极活动。幼儿心理的发展，主要是在游戏活动中完成的。幼儿游戏的基本特征可分为四个方面（杜迎范，2009）。

（1）游戏是儿童的生活方式。

婴儿时，小宝宝的手脚常常是他们最便捷的玩具。当孩子逐渐地能够以外界的某一特定对象为焦点进行观察时，凡是被看见的东西都会成为孩子的玩具。小宝宝不断地进行触觉、嗅觉、听觉的尝试，尽兴游戏，尽情探索一切新鲜的事物。能抓握东西时，任何伸手可及的东西都是玩物；会走能跑时，他们认识世界的范围迅速扩大，伸着小手扑向爸爸的怀抱，跟着妈妈玩捉迷藏的游戏……在丰富多彩的游戏活动中，孩子一天天健康成长起来。游戏带给幼儿欢乐和幸福，游戏就是童年的标志。幼儿以一种孤弱无助的状态，生活在一个成人占主导和支配地位的世界。而这个世界对幼儿的到来看似欢迎，实则充满防御和戒备。因此，他们难免会压抑、愤怒，产生心理或行为的冲突。幼儿需要游戏，最直接的原因是游戏能给他们带来欢乐，让他们忘却烦恼；只有在游戏中，他们在生活中无法满足的愿望才能实现；只有在游戏中，他们才能过另一种有别于日常生活的精神生活，拓展生命的宽度，放飞心灵。正如著名幼儿教育家陈鹤琴（2008）所说："玩，是小孩子整个的生活……小孩子是以游戏为生命的，多给小孩子玩的机会，身体就容易强健，心境就常常快乐。"

（2）游戏是儿童生活的体验。

儿童对世界的认识是通过体验获得经验的过程。在游戏中，没有绝对的真理，任何人都是游戏的主体，且在游戏中创造新的意义。幼儿处于主客体未完全分化的时期，是一种原始的、天真的同一状态，对事物、对人都倾向于采用体验的态度，在体验中，人的意识更多地处于潜伏和悬置状态，对新鲜事物有着高度的好奇心。在这种状态下，日常生活中的主体与世界的距离消失了，亲密地合二为一。这样的游戏体验，是一种个体与外界环境全面接触的过程，是一种强烈、全面、彻底的投入状态。游戏的价值就在于这种体验带来的整个身心的愉悦，这是一种最富有动力性的生命状态，也是教育所要达到的目标。

（3）游戏是不确定性与确定性存在的复杂体。

一般情况下，游戏有一个假想的情境，与日常生活有着距离和界限。但是，游戏又是一种"内在真实"的存在：它是游戏者自愿从事的活动，没有外部压力的强迫，游戏者在游戏中经历着十分真切的体验，但游戏也充满了不可预知性，游戏的地点、游戏的人员、游戏的角色都可以依照儿童的想象加以变动。另外，作为游戏的主体，儿童"类"的存在是确定的，但是儿童作为发展中的个体，充满了不确定性，是一种复杂的个体存在。同时，儿童有着极大的可塑性和未完成性，对于他生命中时时刻刻存在的"活动方式"，同样也是不确定的、未知的。

（4）游戏是儿童与环境互动的媒介。

儿童的世界、儿童的周围并没有分离为自然和人为，他的环境是由他的身体对环境刺激的反馈得来的知识组成的，这种互动性的反应和影响对于儿童来说是充满力量和充满欢乐的。作为环境中的一部分，儿童不能超越其生存的"场域"，他必须和系统中的其他部分进行"能量、物质和信息的交流和转换"。在儿童生命生长的过程中，游戏是儿童认知、情感和社会性得以发展的重要途径。因为处于系统中的儿童既是作为部分又是作为整体而运作的。同时，现代社会中人与人之间的相互依存、相互依赖的生态式存在关系早已渗入儿童的日常生活，游戏也通过其内容、方式成为影响儿童发展的因素。（杜迎范，2009）

2. 幼儿游戏与成人游戏的不同

（1）游戏在各自生活中的地位不同。

在成人的生活中，工作是最主要的日常生活，游戏仅作为一种重要的娱乐方式，只是成人生活中一个相对次要的部分；而在学前儿童的生活中，游戏是主要的或基本的活动形式，游戏是生活，游戏是一切。

（2）游戏的心理状态不同。

游戏中的成人有着丰富的经验和明确的游戏目标，其意识中有明确的游戏活动目标；而幼儿往往从生活中走神到游戏中，在游戏时会有日常生活中的朦胧感。

（3）游戏的内容不同。

成人游戏多为强规则游戏，带有突出的竞技色彩和一定的民族传承性。在游戏中，成人往往更看重游戏技巧，追求技巧的娴熟。而学前儿童游戏的内容一般是反复操作玩具、互相追逐以及在假想的情境中扮演角色，游戏的玩法多为隐性规则的自然游戏和规则性不强的游戏。

（4）游戏的驱动力不同。

成人往往会为了达到某种游戏之外的目的，如为联络人际感情进行游戏活动等；而学前儿童游戏的驱动力是直接内在的，幼儿很少为了游戏以外的因素去游戏。

（5）游戏的价值功能不同。

游戏对于成人而言，娱乐功能大于发展功能；而对于幼儿来说，则刚好相反，发展功能大于娱乐功能。

表 2－1　幼儿游戏与成人游戏的差异

	幼儿	成人
游戏在生活中的地位	基本的活动形式	一种娱乐方式
游戏的心理状态	无游戏目标	明确的游戏目标
游戏的内容	象征性游戏	规则游戏
游戏的驱动力	游戏本身	联络人际感情
游戏的价值功能	发展功能	娱乐功能

（二）在游戏中成长

游戏能将现实中无法处理的情境，通过对玩具的操控，而加以象征性地改变为可控制的局面。早在 18 世纪时，教育家卢梭就强调通过游戏来认识和了解儿童的重要性。福禄贝尔也指出不管何种性质的游戏，都有它意识及潜意识的目的，游戏是儿童“生活的一面镜子”，是学会人的一切生活关系的媒介。“教导儿童自己了解自己，其各个方面和关系中的内心世界，他的力量、天赋、爱好乃至希望、愿望等。游戏使儿童在外部世界中感知内心世界，在身体中感知其力量世界、精神世界……”游戏是儿童期的最高发展，儿童游戏并非单单只是运动，它充满了意义且非常重要。通过游戏，重要的情绪经验能被赋予意义。因此，游戏具有以下功能。（邱学青，2012）

1. 促进儿童身体的发展和对自身的认识

人的身体是人最早和最自然的玩具，人体的很多器官和系统都可参与游戏或者作为游戏的对象，这时孩子既是游戏的主体，又是游戏的客体。从婴儿在和父母游戏中的蹬脚、挥臂、扭动躯干等，到父母和儿童之间经常进行的抛掷游戏、追逐游戏、儿童折纸、搭积木等，在各种操作性游戏中，当孩子兴致勃勃地反复摆弄各种玩具、游戏材料时，他们的手部小肌肉动作的灵活性、手眼的协调性不断增强，他们也变得更加“心灵手巧”。（王晓萍，2010）

2. 促进儿童认知能力的发展

儿童在游戏中能够全面发展自己的认知能力，特别是感知觉、想象力和思维能力。儿童对身边的物体或玩具表现出兴趣，一会碰碰，一会拉拉，一会又丢开。这是早期儿童对周围世界的探索，通过咬、摸、拉、扔等动作，儿童开始初步认识到事物的属性。在童年的游戏活动中，孩子的各种感官都得到了训练：几乎所有的游戏都离不开视觉的参与，触觉、动觉、机体觉、平衡觉等感觉系统，都会在诸如捉迷藏、过家家、打弹弓、玩沙子、做陶泥等活动中得到锻炼和提高。同时，游戏给了儿童想象、探索和创造的自由。儿童可以在游戏里按照自己的意愿和想象去扮演各种角色，体验不同的情感和思想，游戏活动能够为儿童营造一个属于儿童自身的梦想世界。

3. 促进儿童语言的发展

游戏是轻松、快乐的，在这种气氛中，孩子可以较为轻松、自由地表达出自己的想法和愿望。在语言游戏中，孩子有节奏的吟唱、接儿歌、富有想象力的故事续编等游戏都有助于培养儿童对语言韵律的感知能力，并从语音、语义等多方面去理解语言。例如游戏“炒黄豆”，两个儿童在游戏的同时用语言表达“炒、炒、炒黄豆，炒好黄豆翻跟头”，两人边念儿歌边游戏，使他们心情愉快，增强语言表达能力。

4. 促进儿童社会交往技能的发展

孩子的游戏常常离不开游戏伙伴，在与游戏伙伴的交往中，孩子懂得了如何表达自己的意愿、想法以及如何回应他人，并以游戏材料为媒介，学习协商、分享、轮流、谦让、公平、竞争等交往规则。同时游戏为儿童提供了社会实践的机会，在游戏中儿童可以接触到各种虚拟化的社会场景，如“商店”“学校”“家庭”“超级市场”“医院”等，在这些场景中，儿童通过不同的角色定位，掌握各种社会技能，开展社会交往。更重要的是，儿童可以逐渐消除自我中心，学会关心、理解他人，认识并认同成人的社会角色。与没有和伙伴一起玩游戏的儿童相比，那些参加过许多社会性假装游戏的儿童的社会技能更加成熟，他们也更受同伴的欢迎，这或许是由于他们获得了社会技能以及角色扮演经验的缘故。

5. 增强儿童的情感体验，宣泄不良情绪

在假扮游戏中，儿童的情感体验更丰富，增强了对不同情绪情感的认知。比如，在“医生和病人”游戏中，扮演医生角色的儿童会像医生一样给“病人”听诊、开药，嘱咐“病人”按时吃药，注意休息，嘘寒问暖、悉心照顾。这体现了儿童对社会情感的初步理解。在游戏中，儿童能表达出他们的情绪困扰，或解决情绪冲突。例如，小红由于午饭没有吃青菜而受到责备，在游戏中她就会掌握控制权，责备玩具娃娃挑食，并劝说娃娃要好好吃青菜。（马燕，2010）

（三）儿童游戏的发展阶段

皮亚杰着力从认知发展的侧面考察儿童游戏心理的发展过程。在他看来，游戏的发展决定于认知的发展并且与其发展过程相对应。据此，皮亚杰把儿童游戏的发展划分为练习性游戏、象征性游戏、规则性游戏三个基本阶段。

1．练习性游戏阶段

这是个体游戏发展的最初阶段，相对于认知发展的感知运动阶段。儿童的游戏以动作为主，实质上是感知动作的自我训练。其作用是使已获得的技能巩固化，并将已经掌握的动作重新组织。儿童经过动作的反复练习，从控制自己动作和体验动作与结果之间的因果关系中得到快乐和满足。

2．象征性游戏阶段

儿童的认知处于前运算阶段，语言已经有很大发展，形象思维占主导地位。思维中的形象是对外界事物的表征，表明儿童已经获得符号功能，能以意义所代，代表意义所指，能以假想的情境和行为反映客观事物或主观愿望。于是，儿童具有了象征性游戏的能力。最常见的象征性游戏如儿童跨在棍子上“骑马”、坐在椅子上“开车”、哄布娃娃睡觉等。

3．规则性游戏阶段

规则性游戏主要是有组织的集体游戏，有时，这种游戏带有公开的竞争性，需要个体间协同活动。规则性游戏出现在儿童的认知进入具体运算阶段以后，因为对规则的理解和把握，需要儿童具有一定的逻辑运算能力和社会交往的协调能力。（杨丽珠，Bergen，1995）

因此，结合皮亚杰的观点，在游戏活动中进行观察分析能让教师掌握儿童的年龄特点，了解儿童所处的认知发展水平。

表 2－2　皮亚杰的游戏的三个发展阶段

年龄	特征
出生至幼年后期（0～2 岁）	练习性游戏
儿童早期（2～7 岁）	象征性游戏
儿童中期（7～12 岁）	规则性游戏

二、游戏与幼儿心理健康教育

（一）儿童通过游戏进行交流

只要有儿童存在的地方就会有游戏。想玩游戏的冲动是全人类所共有的。游戏让不同文化背景中的儿童，能顺利地表达他们沟通的意愿，尤其是自由的、自发的、自愿的、没有目标指引的游戏，更能让儿童体验到快乐和满足。儿童在自发的游戏中能更直接、更完整地表达自己。所有的小孩子都是通过他们的服饰、发型、兴趣、体态语和其他“秘密信号”来表达自己的感情、需要和苦恼的。游戏给儿童提供了一个既没有威胁又有弹性的环境和气氛，让儿童安全地自由探索。

游戏是儿童的内在自我的表现，儿童会在游戏中体现出表达某种内在愿望的主动性。游戏可以让儿童表达他们尚无法用语言来表达的复杂思想和情感，游戏是儿童表达思想和情感的天然媒介。游戏源自于儿童的内心生活，能够典型地说明所表达的冲突或防御。人在遇到挫折时，因焦虑或者无助而出现“退化”现象，语言功能在挫折时也会自然降低，对语言发展欠佳的儿童来说更是如此。而游戏作为最符合儿童天性的自然媒介，既可以帮助儿童在自然轻松的情境下说出意识中的事情及相关情绪，也可以帮助他们表达出潜意识中的事情及相关情绪，进而消除因压抑带来的紧张和焦虑。他们通过“玩出来”的方式来化解内心的矛盾和冲突。在游戏的语言中儿童患者能够更加自由自在地交谈，较少设防，这是因为儿童潜意识认为，游戏这一特殊领域不承受日常生活的压力和要求。各种非言语的游戏媒介，无论是儿童与玩偶的对话，还是艺术或沙盘媒介，都可以打破儿童的沉默和僵局，使儿童的各种沟通通道迅速打开，使儿童能够有效地表达与交流自己的感情。（王晓萍，2010）

（二）游戏与幼儿心理健康

格林纳克（Greenacre，1959）说：“游戏虽然是一种想象的、假设的、不真实的情况，然而在其中却体现个体主观知觉的有关于过去或现在片段。”因此，虽然游戏中所显示的内容某种程度代表一种不真实的、不完整的记忆，但是，从另一方面来说，它代表了对个体而言非常主观的、真实的内在世界。因此，游戏对于幼儿心理健康具有以下价值。（谢弗，2007）

1．合理运用游戏，帮助培养幼儿心理品质

俗话说“三岁看大，七岁看老”，人的品质教育始于幼儿时期。幼儿时期是人生最基本的阶段，在这个阶段中，幼儿的心理品质占据重要位置。教师应充分进行正确的引导与教育，教会孩子独自面对困难与挫折，进一步养成勇敢、坚定的性格与品质。挫折教育正是培养幼儿坚定意志的重要形式。例如在开展“小兔赛跑”这个游戏时，让幼儿用脚踝部位夹住一个小沙包跳跃前进，看谁先到终点。幼儿的脚踝部很小，很容易导致小沙包掉落。因此，在游戏过程中，教师应让幼儿明白失败与成功是一直相伴的，并不能因为一两次的失败就放弃，应该在失败的过程中积攒能量，为更好地完成任务打下基础。在游戏中，教师除了要让幼儿感受挫折，还应让幼儿在经历挫折之后体验到成功的愉悦感，进一步提升面对挫折的战斗力。同时，在游戏中要融入有关交往、分享类的活动，让班级中胆小的孩子能够自然而然地与同伴交流，并在游戏中分享自己的想法，充分发挥出自觉性与自制力。

2．有效采用游戏，帮助抒发幼儿负面情绪

孩子会将自己的潜意识融入游戏中，从而通过游戏满足现实中的一些愿望，比如抚慰受到的伤害，宣泄受到的威胁或恐惧，缓解内心的紧张与不安，合理调整自身，以便应对现实世界中的各种问题。因此，采用游戏的方式，可以帮助幼儿修复心理创伤。例如在进行“捏捏捏、捏黏土”游戏时，幼儿可以用捏、压、扭、挤的方式将黏土制作成各种各样的形状，不但可以发挥想象力，而且能发泄内心的抑郁情绪。在“击沙包”的游戏中，孩子将自己堆起来的沙包一次性推倒，从而起到发泄内心不良情绪的作用。在幼儿游玩的同时，教师与家长要时刻观察注意，关注幼儿发泄自身情绪后的反应，并教育他们在破坏东西时要经过他人的同意，不能遇到什么东西都去破坏，否则会给别人带来严重的困扰。在现实生活中，很多外界因素都会对幼儿造成心理上的限制或约束，导致幼儿非常容易出现抑郁的心理。因此，合理利用游戏，能够充分缓解幼儿不健康的心理情绪。再如，在“钻山洞”的游戏中，教师事先布置好场地，山洞可由三根体操棒搭建而成，然后将幼儿分为两队，发令后各队排头的幼儿朝前跑出，钻过山洞，再返回排队，自己退于队尾。接着，排在第二位的幼儿再跑出钻洞，如此循环，直至最后一人跑完为止，全部队员率先跑完的队获胜。在游戏中，教师要告诉幼儿在钻山洞时不能碰倒架子，如果架子倒了就得重新支好才能继续进行。在整个游戏中，孩子们跑跑跳跳，既强化了身体素质，又缓解了内心的压力，从而形成了良好的心理状态及行为。（黄琛春，2021）

3. 仔细观察游戏，帮助诊断幼儿心理状态

游戏是一面镜子，教师可以通过孩子游戏时的行为表现，观察、了解和判断孩子的发展状况。情绪失调的儿童会在游戏中攻击别人；心理压力大的儿童会在游戏中放不开手脚，缺乏想象力。如果孩子在某方面发展存在缺陷，或有一些特殊的创伤经历，那么这些信息会在游戏中真实自然地表露出来。教师可以观察游戏儿童的行为表现，及时了解和掌握儿童的情绪，正确引导孩子游戏，促进儿童更好地成长。（王晓萍，2010）

4. 善于运用游戏，帮助治疗幼儿心理问题

儿童的语言处于发展和学习之中，他们理解和表达语言的能力相当有限，不能将自己所想表达的信息全部表达出来，这可能还存在两种情况，一是表达不出来，二是不愿意表达。因为儿童不可能将情感和事件用言语清楚地描述出来，以语言为中介物的心理治疗运用于儿童就存在一定的困难。儿童发展上的限制，影响了心理治疗的效果。而且，在心理治疗中一个重要的因素是儿童所不具备的，那就是对心理失调的自觉意识，主动求助的愿望，希望接受治疗的动机，没有一个儿童会因为自己有问题而主动要求接受治疗；儿童也不可能意识到自己痛苦之所在，不会发现自己的问题。另外，儿童能否与心理治疗师建立起良好的咨访关系，能否表达出内心的感受和过去的经历，对心理治疗的效果影响很大。（邱学青，2012）在游戏中，那些理解存在困难的儿童和难以用语言表达他们感受的儿童可以较为稳妥地以“玩”的态度探索较难的情感。而游戏中反思的过程，可以让儿童了解不是只有他们自己有这种感觉，别人也有和他们一样的感觉。游戏中儿童的反思能力可以很容易地通过成人的悉心辅导而得到提高。（徐光兴，2012）

第二节　游戏辅导原理

一、游戏辅导概述

1996 年颁发的《幼儿园工作规程》明确规定，幼儿园“以游戏为基本活动，寓教育于各项活动之中”。2001 年颁布的《幼儿园教育指导纲要（试行）》在总则中指出，幼儿园应“以游戏为基本活动”。2012 年教育部颁布的《3—6 岁儿童学习与发展指南》的说明部分再次强调“幼儿的学习是以直接经验为基础，在游戏和日常生活中进行的”。

游戏是儿童最本能的、自发的和有兴趣的活动，对儿童的成长和各方面发展具有普遍且重要的意义。“以游戏为基本活动”体现了幼儿园教育的特点，体现了对于幼儿游戏权

利和身心发展的年龄特点的尊重。（刘焱，2012）

（一）游戏辅导的内涵

游戏辅导是以游戏作为媒介和载体，以促进心理处于正常水平的儿童积极发展为目的，以团体形式开展的心理辅导活动。游戏是幼儿主动参与、伴随着愉快情绪的基本活动，以“游戏”作为心理辅导的方式充分保障了幼儿游戏的权利，让他们在轻松愉快的活动中培养交往、合作等能力，培养幼儿良好的社会性，促进幼儿个性的和谐发展。（王红丽，2018）

（二）游戏辅导的特征

幼儿园游戏有两类，一类是自主性游戏，是幼儿按自己的需要自由选择开展的游戏，这种活动一般无法事先设计好游戏的进程及程序。另一类是教学游戏，是以游戏的形式来完成特定的教育教学目标的活动，幼儿能够在活动中有游戏的体验和乐趣。（刘焱，2012）游戏辅导属于教学游戏范畴，既有教学游戏的特征，又有自身独特的方面。正确认识游戏辅导的特征，是组织合理、有效的游戏辅导活动的前提。

1. 基础性

学前阶段是人生发展的重要阶段，学前教育为人的一生发展奠定最早的基石。游戏辅导作为幼儿心理健康教育最重要的实施途径，在目标和内容的选择上必须考虑和促进幼儿在认知、情感、个性、社会性等方面全面、健康、和谐地发展，为他们的未来奠定良好的发展基础。

2. 功能性

游戏辅导是为实现特定的心理辅导目标而组织的游戏，因此幼儿园教师要根据幼儿的年龄和心理发展特点，有针对性地设计主题或话题，选择内容和形式，确定游戏过程，让幼儿在游戏活动中获得认知、情感、社会性等方面的发展。（何成勇，2011）

参考心理健康教育的三个功能与目标，游戏辅导同样也有以下功能：一是教育性功能，提升幼儿的心理健康水平，充分发挥其潜能并使其保持良好的心理状态；二是发展性功能，针对幼儿成长过程中的发展性问题，使每个幼儿的心理得到成长，心理素质得到提高；三是预防性功能，预防幼儿心理问题产生，针对轻度的心理问题进行团体干预，维护幼儿的心理健康。

3. 生活性

游戏是幼儿生活的基本内容，也是幼儿主动学习的基本活动形式。游戏辅导的主题和话题、素材应当贴近幼儿的生活实际，借助具体的情境、具体的事物，在实际的探索和交往活动中对幼儿的心理发展产生积极影响。

4. 趣味性

游戏对幼儿来说是快乐的活动，游戏活动中有丰富多样的材料，为幼儿提供丰富的、有变化的刺激，幼儿在游戏中可以按照自己的兴趣、速度和方式方法与材料、伙伴相互作用。因此游戏辅导相对于其他集体教学活动更具备趣味性，更加符合幼儿的年龄特点。（何成勇，2011）

（三）游戏辅导的发展

游戏辅导是在游戏治疗的基础上，利用游戏治疗的理念、技术和方法，借用开展团体活动的方法和因素使儿童在特定心理主题上获得觉察、整理和成长的过程。因此，了解游戏治疗的发展历程，有助于我们掌握游戏辅导的内涵。

游戏治疗的发展起源于20世纪20年代，精神分析学派创始人弗洛伊德将其精神分析的理论运用于儿童心理分析之中。

第一个有关儿童情绪困扰的个案记录，来自1919年弗洛伊德运用精神分析理论对小汉斯进行治疗。弗洛伊德只见过男孩一面，治疗方法是通过男孩父亲描述其儿子的游戏内容，弗洛伊德向其父亲建议对孩子应做出何种反应，来帮助和改善孩子的病症。这一案例在当时并未形成游戏治疗的系统理论。但心理学界已经开始思考针对儿童如何使用精神分析方法的问题，并注意到了将对成人治疗的理论运用于儿童身上的困难所在。他们发现，儿童心理分析与成人有很大不同，因为儿童不能直接用语言描述自己的焦虑，而且也无兴趣去揭露过去，甚至拒绝尝试联想。由此，人们开始考虑用间接接触的方法来收集资料，揭露儿童的潜意识，这个方法就是游戏。这便促进了游戏治疗的产生和发展。游戏治疗大概经历了四个阶段的发展历程。（华爱华，1998；郑小琴，2006）

1. 第一阶段：精神分析性游戏治疗

19世纪20年代后期，在儿童游戏治疗方面最有贡献的是安娜·弗洛伊德（Anna Freud）和克莱因（Klein）两位心理学家，她们是儿童精神分析的直接创立者，使游戏治疗系统化和理论化。她们都相信，游戏是一个能让儿童最自在地表达自己的方法，游戏可以取代语言式的自由联想，游戏提供了通往潜意识的途径。

她们的差异在于，克莱因十分强调在游戏中揭示潜意识，方法是解释儿童游戏的象征意义。她用游戏和玩具来鼓励儿童表达幻想、焦虑，然后根据儿童的表现加以解释。她的解释将儿童的一些无意识的体验变成有意识的体验，从而帮助妥善解决情感上的问题。例如，她用一些积木围住一些玩具小人，然后引导儿童进行想象：这是一个房间，房间里有一些人。他们诱发儿童将对玩具的情感推及人的身上，使儿童了解玩具在他们心里所代表的人，进而使他们认识自己的潜意识。安娜强调游戏帮助治疗者与儿童之间建立正向情感联结，以便进入儿童世界。她不直接解释具体的游戏行为，认为不一定每个游戏行为都有象征意义，她只是在与儿童建立友好关系时，鼓励孩子说出他们的幻想，或想出一个画面，让儿童说出自己的内在想法，然后分析这一想法背后的意义，让儿童顿悟自己的潜意识。

克莱因和安娜关于儿童潜意识及游戏治疗的功能存在很大分歧，使儿童精神分析分裂成两大派别，克莱因的追随者被称为柏林派，安娜·弗洛伊德的追随者被称为维也纳派。（王国芳，2000）

2. 第二阶段：发泄性游戏治疗

20世纪30年代，一些学者在安娜·弗洛伊德和克莱因理论的基础上，发展出“发泄式游戏治疗”和“主动式游戏治疗”理论，主张为儿童设计多种不同的游戏，安排儿童进入这些经过精心设计的游戏场景，通过游戏令儿童将内在的紧张或者伤痛加以宣泄。

1938年，大卫·莱恩（David Levy）提出“发泄式游戏治疗”，来处理经历过某一特定创伤的儿童的心理问题。治疗师设定场景和选定玩具来重新激起儿童焦虑反应的经验，以便儿童发泄痛苦及紧张的情绪。他认为，儿童之所以会产生问题行为，是因为儿童内心有一种动力和能量，这种能量由于社会规范、道德良心而受到压抑。当能量积累到一定限度时，个体便开始出现情绪问题。游戏之所以具有治疗的功能，是因为儿童在游戏过程中可以释放累积起来的能量。

同年，所罗门（Solomon）提出“主动式游戏治疗”来帮助儿童表达愤怒与害怕的情绪。它通过提供一个象征性情境，让儿童能够在享受活动的过程中释放他的愤怒，并在充满安全感的游戏室中选择更符合现实及可接受的方式来解决自己的问题。1955年，汉布里奇（Hambridge）集“结构式游戏治疗”之大成，更为直接地引介事件进入游戏情境中，在治疗关系建立后，直接再造焦虑引发情境，并让儿童自由游戏，从而在过程中疗愈复原。（王国芳，2000；杨满云，刘衍玲，郭成，2007）

3. 第三阶段：关系游戏治疗

关系游戏治疗认为，治疗过程中治疗师与儿童之间的关系构建，相对于游戏本身更加重要。关系游戏治疗不把视点落在孩子的过去历史和潜意识上，而是注重此时此刻的感情与经验，即孩子与治疗者的正向良好的关系。关系疗法相信儿童是有内在力量和能力自由选择的人，治疗师与儿童之间的情感联结具有强大的治愈力量。艾伦（Allen）是第一位强调治疗师需全然与儿童同在的治疗师，他说：“我的兴趣在于创造一个自然的关联，病人从中可更适当地接纳自己。”孩子用自己的特质与治疗师相处，当他发现治疗师是友好的、信任的、尊重他和接纳他的，他便开始信任治疗师，并接纳自己，自在地处理情感问题。（华爱华，1998）

4. 第四阶段：非指导性游戏治疗

卡尔·罗杰斯（Carl Rogers）延伸和扩展了关系治疗的一些思想，并将其发展成为“非指导性游戏治疗”。弗吉尼亚·亚瑟兰（Virginia Axline）以罗杰斯理论为基础，将非指导性游戏治疗理论运用到实践中。他们相信，人有自我指导的能力，任何人都没有能力改变别人，人是由源自自己内心的力量所改变的。因此，他们并不重视如何安排游戏，而是强调治疗师的工作是和来访者建立良好的关系，为儿童提供一个合宜的环境，让他们发挥内在的自主力量，然后自己做出改变。

合宜的环境需要满足这些条件：态度真诚，内外一致，真心关怀，接纳孩子；无条件地正向尊重，在与孩子的互动中，不予评价，并无条件地接纳、包容孩子；同理心式地了解孩子，敏锐地体会孩子的内心感觉，让他知道治疗师是理解他的。在这样的环境中，孩子会发现自己的正向力量，不断自我完善，充满自信，问题就解决了。（崔光成，1994）

从以上游戏治疗的发展历程，我们可以看出游戏对于儿童心理健康教育的重要性。游戏的诊断作用，表明了游戏是儿童心灵的自由表达，游戏是观察儿童心灵的窗户；游戏的治疗作用，表明了游戏有助于儿童宣泄消极情绪，体验积极情绪，促进良好人格的发展。由此可见，游戏治疗不局限于对心理异常的儿童进行分析、观察与治疗，我们可以通过组织各种互动游戏，在学校教育教学活动过程中，对儿童心理素质进行辅导与训练，培养儿童良好的社会性。

（四）幼儿教育与游戏辅导

兰德雷斯（Landreth，2002）认为游戏是一种特殊的媒介，是儿童的自发行为，儿童在游戏过程中充满愉悦、自发且不必有特定目标，儿童本身建构游戏的内涵并体验游戏过程中的感受，从而促进儿童的语言表达、沟通技巧、情绪发展、社交技巧以及许多能力的发展。

在幼儿教育中，游戏是最易于被幼儿接受的活动，有时候只是简单的一个手指游戏、一个简单的画图游戏、一个巧手游戏，就可以拉近幼儿与教师及其他小伙伴的关系，增强其自信心和自尊感。游戏辅导教师利用游戏治疗的理念、技术和方法，促使幼儿在游戏辅导过程中展示自己的经验，引发对经验的反应和感受，重新思考与整理并学习新的解决方法等，使幼儿获得心理各方面的成长。

游戏辅导要求幼儿园教师不仅在游戏辅导理论、幼儿心理与发展、教师的特质等方面需具有一定的能力，还需要根据幼儿的愿望使用各种技术，包括讲故事、戏剧、木偶与面具、音乐、舞蹈、运动、沙画、绘画、黏土、橡皮泥和玩游戏等，此外还要考虑实施过程的伦理，具有应对游戏辅导历程中突发事件的能力和面对不同成长背景幼儿的技能。（王红丽，2018）

二、游戏辅导的心理学基础

（一）精神分析取向的游戏辅导

1. 主要理论

精神分析学派认为童年早期的经历对于人的一生发展有决定性的作用，强调游戏对于儿童人格发展、心理健康教育的价值。这一学派的儿童游戏理论建立在弗洛伊德人格学说的基础之上。弗洛伊德认为，人格是由“本我”“自我”和“超我”三个部分构成的，其最核心的游戏辅导观点是：游戏可以满足儿童在现实中无法实现的愿望。

弗洛伊德认为，游戏受“快乐原则”（本我）的支配，游戏可以使儿童避免现实的紧张感和约束感，为儿童发泄现实中不被允许的冲动提供了安全的环境，以实现自己的愿望。在整个儿童时期，孩子们的普遍愿望是快快长大，做大人能做的事情，儿童可以在游戏中寻求这种愿望的满足。我们在生活中可以观察到，儿童在游戏中“当爸妈”“当老师”“当医生”……模仿大人的言谈举止，扮演他们向往的角色，正是这种愿望的反映。

心理学家佩勒（Peller）发现，儿童对于游戏角色的选择和扮演不是任意的，而是基于一些情感因素：爱戴、尊敬、羡慕，或者嫉妒、愤怒，甚至是恐惧和敌视。通过模仿那些他们尊敬的大人，儿童成为大人的愿望得到满足；而模仿他们惧怕的人，可以控制焦虑和悲伤。

比如，游戏可以帮助儿童掌控现实中的创伤性事件。儿童到医院看病，医生给他们做检查、打针或做小手术，这些动作使他们感到疼痛，这是一种可怕的、不愉快的体验。根据快乐原则，孩子应当避苦趋乐，争取立即忘掉这种痛苦的体验。可是恰恰相反，儿童会把这种痛苦的体验变成游戏，把医生对他做的一系列动作，同样施加到他的小伙伴身上，或娃娃、玩具、动物身上。

弗洛伊德认为，儿童在游戏中重复这种不必要的体验，是一种强迫重复（repetition compulsion）现象，这种心理防御机制可以帮助儿童应付生活中的创伤事件。在医院看病这样一个现实的生活情境中，医生或其他成人是主动的，而孩子则是被动的受害者。这种不愉快的体验充斥于孩子的心理空间，使他紧张、焦虑、愤怒。但是在现实生活中，这些情绪无从发泄，于是他把这种体验变成游戏，在游戏中通过对第三者（伙伴或玩具）的伤害，他就把这种不愉快的体验转嫁到别人身上。儿童在游戏中，使自己从这种体验的被动承受者，转变成这种体验的主动执行者，消极情绪得以转移。（丁海东，2015；华爱华，1998）

前面提到，在儿童精神分析游戏治疗方面最有贡献的是克莱因的柏林学派和安娜·弗洛伊德的维也纳学派。

克莱因的柏林学派遵循精神分析的两个原则进行工作：一是对潜意识的探索，这是精神分析过程的主要工作；二是对移情的分析，这是探索潜意识的一种方法。她给每个儿童一套经过特别选择的、非机器性的且特别像人物的玩具，放在上锁的且只有儿童自己和辅导师知道的抽屉里，这些玩具只有大小和颜色上的变化。她相信玩具就像成人的联想，具有表达幻想和焦虑的功能。儿童通过攻击或破坏玩具展现攻击行为。克莱因认为辅导师一定要知道为什么在此时此刻的移情关系中儿童会发生攻击行为。她发现儿童对于受损玩具的态度会告诉我们很多信息，可能故意破坏的玩具是象征生命中会让他感到焦虑的人物，将玩具丢到一旁可能表示害怕报复或其他的危机而不喜欢这个玩具，也可能是经历了被迫害的感觉。玩具增强了这种感觉而让他感觉焦虑、忧郁或被迫害。当儿童再次玩这个玩具时，说明儿童发泄了焦虑及降低了被迫害的感觉。

安娜·弗洛伊德的维也纳学派则认为儿童工作应注重两个技巧：一是儿童述说幻想和梦，二是移情的解释。游戏用于儿童分析的准备阶段，作为一种鼓励儿童与辅导者建立积极的情感关系的方式。辅导师通过与儿童游戏和谈话建立一种强烈积极的移情关系，从而奠定分析治疗的基础；进入分析治疗过程之后，则应该主要依赖儿童对其幻想和梦的言语报告。由此可见，在安娜所进行的儿童分析过程中，游戏虽然重要，但并不是全部，它只是使儿童接受分析和认识辅导师的权威性的重要手段。（王国芳，2000）

2. 辅导目标

结合精神分析的理论，游戏辅导的目标主要是帮助儿童通过游戏这一安全场所，回避现实的约束，排解现实的压力，宣泄痛苦的情绪，掌控创伤性事件，消除恐惧、管理愤怒和接受自我阻碍，更进一步帮助个案探索自我，发展更安心、能适应、平衡与自我接受的方法和态度。

3. 辅导师角色

辅导师要创造一个安全的场所帮助儿童探索内在想法和感觉，当游戏中出现让儿童恐惧的意象时，辅导师要协助并支持儿童建立合理的防御机制。辅导师让儿童从游戏中学习，不允许儿童伤害自己、其他人或损坏玩具或游戏室。在游戏中，辅导师可将自己延伸为帮助克服困难的父母，展现了抚育性父母应有的行为及功能，并指导儿童家长给予孩子适当的养育。

4．辅导历程和阶段

精神分析取向的游戏辅导一般分为四个阶段：第一，引导或定向，包含儿童及父母亲的互动，辅导师与父母约定治疗时间、强调出席的重要性与商量缺席的处理做法等。第二，负向反应。儿童可能对辅导过程产生敌意和抗拒，辅导师要以温和且不质疑的态度进行。第三，修通。辅导师将解释延伸到其他脉络、情境和方向，帮助儿童放弃无效的抗拒和回应策略。第四，结束，即复盘辅导过程，与儿童及其父母告别。（王红丽，2018）

5．辅导设限

克莱因认为环境的设置和玩具的使用是游戏辅导的一个重要部分，因而她对于游戏技术的环境设置具有特别的要求。其一，环境设置应保持时间和空间的稳定性；其二，游戏室内儿童的玩具应以小、中性化为要义；其三，玩具应具有安全性和与病人的适宜性。在克莱因的游戏治疗中，儿童的游戏完全是自发的，分析者尽量不去干涉，或者说尽量保持中立，只在必要时进行一定程度的合作，如帮助儿童削铅笔、打结、扮演游戏的一个角色等。（王国芳，2000）

另外，儿童需要向辅导师保证不会伤害自己或游戏室，辅导师指引儿童用象征性的行动来表达自己。通过对儿童行为的设限，辅导师帮助儿童维护安全的感觉，扩展空间来自我表达。

（二）人本主义的游戏辅导

1．主要理论

以马斯洛为首的心理学家意图创立一门研究人类积极本性的心理学——人本主义心理学派。“这一领域是研究心理健康的”“机能健全的人类有机体”。美国人本主义心理学学会的工作原则指出，心理学首要研究对象是具有经验的人；人本主义心理学家研究关心的是个人的创造性和自我实现，研究对个人和社会有意义的问题，人的尊严和价值的提高应成为心理学研究的主要工作范畴。人本主义心理学在承认人发展限制的同时，认为人类有一种不可缺少的自由和自主倾向，人能够努力克服自身条件限制；人的人格有无限发展的可能性，人有实现自己潜能、不断超越自我的能力。

卡尔·罗杰斯是人本主义心理学的主要代表人物，是“以人为中心疗法”的创始人。“以人为中心疗法”即非指导性的治疗，这种治疗理论认为治疗的着眼点是促进来访者的成长，具体地帮助来访者进行自我探索，促进其自我概念向着更接近自我的经验、体验的方向发展。

在非指导的会谈中，来访者的活动占主导优势，治疗师的基本技术服务于帮助来访者认清、理解他自己的情感、态度和行为模式上。非指导的治疗师常用的会谈技巧顺序如下：①以某种方式确认来访者表达自己时所反映出的情感与态度；②确认或说明来访者的行为举止所反映出的情感与态度；③指出对话的主题，但让来访者自行发挥；④确认来访者谈话的主题；⑤提出非常特定的问题；⑥讨论、说明或提供与问题或治疗相关的信息；⑦根据来访者的情况来确定会谈情景。（崔建华，2012）

弗吉尼亚·亚瑟兰将卡尔·罗杰斯“非指导性”理念运用到儿童游戏辅导之中，创立了“儿童中心游戏辅导”。亚瑟兰认为，游戏是最适合儿童心理特点的，可以促进其经验发展的，有助于自我实现的方法。在接受辅导之前，儿童饱尝了他人命令、责难、束缚、批评、否认的痛苦，其真实的自我无法得以表现。但是在游戏室（辅导室）中，这种障碍不复存在，因为他们得到了辅导师无条件的接纳和真诚的信赖，体验到了迄今从未经历过的宽容、和睦、真诚的人际关系。他们在游戏室里可以自由地做和说，通过自己喜好的游戏活动，使自己积郁已久的紧张、攻击、挫折、恐怖、不满等消极情绪得到充分表达。由此，儿童逐渐学会如何控制、疏导自己的情绪，怎样适宜地表达自己的情绪。消极的情绪一旦被宣泄，儿童就有充分发现自我的良好心境，自我也就开始逐渐被他们自身所认识，儿童认识到自我的力量，逐渐习惯于通过自我思考做出决定，进而相信自我并力图表现自我。

儿童中心游戏辅导的实质是坚信每个儿童具有自我发展的力量，只要辅导师为他们创设安全适宜的条件，制造自由舒适的气氛，无条件地接受并理解他们，那么儿童就一定能恢复其本来的面目向前发展。（华爱华，1998）

2. 辅导目标

儿童中心游戏辅导的目标是：通过辅导师真诚一致、无条件的关注，为儿童提供正向经验，帮助儿童积极正向成长，并发现个人优点。具体而言，包括：让儿童发展更正向的自我概念；学会承担更大的自我责任；更信任自己；更能自我接纳；更具弹性，具有为自己做决定的能力；对经验更有掌控的感觉；对问题处理过程更敏感；发展内在评价系统。儿童中心游戏辅导相信儿童有能力为自己设定目标和方向，相信儿童会朝需要的方向前进。

3. 辅导师角色

亚瑟兰认为对儿童进行游戏辅导时，辅导师应坚持八个原则：①辅导师必须和儿童建立友善的关系。②辅导师必须接受儿童真实的一面。③辅导师在和儿童相处时要具有宽容的态度，让儿童能够自由自在地表达自己的感受。④辅导师要能敏锐地辨识出儿童表现出来的感受，并以能够让儿童领悟的方式把这些感受回馈给儿童。⑤辅导师必须尊重儿童，承认儿童拥有能够把握机会解决自身问题的能力。⑥辅导师不要企图用某种方法来指导儿童的行动或谈话，而应该跟随儿童。⑦辅导师要知道治疗是一个渐进的过程，对治疗进度不能太着急。⑧辅导师应该做出一些必要的限制，这些限制的目的是要让儿童知道他在治疗中应该担负的责任。亚瑟兰提出的八个原则，除第八条原则外，都是从罗杰斯提出的治疗师必须具备的无条件正向尊重、同理心和真诚等三个态度衍生而来的。（杨满云等，2007）

在儿童中心游戏辅导中，辅导师的角色主要是提供无条件的积极关怀、深层次理解、接纳以及真诚一致等核心条件，游戏辅导之所以对儿童具有功能，关键并不在于游戏材料的提供，而是游戏辅导师的人格特质、信念或态度，及如何回应和建构辅导性的关系。

4. 辅导历程及阶段

儿童中心游戏辅导的实施过程分为五个阶段：①决定接受辅导阶段，辅导师首次接触儿童和家长，明确和介绍辅导的性质和内容。②初次辅导阶段，辅导师尽可能创造出一种和谐愉快的氛围，必要时进行示范引导，使儿童全身心投入到游戏活动。③接受和宣泄阶段，当游戏进行到一定程度时，如果儿童体验到自己是被辅导师无条件地真诚接纳的，儿童就会自由地通过言语和行为表达自己的感受，其紧张焦虑的情绪就随之减轻，情绪就会趋于稳定，与情绪问题相关联的行为障碍就会随之缓解。④情绪的认识和解释阶段，随着宣泄情绪的丰富，辅导师将对情绪的认识和解释导入治疗的过程。辅导师通过重复儿童的情绪性语言、描述儿童的情绪体验，使儿童进一步明了自己的情绪体验，同时把儿童的体验纳入其过去的经验、现在的生活和未来的发展体系中，提高儿童的自我洞察能力，促进其自我的成熟和发展。⑤结案阶段，随着负向的情绪得到充分表达，其内在体验就逐渐向现实、正向的情感方向转化。当这种转化完成，就可以结束该个案的游戏辅导。（崔光成等，1994）

5．辅导设限

在儿童中心游戏辅导中，设限非常重要的一个层面为帮助儿童避免危险行为。如不容许儿童伤害辅导师或故意破坏游戏室和玩具；指导儿童学习辨别激烈的情绪和负向行为二者之间的不同，学习在游戏室内自我控制，并将它类化到外在世界。

（三）认知行为的游戏辅导

1．主要理论

认知行为疗法是20世纪中期发展起来的将认知行为理论应用于实践的心理治疗方法。认知行为疗法的理论家们虽有理论和应用技术方法方面的差异，但是他们都强调认知过程是心理行为的决定因素。个体对事件和环境的评价决定了个体的情绪和行为反应，而此评价又受个人的经验信念、思维方式、假设观念等认知过程的支配和影响。认知行为疗法就是通过改变个体的认知过程来矫正个体适应不良的情绪和行为，建立和重构功能良好的认知过程以达到良好的社会适应。

贝克（Beck）是经典认知疗法的创始人，经过多年的实践研究和理论总结，他提出了以下几个重要概念。

（1）认知图式。

生活中人们往往把自己心理障碍产生的原因归结于外界的刺激，但是面对同样的情境，不同的个体往往会有不同的情绪和行为反应，说明同样的应激情境并不会使每个人都出现情绪和行为异常，这是因为人们对事物的认知评价、解释和信念、假设存在显著的差异。即每个人具有不同的认知图式。认知图式基本分为两种：积极的（适应的）和消极的（适应不良的）。贝克认为个体的信念在儿童期已开始形成，儿童早期经验引起了对自己和世界的基本信念。一般来说，儿童的经验得到父母和他认为重要的人物的支持和肯定，则容易使个体建立自信，成年后建立积极的认知图式系统；相反，儿童早期的经验受到批评和否定，则容易引起儿童的自卑，形成消极的信念。这些早期的消极信念和以后的各种创伤性经验在发展中会一起影响个体的信念系统，成年后可能会建立起顽固的负性认知图式。认知图式决定了人们对事物的评价，成为支配人们行为的准则，存在于潜意识中而不为个体觉察，不受日常生活经验的影响，顽固存在。

（2）自动化思维。

贝克发现，对于有情绪障碍的个体，先于情绪反应发生的转瞬即逝而又模糊不清的思维总是“自动出现的”“不需要多少努力就可以引发的”，且出现之前没有经过理性的推理和判断，即使这些负面的想法与客观的证据矛盾，还是会固执地存在并且反复出现。他称之为“自动化思维”。

（3）认知歪曲。

情绪困扰的人倾向于“犯独有的逻辑错误”，即以自我轻贱的方式来扭曲客观的现实。人们在处理信息时有七种常见的扭曲情形，这些认知的歪曲已被证实会导致错误的假定与观念：第一种，任意推论，指没有充足及相关的证据而做出推断性结论；第二种，选择性断章取义，指依据整个事件中的部分细节下结论，忽视其中更突出的特征；第三种，过分概括化，将意外事件的产生的不合理信念不恰当地应用在不相干的事件或情况中；第四种，扩大与贬低，过度强调或轻视某种事件或情况的重要性；第五种，个人化，将外在事件与自己进行关联的倾向；第六种，乱贴标签，根据过去的不完美或过失来决定自己真正的身份认同；第七种，极端化思考，又称为二分法思维，指思考或解释时采用全或无的方式，或者采用“不是……就是……”的方式进行极端分类。（胡佩诚，2006）

认知行为疗法的目标是发现与识别歪曲的、非理性的认知过程及其形成原因，通过挑战、实验和讨论等治疗技术，帮助个案矫正错误的认知过程，建立现实的认知方式以缓解个案的心理困扰，降低其情绪困扰复发的危险性，并使之具有现实的思维、体验和情感。

认知行为的游戏辅导，运用认知行为疗法的重要概念，即信念和假设影响个体对事件的知觉与解释；大多数有心理困扰的人都有消极的认知图式、非理性想法或认知扭曲。游戏辅导师使用行为技巧直接对儿童工作，或教导父母亲或老师的行为，帮助儿童发展现实的思维、体验和情感。

认知行为游戏辅导的主要特点包括：第一，儿童通过游戏主动参与辅导过程；第二，处理儿童的想法、感受、想象时主要以问题为中心，而非以当事人为中心；第三，强调发展新的、适应性的信念和行为，以及更有效的问题解决策略；第四，辅导过程是具有结构性、指导性及目标导向性的；第五，辅导师运用研究验证为有效的认知和行为技巧的理论；第六，辅导师检视对特定问题实施的特殊处理的效果。（王红丽，2018）

2. 辅导目标

辅导目标分为一般目标和特定目标。一般目标为提升儿童应对问题、情境和压力的能力，改变其歪曲的、非理性的和错误的认知思维模式；特定目标方面，辅导师将依据每个儿童的认知模式和特殊情境，制定行为和认知的目标。

3. 辅导师角色

认知行为的游戏辅导师是主动的和具有指导性的，一开始需要以正式和非正式的工具评量儿童及其父母亲目前的功能；接着积极引导儿童父母制定治疗计划，对行为、态度、情绪和信念的改变制定具体可测量的目标；之后依据计划执行，应用示范、角色扮演或行为制止等辅导技术来指导儿童发生改变。

4．辅导历程和阶段

认知行为游戏辅导的历程主要分为诊断、介绍或导入游戏辅导、中期和结束四个阶段。

（1）诊断阶段：儿童父母、辅导师运用各种诊断工具，收集儿童目前的功能水准、发展层次、呈现的问题、儿童对问题的知觉与理解以及父母对儿童和问题的观点等资料。

（2）介绍或导入游戏辅导阶段：辅导师与儿童的父母亲会谈，对儿童的初始评量给予回馈，制定辅导计划，辅导技术和目标，商议父母亲在游戏辅导历程中的角色。

（3）中期阶段：辅导师运用特定的认知和行为策略，教导儿童学习新的适应性反应，以应对特殊的情境、问题、议题或压力。

（4）结束阶段：逐步延长辅导间隔时间，让儿童做结束的准备。与儿童一起讨论辅导结束后对问题的处理计划，增强儿童的认知想法、情绪感受和行为上的改变，并练习将游戏室所学到的技巧内化到其他情景。

5．辅导设限

认知行为的游戏辅导是一种指导性的辅导，儿童需要建立关于辅导和日常生活清晰的规范，儿童需要了解哪些行为是可接受的，哪些是不可接受的。辅导师通过设限传达给儿童安全和受保护的感觉，这种辅导经验让儿童获得对他们情绪的控制感。（王红丽，2018）

（四）格式塔的游戏辅导

1．主要理论

格式塔（gestalt）是一个德语词，它的意思是物理的、生物的、心理的或象征的结构或形态，其构成因素并不是各组成部分间的简单相加，而是一种完整的结构或形式，在国内也有人将格式塔心理学翻译为完形心理学。

20 世纪 50 年代，德国心理学家佩尔斯（F. S. Perls）受到弗洛伊德的精神分析理论、荣格的心理分析理论、格式塔心理学、存在主义哲学、现象学等理论的影响，创造性地整合了这些观点并加以创新性的应用，形成了格式塔疗法。

格式塔治疗的基本假设是个体本身可以有效地应对他们的生活问题，格式塔治疗关注的焦点是提高来访者对自己的主观体验的意识，帮助来访者充分体验他们此时此刻的存在，提高他们更加真实地生活的能力和做出选择的能力，达到一种有意义的生活，并启动自然的成长过程，达到自我内在以及自我和环境之间的整合。（胡佩诚，2006）

格式塔的游戏辅导强调个体整体的健康功能，如感官、身体、情绪和智力等。格式塔的游戏辅导强调四个重要概念。

其一，我和你关系，指在权利和事实上完全平等的两个个体（辅导师和儿童）之间的互动。我和你关系使得辅导师和儿童愿意投入互动，彼此诚实、尊重、真诚和一致。

其二，个体的自我调节，当外在环境以及个体因发展而需要改变时，个体会寻求方法满足并达到平衡。

其三，接触—界限混淆，当儿童封锁了个体的任何一部分时，会产生接触—界限混淆，导致心理、情绪或身体出现一些症状。

其四，觉察和经验，低自尊儿童对个人经验的觉察力有限，格式塔的辅导师用游戏的经验和实验，帮助儿童更能觉察自己，提升他们对自己、别人和世界的觉察层次。

2. 辅导目标

格式塔游戏辅导的目标为：帮助儿童恢复自我概念，接纳原来不被接受的自我，学习自我支持，使儿童有能力且愿意经历痛苦和不适。这些目标反映出建立辅导关系，发展自我支持、激发个体攻击性能量及学会表达情绪、统整个体的功能，减少接触—界限混淆等需求。

3. 辅导师角色

格式塔游戏辅导中，辅导师的角色包含非指导性与指导性两部分。非指导性角色，是指辅导师建立我和你关系，鼓励儿童在游戏中与辅导师保持接触，不带期望地接纳儿童，充分体验“此时此地”的体验。指导性角色，是指辅导师会预先选择游戏材料，设计活动或实验，引导儿童运用游戏室的材料，增加和环境的接触，提升自我概念，学习表达情绪和自我支持的技巧。格式塔的游戏辅导师可能会根据辅导目标，有效运用多种进阶技巧，包括戏剧创作、角色扮演、录音带表演、故事接龙、投射性绘画、面质、引导幻游等技术。

4. 辅导历程和阶段

格式塔的游戏辅导未发展成辅导的标准历程和阶段，但根据格式塔的辅导目标，一般来说有以下步骤：第一，发展我和你关系，即发展辅导师和儿童之间的我和你关系，真诚、尊重和耐心是建立彼此关系最有效的方法；第二，评估和形成接触，儿童和游戏材料、游戏辅导师之间的接触和互动；第三，增加儿童的自我价值感和自我支持，辅导师在前面的接触中评估儿童的自我概念和自我支持的能力，并设计一系列活动来增加儿童的自我价值感；第四，鼓励情绪表达，激发攻击性能量，并学习表达情绪，攻击性能量是儿童采取行动的能量；第五，帮助儿童学习自我抚育，自我抚育能帮助他们接纳自己，学习自我照顾和自我疗愈的技巧；第六，结束辅导，当儿童解决发展阶段所遭遇的阻碍时，便是辅导结束的时机。

5. 辅导设限

格式塔的游戏辅导师通常在时间上给予明确的设限，一个游戏单元是45分钟，不允许儿童暴力伤害自己或辅导师，不能够破坏游戏室或设备，不能将游戏室的玩具带走，辅导师在游戏时间快要结束时给予提醒等。（崔建华，2012；王红丽，2018）

第三节　游戏辅导的实施方法

一、游戏辅导的对象

游戏辅导以游戏作为交流载体和媒介，适用对象大多是心理发展属于正常水平的儿童。游戏治疗则是针对有明显问题的幼儿，邱学青（2007）称这些孩子为特殊儿童、边缘儿童等，如被医院诊断为高功能自闭症、发育迟缓或者有精神疾患儿童等。

需要注意的是，幼儿的身心发展本身就处在不断变化的可溯期，游戏又是幼儿喜欢的形式，一般来说，幼儿心理发展水平的正常与异常并无显著的区分。如果上述患有自闭症、轻度智力不足的儿童在幼儿园随班就读，游戏辅导对他们同样适用。

二、游戏辅导室与玩具

游戏辅导需要游戏空间，游戏辅导室是开展游戏辅导的主要场所之一，但不一定仅在游戏辅导室开展。研究发现，在专门用于道具和游戏辅导的房间中，儿童心理辅导会更为容易而且更加有效（Kathryn，David，2010）。因此，有条件的幼儿园和幼儿心理指导机构都应配备游戏辅导室。

（一）游戏辅导室

游戏辅导中的场所对于游戏的开展和辅导效果具有非常重要的影响。基本要求如下：

1. 大小

游戏辅导室的大小要满足以下几点：①空间能摆放足够的游戏辅导器材，以供幼儿选择。②除去桌椅、柜子外，要有足够的活动空间，可以供幼儿走动、活动身体，不宜过大或者过小，因为过于空旷的空间会使孩子感受到恐惧，过小的空间则会令人产生压抑的感觉。建议 $25\sim30\ m^2$ 大小的空间为宜。③游戏辅导室的设计要求分区，例如娃娃家区、积木区、制作区、玩沙区、阅读区等。

2. 环境

第一，应简洁、干净，避免幼儿游戏时分心，保证他们能在没有干扰的条件下，集中精力投入游戏活动。第二，应让幼儿有安全感，能够保护他们的隐私，不会有被别人偷窥、监视的感觉。第三，通常情况下，房间中应该只放置特定辅导阶段所需的道具，其他玩具和道具收在柜子里，这样有利于幼儿集中注意力。第四，环境设置应尽可能考虑幼儿的安全和空间的重复使用性，如地板要耐久、易清洗，墙壁采用可洗性涂料，游戏室边角贴上“防撞条”等。

3. 硬件

基础硬件包括基本的多媒体设备与器材、儿童桌椅、柜子（用于放置玩具或游戏材料）。推荐硬件包括懒人沙发、卡通坐垫等。最好有隔音设备、单面镜和摄像机，可以让辅导老师在观察室里面看到游戏辅导室所发生的情景。

（二）玩具与游戏材料

玩具类别尽量齐全，但不需样样都有。选择玩具时需要考量幼儿的兴趣、是否耐久牢固、是否无毒、是否具有充分的表达性、是否适龄等原则，尽量选择利于与儿童正向关系的建立、提供广泛性的情绪情感表达、利于真实生活经验的探索、增进自我了解的发展、提供自我控制发展的机会，且颜色的色调追合不同性别的玩具。

游戏辅导不仅局限在游戏室里以玩具作为沟通的媒介和手段，而且还包括音乐、绘画、讲故事等多种形式。除了市场可购买的成品成套玩具外，还应配备有绘画、手工制作、阅读等的游戏材料。

玩具与游戏材料大致包含：

1. 拟实物类

玩具的外形与幼儿生活中的人、事、物类似，如洋娃娃、娃娃家、娃娃家的家具、塑料奶瓶、茶具组、厨房组、各种玩具食物、医疗玩具组、玩具电话、飞机及车子等。这类玩具方便幼儿在游戏中模拟、还原现实生活中的经历和感受。

2. 发泄情绪类

需要进行游戏辅导的儿童通常积累了许多情绪而不能用语言描述或表达，或者言语表达仍不足以消解其内心情绪，可借助如下具有明显情绪色彩的玩具加以宣泄，如可按捏类玩具、塑胶刀、玩具枪、手铐、玩具兵、军队装备（坦克车、战车、国旗）、警察、塑胶汽车、超级英雄、玩具怪兽等。

3. 投射内心世界类

蜡笔、报纸、钝头剪刀、黏土、手掌形布偶、公仔、面具、沙、球、各类画具及绘画材料、治疗性卡片（如 OH 卡）等。幼儿可以拿来创造游戏人物、角色扮演等，可以投射出内心的真实情感。

在准备玩具和游戏材料时，要谨记游戏辅导的重点在于“辅导”，而不是“游戏”，辅导老师是借助这些具体的操作促使儿童表达情感、事件、想法。所以，玩具和游戏材料也可以是辅导老师根据幼儿的辅导经验在生活中发现的物件。

三、游戏辅导的过程与方法

（一）游戏辅导的过程

一般来说，游戏辅导大体包括“初始阶段—中间阶段—结束阶段”，分别对应“观察评估期—介入干预期—追踪观察期”。

1. 初始阶段：观察评估期

教师通过多种途径来观察和发现幼儿的生活和社交模式及可能存在的情况，包括幼儿喜欢的玩具、经常一起玩的小朋友、平时由谁接送等都可以列入观察内容。对于一些显著性问题，教师需要与幼儿家长取得联系，向家长反馈情况并了解幼儿的相关信息。教师要综合多方面信息，初步建立辅导目标。幼儿心理健康辅导常见的目标有：培养积极情绪，热爱学习生活，认识和接受自我，交往合作、爱护环境，亲子同乐，感觉统合、身心协调。（郑晓边，2015）

初始阶段需要达成目标的活动是“关系建立与自我表露”。如果教师平时与接受游戏辅导的幼儿就有接触并相互熟悉，则此环节会顺畅很多；若辅导老师对幼儿不熟悉，则需要适当延长观察评估时间，教师要主动与幼儿建立关系。

2. 中间阶段：介入干预期

这一阶段是游戏辅导的核心环节。从辅导内容来看，教师要依据前期综合评估的情况，分层分级明确辅导目标，有针对性地开展游戏辅导。辅导目标可以与幼儿及其家长协商。与幼儿沟通时，注意转换交流模式，平等协商。中间阶段达成目标的活动可以有：情绪深究与沟通、社交技巧、家庭的相关活动、学校的相关活动等。

从辅导次数来看，幼儿的游戏辅导与儿童和青少年辅导一样，有时候需要数次的辅导，教师要注意每次辅导的过程梳理和下次辅导的目标调整。

从辅导场所来看，辅导可以在游戏辅导室、幼儿教室、幼儿园户外活动区域等不同地点进行，具体需要依据幼儿的问题及所采取的游戏来确定。

每次辅导的过程大致包括：建立或巩固关系，商定游戏，选择玩具或游戏材料，幼儿玩游戏，教师观察或参与游戏。

辅导教师在游戏辅导的过程中，是要做一个游戏的“参与者”，而不是单纯的组织者和旁观者，要与幼儿建立起并维持和谐的伙伴关系。

3. 结束阶段：追踪观察期

幼儿游戏辅导的结束阶段需要教师谨慎处理，尤其是辅导老师不是幼儿平时常见到的老师的情况，更需做好“分别”的处理。最后一次“游戏辅导”并不意味着辅导的结束，结束阶段需要对幼儿的情况进行后续持续性观察和评估。结束阶段要达成目标的活动可以采取“结束与追踪”，相关活动主题可以有：探索幼儿与辅导老师结束辅导关系时的感受，回顾辅导关系的正向层面，协助幼儿反映在辅导中的改变；回顾幼儿在情感上的成长，探讨幼儿与父母、教师、朋友的关系，协助幼儿分享对“现在生活”的感受；等等。

（二）游戏辅导的常用方法

1. 访谈法

访谈法主要用于观察评估期。由于幼儿年龄较小，尚不能对幼儿进行直接的访谈，主要是对与幼儿联系密切的老师或家长进行访谈。访谈的结构是开放式的，内容主要涉及家庭生活中与幼儿有关的诸多方面，如抚养方式、居住环境、工作情况、与老人的关系、生育孩子的情况。比如想要了解幼儿早年生活中有什么事情对孩子产生了影响，可以这样问家长：“你们什么时候、通过什么事情发现孩子有这样的表现？可以详细说说吗？”（邱学青，2007）。

2. 参与式观察法

参与式观察法主要用于介入干预期，辅导老师要做到全程身心参与。当儿童开始游戏时，辅导老师应该坐下，表明让儿童自由发挥的意图。辅导老师应十分关注儿童，可以跟着儿童的移动而转动身体的位置，前倾上身以观察地板上的游戏。必要时辅导老师可以询问幼儿是否可以参与游戏。

3. 活动干预法

活动干预法主要用于介入干预期。教师设计游戏活动，如心理剧、角色扮演游戏、绘本拓展游戏、户外竞争合作游戏等，在活动中借助与同伴的互动进行辅导，同时教师也可通过观察记录幼儿的集体活动表现，在个体游戏辅导中再现幼儿先前的表现，即在游戏中进行游戏干预。

4. 实物分析法

除了对幼儿游戏过程的观察，辅导师也要关注幼儿的游戏“作品”。幼儿的“游戏作品”包括玩具的摆放、玩具材料的制作、玩具材料的建构等，通过对幼儿的绘画作品、建构作品等进行分析，了解幼儿的情况，具体包括作品本身的分析，以及前后作品的对比分析。

四、游戏辅导中的相关注意问题

（一）游戏辅导老师的态度

1. 接受儿童的原貌

在游戏过程中对于幼儿的一些“做法”少问为什么；不指导或暗示；要对幼儿有兴趣；要能接受模糊或沉默；要先接触儿童，而非问题。

2. 给予儿童选择权和自由

尚未发生的事不限制；明确的表达；容许选择；鼓励决定；专心陪伴。

3. 与儿童产生共情

足够的反应；丰富但不夸大的表情；表达欣赏与鼓励。应时刻注意，儿童的每一种感受都是有价值的，应接纳幼儿的每一种感受，这是与幼儿建立有价值的辅导关系的关键。

（二）如何开始与结束

（1）将可能会中断游戏辅导的各种因素事先排除掉，例如记得让幼儿在未开始游戏时间之前，先去洗手间。

（2）具体明确地告诉孩子可以玩多久。例如现在下午 3 点钟，等到下午 4 点钟的时候，我们就要结束。

（3）在结束游戏前 5 分钟，给孩子一个提示，不要让结束时间超过 2 ~ 3 分钟。

第四节　游戏辅导实操

一、象征性游戏辅导实操

【案例导入】

乐乐（男）4 岁，独生子，性格外向。其父母工作繁忙，虽然对孩子宠爱有加，却没有安排充足的时间陪伴孩子，平时对孩子疏于管教，导致孩子与父母关系生疏，孩子控制力差、厌学情绪重。其具体行为表现如下：

1. 情感冷漠。按理说，4 岁的幼儿依赖心很强，与父母的关系十分亲密，但乐乐家长反映：孩子对父母很冷淡，不愿意多交流，有时在家里竟为一点小事对大人大打出手，甚至连续多日对父母不理不睬，让家人感到心酸。

2. 自控力差。在教学活动时，他总坐不住小椅子，不是小手捏捏旁边幼儿的脸，就是拍拍别人的背，有时干脆离开座位在教室内随意走动，或者趴在地板上自己一个人玩，甚至经常莫名其妙给小伙伴一个巴掌，把别人推倒在地。

3. 有严重的厌学情绪。乐乐在念书时常读漏字，没有耐心，一遇到不会写的作业，就找小朋友帮做作业，或者乱发脾气，一边嘴上说不学，一边胡乱写，要么干脆把作业纸撕成碎片。在上操作课时，乐乐碰到困难时会把操作材料扔在地上踩坏。(韦涛，2019)

(一) 游戏辅导方法

表2-3 游戏辅导的内容

主题	游戏内容
自信心训练	赢得奥斯卡、才艺表演
自制力培养	“木偶”、沉睡的“巨人”
社交技能培养	乘坐公交车、抓“小偷”
亲子关系游戏	躲猫猫、老鹰捉小鸡、夹气球
感统训练游戏	“小矮人”、赶小猪

1. 自信心训练

笔者观察乐乐平时的表现，发现他口语表达能力较为突出，爱玩游戏。于是，笔者利用游戏、表演发展乐乐的智能强项，并及时给予充分的肯定与启发，使他逐步主动配合游戏过程，对下一步的游戏教育起到积极的铺垫作用。

【实操展示】

游戏名称：赢得奥斯卡

1. 游戏步骤。

(1) 用锡纸包住一个木勺子或找艺术人像。

(2) 设想一个虚拟的颁奖典礼，将包好的物体轮流分给每个人，作为他的奖杯。

2. 改编：儿童轮流成为“英雄”。其他人轮流走到他面前，和他握手或者给出赞扬或感谢之词。

3. 反思：

(1) 注意到并赞扬自己取得的成就，给自己口头或实在的奖励，这些都很重要。

(2) 想一些肯定或慰劳别人的小方法。例如，给父亲倒杯茶，帮妈妈洗碗，拍拍别人的肩膀，邀请朋友一起踢足球。

4. 备注：获奖的原因可以是过去的成就，也可以是完全虚拟的，比如说未来的目标等。在这个游戏中，夸大儿童的成绩，给每一个“获奖者”足够的掌声和欢呼声来为他们庆祝。

2. 自制力培养

由于游戏的规则性较强，玩游戏就是遵守规则的过程，通过游戏调节幼儿行为的随意性，对提高其行为的自制力以及身体的协调性有着巨大的作用，通过以下几种具体游戏方式培养幼儿的自制力。游戏规则与幼儿的自控力有着密切的联系，起到相互制约的作用，在游戏中不遵守规则，游戏就无法进行下去。通过开展游戏，乐乐在不知不觉中接受规则，自控能力也相应得到提高。（黛博拉·M. 普拉默，2015）

【实操展示】

以“木偶”游戏

你看过木偶表演吗？现在想象自己是一个木偶，我们来玩“木偶”的游戏。

游戏时间：5 分钟。

游戏目标：自我意识、自我控制、集中精神、合作。

（1）游戏步骤。

①儿童假装成木偶。开始时，他们站立着，双脚紧紧贴着地面，胳膊朝上伸着，手指伸开似乎是被线牵引着。他们想象牵引线慢慢变松，他们的身体慢慢舒展。从手指开始，慢慢到手、胳膊、头、上身，最后膝盖也开始弯曲。

②以同样的动作反向开始，直到所有儿童重新站直，手臂伸得尽可能高。

③以不同的速度将该动作重复几遍。

（2）改编。两人一组，轮流扮演木偶和操纵木偶的人。在不接触木偶的情况下，操纵木偶的人假装拉线，使木偶不同的部位以不同的速度往不同的方向移动。如果开始的时候木偶躺在地上，效果会更好。操纵木偶的人要弄清楚，为了使木偶站起来，要先拽哪根线。

（3）反思。①你的身体是怎样运动的？②你能控制运动的哪些方面（如速度、方向、范围）？③想想站立或坐下所需要的所有动作，我们是怎样学会这些动作的？④谈谈当你学习这些动作的时候，会犯哪些错误，什么情况下会摔倒？⑤你能区分出什么时候你的肌肉是松弛的，什么时候是紧绷的吗？⑥你想过你的肩膀、后背以及膝盖是如何支撑你的身体的吗？⑦扮演木偶和操纵木偶的人应怎样合作？双方需要做什么？合作困难吗？⑧这两个角色中，你更喜欢扮演哪一个？

沉睡的“巨人”

游戏时间：10 分钟。

游戏目标：自我意识、自我控制、等待。

（1）游戏步骤。①儿童假装成“巨人”。他们迈着沉重的步伐在房间踱步，直到游戏的协调者发出信号，比如摇铃铛或是举一只手。②儿童在看到或听到协调者发出的信号后，躺在地上，闭上眼睛。③协调者轻轻地在房间走动，检查他们是否真的“睡着了”。协调者可以说话，但不可以触摸“巨人”。如果有“巨人”被发现了，他们就得站起来，接着寻找其他移动的人。

（2）改编。使用两种不同的音乐，一种节拍强烈，另一种节拍温柔。开始的时候，“巨人”伴随着强烈的节拍移动步伐，听到第二种音乐时躺下来；或者听到第二种音乐时缓慢移动步伐，音乐停止时躺下来。

(3) 反思。①保持不动难不难呢？②游戏协调者说什么话或做什么会让你移动？③既要活跃气氛又要观察别人难不难呢？④当“巨人”四处踱步的时候，会有人撞在一起吗？你认为为什么会出现这种情况？

3. 社交技能训练

乐乐很想和小朋友玩，但小朋友却不太愿意跟他玩。经观察，发现乐乐过于以自我为中心，如玩玩具时只要看到自己喜欢的，也不管别人同意与否，他都会直接抢过来占为己有。乘坐公交车和抓“小偷”游戏，可以让他初步学到交往知识，懂得尊重别人的意愿，认识到应在征得对方同意时才可以动用别人的东西，反之则不行。

【实操展示】

乘坐公交车

(1) 游戏目标：本游戏旨在帮助儿童在角色扮演的环境中练习组织论据和表达自己。

(2) 游戏过程：①教师向儿童解释游戏的情境：一群人在等着乘坐公交车。请在小组中推荐一名儿童扮演“公交车司机”，而教师的角色则是要处理组内发生的所有事情。

②剩下的组员排队等车。建议儿童为自己设定一个身份，并说明为什么会在这里等车。教师可先做一个示范，例如，扮演一位刚购完物的母亲，一个刚下班的男士，或是一名刚放学的学生。

③“公交车司机”停下车，对着排队的人说：“本趟公交车只能去一个地方。”每个等车的人都要说出公交车应该去他们要去的那个地方的理由，鼓励儿童发挥想象力来说明理由。

④教师要提醒儿童，最终决定权掌握在“司机”手里，只有“司机”说了算。一旦“司机”做了决定，小组要一起讨论整个事件。这是一个好决定吗？还能说些什么来改变“司机”的想法呢？由一个人说了算，这种感觉怎么样？

抓“小偷”

(1) 游戏步骤。

①一名儿童（作为“警察”）离开房间，从其他人中选一个作为“小偷”。

②“警察”返回，站在人圈的中间。

③其他儿童要模仿“小偷”的所有动作，“警察”则要找出谁是“小偷”。

(2) 改编。确定两名“警察”和两名“小偷”。

(3) 反思。①“小偷”如何确保能够引起儿童的注意力呢？

②每个人都会看“小偷”所做的动作吗？还是有时会是连锁反应呢？

③谈谈如何通过示范和指令来引导别人。

4．亲子关系游戏，改善家庭教育环境与亲子关系

通过爱心捐款，孩子体会灾害无情、人间有情的真谛，同时理解在遇到自然灾害时人与人之间相互扶持、彼此帮助的高尚情操。另外，家长还可以和孩子玩亲子游戏，如“躲猫猫”“老鹰捉小鸡”“夹气球”等，与孩子共同体验游戏带来的快乐；或是请孩子做大人的小助手，做些力所能及的家务事，如扫地、擦桌子、摆碗筷等；每到周末，家长抽30分钟给孩子读儿童文学作品等，增进和谐的亲子关系。

5．感统训练游戏

从蹲、爬、跳多方面锻炼着手，增强身体的协调性。练习来回爬的枯燥动作，或是静静地蹲十几分钟，对于孩子来说都是一件非常痛苦又难以接受的事情，但如果以游戏的形式呈现，孩子比较容易接受和喜欢。如玩“小矮人”的游戏，规定扮演“小矮人”的必须蹲着走路，比一比谁走得远、谁能坚持最久。又如玩“赶小猪”的游戏，游戏规定“小猪”一定要手脚着地，头向上抬，眼视前方朝前爬。为了玩爬的比赛游戏，尽管比较难坚持，但幼儿在玩游戏的过程中不知不觉战胜困难，发展了意志力。

（二）分析与点评

通过以上游戏辅导，幼儿知道如何与周围的人协同配合，并感受到与人交往的快乐，其心理变化主要表现在以下几个方面。一是情感冷漠的现象有了一定的改善。乐乐在家中不太乱发脾气，有事情也能主动地跟大人沟通和交流，让家长帮他分析、出主意。二是自制力有了明显进步。乐乐偶尔在课堂上出现随意乱窜的举动，但经教师提醒会立即归位；打人事件减少了，做错事能够主动承认错误，做游戏也愿意遵守规则。三是耐心、自信心和身体的协调性等方面都有了一定的提高。乐乐上课时注意力较集中，也慢慢开始回答教师提出的问题，遇到不会写的作业，不再找别的小朋友帮做，而是能自己思考，认真地完成。四是开始与幼儿主动交往，感受到了团结友爱的乐趣。

通过以上游戏辅导发现，像乐乐小朋友这种控制力差、有厌学情绪的孩子，教师要通过发挥他们的自身优势来带动其弱项，每个活动都应努力做到通过寻找“闪光点”切入，创设富有乐趣的游戏环节，带领幼儿进入“规则”，帮助孩子培养坚持、等待、自控等良好的心理素质，有利于培养和发展幼儿的优势智能，还要注意引导幼儿掌握交往技能与规矩，增强幼儿与他人协同配合的观念。最后，改善幼儿心理需要一个漫长的过程，既需要教师因材施教，更需要家长和幼儿园密切配合，这样才能充分提高幼儿的优势智能，给幼儿的未来发展创造有利条件。（韦涛，2019）

二、结构性游戏辅导实操

【案例导入】

幼儿园组织大班的孩子参加了参观小学的社会实践活动，在回来后的自由休息时间，孩子们纷纷讨论小学和幼儿园的不一样之处。比如，哥哥姐姐每人都有一个书桌；小学很大，有教学楼、大操场、篮球场和足球场；等等。从孩子们的话语中可以听出，他们对小学有了初步的印象，有的小朋友对小学充满了向往，与身边的小伙伴兴奋地交谈，但也有

部分小朋友闷闷不乐，认为小学不如幼儿园好玩，老师好像很严厉……

幼儿园大班的孩子（6周岁），即将进入小学阶段，这是他们人生的一个重要转折点：从熟悉的幼儿园，即将进入一个更宽阔的陌生的校园环境；幼儿园以游戏活动为主要的学习形式，而小学的课程以每节课40分钟的集中课堂教学为主；在幼儿园里小伙伴们都是围成圈玩，而到小学则需要每个同学独立端坐在书桌……这些变化可能会让6岁的幼儿缺乏安全感，对小学产生排斥心理，甚至产生焦虑情绪，尤其对于适应能力较差的孩子，可能会出现上学哭闹、睡眠不佳、乱发脾气等状况。

为此，基于幼儿的经验和兴趣，针对幼儿成长过程中的发展性问题，发挥游戏辅导的发展性和预防性功能，教师将设计以“未来的小学生活”为主题的团体游戏活动，让大班孩子提前熟悉小学校园和生活，激发他们对小学的向往之情，缓解他们正式进入小学时的分离焦虑和适应焦虑。

（一）游戏辅导方法

在建构活动开始前，幼儿园教师先带领大班幼儿参观小学，并拍摄小学建筑图片若干。(邵爱红，2016)

1. 第一阶段：不一样的小学教室

（1）辅导目标。

通过建构“不一样的小学教室”，让幼儿提前感知小学教室与幼儿园教室的不同，提升对未来小学教室的熟悉度；通过在构建的“教室”模拟小学课堂场景，让幼儿感知“小学生”角色。

（2）辅导步骤。

①教师询问幼儿“小学教室与我们现在的教室有什么不一样”，幼儿的回答可能包括：教室有很多排书桌，两个书桌连在一起，每个小学生都有一个自己的书桌，桌子上放了很多学习用品，教室最前面是老师的讲台……

②教师出示事先拍摄的教室图片，引导幼儿制作“游戏计划书”，即设计教室的平面图。

③幼儿根据教室平面图，选择合适的空心大积木和单元积木，将讲台、桌椅拼搭出来。搭建过程中，教师引导幼儿运用自己的生活经验和观察，通过不同长度的积木表征课桌和讲台的不同之处以及讲台的位置。

④“教室”搭建完成后，教师引导幼儿两人一组“坐”到教室里，模拟小学课堂。由其中一名幼儿扮演“小学一年级的老师”，教师引导孩子们模拟上课起立、向老师问好、举手回答问题等小学课堂场景。

2. 第二阶段：高大的教学楼

（1）辅导目标。

在搭建好教室的基础上，引导幼儿搭建“高大的教学楼”，认识教学楼里不同的功能室，让幼儿“体验”小学生活的丰富多彩，引发憧憬之情。

(2) 辅导步骤。

①通过教师与幼儿的问答，了解教学楼丰富多样的功能室，激发幼儿搭建兴趣。

教师：教室搭建好了，大家还记得教学楼里除了教室，还有什么地方吗？

乐乐（幼儿）：上次我们参观的小学有好多教室，房子有五六层楼那么高，比我们幼儿园的教室多多了。

千千（幼儿）：对啊，教室旁边还是教室，还有卫生间呢！

明明（幼儿）：看我们上次拍的照片，小学的教学楼除了有教室、卫生间，还有舞蹈室、音乐室、绘画室。你看，这里还有个科技馆。

教师：大家都说得很棒，那我们一起分工合作来搭一幢教学楼吧。

②教师出示小学教学楼及一些功能室照片，引导幼儿制作“教学楼的搭建计划书”。

③幼儿通过商讨、合作、寻求老师的帮助搭建教学楼，教师可适当引导：如何用积木体现教学楼一层层的结构、教学楼的楼梯，每间功能室里有哪些教学器材，可以用游戏室里的哪些物品来象征。由于幼儿的空间转换能力弱，在搭建过程中可能会出现很多问题，如教学楼结构不稳容易倒塌，教师要鼓励幼儿通过讨论、做实验来解决问题。

④教学楼搭建完成后，教师可引导幼儿根据小学生的作息来制定“小学课表”，让幼儿一起讨论每天的课程安排，如上午8：00开始早读课，第一节课是数学课，第二节是美术课，第三节是数学课……；模拟“小学一天的生活”，让幼儿们在教学楼各个功能室之间进行“转换”；模拟不同课程的上课场景，让幼儿“体验”小学生活的丰富多彩。

3. 第三阶段：小学校园真美丽

(1) 辅导目标。

在前两个阶段搭建好教室和教学楼的基础之上，引导幼儿设计完整的校园，丰富校园环境，构建各式各样的建筑和装饰，从而让幼儿喜欢上美丽的小学校园，期待在小学校园里努力学习、和新朋友一起开心游戏的新生活。

(2) 辅导步骤。

①通过教师与幼儿的问答，让学生回忆小学校园里的美丽建筑，进一步丰富校园环境。

教师：我们高大的教学楼终于搭建完成了。你们上次参观还有看到其他的建筑吗？

欣欣（幼儿）：我记得小学的教学楼前面有一个喷水池。

明明（幼儿）：小学的校园可真大！

瑶瑶（幼儿）：我还看到超级大的操场，大哥哥们正在打篮球。

斌斌（幼儿）：这也是哥哥姐姐们升国旗的地方。

……

教师：哇，小学校园可真大啊！让我们以教学楼为中心，来装饰美丽的校园吧。

②在建构前，教师提供事先拍摄的图片，引导幼儿确定校门、教学楼、操场等的空间位置。

③幼儿根据自己的发现和观察点，自由组队，一起合作装饰自己的校园，如：欣欣可选择弯曲积木和雪花片，在教学楼前面搭建了喷水池；明明和瑶瑶对操场、篮球场比较感兴趣，选用了平板积木进行搭建；斌斌搭建起了升旗台……

④在基本建筑搭建好后，教师可引导幼儿利用辅助材料装饰校园，如利用编制材料制作形象的篮球筐、点拉门等，为整个校园增添色彩。

⑤美丽的小学校园搭建好了，幼儿们开始体验快乐的小学生活。当幼儿发现座位、操场对于他们来说太小时，可以引导孩子们用游戏室里自己喜欢的玩偶来进行代替。如：有的孩子可以在教室的座位上玩上课游戏，有的孩子在篮球场上打篮球，有的小朋友则在升旗台下敬礼、升国旗……幼儿们扮演着不同的角色，体验小学的课堂、课间 10 分钟、操场上的快乐运动等。[①]

（二）分析与点评

本次游戏辅导活动是基于幼儿参观小学的实践活动，符合幼儿当前的经验和兴趣，可以激发起幼儿对活动的主动性和积极性。

本次结构性游戏辅导充分考虑了幼儿的认知、思维、社会性的发展特点。大班幼儿（6 周岁）在结构性游戏中的主要特点有：首先，大班幼儿操作结构材料的动作精细度和手指灵活度有了很大的提高；其次，在游戏中他们的目的明确、计划性强，注意力也有了进一步的发展，能围绕一个主题进行长时间的建构活动；再者，伴随着认知能力的发展，大班幼儿掌握了较强的建构水平，更乐于尝试大型的、复杂的立体结构的建造；最后，大班幼儿的分工合作能力较强，他们开始学会根据每个人的兴趣、特点、能力对建构活动进行分工，并在构成中不断地调整，优化整合资源，发挥集体的智慧。幼儿以上的这些特点都保障了本次大型结构性游戏辅导的顺利开展，同时有效帮助幼儿增强自信，提升了幼儿的合作意识。（彭俊英，2014）

每个阶段的建构活动完成后，教师会引导幼儿进行“小学生活”体验或角色扮演活动。此环节是幼儿检验建构作品成功与否最直接有效的方法，同时也是建构活动的主题升华。

以上的结构性游戏辅导，让幼儿体验在小学教室上课的场景、课堂的形式、丰富的文体活动、宽敞美丽的校园环境，可帮助幼儿对“未来的小学生活”形成丰富、深刻的印象，有了一定的感性经验，能充分激发他们对小学的向往憧憬之情，有效预防他们对即将开启的小学新生活的分离焦虑和适应焦虑，为他们顺利适应一年级注入“强心剂”。同时，建议家长可以有意识地培养孩子的一心一意、认真专注的良好学习习惯；带领孩子一起准备开学物品，提升孩子按部就班地进入小学的心理准备；邀请哥哥姐姐畅谈小学学习的乐趣和丰富的校园活动，激发孩子对小学生活的向往。（赵梅，2001）

三、规则性游戏辅导实操

【案例导入】

暑假过后，中一班的孩子升为大一班，孩子们都长高不少，“脾气”也见长，尤其是

---

① 以上游戏环节主要参考：邵爱红．幼儿园室内外建构游戏指导［M］．北京：中国轻工业出版社，2016：128－133.

班里比较大的几个男孩子和女孩子（小宇、轩轩和苗苗）。做游戏时，他们掌握了绝对的控制权，游戏规则都可以被他们变来变去，一起玩游戏的其他孩子总是嘟着小嘴。为此，班主任朱老师决定带领全班同学玩传统民间游戏“挑小棒”，三个小朋友一组，朱老师特意把小宇、轩轩和苗苗分成一组。

“挑小棒”是一个游戏规则很强的合作与竞争性游戏。（宁雪变，2014）第一条规则是：撒小棒的小朋友把一束小棒握在手中，一端立在桌面，松开手，让小棒自己散落在桌上。第二条规则是：小朋友轮流把桌上的小棒挑起来，每次只能挑一根，挑小棒时不能碰到其他小棒，如果碰到其他小棒了，机会就要让给下一个人。第三条规则是：大家轮流挑小棒，直到小棒完全挑拣完，最后数数谁的小棒多，得到小棒最多的为胜。朱老师采用团体游戏辅导的形式，注意观察、引导三个孩子在游戏过程中的合作与竞争。

（一）游戏辅导方法

三人团体游戏辅导，按照游戏行进的过程，辅导老师适时适势地进行引导。

1\. 谁撒小棒

小宇、轩轩和苗苗三个小朋友在游戏开始前就已经僵持不下。小宇首先领到老师分发的小棒，给每个人发了一个母棒后，就准备撒小棒，但轩轩和苗苗也都想撒小棒。轩轩对小宇说：“如果你撒了小棒，那就得我最先开始挑小棒，你要最后挑。”小宇说：“我先撒，当然我先挑。”苗苗说：“你们还玩不玩了，别人都已经开始了。”三个小朋友看了看旁边的同学，他们已经如火如荼地挑小棒了。

这时，小宇说：“那要不石头剪刀布来决定谁先挑小棒。”其他两个小朋友都赞成。“好！”“我赢了。”小宇最先胜出，他抓起棍子，边说边撒在盘子里。这时朱老师看轩轩和苗苗的情绪，两人心情丝毫不受影响，好似迫不及待地准备开始游戏。

2\. 挑出两根怎么办

“应该到我撒了，我刚才是（出）石头。”小棒纵横交错，形成许多支架的空间，小宇从最边上找到了一根单独的小棒，扒拉着挑出来，他眉开眼笑地抓在手里，得意地说：“找了个好挑的。”轮到苗苗了，小宇左瞧右看，指着盘子边上的另一根说：“挑这个吧，这个容易些。”苗苗听从了小宇的建议，很轻松地挑到了一根，盘子里没有了单独的小棍，轩轩有些犯愁，他用手顶着脑袋想了一会，趴到杂乱的棍子上盯了半天，然后从顶部的缝隙中小心翼翼地插入母棒用力一挑，弹出了两根。苗苗噘起了嘴：“只能一根一根地桃，你挑了两根，不算。”轩轩说：“可是我没有动了别的呀。”小宇看了看说：“算了，也没碰到其他的，也算成功吧。”得到了小宇的支持，轩轩面露喜色，迅速捡起两根小棍，紧紧地抓在手里。苗苗说：“那好吧，那如果一会还有人一下子挑出两根，就都要算数哦。”

3\. 第二次，谁先来

几圈下来，盘中的小棍所剩无几，苗苗说：“重撒一次玩吧，谁先来呢？”小宇说：“上次谁是第二个，这次就是第一个；谁是第一个，这次就是第三个。”轩轩一把抓起了小棍说：“第二成第一了，我来吧。”“不是你，该我了。”苗苗也伸手抓住了棍子。两个孩子不约而同地抬头看向朱老师。朱老师故意侧头跟其他的小朋友轻声交流，余光却关注着他俩的动静。看到没有引起老师的注意，两个孩子谁也没有撒手。小宇看看轩轩，又看看苗苗，对二人说："让苗苗先来吧，就她一个女孩子。"迟疑了一下，轩轩不太情愿地松开了手。轮到小宇了，他站起来，把身体低低地趴在桌上，歪着头从侧面观察小棒支架的结构，自言自语地说："这次有点难度，我要发威了。"轩轩低沉着声音说："就是要有难度才好玩。"终于找到了合适的角度，小宇屏住气，咬着唇，慢慢将工具插入缝隙中，然后猛地一用力，小棍飞出来了，弹到了地上，不过也惊动了旁边的两根小棒，失败了。

4. 连续失败怎么办

接下来的几轮，可能太着急，太想成功了，小宇总是失败，气得他直跺脚。反而轩轩好像心情好了很多。一开始没让轩轩先挑小棒，轩轩还不服气，嘴里一直嘟囔着"都是因为你们不遵守规则，本来就是我撒的"，但后来轩轩次次都能轻松挑战成功。看着气得脸发红的小宇，苗苗小声对轩轩说："要不然我们让小宇连续挑两次吧。"轩轩爽快地答应了。两人告诉小宇可以挑两次，小宇很开心。这时，朱老师走了过来，问他们："为什么小宇可以连续挑两次呢?"轩轩说："因为小宇一直很遵守规则，我有一次一下子挑了两根，他也说可以。"苗苗说："第二次玩的时候，小宇让我先撒小棒。"

5. 如何进行班级辅导

"挑小棒"游戏结束后，朱老师带领全班同学一起阅读绘本《图书馆狮子》。《图书馆狮子》是一本儿童图书，故事一开头就引人入胜，成功刻画出人与狮子感人的情谊。美丽生动的图画，很能吸引小读者的阅读兴趣。狮子的遭遇，让小朋友感同身受，因为他们也是如此渴望亲近图书馆，却又担心违反规定……里面的道理很多，比如感恩、遵守规则、打破规则等，教师在带领小朋友阅读的时候不必刻意讲道理。幼儿会有自己的理解。可以让他们多说一说，也鼓励他们用刚刚的游戏来说一说……

（二）分析与点评

"规则是游戏本质的特征。"在儿童的游戏中，如果没有儿童的规则行为，就没有游戏可言。因此，广义地说，一切真正的游戏都是规则游戏。狭义地说，以突出游戏的规则性，旨在培养儿童的规则意识和行为习惯的专门的游戏活动，我们称为"规则性游戏"。规则性游戏对于幼儿的社会性发展，包括去中心化、理解规则的意义、学会合作与公平地竞争，具有独特的价值与功能。乔治（George，2008）认为，在游戏中幼儿逐渐会有意或无意地思考"什么规则可以被接受？什么规则不能被接受？哪些规则是公平的，哪些又不是？是自己创造新的规则还是跟随原有的规则?"

1. 幼儿游戏情况分析

第一，在本案例中，幼儿能遵守基本的游戏规则，按猜拳结果自觉遵守游戏秩序，并能运用自己的生活经验进行次序的轮换。三人小团体游戏中，幼儿的"社会化"和"去中心化"得到一定程度的发展；当现实与规则出现冲突时，能少数服从多数，或遵守社会礼仪进行游戏。

第二，在宽松的氛围中游戏，幼儿的言语沟通、协商意识以及轮流、等待等基本社交规则和技能都得到了发展和锻炼。幼儿能关注到同伴的情绪，并根据情况适当调整规则，照顾到同伴的感受，这是幼儿逐步理解"社会规则"的表现。

第三，活动中幼儿始终没有清点自己所得的小棍数量，以确定谁是第一，谁获胜。他们更在意游戏的过程，不断地“撒、挑、捡”，乐此不疲，笑声不断，快乐无限……游戏就是幼儿活动和情感愉悦的精神寄托。

第四，大班幼儿对规则游戏很感兴趣，能够按照游戏规则积极动脑寻找方法。适当变化游戏规则也有利于幼儿不断寻求新的解决问题的策略，从而使游戏更具有挑战性和吸引力。

2. 教师辅导情况分析

游戏中发生矛盾冲突，幼儿首先的反应就是“求助”。教师要视具体情况给予干预，教师不恰当的干预将会影响幼儿自己动脑解决问题的能力。此案例中，教师面对幼儿求助，第一次选择“不干预”，这是在可控范围内，教师采取了“无为”教育，静观其变，给幼儿思考的空间，也就是给了他们成长和发展的空间。幼儿很快就根据生活经验商定了“依序轮换”的办法。教师的第二次干预，幼儿并未向其发出“求助信号”，而是教师主动介入。幼儿自主提出给受挫的同伴两次挑小棒的机会，这对于幼儿的情绪情感发展、合作意识来说都是非常惊艳的想法，教师适时介入，一个简单的询问，让幼儿在表达原因的过程中清晰了想法，同时也强化了他们相互理解、合作游戏的意识。如果情况允许，教师还可以“扮演”小朋友与幼儿一起进行“挑小棒”游戏。最后，教师通过《图书馆狮子》绘本活动，将有代表性的小宇、轩轩和苗苗的规则性教育转到全班幼儿，进行全班辅导。

第三章
幼儿心理问题的家庭辅导

第一节　家庭与幼儿心理健康

一、依恋及早期安全感的建立

（一）婴儿的依恋

依恋是婴儿与主要的抚养者（一般指母亲）之间所建立的一种亲密的情感联结。婴儿自出生以后，就开始了与母亲之间的互动，这种日复一日的情感互动为婴儿的认知发展和社会性发展奠定了基础。

婴儿在3个月左右可以将主要的抚养者和陌生人做初步的区分，这时母亲对孩子的安抚能力尤其优于其他抚养者和陌生人；6~7个月，婴儿开始主动向依恋对象寻求安慰和拥抱，见到陌生人会焦虑哭闹并寻求母亲的安慰，这种现象的出现表明婴儿已经形成了对熟悉面孔的图式。图式的概念来源于皮亚杰的认知发展理论，图式是儿童的基本认知方式，儿童认知经验的增加即大脑建构了大量的认知图式。婴儿与陌生人接触时，他无法将陌生人的面孔与熟悉的面孔进行同化，婴儿表现出焦虑和恐惧，我们称之为陌生人焦虑。而实际上，婴儿的焦虑又可以细分为两种类型，一种是分离焦虑，另外一种是陌生焦虑。分离焦虑主要指儿童与主要抚养者之间的分离，导致他们缺乏安全感而产生的一种焦虑。依恋和分离焦虑是同步产生并相辅相成的；陌生焦虑通常指陌生情境焦虑和陌生人焦虑。将婴儿带到一个陌生的情境中，接触陌生人，他们会表现出害怕、畏缩、哭闹的情绪，丧失安全感。母婴关系的质量会直接影响到婴儿应对以上两种焦虑情境的质量。

（二）依恋的发展阶段

英国精神病学家、心理学家鲍尔比最早开始进行母婴依恋关系的研究。他认为，依恋主要建立在婴儿对安全需求的基础上。他将婴儿依恋的发展过程划分为四个连续发展的阶段（见表3-1）。

1. 阶段一：无差别的社会反应阶段（出生~3个月左右）

该阶段婴儿还没有对母亲产生特殊的依赖，他们对人是不加区别的，他们还无法区别母亲和陌生人。该阶段的婴儿更喜欢看不同的面孔，喜欢听到各种清脆响亮的声音。

2. 阶段二：有差别的社会反应阶段（3～6个月）

婴儿开始对不同的人加以区别，尤其是对母亲产生特别的喜欢和依恋。此时的婴儿在母亲面前会表现出更多的微笑、依偎、抚摸和接近等动作倾向，但并没有太明显的怕生行为。

3. 阶段三：特殊的情感联结阶段（6个月～2岁左右）

婴儿对母亲开始产生独一无二的情感依附。6～7个月时，婴儿开始对母亲的存在表示出特别的关注，他们对母亲会展现出更多的笑容和友好情绪。

4. 阶段四：目标调节的伙伴关系阶段（2岁以后）

进入幼儿园以后，幼儿的认知范围在不断扩大，他们开始接触大量的同伴，并开始学会与幼儿园老师相处，幼儿的依恋对象和依恋方式都会悄悄地发生一些变化。

表3－1　婴儿依恋发展阶段（鲍尔比，1979）

依恋的发展阶段	年龄阶段	表现
无差别的社会反应阶段	出生～3个月	对所有人的反应几乎都是一样的
有差别的社会反应阶段	3～6个月	对成人的反应有了区别，在母亲和熟人的面前表现出更多的微笑、咿呀学语、依偎等现象，而对陌生人的这类反应明显减少
依恋关系明确期	6个月～2岁	开始明显地显示出依恋环境中的特定人物，这个目标通常是母亲，对陌生人表现出明显的紧张和恐惧
目标调节阶段	2岁以后	开始认识并理解母亲的情感、需要和愿望，交往时会考虑母亲的需要和兴趣，会根据母亲的需要调整自己的目标

（三）婴儿依恋测量和类型划分

陌生情境法是由美国心理学家安斯沃斯所创建的一种评定儿童早期依恋关系的工具。它通过制造“陌生情境”，创设不同的情境，让婴儿体验与母亲分离、母亲返回和陌生人加入等不同的场景，对儿童早期依恋的差异进行辨别和测量。根据其研究结果，安斯沃斯将儿童依恋归纳为三种类型：

（1）安全型依恋：在这种依恋风格中，母亲作为安全基地，可以为孩子提供充足的安全感。当母亲在身边时，婴儿表现出开心和愉悦，并能够自主地探索周围的环境；当母亲离开时，婴儿感到焦虑和沮丧；但当母亲再次返回时，婴儿会主动寻求母亲的拥抱和安慰，重新开心起来。

（2）回避型依恋：当母亲在身边时，婴儿不寻求母亲的安慰和接近；当母亲离开时，他们并没有表现出很难过；当母亲再次返回时，婴儿不寻求母亲的拥抱，似乎在回避母亲，对母亲的态度比较冷淡。

（3）矛盾型依恋：婴儿对母亲表现出矛盾的态度。当母亲离开时，他们表现出难以被抚慰的难过和沮丧；但当母亲再次返回后，他们一方面寻求对母亲的靠近，另一方面又对母亲表现出抗拒。

后来，梅恩（Main）等人又区分出一种新的不安全依恋的类型——混乱型。在这种依恋风格中，婴儿对母亲的态度表现出不一致、混乱和矛盾。当母亲返回时，他们会跑到母亲身边但略有回避，或者最开始很平静但后来爆发愤怒的哭泣，好像在责备母亲的离开，依恋行为没有固定的模式，他们的混乱行为反映出他们的安全感很低。

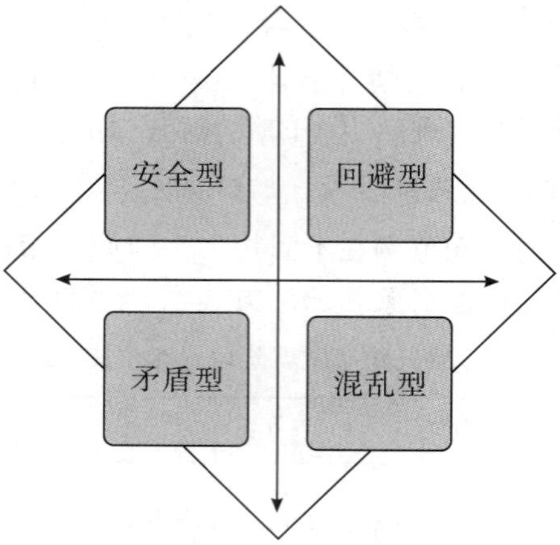

图 3－1　婴儿依恋类型划分

安斯沃斯的依恋类型理论认为，接近 80% 的婴儿能够发展出安全型的依恋，只有少部分婴儿表现出不安全型依恋，而这种依恋方式的形成受多种因素的影响。其中比较有意思的一个研究结果表明，父母的依恋方式很可能会影响到自己孩子依恋方式的发生和发展，如父母在婴幼儿时期形成了安全型依恋，那么自己的孩子也更倾向于发展出安全型依恋，反之适用。

（四）影响婴儿依恋形成的因素

婴儿在成长过程中，逐渐对那些舒适、熟悉并对自己的需求反应敏感的人（一般是母亲）形成依恋。依恋形成的过程受多种不同因素的影响，本节我们主要从抚养者的特质和婴儿自身的特质两个方面进行探讨。

1. 身体接触

婴儿对母亲形成特殊的依恋，除了母亲可以为孩子提供生理需求的满足外，还有一个重要的原因是母婴之间的身体接触，母亲的触碰和抚摸可以让婴儿产生心理上的满足和安全感。1950 年，美国威斯康星大学的心理学家哈洛进行了一个经典实验，他制作了两个人工“母亲”：一个是浑身用金属丝缠制，脑袋用木头代替的“金属丝母亲”，并在这位“金属丝母亲”身上挂上一个奶瓶，为小猴子提供喂养；另一个“母亲”由塑料泡沫制成，并用厚厚的毛毯包住身体，为“毛毯母亲”。小猴子在两个“母亲”的陪伴下逐渐成长。实验过程中发现，当饥饿的时候它会去寻找“金属丝母亲”喝奶，但平时总会依偎在“毛毯母亲”的身边。遇到危险情境时，它第一反应会去寻找“毛毯母亲”的怀抱。后续的实验研究发现了其他一些品质，例如母亲的温暖、摇动、喂养同样使得“毛毯母亲”更具有吸引力。哈洛指出，温暖的布满足了猴子的偏好，可以给幼猴提供接触安慰。

（Harrow，Zimmerman，1959）当然，人类的婴儿同样对柔软温暖、摇动、喂养和轻拍他的喂养者产生依恋。而且当个体沮丧时，母亲的依恋会为孩子提供一个安全港湾和探索外部环境的安全基地。

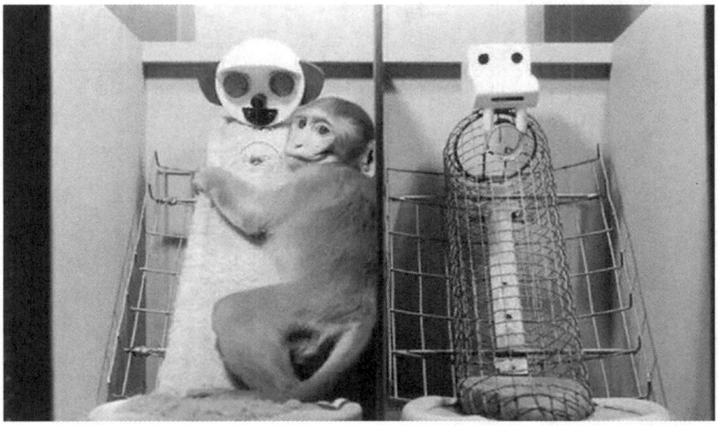

图 3 - 2　哈洛的恒河猴实验——依恋影响因素探究
（图片来源于网络）

2. 母亲的敏感性

形成安全型依恋婴儿的母亲会对婴儿的需求和愿望更加敏感。她们更能读懂婴儿发出的信号，并能辨别这些不同信号所代表的意义，她们提供的需求更加妥帖和细致。在与孩子互动的过程中，她们能理解婴儿的感受。过度的反应和反应不充分都无法让孩子形成安全型的依恋，所以母亲能够提供适当的、精准的反馈很重要，当然这需要母亲在日常生活中付出更多。

根据埃里克森人格发展的八阶段论，婴儿期（0～1.5 岁）是建立母婴之间信任关系的关键阶段，该阶段母亲如果能够给予及时的回应和充分的照顾，婴儿会认为自己的母亲是可靠的，值得信任的，这对婴儿未来在关系发展中建立信任感，形成人格中的“希望”这一品质有着重要的预测意义。具有信任感的儿童敢于去提出“希望”，更加乐观积极，富于理想，具有强烈的未来定向能力。

3. 婴儿本身的气质类型

气质是表现在心理活动的强度、速度、灵活性与指向性等方面的一种稳定的心理特征。人的气质差异是先天形成的，受神经系统活动过程的特性所制约。我们俗语经常说的“江山易改，禀性难移”，描述的就是气质的稳定性。婴儿出生后会自带属于自己的气质类型。例如，有的孩子爱哭爱闹，有的孩子活泼好动，有的孩子平稳安静。不同气质类型的婴儿与外部世界互动模式不同，表达需求和情绪的方式也不相同。常见幼儿的气质类型可以分为三种：容易抚养型、抚养困难型和发动缓慢型。（张镇，李幼穗，2003）

气质类型	表现
容易抚养型	生活有节律，愉快情绪多，对新异的刺激反应积极，容易适应环境
抚养困难型	生活节律不规则，他们的睡眠、喂食、排泄不规律，负面情绪多，对新异的刺激反应消极，较难适应新环境
发动缓慢型	他们的活动性、适应性和情绪反应都较慢，情绪经常不太愉快，但是在没有压力的情况下，对新异的刺激会慢慢感兴趣，并慢慢活跃起来

图 3－3　婴儿的气质类型划分

（资料来源：https://www.sohu.com/a/160561225_99948078）

4．家庭环境

在影响依恋的因素方面，过去研究最多的是主要抚养者的特征与婴儿本身的特征这两大因素，但近 20 年来的研究表明，家庭及社会其他成员在婴儿依恋形成过程中同样发挥重要作用。

由于亲子双方同被嵌入在一个更大的社会背景下，因此家庭环境也应该是影响依恋质量的重要因素。托马斯和切斯（Thomas，Chess）首先提出用“拟合优度水平”来描述婴儿气质与外部环境如何共同影响幼儿的发展。（张镇，李幼穗，2003）这种观点认为，当孩子的反应方式与环境要求和谐一致时，会达到一种良好拟合的状态，那么幼儿的发展就是乐观的；当两种力量存在较严重的不良拟合时，幼儿可能会发展出适应障碍或心理问题。因此父母应该尽力营造一种适合每个幼儿的独特养育环境，这种环境应该是个性化的，能够满足孩子个性化需求的。在这种环境中，父母一方面要对孩子的需求更加敏感，另一方面要尽量保持养育方式的一致性，并能够及时调整其养育行为以适应幼儿的需要。

当然，家庭环境的其他方面也会影响到依恋的质量，如家庭的物质生活条件、父母的感情关系、隔代教养的家庭氛围等。如果婴儿可以同时与几个抚养者（例如父亲、爷爷奶奶、保姆等人）建立亲密的情感联结，则对于未来发展出同伴或情感安全型的依恋具有预测意义。

5．依恋剥夺与非安全依恋

婴儿的依恋与婴儿的安全感水平是紧密结合的。前面我们也已经提到过婴儿期是孩子建立信任感和希望品质的最重要阶段，高安全感水平的幼儿容易进行积极的自我接纳与认同，缺乏安全感的幼儿在面对外在环境刺激时容易采取消极的态度。

当环境剥夺孩子建立依恋关系的条件时会出现什么结果呢？（戴维·迈尔斯，2018）再回到哈洛的猴子实验中，哈洛实验室中的猴子由于一直在“替代母亲”的抚养下成长，没有亲密的互动、眼神的交流和爱的互动，将这些猴子与正常母猴抚养下的小猴子放在一起时，它们会因为害怕而发出尖叫，或者表现出强烈的攻击性。当它们成年后，大部分猴子无法顺利完成交配，即使人工受孕，这些猴子作为母亲也会表现得更加冷漠无情，甚至部分猴子会产生虐待行为，将第一胎猴宝宝杀死。

同样，人类也是如此，在依恋发展被严重破坏的案例中，儿童可能会有反应性依恋障碍。这种心理障碍的特征是与他人形成依恋关系极度困难。在婴幼儿期的主要表现是难以被抚慰、进食困难，无法进行幼儿之间的社交活动，甚至不能健康成长。反应性依恋障碍比较少见，一般是被虐待或极度被忽视所造成的。

图 3－4　哈洛与他的恒河猴

（资料来源：https://page.om.qq.com/page/Os78Hu－5bcSm104RTkQQ5Uig0）

二、家庭中与幼儿心理健康相关的因素

（一）幼儿心理健康发展现状

幼儿心理健康是指幼儿合理需要和愿望得到满足，情绪与社会化等各方面所表现出来的良好心理状态，即幼儿对自己感到满意、情绪愉快、人际交往良好、适应能力良好、智力得到适当发展。幼儿的心理健康受多种因素的影响，不管是生理因素、心理因素，还是社会环境因素，无时无刻不在塑造着幼儿的发展过程。其中家庭因素又是社会环境因素中的一个非常重要的维度。父母是孩子的第一任老师，父母的一言一行都在潜移默化地给孩子施加影响。作为教师的我们体会应该更加深刻。经常会有教师发出感叹“有什么样的父母，就可能会有什么样的孩子”，我们深知家庭教育的重要性，也同样认识到目前家庭教育存在诸多问题。本节我们将深入探讨家庭中影响幼儿心理健康的因素有哪些，它们分别发挥着怎样的作用。

（二）幼儿心理健康与家庭各因素的关系

幼儿心理健康问题不仅是幼儿的个人问题，还反映了该幼儿所生活的家庭环境对他施加的影响，不少有心理障碍的幼儿背后隐藏着一个“有问题”的家庭。

1．家庭教养方式

家庭教养方式又称为父母养育方式，指父母对子女抚养教育过程中所表现出来的相对稳定的行为方式，是父母各种教养行为的总和。20 世纪 60 年代，鲍姆林特（Baumrind）提出父母教养方式的四种基本类型：专制型、权威型、放纵型和忽视型。

（1）专制型：父母控制欲强，强调规则，希望服从。“听我的，没有那么多为什么”“没有商量的余地，按照这个来执行”“不准插嘴”“你这样做一定会失败，你就按照我说的做准没错”等。

（2）权威型：父母既有要求，也有回应。他们认为基本的规则重要，但同时又强调民主。一方面给予孩子独立表达和独立选择的权利；另一方面也给孩子建立适当的规则，养成规范意识、边界意识。他们能够比较准确地判断孩子的哪些行为是需要加以调控的，哪些行为是需要给予适当宽容与理解的。尤其对于稍大一些的孩子，他们会鼓励公开讨论，沟通家庭决策，在理解的基础上听取建议，进行调整。他们重视与孩子之间的关系。

（3）放纵型：低要求高回应，父母倾向于“放养式”管理，父母一味满足孩子的愿望，很少要求，很少惩罚。

（4）忽视型：低要求低回应。父母和孩子之间的互动很少，父母主要忙于工作，忽略孩子的成长过程，这种教养方式常见于留守儿童家庭。

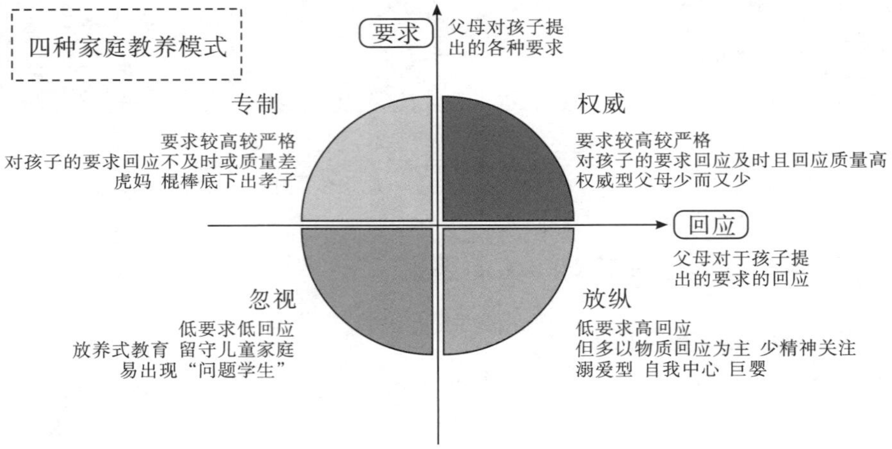

图 3-5 家庭教养方式划分

（资料来源：https://www.psy125zrl.com）

2. 家庭氛围与亲子互动

家庭氛围与幼儿心理健康发展有着密切的关系，幼儿在家庭中感受到的动力场域直接影响到孩子的情绪和人际互动模式，良好和谐的家庭氛围有利于幼儿心理健康的发展。不良的家庭氛围会让孩子长期处于负面情绪的影响下，缺少家庭的温暖和关爱，长此以往，会对幼儿的心理健康产生不良的影响，严重的会引发不同程度的心理问题。

在一个健康的家庭中，父母双方应该彼此相爱。父母关心孩子的兴趣爱好，愿意帮助孩子，家庭成员之间的相处平等民主，互相尊重爱护，为人处世通情达理，家庭氛围和谐、融洽、温暖、平等。要促进幼儿心理健康的发展，仅有良好的家庭人际关系还是不够的，更要形成最佳的亲子关系，家长要学会放下架子，与幼儿进行平等交流，礼待幼儿，对幼儿讲文明讲礼貌，幼儿自然会形成对等的反馈。幼儿在家庭中有话语权，家长要注意倾听幼儿的心声，正确评价幼儿的言行，营造民主家庭气氛，这都能够让幼儿感受到温暖，其表现也会越来越开朗、活泼、自信，并能够自觉建立友善意识。

父母与孩子之间这样正向、积极的互动，对幼儿的认知和社会发展都大有裨益。如果家长在日常生活中可以给幼儿更多交流的主动权，鼓励幼儿大胆展示个性观点，无异于给幼儿心智成长注入了丰富动力，对促进幼儿身心两方面的发展都很有意义。

3．父母的榜样作用

家长以身作则对幼儿的正面影响也是极为显著的。家长总是希望孩子改掉坏毛病，一旦发现孩子的问题，都免不了一通批评。然而，家长却没有意识到自己的言行已经潜移默化地影响了自己的孩子。例如，家长的性格很随意，对发生的事情不介意，得过且过，他想要求孩子事事严谨就很难。如果家长能够言出必行，幼儿也会加以模仿，逐渐建立诚信的品质。父母言谈举止落落大方，幼儿也会有意无意地加以学习。例如，父母陪幼儿读书，需要全身心投入。如果父母一边看手机，一边陪幼儿，幼儿会感觉索然无味，不能产生阅读的兴趣，久而久之，也会形成自由散漫的习惯。所以，孩子的行为其实是家长的一面镜子，父母的言传身教最具说服力和影响力。

图 3－6　树立父母的榜样作用

（资料来源：https://www.sohu.com/a/253515884_780392）

4．父母教育方式的一致性

有不少家长在心理咨询中反映孩子有说谎的毛病。说谎的原因很多，比如学龄前幼儿分不清现实和想象，家长把孩子说出来的想象误以为是说谎，这实际是幼儿趋利避害的本能，但也有家长需要检讨的地方。例如，如果幼儿在幼儿园出现问题，幼儿园教师找家长，父亲回家批评一下，让幼儿下次改正就可以，找母亲的话，孩子回家就免不了要受皮肉之苦，孩子就总结出来可以从父亲那里得到好处。久而久之，孩子在父亲和母亲面前说不一样的话，在老师面前和在家长面前也说不一样的话，说谎的坏习惯就养成了。

5．父母的共情水平

共情是指人们能够从他人的角度出发理解对方的观点和情感的一种能力。父母的共情水平越高，幼儿的安全感就越高。共情力高的父母，往往能够从孩子的角度出发去解释日常生活情境，能够更好地理解孩子的需求，他们对孩子的情绪变化更为敏感，能够在孩子沮丧或者感到不自信的时候及时给予积极的鼓励，这种回应是及时且有效的。对于孩子而言，当自己的需求和情绪被看到、被抚慰，他们的安全感会大大增加。在这种环境下成长的孩子也更容易习得高共情力。

最新研究表明，家中有两个孩子的父母的总体共情水平高于独生子女的父母。（可佳琦，王艳芝，2021）生育二孩以后，父母对于孩子的性格特点及差异会有对比和了解，在与每个孩子沟通的过程中需要根据每个孩子的情况用不同的方法和策略，这在某种程度上提高了家长的观点采择能力和共情水平。

6. 父亲参与教养过程的程度

关于父亲在孩子教养过程中作用的研究很早就开始了，布鲁斯和福克斯（Bruce，Fox，1995）总结了父亲参与幼儿教养过程中的四个主要功能。（许岩，张文新，2006）

（1）执行功能——规范制定，监督和指导，安排家务，制定活动计划等。

（2）社会/情感功能——日常互动，玩耍游戏，交谈，安慰，表扬鼓励等。

（3）日常照看功能——监督和协助，洗澡穿衣，照看生病的孩子，接孩子放学等。

（4）教育功能——协助做作业，陪伴读书、讲故事，传授基本的生活技能与社会技能，限制纪律，提供智力和文化刺激，输入道德观念等。

在现代婴幼儿养育过程中，父亲的角色越来越重要，他们开始承担和母亲相等的养育责任，男性不再是传统的家庭顶梁柱的定位，家庭中的付出不能仅仅用经济付出来简单衡量，父亲要更多地参与到与孩子互动的过程中，和孩子一起游戏、互动、捉迷藏、学习、交谈，花更多的时间陪伴在孩子身边。家庭教养过程中对父亲角色的重新理解和定位，从侧面也反映了当今育儿观念的改变。这种新的为父方式不但在美国，而且在包括中国、爱尔兰、英国、德国和非洲西部的很多国家不断延展。（许岩，张文新，2006）

相关研究表明，安全的父子依恋与儿童的自主行为以及适应新的社会环境相关，甚至影响到孩子青少年期的同伴依恋。（李梦婷，2020）父亲参与教养的程度可以稳定地预测父子的依恋关系，父亲参与教养程度越高，越能建立良好的、优质的父子依恋关系，相反，父子依恋的品质就越低。

7. 祖辈与保姆代养的问题

一般情况下，当父母忙于工作，无法全身心照顾孩子，必然会请老人或保姆帮忙照看孩子。一方面，祖辈和保姆的知识水平通常较父母要低，他们的主要任务是看管孩子而不是教育孩子，所以他们给孩子心理成长上的帮助远不如父母；另一方面，祖辈和保姆为避免孩子受伤，总是限制孩子的活动，或吓唬孩子有危险，这也使孩子的生理、心理发展受到影响，比如运动能力差、不敢尝试新事物、胆小懦弱、夸大危险、依赖等。

8. 家庭经济水平等物质生活条件

适当优越的家庭经济条件可以为孩子提供更好的物质基础和生活环境，从侧面帮助孩子们营造一个相对轻松无压力的生活环境。而家庭条件相对较差的家庭可能会让孩子从小开始接触生活的不易和艰辛，使这类孩子过早承担了生活的压力，有可能带来两种结果：

一种是我们常说的“穷人的孩子早当家”，这种环境下成长起来的孩子可能会更独立，抗压能力和心理韧性更强；另外一个结果是相反的，由于孩子过早承担了这个年纪所不应该承担的压力和责任，他们会更自卑和内向，内心更加脆弱敏感，产生心理障碍的可能性更大。

家庭是幼儿最需要的温暖港湾，家长是幼儿最坚实的后盾，但来自家庭的非科学教育，也往往会成为制约幼儿心智成长的桎梏。这就提醒幼儿教师需要保持清醒的头脑，对来自家庭的影响因素展开科学研究，为家长提供更多教育建议，与家长一起积极努力，为幼儿心智成长创造良好条件，让幼儿在健康、和谐、快乐、智慧的家庭环境中成长。

三、家庭结构对幼儿心理健康的影响

家庭结构是一个综合性的概念，表现为家庭成员的组成类型。当前，对于家庭结构的界定具体指每个独立家庭中的成员组成和情感关系，如父母、隔代长辈、孩子之间的关系。家庭结构的健全完整性对幼儿心理健康有重要的影响。如果孩子生活在不健全的家庭结构中，缺少欢乐和睦的家庭氛围，应有的关爱与照顾得不到保障，接触的言语简单贫乏，好奇心及探索欲望被压抑，那么对于孩子的心理健康发展是非常不利的。同时家庭破裂对于孩子的影响也是非常直接的，他们会感到震惊，难以接受，对“新”的家庭难以适应，安全感降低，长久来看，会对孩子的性格和社会交往产生不良影响。因此，对特殊家庭结构进行优化与完善，构建良好的家庭氛围，让幼儿在爱与亲人的包围下健康、快乐地成长，对促进幼儿形成积极、健康的心理品格起着重要作用。

（一）核心家庭结构

研究表明，生活在完整幸福家庭中的孩子比生活在其他类型家庭中的孩子身心更加健康。核心家庭给孩子最完整的安全感。

由父母和孩子组成的核心家庭已经成为主要的家庭组成形式。这种家庭组成占比最高，也是最有利于儿童成长的家庭环境。父母双方可以提供充分的关心和爱，也可以为幼儿提供两种行为的行为返利，这对幼儿适当的性别角色的发展有利。

（二）单亲家庭结构

我国离婚率不断攀升，连续 15 年呈上涨趋势的背后是多少个孩子要面对父母离异后的动荡，生活环境的改变，父母一方情感联结的中断，而且重新组合家庭后的各种适应等问题也是不可避免的。婚姻关系的瓦解给幼儿带来很大的不安全感，幼儿时期是正式与抚养者建立亲密依恋关系的关键时期，父母婚姻关系的瓦解给孩子造成了巨大的不安全感，他们虽然不懂得离婚的具体意义是什么，但这种影响是必然存在的。

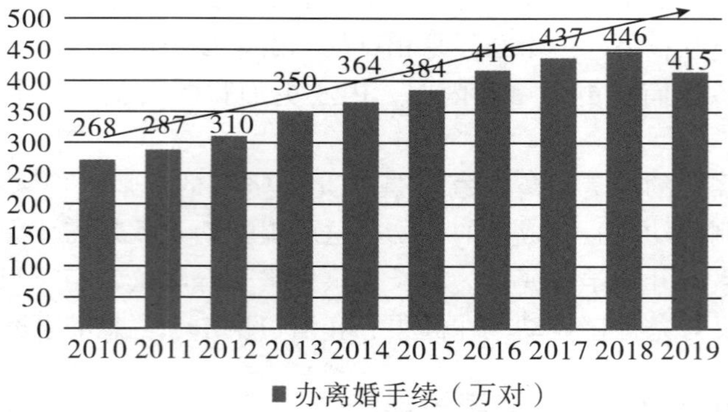

图 3－7　2010—2019 年全国离婚登记数据统计

（资料来源：整理自民政部公布的数据）

根据埃里克森人格发展的八阶段论，幼儿时期（学龄期）需要解决的心理冲突是主动对内疚。该时期幼儿开始主动探索外部世界，用自己的方式去认识和感受外部世界，当他们的主动性和自主探索欲望被阻止或停滞，幼儿会害怕去探索外部的世界，相应地会变得内疚、自卑，形成低自我评价和低自我价值感。单亲家庭对幼儿身心健康发展的影响主要表现在以下三个方面。

1. 性格缺陷

幼儿年纪尚小，不能主动选择与父亲或者母亲生活。根据相关研究证明，单亲家庭中如果是母亲抚养男孩一起生活，这类男孩会缺少阳刚之气。相反，如果女孩跟随父亲生活，女孩可能会偏向于男孩子的性格，大大咧咧的较多。另外，单亲家庭还可能导致幼儿性格偏孤僻、内向，不愿与其他小朋友沟通和分享；也有的孩子会自卑、怯懦，胆小怕事，容易屈从他人，没有反抗意识，遇到困难就哭，长久以往是非常不利于幼儿的身心健康发展的。

2. 情绪问题

虽然幼儿对于父母的离异处于懵懂的状态，但是生活环境的改变和一方抚养人的缺失会被孩子敏感地觉察到。在单亲家庭中，幼儿如果目睹了家庭的不和睦，缺乏父母给予的关心和关爱，会导致幼儿出现不良的情绪反应和消极的情绪波动，主要表现为易激动，情绪很难被抚慰，情绪反应两极化明显，情感脆弱，对陌生人或幼儿园老师、同伴信任感低，安全感不足。

3. 社会性发展受影响

长期生活在单亲家庭氛围中会导致幼儿在情感交流、人际交往、信任他人和社交兴趣等方面的表现不尽如人意。

表 3－2 埃里克森人格发展八阶段

阶段	时期	获得	避免	体验
1	婴儿期（0～2 岁）	信任	不信任	希望
2	儿童早期（2～4 岁）	自主	羞怯、疑虑	意志
3	学前期（4～7 岁）	主动	内疚	目的
4	学龄期（7～12 岁）	勤奋	自卑	能力
5	青年期（12～18 岁）	同一感	同一性混乱	重视
6	成年早期（18～25 岁）	亲密	孤独	爱情
7	成年中期（25～50 岁）	繁殖	停滞	关怀
8	成年晚期（50～死亡）	完美	失望、厌倦	智慧

（资料来源：https://page.om.qq.com/page/Os78Hu－5bcSm104RTkQQ5Uig0）

（三）扩展型家庭结构

扩展型家庭一般指除了父母和子女外，还包括其他家属的家庭。这就涉及隔代教养的问题。隔代教养是指由祖辈家长对孙辈进行家庭教育的抚养模式。我国的隔代教育现象尤为突出。社会对隔代教养一直持褒贬不一的态度。

1. 隔代养育从时间和精力上解放了父母双方

很多家庭是姥姥姥爷或者爷爷奶奶在帮助带娃，部分家庭中还会配有保姆等角色，他们的帮助或多或少将父母双方从日常繁琐的照顾宝宝的流程中解放出来。父母双方有更多的时间投入到工作中，后方有了保障，他们的工作专注度也会提高，相应地也有利于缓解家庭因生娃后所带来的经济压力，从某种程度上也减少了一部分家庭矛盾。

2. 祖辈的优秀经验和品质影响孩子良好品质的养成

和父母相比，祖辈的生活经验和人生阅历更加丰富，他们有更充足的时间与耐心同孩子沟通。曾有研究表明，祖辈若能够持续关注幼儿，就能给其以更多的安全感和归属感，双方能够相互信任，温馨接纳。在道德观及处世智慧上，祖父母的价值观及传统习俗总会与现代社会有所差异，三代家庭的儿童更容易形成容纳差异的品质，对其未来的社会交往能力有所帮助。

3. 依恋中断

前面章节我们已经提到，母婴依恋对幼儿的心理健康发展至关重要。如果因为工作原因，母亲不得不在婴儿刚满几个月的时候就离开他外出工作的话，婴儿的主要抚养者则变为祖父母，婴儿就会缺少与父母互动和父母陪伴的时间。鲍尔比曾提到，过早离开父母而未能建立起安全依恋的幼儿，探索和求知欲都会受到某种程度的影响，他们无法主动邀请或参与到其他幼儿的游戏中。这种早期依恋的中断会导致幼儿出现心理问题，例如情绪不稳定，难以被安抚，并在以后的生活中以突然的抑郁或焦虑形式表现出来。

4．影响孩子社会适应能力的发展

很多老人对孙辈很难保持相对理性适度的爱，相当多的老人对孙辈是溺爱的，百依百顺，有求必应，对孩子比较娇惯，一味地让步或者大包大揽。这些都不利于幼儿独立性和自主能力的发展。并且老人对孩子无原则的迁就和越俎代庖，容易造成孩子任性、懒惰，以自我为中心，缺乏团队协作精神等心理问题，适应能力差。

相关研究表明，由父母亲亲自抚养的幼儿的共情水平及其多个维度显著高于由祖辈代为抚养的。隔代抚养中，长期分离会使父母与幼儿交流减少，隔阂加深，不利于幼儿父母对幼儿产生较高的共情水平。亲自抚养幼儿帮助父母感受到幼儿的全面发展状态，理解幼儿观点，提高对幼儿共情的能力与质量。

如果孩子有一个主要的监护人，家庭教育其实没有那么多问题。教育孩子的责任一般主要在于母亲，父亲可能更多的是扮演一个权威的角色，祖父祖母、外公外婆不要介入太多，家庭教育其实会相对简单。介入的人越多，参与越多，其实会把家庭教育变得复杂化。

四、家庭特殊成员对幼儿心理健康的影响

父母的心理健康水平，特别是母亲的心理健康水平同孩子的心理健康发展水平密切相关。父母的心理健康会直接影响家庭的人际关系和谐，心理健康的父母会为孩子营造一个和谐、轻松、愉快的家庭氛围，而心理不健康的父母可能会导致家庭气氛紧张、不和谐。父母患有精神疾病或人格有缺陷，会使其子女处在很不利的地位。同父母心理健康的子女相比，这些孩子产生心理问题的危险性会显著升高。（林崇德，2008）

相关研究表明，幼儿行为问题与父母心理健康的关系十分密切，父母心理健康中的强迫、抑郁、恐怖、偏执四个变量是影响幼儿行为问题的重要因素，可以较好地预测幼儿的行为问题。母亲心理健康对幼儿行为的影响比较集中、鲜明，父亲心理健康对幼儿行为的影响比较综合。本节我们将重点讨论两种具体情况。

（一）父母患有抑郁症对幼儿的影响

抑郁症我们往往称之为心理障碍中一种常见的“流行性感冒”，它以显著而持久的情绪低落为主要特征，患者一般表现出情绪低落、兴趣减退、精力缺乏、社交能力减弱等症状。目前，全球有大约 3 亿的抑郁症患者，其危害程度已经超过了心脑血管疾病、糖尿病、癌症等这类看上去“更为致命”的疾病。

有研究数据显示，8% ~10% 的母亲经历过慢性抑郁的过程，持久的情绪低落不断地影响着她们正常的社会功能。通常我们难以查明这种抑郁状态的具体起因，但长期处于这种状态的母亲或父亲会直接影响孩子的成长过程。

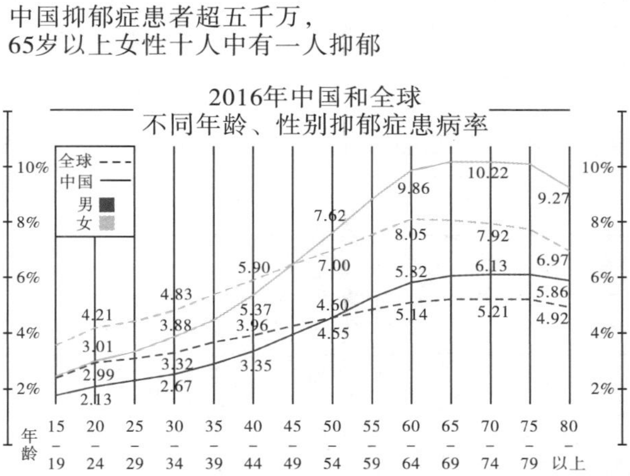

图3－8 不同年龄、性别抑郁症患病率（数据来源：WHO）

1. 抑郁让孩子提心吊胆

患有抑郁的父母经常表现出情绪的低落和养育行为的不一致，幼儿无法理解父母的情绪和行为，这种不稳定状态会使幼儿陷入担忧、提心吊胆的情绪。昨天还是艳阳高照的家庭氛围，今天就是死气沉沉的状态，幼儿长期处于这种家庭氛围中，亲子关系可能会恶化。抑郁的母亲比旁观者看待自己的孩子更加消极，她们的教养行为往往前后不一致，而经历这种失常教育的婴儿通常会有比较严重的适应问题，对周围环境和接触的人表现出不信任。当然，有些幼儿也同样会陷入抑郁的状态，另一些幼儿可能会表现出情绪不稳定、冲动、攻击等行为。

2. 抑郁让孩子自卑自责

幼儿单纯，并且常常以自我为中心，他们相信世界上发生的事情尤其是家庭环境中发生的很多事情都是他们的责任，是由他们导致的。当父母的抑郁状态让孩子意识到异常的时候，孩子无法解释这种情况发生的原因，这种痛苦或者困惑的情绪会促使他们将这种情绪转移到自己身上，责怪自己，认为是自己导致这些问题的发生，认为自己是“坏小孩”，对自己评价低，经常陷入挫败沮丧的情绪中。

3. 抑郁让孩子缺乏安全感

父母患有抑郁症，无法像正常的父母那样为孩子提供充分的养育和爱，可能自顾不暇。孩子在需要日常照料的时候没有人及时满足，在需要爱和温暖的时候没有人及时给予，对父母的信任感会降低，会认为环境是不安全的，当遇到危险时也没有人可以庇护自己。此外，父母患有抑郁症可能还会影响夫妻之间的感情。父母是孩子成长的基础，如果父母关系经常不稳定，结果对于孩子来说就可能是破坏性的。

（二）父母患有精神障碍对幼儿的影响

研究表明（余立平，蔡春凤，2017），精神疾病人群的生育比例与正常人群没有太大差别，因此，父母患有精神障碍的儿童是一个很大的群体。父母患有精神障碍的儿童与父母为健康人群的儿童的心理健康有着明显的差异，前者常常会出现孤独、自卑、焦虑、抑郁、耻辱感等负性心理状态，部分儿童可能会出现行为问题。最终，他们中的相当一部分人会陷入一种宿命，成为“问题儿童”或者“病二代”，继续这种恶性循环。

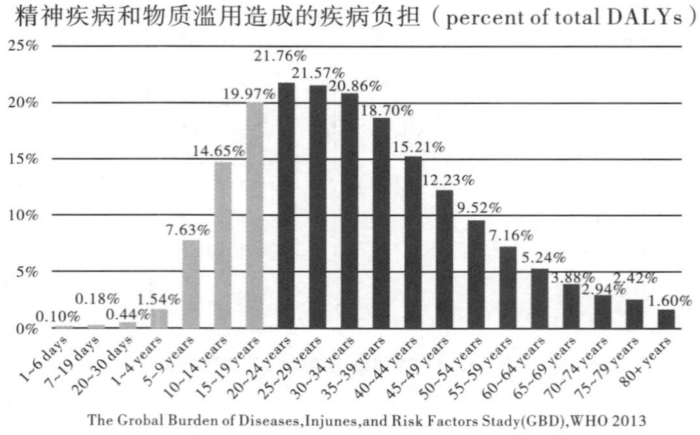

图 3－9　我国不同年龄段的精神疾病患者比例（资料来源：WHO，2013）

研究表明，一生中曾患有精神病性障碍的女性和男性中分别有 68% 和 55% 的比例成为母亲和父亲，这一比例略高于没有精神障碍的人群（62% 和 53%）。在英国 9% ~10% 的女性和 5% ~6% 的男性是患有精神健康问题的父母；而在加拿大，估计 12.1% 的 12 岁以下儿童与一个患有精神疾病的主要抚养人生活在一起。其他实证研究也表明，因精神问题进入住院环境的成人中至少 1/4 有未成年子女，50% ~66% 有严重精神疾病的患者与 18 岁以下的儿童生活在一起。另一个在新西兰、澳大利亚和挪威的调查表明，普通人群中 17% ~37.3% 的儿童的父母患有精神疾病。在中国，父母患有严重精神疾病的儿童比例尚不清楚，目前还没有全国性的普通人群中有父母一方或双方患有精神疾病儿童的数据，但可以肯定，这一数量也是非常巨大的。

1. 父母患有精神障碍的孩子患病风险提高

父母患有精神障碍的儿童比其他正常家庭的儿童患精神障碍的风险要高，这取决于精神障碍的生物遗传性。这种遗传性在单相抑郁中为 20% ~45%，在精神分裂症和双向情感障碍中为 75% ~80%。

2. 父母患有精神障碍在家庭层面的影响

父母与孩子的互动主要发生在家庭内部，父母的养育方式直接影响孩子的心理健康。在家庭层面，当父母经历精神障碍时父母监控会受到负面影响。父母监控的缺乏会导致青少年男童的外显行为问题，例如攻击、反社会行为等，对女童的影响主要表现在情绪问题和心理状态，例如恐惧、焦虑、强迫、敌对、敏感、社会性抑郁等。而且，父母患有精神障碍还影响整个家庭成员之间的互动模式，家庭中充斥着不稳定、不和谐的氛围，长期婚姻冲突等，使儿童处于不安和焦虑状态。

3．父母精神障碍在儿童社会性发展层面的影响

在同伴发展层面，这些儿童的同伴关系可能是不正常的，他们可能表现更多的行为问题，导致主流同伴群体对他们的接受性降低。他们很难信任他人，甚至可能会受到同伴孤立，有的儿童会选择逃避现实世界，沉溺于幻想的世界中，或者沉迷于网络或游戏。另外，邻居或社会他人的歧视、被他人拒绝、家庭社会生活的减少，以及由于疾病导致家庭收入低、生活水平差、受教育机会降低、关系不和谐等诸多因素的复合影响，都使孩子们处于非常糟糕的生活状态，对其心理健康的成长和发展是非常不利的。

五、家庭辅导的意义和必要性

国务院印发的《中国儿童发展纲要（2021—2030年）》明确提出，幼儿园应健全家庭教育指导服务工作制度，将家庭教育指导服务纳入学校工作计划和教师业务培训，并强化对家庭教育指导服务的支持保障。因此，学校应本着尊重、平等、合作的原则，争取家长的理解，支持和主动参与家庭辅导，帮助家长提高教育能力。

家庭是幼儿心理发展的重要影响因素，良好的家庭环境是幼儿心理健康发展的重要条件和保证。而家庭辅导的主旨，在于家庭教育和科学育儿知识的普及，全面转变家庭中主要抚养者的教养观念，提高整体素质和科学育儿的能力，促进父母和孩子的共同成长。幼儿园作为专门的幼儿教育机构，不仅要邀请家长参与，支持幼儿园的各项工作，而且对幼儿家长进行家庭辅导同样是必需的。只有做到有效的家庭教育辅导，才能达到长效的家园共育，共同促进幼儿心理健康发展。（郁琴芳，温剑青，2018）

教育始于家庭。家长的教育理念、教育方法、教养方式深深影响着孩子。家庭是幼儿接受教育的第一站，父母是孩子的第一任老师，在个体的发展过程中，早期父母家庭教育的影响颇深，也为孩子未来的发展奠定了关键基础。

（一）父母对孩子的教育进行得最早、时间最长

胎儿未出生时就受到母亲体内环境的直接影响，胎儿的健康与否和母亲有着密切的关系。比如孕妇愉快的情绪和平静的心境，可减少胎儿躁动，有利于其健康发育。即使日后入托、园，以及入小学、中学，孩子大部分时间仍生活在家庭中，受父母的潜移默化影响最大。父母的教育是在孩子模仿性最强的幼小年龄进行的，不但占其先入为主的便利地位，而且父母的形象示范、言传身教也给孩子以终身影响。如果父母语言行为习惯不良，就较难保证孩子在这些方面能做到优良。因此，做家长首先自己要学习家庭教育的科学理念与新知，不断提高自身素养与育儿能力。做父母的应明白，教育不只是认字、读书、数数等，也包括孩子的举止行为、感知认知等各方面。家长在平时生活中应成为孩子潜移默化的行为示范，比如父母相亲相爱、关系融洽、脾气各方面都很好，那么孩子在以后的人生道路也会平易近人。总之父母理所当然地担负起教育孩子的第一责任。

（二）让孩子在规则与自由中健康“成人”

自由过度会导致孩子任性放肆。幼儿有以自我为中心的思维特点，如果一切都顺应他的本性，会导致其为所欲为的倾向。如不服管教、攻击性强，都与父母过度顺应孩子的需要有关。自由过度实际上就是放任纵容，对培养孩子的社会性和责任心是不利的，会使孩

子“长不出个性却长出任性”。“规则过度”又易于致使孩子缺乏个性。有的父母认为听话的孩子让人省心，少惹出麻烦事儿来，这种观念多表现在控制欲望比较强的父母身上。长期生活在这种环境中的孩子，做事和思维的依赖性比较强，害怕尝试新事物，而且调整情绪变化的灵活性比较弱，这将影响孩子的创新意识与个性成长。因此，应倡导让孩子学会规则又拥有自由的平衡教育策略。没有规则的自由是放任，没有自由的规则是遏制，都是家庭教育不得法的表现。理想的状况是把握好规则与自由的张力，这样孩子未来将发展出既有责任心，又有开拓性的健康人格。

（三）培养孩子自信悦纳、爱思考、善表达之品性

爱因斯坦早就预言：“一个人提出问题的能力比解决问题的能力更重要。”“想象远比知识重要。”爱因斯坦提出这个问题的时候，人们还不能够切身感受到这些话里蕴藏的奥秘，但在现在的互联网时代，这一道理已经成了生动的现实。网络时代对于青少年而言，更重要的是具备如下能力：知识迁移与学习力，独立思考与表达力，承诺坚毅与执行力，自我悦纳与抗逆力。这些能力与知识和文凭无关，但在当代快速变化、变动、变革的社会特别重要。

第二节　幼儿家庭心理辅导的方法与技术

一、精神分析取向的家庭治疗观点

弗洛伊德创立的精神分析理论作为对心理治疗影响深远的理论流派，在家庭治疗方面也有举足轻重的影响。许多家庭治疗大师早期都接受过系统的精神分析训练，包括阿克曼（Nathan Ackerman）、鲍温（Bowen）、利兹（Theodore Lidz）、米纽庆（Salvador Minuchin）等。尽管其中有些治疗师后来创立了不同的家庭治疗体系，但仍保留着精神分析的思想印记。

（一）精神分析对家庭治疗的影响及转变

精神分析强调对个人内心冲突的理解和分析，对内驱力特别是性驱力的作用尤其重视，而较为忽视团体和人际互动。虽然最早在弗洛伊德对小汉斯（little Hans）的马恐惧症案例中（1909），已考虑到家庭成员的影响，但是仍以分析个体内在的焦虑、冲突为主，是一种个人取向的理论。

从20世纪30到80年代，精神分析内部经历了由个人取向到关系取向的转变。集中表现在从弗洛伊德个人主义理论转为更重视人际关系和系统中相互影响的自我心理学与客体关系理论。家庭治疗面临着从重视心理动力（psychodynamics）到重视系统动力（system dynamics）的转变。

图3－10　弗洛伊德和4岁的小汉斯

（二）弗洛伊德的家庭治疗观

弗洛伊德的内驱力心理学认为，性和攻击是人内在的驱动力。当个体埋在内心深处的愿望得不到满足，就会引发心理冲突，心理冲突则是引发各类心理问题的本质。例如，潜意识中的想法与愿望得不到满足，会导致焦虑；而潜意识中的想法不能得到满足，再加上认为可怕的灾难已经发生的想法，会导致抑郁。由于内心冲突不会以显性的方式表露在外，因而只注重解决表面问题，不了解个体的内心，不深入挖掘内在需要，是无法从根本上治愈心理障碍的。在这一观点体系中，在家庭关系沟通模式不良、总是吵架的夫妻，如果只改变互动的方式，而不能理解和满足丈夫或妻子的内在愿望，则治疗只会带来短暂的改变，最终还是会回到原来的问题状态。精神分析家庭治疗的本质是揭开和阐明家庭成员本人和成员之间潜意识的冲突和阻抗，找到妨碍成员采用成熟的方式进行应对的因素并加以解决，而不是分析模式的问题。

基于弗洛伊德内驱力心理学的家庭治疗方法的共同点在于，倾向于认为家庭中的个体通过理解并开始解决他们自己个人的内在冲突，就可以帮助其和家庭成员更好地相处。它主张关注个体感受以及理解人们挣扎背后的问题，而较少关注个体之间的交往模式。

（三）自我心理学的家庭治疗观点

自我心理学属于“新弗洛伊德学派”，起源于安娜·弗洛伊德对于自我和本我的关系及自我防御机制的探讨，以埃里克森（Erik H Erikson）、阿克曼（Ackerman）、斯卡夫（Scharff）、弗洛莫（Framo）和科胡特（Heinz Kohut）等人为代表。与弗洛伊德强调内驱力和本能冲动的作用不同，自我心理学认为社会、文化、人际关系因素在个体的个性形成和发展中发挥了更为重要的作用。埃里克森提出了人格发展渐成说，把自我的功能从本我内驱力的束缚中解脱出来，使自我具有自主性的独立的功能。在心理治疗上，他不主张长期分析潜意识内容，认为应聚焦于自我作用所导致的内心活动的现实化，依靠自我本身的力量，实现问题解决和潜能发挥。

1. 每个人都渴望被欣赏

在家庭关系上，科胡特认为，自我心理学的本质是每个人都渴望被欣赏。在个体的成长过程早期，如果父母或照料者可以给予儿童欣赏、赞赏和接纳，儿童就会内化这种接纳而形成稳定可靠的自信、自尊并发展出爱的能力。相反，如果父母对儿童总是求全责备、不能足够地欣赏和接纳自己的孩子，那么儿童在心理上就无法成长，即使成年之后，依然停留在过去被父母否定的方式中，压抑渴望关注与认可的内在需求；只有在某些特定的时候和能够接受的人面前才会突破这种压抑。在成人之后的行为模式上，这些早年被父母否定的不幸个体可能依然通过不断被否定来得到关注。而拥有欣赏自己的父母的人，成年之后才能发展出健康的亲密关系能力，成长为自尊自信、独立而灵活的个体。

然而事实上，在我国，许多父母没有意识到这一问题的重要性。调查发现，我国儿童教育中家庭体罚、打骂孩子等现象严重。2007 年的一项调查表明，近 2/3 的儿童曾经遭受过家长的体罚。在接受调查的 498 名大学生中，54% 的人承认自己在中小学阶段遭受过家长的体罚，而体罚的形式以父母手打脚踹为最多，占到 88%；借助工具的占 1.6%。从体罚的种类看，辱骂占 25.28%，罚跪占 16.36%，罚站占 13.38%，被父母逐出家门的占 4.09%。（邓兴军，2005）

图 3－11　家庭中的体罚现象
（图片来源于网络）

一项对美国幼儿园儿童的调查研究了母亲体罚与儿童的攻击性行为的关系。结果显示，母亲的体罚越严重，儿童攻击性行为就越多，经常遭受暴力体罚的孩子，不管是口头上的争吵还是身体的攻击，都会产生一种极端的反应，非常担心自己的安全问题。这种经历会让孩子的安全感荡然无存，也会使他丧失对环境的控制能力。而另一项国内研究调查了大班儿童亲社会行为、攻击行为与母亲教养方式的关系，发现亲社会行为儿童的母亲教养方式中民主维度占主导优势，在园攻击行为儿童的母亲教养方式中不良混合型教养方式较多。（顾筠，2015）

如果孩子长期生活在家庭暴力之下，那么在成长过程中，他的处世方式和处理冲突的方式可能就不太正确也不太健全。他会认为用暴力手段来解决问题是可以接受的，并且可能在将来虐待他的伴侣或孩子。

2. “没有敌意的坚决和不含诱惑的深情”

著名心理学家科胡特有一句著名的教育经典名言：“没有敌意的坚决和不含诱惑的深情（non-hostile firmness and non-seductive affection）。”这一句话表达的意思是，要合理地回应。在科胡特的自体心理学理论中，自我是一种心理结构，一个婴儿自我的发展需要父母“恰到好处”的回应，个体会通过“内化”来完成自我的发展，也就是说父母的回应也会影响孩子的自我的形成。

没有敌意的坚决（firm but nonaggressive）强调合理的否定，既要对孩子的行为进行纠正，同时也不能让父母的自我过度投射到孩子身上，此时父母用自己的理解去过度纠正孩子的行为，是对孩子的伤害，这就是一种“敌意”。

不含诱惑的深情（loving but not seductive）强调合理的肯定，既要对孩子的行为提供包容，也不能放纵孩子为所欲为，造成对自己和世界的不合理认知，导致抗挫折能力的丧失。因此父母站在孩子的角度考虑问题至关重要。如果父母的爱给够了，父母能不带控制、不带情绪地去用心聆听孩子真实的感受，不必大打出手也可以解决问题。（临界冰，2018）

【典型案例】

一个妈妈说道："儿子有一次没有参加学校乐团演出的彩排，而是和其他非乐团的孩子去看电影。我们都以为他去排练了，因为回家的时候，他也没有提看电影的事情。后来过了几天，班上另外一个乐团孩子的妈妈跟我说，接孩子的时候，看到我儿子没有去参加排练而去看电影了。当时我的第一反应就是，这孩子贪玩，为了去看电影没有参加乐团的排练，还骗家里去排练了。我给了儿子说话的机会。我告诉他，妈妈已经知道当天发生的事情，但是我还是想听他讲讲那天的事情。

"儿子犹豫了一下，还是说出了实情。原来那天他本来是去参加了学校的排练，可是老师说，因为这次演出限制参加的人数，他们乐团二胡的人数超了，而他的水平跟其他的团员比还差了一些，就没有让他参加那次排练，所以他就去看电影了。而他没有能够入选演出的事情让他觉得很自责，就没有跟家里人讲。

"听了他的叙述，我觉得释然了，他并没有如我料想的那样刻意隐瞒事实撒谎，而如果当时我一时冲动劈头盖脸地给他冠以撒谎贪玩的标签，可能孩子内心会很受伤。"（临界冰，2018）

因此，不要急于给孩子贴标签，比如"一定是你先动手的，不然他怎么会打你"。如果我们能耐心倾听孩子的声音，可能很多事情并不像我们想象的那样复杂。

图 3－12　父母要学会发自内心欣赏孩子

（图片来源于网络）

（四）客体关系理论的家庭治疗观点

1. 孩子与母亲的关系影响了孩子未来和其他人的关系

从研究个人和探索深层次动力的心理分析，到研究群体和探索社会关系的家庭治疗，客体关系理论起到了连接二者的桥梁作用。客体关系理论的基本思想是：人们是在早年经验形成期望的基础上互相联系的。早年经验给我们留下了一个"内在客体"（Internal Objects），我们对自己和他人的心理印象正是体现在这个内在客体之中，由经验和期望所塑造和建构。

图 3－13　孩子与母亲的关系影响了孩子未来的人际关系
（图片来源于网络）

梅莱尼·克莱因（Melanie Klein）是客体关系理论的先驱，她和安娜·弗洛伊德从继承和分化正统精神分析而建立了客体关系理论和自我心理学。克莱因的理论同时也源自她对儿童心理生活的观察，特别是对婴儿和第一个重要客体——母亲之间关系的观察。该理论强调生命早期母婴关系对儿童心理发展的影响。客体这一概念来源于弗洛伊德，客体并不是无生命的物体，而是指带着爱、恨及渴望的人性的客体。客体关系是指一种内部心理结构，在早年的人际交往中形成，并通过记忆或想象在各个方面深深影响成年之后的生活态度。人们总在潜意识地沿袭这种早年形成的“客体关系”，寻求符合这种期望的人而建立人际关系。

图 3－14　客体关系理论之母——梅莱尼·克莱因（1882—1960）

2. 做“足够好的母亲”，而不是完美的母亲

温尼科特（D. W. Winnicott）是另一位代表性的客体关系理论下的家庭心理治疗家，他同样重视婴儿和母亲的关系，关注早期母婴关系中“足够好的母亲”（good enough mother）对儿童人格发展的重要性。足够好的母亲区别于克莱因所提出的婴儿内部幻想的“好母亲”，而更强调真实的母亲。对孩子影响最大的因素并非剥夺或粗暴对待，而是对幼儿的需要缺乏敏感性，不能及时处理幼儿的需求。尤其是在婴儿出生后的一段时期内，母亲逐渐淡化自己的需要而专注地照顾婴儿，把婴儿当作生活的中心，就是应答敏感性（responsiveness）的体现，这样可以满足婴儿的需求；而随着时间推移，她还要学会在幼儿需要的时候及时出现，在不被需要的时候适时离开，培养起孩子的独立性和减少依赖，这些就是“足够好的母亲”的体现。（刘海娟，2020）

二、认知—行为取向的家庭治疗方法

在认知行为理论取向的家庭治疗方法中，家庭症状被看作是无意识习得和强化的结果，个人的行为受到人际交互的环境和社会环境的影响。其代表人物有埃利斯（Eilis）、贝克（Beck）、梅钦鲍姆（Meichenbaum）、帕特森（Patterson）、斯图尔特（Stuart）、戈特曼（John Gottman）等。

行为取向的家庭治疗方法主要基于社会学习理论，包括观察学习、替代强化等，同时主要以操作性条件反射为基本模式，行为由其结果而习得和维持，通过改变行为的结果就可以改变行为。其次，这一取向的家庭治疗还受到凯利的社会交换理论的影响，认为人们行为的结果使得人际关系的回报最大化、损失最小化。

而近年来，行为取向的家庭治疗师已认识到家庭互动中起中介作用的“认知”因素的影响。个体对于事件的解释——认知，在社会环境和行为之间发挥着持续的中介作用。认知重建是指改变个体对事件的不合理或不理性的思想、看法与归因。因而，认知行为取向的治疗师希望通过家庭成员之间的积极互动，增加个体的自我调节和自我指导，通过改变认知来引导关系改变。

（一）父母管理训练（parent training）

父母管理训练是行为治疗的一部分，通过向家长教授一些正向强化的方法，改善学龄前儿童及学龄儿童的问题行为，如多动、易怒等。这一方法由儿童心理学家在20世纪60年代提出，基本思想是通过改变父母的行为来改变儿童的破坏性行为，其宗旨是教会父母如何强化孩子好的行为，并避免在未意识到的情况下强化孩子的负面行为。

1．训练父母如何正向强化孩子好的行为

常用到的技术包括给予期望行为以社会性奖赏（如表扬、赞美、鼓励、拥抱等），或具体奖励（如代币制，先使用代币，积累到一定点数后换取一个更大的奖品），以增加期望行为在未来发生的概率。

图3－15　父母应对孩子的行为给予正面关注

（图片来源于网络）

2. 训练父母如何有技巧地限制孩子不好的行为

可以利用的技巧有适度忽视、暂时隔离、撤销强化物等。“适度忽视”指的是当儿童的行为稍有问题但不危险的时候，父母对这一行为采取忽视的态度；“暂时隔离”是指将孩子从犯错的地方带离，让孩子暂时离开他想待着的环境。“撤销强化物”属于惩罚的一种，但不是直接施加批评甚至体罚，而是以收回原有的正向强化物为主，有两种形式：一是撤销物质性承诺，如收起孩子喜欢的玩具，不给买原来答应好的玩具等；二是撤销活动承诺，如不带孩子玩，不给孩子讲原来答应讲的故事等。

【思考与讨论】

妈妈带4岁的果果去商店，果果看见了一把玩具枪，吵着非要买，妈妈看了看价格感觉太贵了，而且觉得这个玩具对孩子没有多大好处，就决定不给孩子买。但是果果却不答应，在商店里大哭大闹起来，还躺在地下打滚，惹得旁人纷纷侧目。请思考：这时候的妈妈该怎么办呢?

在这种情况下，最好的办法就是立刻把孩子抱离商店，这就是暂时隔离。回家以后，采取冷处理，冷落他，让他知道他今天的表现让妈妈不高兴。等到孩子意识到妈妈为什么不高兴了，就可以给他讲道理，告诉他为什么不给他买，以后遇到这种情况应该怎么做。同时还要结合物质惩罚，如收回孩子爱玩的玩具，让孩子知道，他必须为他今天的“坏”行为付出代价，这就是撤销强化物。不出几次，孩子就不会再在商店里大哭大闹了。

（二）建构与叙事

认知行为治疗的咨询着重对来访者的认知、情绪、行为等问题进行综合性的考量，找到阻碍个体成熟应对方式的认知因素。其中，结合家庭治疗和叙事心理治疗的技巧对来访者的中间信念和核心信念进行干预，帮助个体发展出更具适应性的信念（belief），达到情绪调节、人际关系改善、提升整体功能的效果。

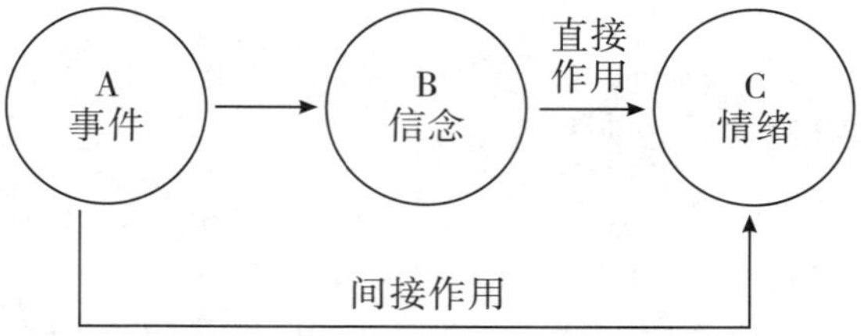

图3－16　事件对情绪仅起间接作用，对事件的解释直接影响情绪体验

建构主义的观点同样是通过训练受过创伤的家庭成员来构建新的“故事”，以解释他们的处境与环境，改变妨碍他们发挥机能的非理性信念，从而发展出更具弹性的行为模式。

【知识拓展】

秀才的梦

有位秀才进京赶考，住在一家旅店准备考试。前两天他做了三个梦，第一个梦是梦到自己在墙上种白菜；第二个梦是下雨天，他戴了斗笠还打伞；第三个梦是有一袋银子高挂在梁上，旁边有一根竹竿。

这三个梦似乎有些深意，秀才第二天就赶紧去找算命师解梦。算命师一听，连拍大腿说："你还是回家吧！你想想，高墙上种菜不是白费劲吗？戴斗笠打雨伞不是多此一举吗？银子挂到梁上去，竹竿放在一旁，不是白搭吗？"

秀才一听，心灰意冷，回旅店收拾包袱准备回家。旅店老板好奇地问他："不是明天才考试吗，今天你怎么就回乡了？"秀才如此这般说了一番，店老板乐了："哟，我也会解梦的。我倒觉得，你这次一定要留下来。你想想，墙上种菜不是高种吗？戴斗笠打伞不是说你这次有备无患吗？银子挂梁上，旁边有竹竿，不是拿竹竿去挑就可以了吗？"秀才一听，更有道理，于是精神振奋地参加考试，最后果然中了探花。

上面这则小故事生动地说明不同信念对同一事件产生的不同行为反应。

三、人本主义家庭治疗观点——以萨提亚家庭治疗为例

与精神分析和行为治疗不同，美国治疗师维吉尼亚·萨提亚（Virginia Satir）在精神分析的启蒙和人本主义的影响下，基于自己进行家庭治疗的实践经验，创立了萨提亚家庭治疗模式，形成了自己独有的特色鲜明的家庭治疗体系。因萨提亚模式强调个人潜能发挥、相信每个人本身都具有改变自己的能力、寻求个人成长等特点，被认为属于人本主义家庭治疗流派。（陈芳，2013）同时，这一模式在技术上受到团体治疗的影响，包括格式塔治疗、会心团体等，又借鉴了表达性治疗的一些技术，如雕刻和家庭绘画等，因此也属于经验性家庭治疗的一种。

图 3－17　家庭治疗先驱——维吉尼亚·萨提亚（1916—1988）

（一）主要思想

1．基本三角关系

孩子、父亲、母亲构成了一个家庭中的基本三角关系，在这个三角关系中，孩子既是改变的媒介，也是改变的体现者。萨提亚认为，每个人都具有内在的与生俱来的驱动力，促使自己变得更加完善，这种积极能量也被称为生命力量。因而自我价值本身就存在，问题是个体是否在成长过程中把自我价值彰显出来。

在价值感被发现和确认的过程中，父母发挥了至关重要的作用，尤其是在个体的生命早期如婴幼儿时期，父母的态度和给予孩子的经验塑造了孩子的自我价值感和自尊。自尊

是萨提亚另一个非常重视的概念，许多心理问题的根源在于个体的低自尊和低自我价值感，而治疗的一个目标就是自尊的重建，让个体感觉到自己是一个有价值的、值得被爱的和有能力爱别人的人，也感觉到自己可以做出负责任的选择，掌握自己的生活。

萨提亚的治疗过程就是对基本三角关系的分析和转化过程，通过分析个体最初的基本三角关系，了解过去的经历特别是原生家庭的影响如何阻碍了成年之后的应对模式，再使用家庭重塑，通过改变和转化过程对来访者进行干预，更新他们的体验，将他们从童年习得的、功能不良和不再适应现在生活的旧的三角关系中解放出来。（见图 3－18）（萨提亚，2007）

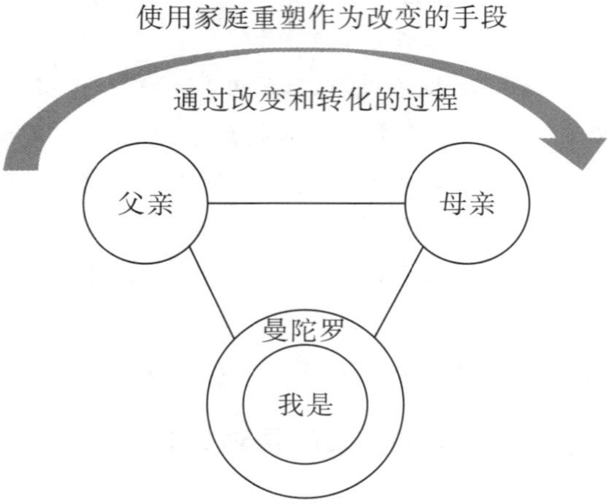

图 3－18　基本三角关系（萨提亚，2007）

2．冰山理论（iceberg theory）

萨提亚将完整的自我形容为冰山，用以解释表面的行为问题与内部的本质问题之间的关系。展示在外的自我的部分，不过是冰山一角，大部分真实的自我则隐藏在表面之下。冰山在水平面以上的部分包括了行为、内容和应对方式，这些外部的表现形式为人们所看见的；而水面以下的冰山的大部分，包括个体的价值观、信念、期望、感受、预期等，都不为人知。因此，只着眼于解决表面的问题，不去理解和处理冰山下面深层次的个体感受、真实的期待和受挫的原因，就解决不了家庭成员之间的问题。（见图 3－19）

图 3－19　萨提亚的冰山理论

3．生存姿态（survival stances）

生存姿态是指家庭中的个体在人际互动中的自动化的反应模式和沟通模式。生存姿态目的是保护个体不受伤害。因为从早年和父母互动等过程中，个体感到暴露自己的真实感受是不被允许的，会导致负面效果，而从经验中学会了“应该”看见什么、听见什么，“应该”体验到什么，而不是真实存在的事物和体验。虽然这些生存姿态让他们暂时感受到安全，但也引起了低价值感：“我感觉不到自己是一个有价值的、拥有爱的人。”（萨提亚，2007）萨提亚提出，在低自尊时，家庭成员具有下面四种非理性的生存姿态。（见图3－20和表3－3）

（1）“讨好”。

表示个体牺牲了自己的价值感受，对别人的要求点头称是，隐藏自己的真实感受，满足其他人的需要。在这种模式下面自己的感受似乎是不重要的，即使让自己难受，也要让别人满意。为了让别人满意，即使不是自己的原因而导致的问题，也要承担起全部的责任。

（2）“责备”。

与讨好刚好相反，责备的生存姿态是个体为了保护自己，不断烦扰和指责他人或环境。责备者轻视他人的权利和价值，似乎只有他自己的立场是需要考虑的。而对于他人的请求，责备者通常是拒绝的。由于这些特点，责备者难以跟他人建立持久的亲密关系，容易断绝关系或者被人“敬而远之”。虽然有孤独感，但责备者也不会在别人面前承认这种脆弱感，只会将导致这种局面的原因归罪于他人。他难以承认自己内心深处的低自尊，认为一旦被别人发现了自己的低价值感，结果是毁灭性的。

图3－20　四种生存姿态

（图片来源于网络）

（3）“超理智”。

这一生存姿态既漠视自己，也漠视他人的价值，表现出冷淡、疏离和绝对客观。超理智者仅仅关注环境背景，且通常限于数据和逻辑。其显著特征就是保持非人性的绝对客观，完全不谈感受，似乎感受是不重要的。超理智者拒绝情绪沟通，只是不断使用客观描述、各种术语来做出完美的表达，并不关心听众是否理解，只为了证明自己永远正确。这也容易成为心理咨询中的迷惑性因素，妨碍咨询深入。

（4）“打岔”。

“打岔”是“超理智”的对立面，其表现为把别人的注意力从正在讨论的话题上引开，从而避免讨论。相较于超理智者对自己和他人的淡漠，打岔者更进一步：他对自己、他人和环境背景都是不关心的。从这个意义上说，虽然打岔者表现出快乐、自主、逗乐的样子，但其实比超理智者要更加冷漠。打岔行为是无目的性的，他们认为只要能将注意力从任何有压力的话题上移开，就能活下去。行为上他们常表现为多动、打断别人、不合时宜的表情和动作等。

表 3－3　各类生存姿态者的内部感受

类型	身体姿势	内部感受
讨好型	感激的，拍马屁的，祈求的	我一无是处，一钱不值，没有你我就完了
责备型	颐指气使的，专横的，大声的，恼怒	我很孤独，我不成功
超理智型	单调的声音，僵硬的，像电脑一样	我觉得很脆弱
打岔者	不停活动，喋喋不休，注意分散	没有人在意我，没有我的位置

【知识拓展】

请想象一下，你刚刚碰伤了别人的手臂，你会怎么道歉？

- 讨好型：请原谅我吧，我真的很笨！
- 指责型：天哪，我怎么会碰了你的胳膊！下次你把胳膊收好，这样我就不会碰到了！
- 超理智：我希望能向你道歉。我经过的时候无意中碰了你的胳膊，如果你的手臂受伤了，请联系我的律师。
- 打岔型：咦，有人发狂了，一定是撞上了。
- 一致型：我不小心撞伤了你，非常抱歉，你这里很痛吧？

一致型沟通并不意味着你不可以有隐私，恰恰相反，你不用扭扭捏捏地岔开话题，只需一致地说："这个话题我现在还没有准备好谈。"最终，一致的沟通让人感觉到你是可以信任的，人们愿意向你敞开心扉。(祁志宏，2016)

上例中的"一致型"是第五种生存姿态，也是最理想的生存姿态。萨提亚提出，家庭治疗所要达到的目标就是要建立起"表里一致"的生存姿态。这一生存姿态对自己、他人和环境背景都给予尊重和关心，是一个既考虑自己，又关心他人，也充分意识到当前情境因素的沟通方式。与其他几种生存姿态压抑和隔离自己真实的感受和体验不同，表里一致者可以接受真实的自己，自由地表达自己的感受，并积极利用自身的资源去追求自己想要的东西。(萨提亚，2007)

萨提亚曾描述过这样一个现象，在人群中，无论人们的真实感受和想法如何，总有50%的人回答"是"（讨好型）；30%的人回答"不是"（指责型）；15%的人既不回答"是"，也不回答"不是"，也不会给出他们真实感受的任何线索（超理智型）；还有0.5%的人会表现得若无其事、毫无知觉（打岔型）；最后只有4.5%的人是真实的，他们是一致型的。

（二）关键技术

萨提亚家庭治疗模式以自己独创的许多生动而鲜明的家庭治疗技术闻名于世。在技术上她受到了心理剧之父莫雷诺的影响，主张通过角色扮演将家庭关系以艺术化、具象化的方式展现出来，并强调调动大脑右半球的活动，发挥创意和无意识作用、身体记忆等，完成对于过往经验的显现和重塑。萨提亚最具代表性的治疗方式是在一个数十人不等的团体中，由主角邀请各演员来扮演自己过去和现在家族中的人物，展现家庭中的关系并进行处理。

1. 雕塑

萨提亚使用行为雕塑，将主角的问题进行可视化。例如在生存姿态的演示上，一个典型的讨好者的角色会单膝跪在其他人面前，向对方伸出手表示给予；而一个指责者则趾高气扬，一只手掐腰，另一只手指着别人的鼻子，和其他人处于对峙状态。

2. 家庭重塑技术

家庭重塑是萨提亚治疗的重要部分，它需要一个充分的筹备和准备阶段和现场重塑过程。在预备阶段中，要进行三项重要的活动，分别是绘制家谱图、准备家庭生活编年史和绘制影响力车轮。在家谱图中，要进行祖孙三代的信息描绘，包括主角、主角的父母和（外）祖父母。家谱图通过展示那些卷入主角早期生活中的人，帮个体了解自己的内部和外部现实。家庭生活编年史以表格的形式展现出家庭成员的生日、重大家庭事件的日期、一些重要历史事件的发生日期等。

影响力车轮图则以圆形车轮的形式展现出每一个在主角童年和青少年时期给予他影响的人，并把这些围绕在中心圆周围的小圆（各个他人）与中心圆（主角）之间的关系连接程度以线的粗细来表示（见图3－21）。

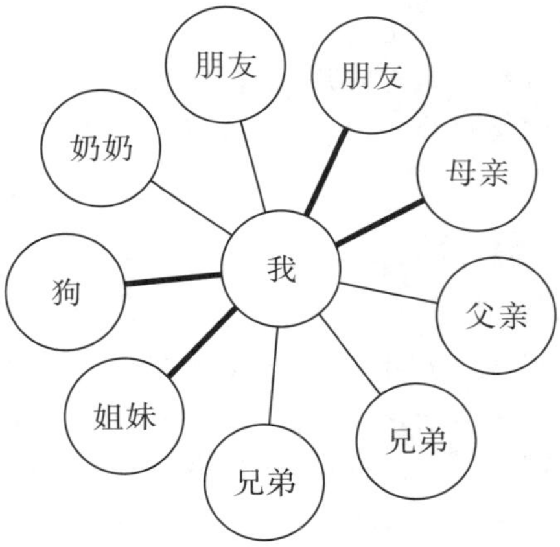

图3－21　影响力车轮

在做好这些准备之后，进入正式的家庭重塑过程。经典的家庭重塑方法通常需要持续1～3天时间，并遵循四个基本步骤，分别为：①雕塑原生家庭；②雕塑主角父亲和母亲的原生家庭；③雕塑主角父母的约会、求爱和婚礼场景；④重新雕塑主角的原生家庭。家庭重塑的目的，是让我们有机会作为价值平等的人类个体与父母进行交流，以及对我们自己进行更新。

3．互动成分分析技术

互动成分分析技术是萨提亚模式中关于沟通的主要改变策略之一，它着眼于互动模式中的两个因素：遵循的家庭规则是怎样的，个体的应对风格是怎样的。它包含六个关于具体互动过程的问题：

- 我看到和听到了什么?
- 对于我看到和听到的东西，我是如何解释它的含义的?
- 我对这种解释有什么感觉?
- 对于这些感觉我又产生了怎样的感受?这是“对感觉的感觉”，例如当我感到生气，我会感觉这很不好，不允许自己产生生气的感觉。
- 我运用了哪些防御方式?
- 我运用了哪些规则来进行评价?

【典型案例】

一个男人出差回家后，从门外听到妻子房间里有打呼噜的声音，于是伤心欲绝，给妻子发了条短信“我们离婚吧”，然后就丢掉手机卡远走他乡。三年后，他们再度相遇，妻子问为何。丈夫在阐明了家里有男人打呼噜后，妻子一笑而过：“那是瑞星杀毒的小狮子。”

在这个例子中，丈夫经历了怎样的内在过程呢?①丈夫听到打呼噜的声音。—>②男人的呼噜声，妻子有外遇，她背叛了自己。—>③伤心、挫败。—>④愤怒。—>⑤忽视这样的感受，离婚，一走了之。—>⑥缺乏安全感，不被妻子爱的自己是无能的，自己不值得被爱。

然而，事实上，丈夫所听到的只是电脑里瑞星杀毒的小狮子的呼噜声。丈夫听到的东西没错，但是他的信息加工完全偏离了实际。(王小钰，2007)

4．个性部分舞会(parts party)

个性部分舞会是萨提亚模式中最著名的技术之一，萨提亚使用这一技术帮助个体整合人格的各个部分。通过个性部分舞会的实施，个体得以在意识层面上近距离地审视我们作为人类个体所拥有的许多部分——人性的许多方面，承认其存在、接纳不同的方面，深入探讨如何协调和控制他们，以及怎样把这些部分整合为让自我更加一致的而非更加割裂的资源。

萨提亚认为，每个人身上都有一些我们并不喜欢或想极力否认掩盖的方面，例如自私、冷漠、吝啬、嫉妒等，只想表现出让自己能够接受和他人会喜欢的那些特点，例如优秀、正直、大方、幽默等。但是如果我们否认那些本就属于自身的东西，也就丧失了真实的自我，僵化执着于我们“应该”是什么样子，却不知道每一种特征都具有可以转化的特性，每一种成分都具有利用的价值。接纳的第一步是使不同的成分产生接触。一个典型的个性部分舞会技术包含一个15~40人的团体，每个成员分别扮演“主人”的不同的个性组成部分，使用一些必要的道具增强各个部分人格的可视化特点。它主要包含五个步骤。

（1）准备引导者（带领者）和主体（参与者）。

参与者写下自己的3个正向特质和3个负向特质，用6个著名人物来分别代表这6个特质。

（2）让各个部分见面。

有相似特质或著名人物的参与者进行分组讨论。

（3）出现矛盾。

参与者控诉这些负面特质给自己带来的困难，处理对自我不接纳部分的情绪。

（4）转化冲突。

参与者进行自我探索的冥想，重新评估自己对正向和负向特质的认识并转化，还有他人对自我的评价。

（5）举行整合仪式。

面貌舞会：参与者跳舞走秀，展现自己很少在人前暴露的另一面。角色扮演：参与者扮演前面提到的6个著名人物之一，将自己与著名人物联结在一起。

图3－22　个性部分舞会的部分道具

四、系统家庭治疗的方法与技术

表3－4总结了四种取向的系统家庭治疗类型（Goldenberg，2005），这些治疗方法的共同特点在于，着重家庭的成长与改变，不仅对于家庭成员的个人成长抱有信念，同时也关注家庭系统的改变。

表3－4　四种取向的系统家庭治疗类型

代际的系统家庭治疗	鲍温代际治疗
结构的系统家庭治疗	结构家庭治疗
经验的系统家庭治疗	1. 萨提亚模式
	2. 符号经验主义治疗
	3. 情绪聚焦治疗
	4. 格式塔家庭系统治疗

续上表

策略的系统家庭治疗	1. MRI 系统治疗
	2. 策略治疗
	3. 米兰系统治疗

(一) 代际的系统家庭治疗

代际的系统家庭治疗产生于 20 世纪 50 年代后期，主要以莫瑞·鲍温（Murry Bowen）、弗里德曼和凯尔为代表，又被称为代际模型、代际传递理论等。代际模型基于两个主要假设：①家庭成员间过度的情感联系与家庭功能失调具有直接联系；②上一代没有解决的问题倾向于传给下一代。

代际的系统家庭治疗的目标是降低焦虑感，减轻成员的症状，帮助核心家庭中的每个成员的自我分化最大化，从其原生家庭中分化出来；这一过程也被称作重新定义自己和父母关系的“去三角化”。鲍温提出了代际模型的八个概念。(Goldenberg，2005)

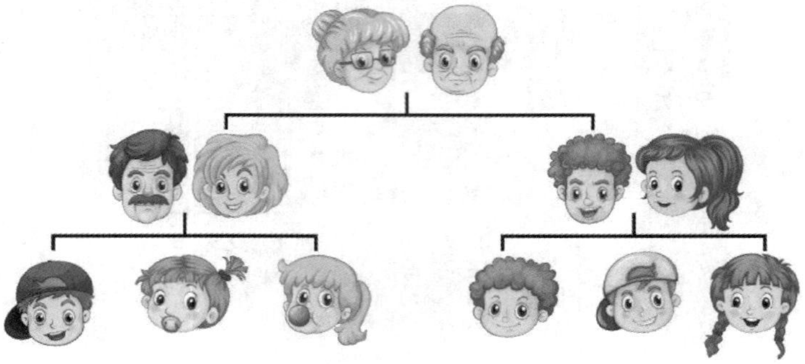

图 3-23　家庭三代的家庭树

(图片来源于网络)

1. 自我分化（differentiation of self)

自我分化是代际的家庭系统治疗的核心概念，指个体能够将情感与理智区分开来的能力。自我分化水平反映了个体尊重自己行为、不受他人情绪控制的能力，而未分化的个体几乎无法进行客观的思考，表现出对他人高度的依恋。

2. 三角关系（emotional triangle)

鲍温认为，当两个人的关系出现问题时，拉进来一位重要的家庭成员组成三人互动，可以降低两人的焦虑。而一个人如果没有高度的自我分化，就很容易陷入三角关系中去。例如父母之间的纠纷，可能导致孩子成为被牺牲者并充当第三者来平息家庭纷争，于是孩子在成长过程中表现出了各种心理病症，成了替罪羊的角色。

例如，在一个家庭里，如果夫妻关系出现紧张，丈夫或者妻子可能会把其中一个孩子拉到自己的阵营里来，以增强自己的力量，缓解在亲密关系上的焦虑。也就是两个人联合起来，共同反对第三方。在家庭里会经常出现这样的“三角关系”。

3. 核心家庭情绪系统（nuclear family emotional system）

这是深入了解核心家庭互动模式的一种技术，父亲、母亲和孩子之间的表面关系之下，往往隐藏着成员在卷入度、依恋和焦虑方面的问题，即具有问题的家庭情绪系统。而问题家庭会产生问题儿童，儿童在成人之后的家庭幸福程度很大程度上受到原生家庭的影响。

4. 家庭投射过程（family projection process）

家庭投射是指父母将自己不成熟和缺乏分化的状态传递给子女的过程。夫妻中的一方如果对另一方存在不满，则会将过多的关注和情感倾注于孩子身上。表面上看是增加了对儿童的保护，实际上是增加了对孩子的控制，代替了他的意志，使儿童过度卷入到家庭生活中，难以完成自身的分化。

5. 情绪阻断（emotional cutoff）

也叫情绪隔离，是指一代与另一代之间的焦虑进行管理的方法，通过多种方式断开个体与原生家庭之间的情绪联系，包括增加物理距离（搬离到别处）、增加心理距离（不与父母说话或说得很少）等。情绪阻断并不是解决自我分化的好办法，因为个体倾向于沿用早期的这种情绪隔离的方式，应用到成人后亲密关系方面，并投射给后代。

6. 多代际传递（multigenerational transmission）

多代际传递是指家庭的情感过程通过一代对另一代的长期传递的过程。例如曾祖父母那一代出现的家庭问题会以某种形式传递给祖父母，在祖父母的家庭中出现，再接着传给父母，再到核心家庭中的子女的过程。

7. 同胞位置（sibling position）

鲍温理论的继承者托曼（Toman）发现，家庭中子女的出生顺序会对各自的性格产生影响。例如，最年长的孩子往往具有责任感，稳重和追求完美；中间的孩子则容易受到忽视，希望能够通过个人努力获得成就来获得家长的赞许；老小则是活泼的角色，受到众人的关注，得到保护较多。在多子女家庭中，父母中的一方往往会选择同自己同胞位置一致的孩子构建三角关系，缓解紧张的夫妻关系。

8. 社会退行（societal regression）

社会退行是指当家庭功能受到慢性焦虑的制约而无法有效发挥时，如果社会也面临着人口膨胀、资源紧张和环境污染的诸多压力，则会产生社会焦虑氛围，影响社会整体功能并加重个体的焦虑。（袁芮，2018）

在代际的系统家庭治疗中，治疗师的角色是客观中立的，且要具有很高的自我分化水平，避免卷入三角关系。其运用的技术包括家庭评估会谈、绘制家庭系谱图、破除情感三角等。家庭评估会谈是治疗过程的最开始几次的内容，用于全面获取家庭多代间的关系信息，并逐步涉及一些深层次的问题，例如存在怎样的三角关系等。家庭系谱图则可以绘制出至少三代家庭成员的关系模式。（见图 3－24）

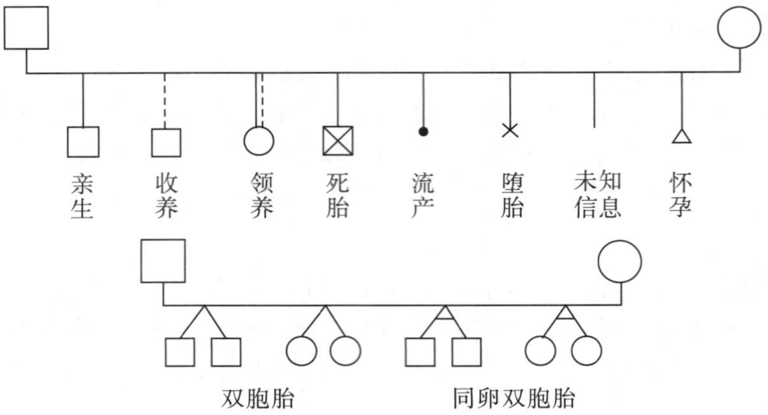

图 3－24　家庭系谱图示例

代际的系统家庭治疗扩展了关注的家庭范围，从核心家庭到扩展家庭，揭示了许多家庭中出现的问题具有代代相传的现象，强调了家庭是一个大的系统的观点，对以往的家庭治疗理论是一种思维延伸。

（二）结构的系统家庭治疗

结构家庭治疗由美国咨询师萨尔瓦多·米纽庆所创立。家庭结构（family structure）是家庭成员在长期互动中形成的相对稳固一致的模式。（见图 3－25）该理论认为个体症状产生的根源在于家庭互动模式，要减轻症状就需要先重构家庭。只有家庭结构发生改变，个体问题才能解决或减轻。有问题的家庭互动模式包括两类：家庭纠缠和家庭脱离。家庭纠缠是指家庭处于混乱且紧密的相互连接状态；家庭脱离是指家庭成员之间相互孤立、看似无关。而治疗就是对家庭的结构进行重塑，打破那些支配家庭沟通的、已经失效的隐性规则，发展出更有效的相互作用规则。（见图 3－26）

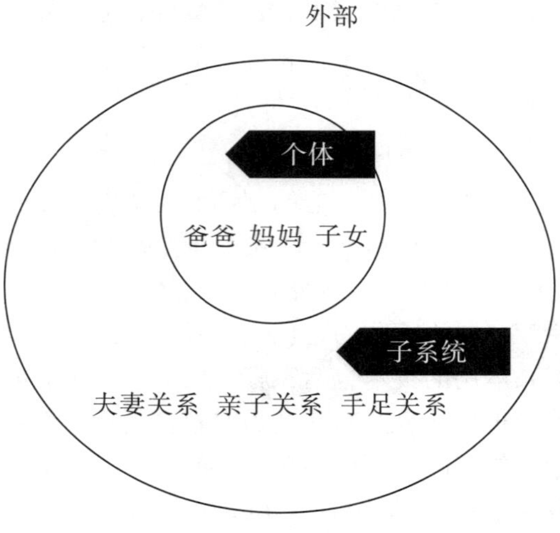

图 3－25　家庭的结构

（图片来源于网络）

结构的系统家庭治疗有三个最基本的组成要素，分别为：结构、子系统和界限。子系统是由部分成员构成的次于整体家庭的小团体，每个家庭成员通过属于不同的子系统，拥有不同的责任和权利。例如夫妻子系统、手足子系统、亲子子系统等。如果子系统间的活动发生混淆，就会产生困扰。界限是指个体、子系统和家庭都具有的一条同外界分开的边界线。界线是一个看不见的但能够调节与他人互动的屏障（Minuchin，1974），它就像生命体的细胞膜一样，保护着家庭及其亚系统的完整性。

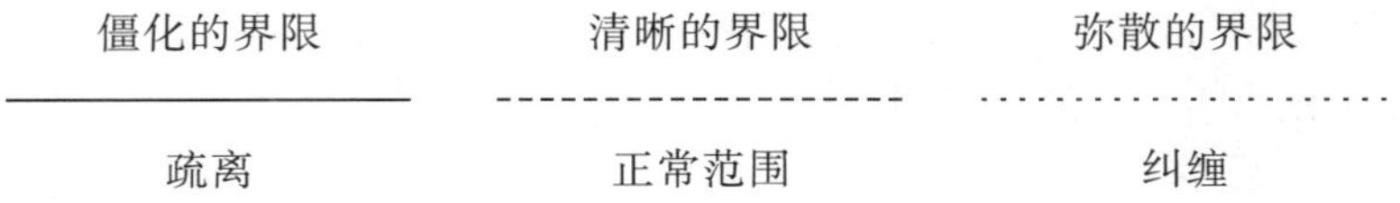

图 3－26　家庭界限的三种类型

结构的系统家庭治疗认为，子系统界限的清晰度非常重要，比系统是由什么人组成的要重要得多。界限清晰的特征是：家庭成员既有归属感，又有独立性。然而常见的一种情况是，家庭成员都缺乏对权利的清晰界限，父母过度卷入到子女之间，形成了家庭纠缠。

【典型案例】

案例一　一对父母在吵架时，总是把一旁的孩子拉过来，问孩子“爸爸妈妈谁说的对”“你听谁的”等。本来与这场争吵无关的孩子被卷入进来，这就是界限混乱。

案例二　一个家庭中的孩子在学校遇到了困难，回到家中向父母求助。而他的父母可能正被家庭的经济负担压抑着，无心关照子女，用一句“爸爸/妈妈忙了一天工作已经很累了，你就别来添乱了”敷衍了事。久而久之，这个孩子总是不能在父母那里得到及时的反馈，也就渐渐不再向父母求助了，这样就产生了僵化的界限。

（资料来源：https://www.xinli001.com/info/100473030）

结构的系统家庭治疗首先需要治疗师分析和理解家庭的结构，研究家庭的子系统、界限、结盟和联盟，分析出功能失调的结构是什么；其次是进行结构干预，帮助家庭协商过时的规则，清晰成员之间的界限，重新排列家庭组织。这一治疗理论的特点是强调行动，通过行动去改变家庭而不是靠成员的领悟或理解。家庭结构的干预也是一个主动的过程，是积极筹划的而非被动等待改变发生。

（三）策略的系统家庭治疗

策略的系统家庭治疗诞生于 20 世纪 50 年代，最早以人类学家格雷戈里・巴特森（Gregory Bateson）和精神病学家兼催眠大师米尔顿・埃里克森（Milton Erickson）为代表，后来在世界上的不同地方发展。该治疗最终形成了三种模型，包括 MRI 的简短治疗模型、海利的策略治疗体系以及米兰的系统模型，这三种模型都发源于 1958 年建立的精神研究所 MRI。策略的系统家庭治疗最大的特点是使用双重约束理论和悖论技术来改变家庭规则和关系模型。在策略的系统家庭治疗中，治疗师扮演指导者和权威者的角色，下达家庭改变的指令，家庭成员则需要听从指导行动，执行治疗师的要求，从而改变家庭的互动模式。

1. 家庭中的双重约束现象（double bind theory）

双重约束常见于家庭中，是指一个人同时在交流的不同层面向另一个人发出互相抵触的信息，对方必须做出反应，但不论他如何反应，都会得到拒绝或否认，容易使人陷入两难的境地。家庭中的双重约束是导致精神分裂症状的原因之一。当一个人处在一个不能逃避又必须做出回应的重要关系中，接收到了两个不同沟通水平上相关却自相矛盾的信息，却发觉自己很难意识到这种不一致或者对这种不一致做出评判（Bateson，Jackson，Haley，Weakland，1956），那么这个人就处于双重束缚之中。双重约束需要具备以下特征：

（1）发生于两人或多人的重要关系中。

（2）在这种关系中，信息传递是这样的：在一种水平上肯定做某事，但在另一种水平上否定这件事。第一个指令是负面的：你必须要（或不要）做某事，否则我会惩罚你。第二个指令跟第一个指令是冲突的：你这样做是你自己要做，我对你没要求。

（3）信息接收者不允许逃避，必须做出回应。

（4）这种经历长期或重复存在。

当一个人同时收到两个完全相反的指令却又无法逃避时，个体就会产生一种无法摆脱的束缚感。当个体陷入双重约束中时，会感到痛苦、分裂、怀疑一切，人与人之间也失去了真诚的沟通，陷入痛苦的怪圈。巴特森认为，是人们之间多层信息交换界定了他们之间的关系，需要改变的不是人而是家庭的关系和结构。

【典型案例】

母亲生气地对女儿说：“瞧你都7岁了，还不愿替母亲分担一点儿家务，你真是太懒了！”女儿一下就被置于交流的弱势。女儿对母亲说：“好吧，我来扫扫地。”女儿在扫地的时候，母亲却又大声叫道：“瞧你扫的地?！还不如不扫。养你这么大，连扫地都不会！”女儿被迫处在一种两难的位置，无论怎么做都不能令母亲满意。

2. 悖论干预技术（paradoxical intervention）

悖论是指在一致性的前提下进行正确推导之后得出矛盾的结论，用于家庭治疗上是指通过行动而不论行动的方向，来改变家庭结构。埃里克森常常使用这种“反其道而行之”的技术，给来访者布置一个看似与目标相反的矛盾任务。例如，家庭治疗师要求出现症状的成员故意保持或加重症状行为，例如要求经常吵架的夫妻每周吵两次架，要求失眠的患者每天晚上瞪大眼睛看着天花板命令自己不准睡觉，等等。

【典型案例】

案例一 孩子上幼儿园了，晚上总喜欢玩，不睡觉，这时候家长就说：“好久都没有背诵古诗了，待着也是待着，一起来背首诗！”往往话音刚落，孩子就会立马说道：“我困了，我要去睡觉了”。

案例二 2021年8月，据媒体报道，湖南长沙一名6岁男孩因为妈妈阻止自己玩手机而放出“狠话”，表示要吃100个冰淇淋把自己冰死，让妈妈后悔。面对这样的情况，妈妈直接去超市给他买了120个冰淇淋。小男孩看到这么多冰淇淋后，第一反应是高兴坏了，然后就开心地吃了起来。结果吃到第二个就已经快吃不下了，还转头向妈妈撒娇让妈妈帮自己吃一下，但被果断拒绝。小男孩只好吃起了第三个，在艰难吃完第三个的时候，小男孩情绪失控，当场就崩溃大哭，质问妈妈："我是你亲生的吗?"

（资料来源：https://www.sohu.com/a/485167243_120729455）

图3－27 聪明的父母要学会"悖论干预"

总之，策略的系统家庭治疗以问题解决为中心，注重实务，从独特的思维角度出发，通过咨询师对来访者的强烈影响，体现出鲜明的创造性与可操作性。

（四）经验的系统家庭治疗

经验的系统家庭治疗是系统家庭治疗体系中的重要分支，它以人本主义为理论取向，同时受符号学、格式塔和依恋理论的影响。经验家庭治疗不是某一具体疗法的名称，而是一系列具有类似理论取向的家庭治疗的总称，包括符号经验主义治疗、格式塔家庭治疗、萨提亚家庭治疗和聚焦情感的夫妻治疗等。

经验的系统家庭治疗聚焦人性，采用人本主义的方法，找寻个体真正的期望和真实的感受体验，建立个体的咨询，尊重个体的选择。他们强调治疗情境下的经验与直觉的作用，而非固定的模式。前文所详细介绍的萨提亚家庭治疗方法体现了经验的系统家庭治疗的特色，此处不再展开介绍。

第三节　幼儿常见心理问题的家庭辅导与案例

一、行为问题的家庭辅导

（一）破坏性行为/攻击性行为

【案例导入】

贝贝，一名上中班的小男孩，聪明可爱但性格骄横，在课堂上时常扰乱教学秩序，并且会动手打人。老师曾把这一情况跟家长反映，贝贝妈妈采用的方法是打骂加惩罚，但贝贝变本加厉，还会威胁老师，看到同学在打架，他会不问缘由地冲上去帮较弱的一方。课堂内外，他总是喜欢制造一些混乱，来吸引大家的关注……（王琳，2015）

1. 问题现状

破坏性行为是指幼儿有意或无意地对物品发泄情绪，造成物品或者环境的破坏的行为。破坏性行为有两种类型：一种是无意破坏行为，一般发生在低龄幼儿的身上。他们并不知道某种行为会带来不好的后果，只是觉得这是一种乐趣和一种探索，如用手撕书等。一种是有意性破坏行为，是指幼儿明知道某种举止会带来不好的后果，仍然带有动机性地进行主观破坏。如为了吸引成人的注意或发泄情绪，任性发脾气等。值得注意的是，有意性破坏行为多数体现的是幼儿的自我意识萌芽，是最初的思维活动的体现。

攻击性行为的对象是人，可以是指对他人的一种敌视、伤害或者破坏行为，也可以是对他人权利的侵犯行为。研究表明，随着年龄的增长，幼儿的攻击性行为会发生改变，如幼儿 3 岁时受到攻击或生气时会有明显的报复倾向；4 岁时身体攻击达到顶点；一般在 5 岁以后，随着规则的学习和经验的积累，幼儿的攻击性行为也会随之减少，但敌意攻击却略有增加。

2. 案例分析

（1）生理特点。

幼儿阶段，大脑发育正处于不平衡状态，仍不够完善，不能很好地控制自己的情绪和行为。由于性激素的不同，男生的攻击性行为通常会比女生多。

（2）心理特点。

幼儿的攻击性/破坏性行为是一种保护自己的本能。由于幼儿的情绪处理及问题解决的能力比较弱，幼儿还没有足够的经验来处理问题，所以会产生一定的负面情绪，进而诱发破坏性/攻击性行为。

（3）家庭因素。

家庭教养方式、父母的言行态度会对幼儿产生巨大的影响。过分专制和过分放纵的教育方式都可能诱发幼儿产生破坏性/攻击性行为。在案例中，贝贝父母采取的方式是打骂责备，可能会有一定成效，但是幼儿的心理发展和思维发展尚不成熟，幼儿并不能很好地理解，甚至产生更多反抗行为。

此外，家庭结构、家庭氛围、亲子依恋也会影响幼儿的行为。如果幼儿从小缺乏关心，家里充满矛盾与冲突，幼儿缺乏安全感，很容易对周围的人与事保持敌对的态度，一言不合就容易产生冲突甚至是过激行为。（孙崇勇，2020）亲子依恋也能够显著预测幼儿的破坏性/攻击性行为，幼儿对父母的依恋程度越低，幼儿的破坏性行为越高。（刘佳，2018）

3. 辅导措施

（1）促进家校沟通与合作。

老师及时向家长反馈孩子的客观状况，帮助家长加强对孩子现状的认识，共同分析幼儿出现破坏性/攻击性行为的原因及危害，并制定合理的指导方法。

（2）树立正确的教育观念。

引导家长树立民主、理解与包容的教育原则，理解孩子的行为表现，减少批评与惩罚；注重幼儿的感受，灵活把握幼儿的动机与目的，合理引导幼儿的情绪宣泄，耐心引导孩子学会正确表达自己的情感。如最近发生了什么事，导致情绪很糟糕；通过什么样的努力，取得了什么样的效果。对孩子做得好的地方，比如适当表达自己的情绪，给予必要的激励措施。

（3）净化和改善家庭环境。

幼儿阶段是孩子与他人建立情感联系的关键时期，建议家长要尽可能地多陪伴孩子，与幼儿一起玩耍、看书、做游戏等，注重与孩子的心灵沟通，与孩子建立安全型的依恋关系；管理好自己的情绪，遇到不顺心的事情不用吵架、摔东西等方式来发泄自己的不满，而是好好表达，给孩子做一个好的榜样。

4. 案例反思

幼儿期是个性形成的关键时期，幼儿会有很多个性化的行为表现。面对幼儿的破坏性/攻击性行为，老师和家长应了解幼儿的年龄特点，站在孩子的视角去理解，采取积极有效的预防措施；如果孩子出现破坏性/攻击性行为，老师和家长也要冷静理智分析和耐心引导，帮助幼儿身心健康和谐发展。

（二）多动症

【案例导入】

廷廷，一名4岁的小班学生。他平时极其好动，小动作多，难以安静下来，即使对最感兴趣的事也难以集中注意力，上课更加凸显；平时情绪不稳定，跟同学的关系也差，经常一个人活动；做事情大都半途而废，有头无尾；平时不遵守纪律，喜欢到处乱跑，意识不到危险，自控能力差。根据这一状况，老师建议家长带廷廷去医院检查，最终廷廷被确诊为多动症……

（资料来源：http://www.qinzibuy.com/jiaoan/2014/jiaoan_10227.htm）

1. 问题现状

（1）多动症定义及表现。

多动症是一种常见的儿童行为异常疾病，又称注意力缺陷多动症（ADHD）或脑功能轻微失调综合征，综合表现为注意力分散、情绪不稳定、冲动任性和多动等症状。多动症分为3种类型：注意力分散型、多动—冲动型、综合型。

研究表明，国际上多动症的患病率为3% ~6%，我国儿童多动症的患病率为4.31% ~5.83%。粗略估计，我国有1 461万~1 979万的多动症患儿，其中男孩多于女孩，早产儿及剖宫产儿患多动症的概率较高，在6%以上。

（2）与活泼好动、多动行为的区分。

活泼好动是幼儿的天性，幼儿经常表现出很高的活动积极性，比如喜欢表现自己，喜欢主动探索环境，与同伴建立关系。活泼好动既不属于问题行为，也不属于精神障碍。

多动行为是指幼儿多动不宁、异常兴奋、经常干扰别人、自控力差、规则意识弱等，比如经常在课堂上讲话，扰乱课堂秩序等，是一种有“多动—冲动型”倾向的行为表现。孩子有多动行为不一定就是多动症，是一种行为问题而非行为障碍。

多动症与前两者的区别在于自制力。一般儿童会有基本的自制力，活泼好动和多动行为的幼儿在不感兴趣的事物面前可能会表现出不耐烦、多动，但是能够在大人的提醒下保持一定时间的注意力，进行一定的自我约束，可以随着年龄的增长得到缓解。而多动症幼儿的多动行为存在盲目性和冲动性，不具备自我约束能力，需要到医院进行诊治。（徐婧雯，2021）

2. 案例分析

（1）生理特点。

幼儿大脑发育与常人有异也会影响多动症的患病率。如涉及信息储存及行为控制等功能的脑区发育迟缓或活跃度不足；幼儿体内释放的多巴胺和去甲肾上腺素的量分泌不足。

（2）家庭因素。

有研究表明，多动症容易受到遗传因素的影响。超25%的多动症患者的一级亲属（父亲、母亲、兄弟姐妹）也患有该疾病。多动症患者的同卵双胞胎的发病率（79%）明显高于异卵双胞胎（32%）。

多动症还与母亲孕产期有关。如果孕期受内外部影响，如母亲患疾病或者摄入过多铅和食品添加剂等导致胎儿大脑功能受损，婴儿更容易患多动症。

3. 辅导措施

（1）针对多动症。

如幼儿存在异常现象且持续有一段时间，老师应及时把客观状况反馈给家长，并建议家长带幼儿到专业医院进行检查。如幼儿经过医生的专业诊断确诊为多动症，则引导幼儿家长科学认识多动症，让家长了解多动症存在的诸多诱因，引导家长疏导不良情绪，减少自责，更多的是积极带孩子接受专业的治疗。

多动症幼儿由于生理缺陷及心理困扰，在社会适应，尤其是沟通与交往能力上处于劣势。在与孩子的相处过程中，老师应引导家长耐心倾听和沟通，对于孩子的表象多给予积极正向的反馈，建立安全温馨的亲子关系。

（2）针对多动行为。

平时多与孩子一起做一些动态类的活动，帮助孩子释放精力；也可以做一些静态类的游戏，训练孩子的注意力。积极鼓励孩子进行探索，保护孩子的热情和兴趣，但同时也要注意安全教育，远离危险物品，不做可能伤害自己和他人的事。

帮助孩子提升自我调控能力。与孩子一起制定学习生活规则，如作息表、日程安排表等，强化孩子的规则意识。当孩子出现问题行为时，不立即责备教育，而是带领孩子在操作中学习正确的处理方式，逐步提升孩子的自我调控能力。

4. 案例反思

随着心理健康知识的推广和普及，多动症逐渐进入大家的视线，但由于缺乏对专业知识的了解，家长容易混淆活泼好动、多动行为和多动症，当孩子表现出活泼好动或者好动行为时产生过度焦虑；也有一些家长因为不了解多动症而忽视了孩子的行为，耽误了孩子的治疗。所以，教师平时可以向家长普及相应的科学知识，也可以结合平时对孩子的观察和父母的反映，建议家长有困扰时及时到医院诊治。

（三）儿童电子产品成瘾

【案例导入】

妞妞，3岁，平时总是爱抱着手机玩，这让家长很是担心。妞妞在玩了一定时间后被家长要求收回手机，但妞妞总是置之不理。当家长试图把手机拿回来时，妞妞开始不停哭闹，最终总是家长妥协，孩子玩到不想玩以后才把手机扔到一边。

（资料来源：https://www.jianke.com/jsbpd/3610562.html）

1. 问题现状

随着科技的快速发展和电子产品的更新换代，越来越多的儿童，甚至是幼儿开始使用电子产品。在2020年3~6岁儿童电子产品的使用现状调查中发现，电子产品在幼儿群体中普及程度较高，其中，电视、手机和平板电脑的使用最高，一半以上的幼儿使用电子产品的次数为每周4次以上，大多数单次使用时间在30分钟到1小时内，还有部分幼儿使用时间超过1个小时甚至2小时以上。（见图3-28，图3-29）（陈利丹，2020）

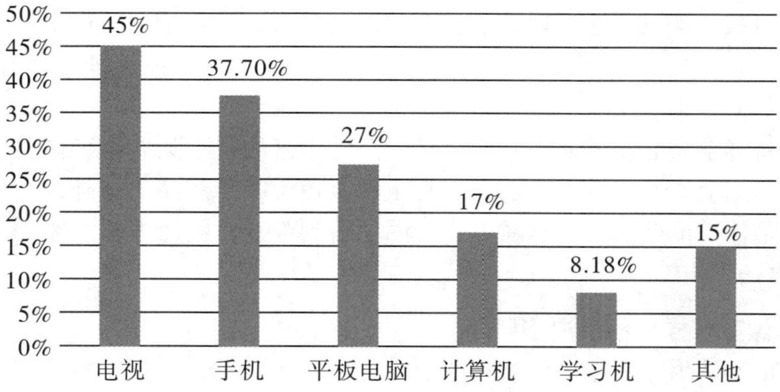

图3-28　3~6岁学前儿童使用电子产品的类型

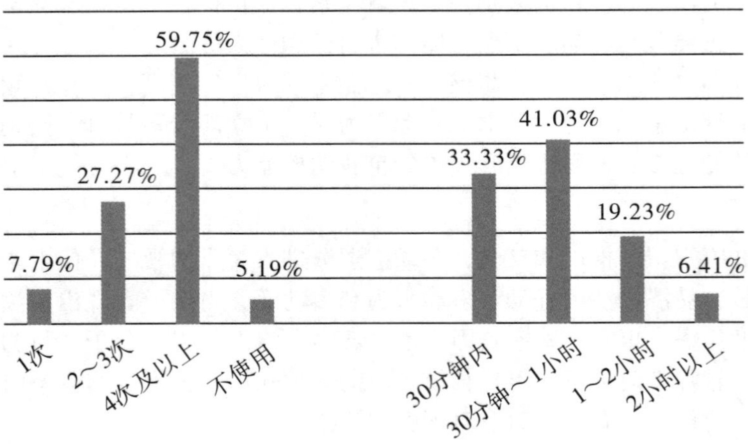

图3-29　儿童每周使用电子产品的频率及单次时长

从幼儿使用电子产品的内容来看，看动画片的比例最高，达到37.21%，其次是听故事/音乐，以及学习，分别占到了30.23%和17.44%。由此可知，幼儿使用电子产品主要是为了休闲娱乐。

电子产品的过早、过度使用问题已呈现出了低龄化的趋势，也带来了很多负面影响。首先是视力问题，由于孩子过早接触电子产品，近视的也越来越多；其次，由于长期使用手机，减少户外活动时间，除了影响幼儿的身体健康外，长期的“自闭”也会影响幼儿情感、人格和社会性的培养；再次，如果入睡前使用电子产品，会导致入睡困难，影响幼儿的睡眠规律和质量。

2. 案例分析

（1）家庭因素。

在信息化发达、自媒体发展迅速的现在，每家每户都离不开使用电子产品，很多家长自身使用手机的频率就很高，对手机难以抵抗，一定程度上也影响了孩子使用手机的状况；其次，不少家庭父母忙于工作，无暇陪伴孩子，有时为了图方便，用电子产品来“打发”孩子，这直接影响到了亲子陪伴和安全依恋的形成，让孩子也不得不加入了电子产品的使用大军之列。

（2）心理特点。

幼儿对于新鲜事物非常感兴趣，而电子产品的丰富的视听觉冲击和体验很容易吸引幼儿的无意注意，加上幼儿自控能力弱，容易主动沉迷于电子产品。此外，一些幼儿在日常生活中缺乏的陪伴、成就感等可以从电子产品中得到弥补，因而被动沉迷。

3. 辅导措施

（1）父母做好榜样，给予更多陪伴。

家庭系统理论认为家庭是一个整体，家庭成员互相联系、互相影响，家长的言行举止都潜移默化地影响着孩子。建议家长在非上班时间，如周六日或节假日，要控制好自己的电子产品使用问题，多陪伴照顾孩子，增加与孩子的互动；平时也不建议将使用电子产品作为哄骗孩子、奖赏孩子的手段。

（2）适当转移注意力，培养兴趣爱好。

孩子迷恋电子产品大多是由枯燥无聊、乏味呆板的生活方式造成的。在日常生活中，家长可以多带孩子玩一些趣味的活动，如一起搭积木、画画、读故事绘本等等，培养孩子的兴趣爱好；同时，家长也应尽可能带孩子多接触社会和大自然，到户外去进行更多的运动和体验。

（3）定好时间规则，把控使用内容。

使用电子产品前跟孩子商定好使用时间，幼儿连续使用电子产品的时间不超过 15 分钟，并进行及时的放松练习，对于孩子的不合理要求，也要温柔而坚定地拒绝；其次，幼儿无法辨别内容的好坏，因此家长要做好筛选工作，如安装有益于孩子的 App，筛选出一些益智类的、有教育意义的故事或游戏等。

4．案例反思

电子产品是一把双刃剑，它在拓展孩子知识面、增强孩子学习兴趣的同时，也带来了一些不利影响，如长期使用电子产品会损害孩子的身心健康等等。家长应该合理看待电子产品的利弊，引导孩子合理看待和规范使用电子产品，并结合孩子的身心特点给予孩子更多的陪伴和关注。

二、情绪问题的家庭辅导

（一）分离焦虑

【案例导入】

妞妞，女，3 岁半。从小由爷爷带大，在家时活泼开朗，想干啥就干啥，但很害怕见到陌生人，在外面非常胆怯。只要爷爷一走开，妞妞就会哭哭啼啼，非常缠人。现在妞妞即将上幼儿园，更不知该如何是好……

1．问题现状

分离焦虑是指个体与抚养者或家庭分离时产生的过度恐惧、焦虑等不良情绪。对于婴幼儿来说，与抚养者分离就可能出现分离焦虑。

在 3 ~ 14 岁儿童分离焦虑的研究中发现，随着年龄的增加，儿童的分离焦虑明显下降。其中，3 ~ 5 岁幼儿的分离焦虑程度最高。（罗增让，2002）具体表现为情绪波动、少言寡语、睡眠不足、食欲减少甚至是拒绝进食等。

根据统计资料显示，就新入园问题而言，幼儿产生的分离焦虑持续一周的占 15%，持续两周的占 65%，持续三周以上的占 20%。由此可知，幼儿的分离焦虑问题比较普遍，应该引起老师和家长的重视。

2. 案例分析

（1）发展特点。

幼儿正处于心理发展的初级阶段，正是与父母形成强烈的情感联结的时候，即亲子依恋。面对与父母的分离，依恋的缺失，幼儿的自我调节和创伤修复能力较弱，导致自我很难修复，自然会产生不安、缺失感甚至是恐惧感。

（2）家庭因素。

研究表明，父母教养方式对幼儿的分离焦虑起着重要影响。父母的温暖情感、理解能够有效降低幼儿的焦虑水平，而过度保护、拒绝否认、严厉惩罚等会加剧幼儿的焦虑状况。（沙晶莹，2014）此外，家长的焦虑情绪也会给幼儿带来分离焦虑的负面影响。

3. 辅导措施

（1）充分理解并接纳孩子。

建议父母与其他养育者，如爷爷奶奶、外公外婆等及时沟通，探讨孩子出现的情绪问题，并分析其原因，与孩子一起面对。不用“再不听话就把你丢出去”等语言恐吓孩子，充分理解孩子，并及时回应孩子的需求，让孩子感受到无条件的爱。

（2）日常锻炼孩子的自理能力。

自理能力越强，孩子对于成人的依赖越低，因此产生的分离焦虑的程度也越低。在日常生活中，家长要教给幼儿基本的生活技能，培养幼儿良好的生活习惯，如独立规范用餐、洗漱时自己整理衣物等，不过分骄纵。

（3）在游戏互动中缓解焦虑。

建议家长平时可以通过“躲猫猫”游戏消除分离焦虑。孩子藏妈妈找，或妈妈藏孩子找，让孩子明白一个道理——父母只是暂时不在身边，但并不意味着消失，以此来平息幼儿的焦虑情绪。

4. 案例反思

分离焦虑可能发生在人生的每个阶段，但幼儿时期发生频率最高且程度最强烈，老师和家长需要通力合作，了解幼儿产生分离焦虑的表现和原因，以便更好地制订相应的解决措施，取得良好的调节效果。

（二）抑郁

【案例导入】

佳佳，一名上中班的4岁半小女孩，性格文静内向。由于父母工作较忙，平时一般都由奶奶带。近期奶奶由于身体状况不好，便回老家休养身体。一段时间后，佳佳的反应开始变得异常，例如情绪波动大，攻击性行为增多，对同伴较少理睬，极度依赖教师，等等。老师察觉到佳佳的变化，将情况告知了家长，让家长带佳佳到医院进行进一步诊断，诊断结果为幼儿抑郁障碍。（何柳怡，2015）

1. 问题现状

（1）抑郁情绪与抑郁症。

抑郁情绪是指低落的情绪状态，每个人都有，由具体的事情所引发，一段时间后会自行消退。如果长期难以缓解，严重者会发展成抑郁症，即抑郁障碍。

美国研究者的调查表明，抑郁症在儿童中的发生率为0.4%～2.5%，在青少年中这一比率可能上升至5%～10%。

（2）幼儿抑郁症的表现。

幼儿抑郁症的临床表现与成人有差异，通常会通过发怒、暴躁、异常依赖父母或者身体不适等引起家长的注意。（李响，2008）一般表现如下：

①情绪表现：自信心不足，自卑自责，对外部环境十分敏感，异常依赖父母或者老师；情绪持续性低沉，伤心流泪，易激惹，喜欢发脾气。

②行为表现：言语行动减少，思维缓慢；喜欢独处，不愿意和其他同伴一起玩，攻击性行为和违纪行为增加，且观点采择能力比较弱。

③身体症状：身体不舒服，常见肠胃等方面，如呕吐、厌食等；睡眠状况不好，失眠多噩梦等。

2. 案例分析

幼儿抑郁主要是因为外部环境的突发改变而引发的情绪疾病，具有突发性的特点。

（1）生理因素。

抑郁存在一定的生理学基础，主要与大脑5－羟色胺和去甲腺上肾素等神经递质含量的减少有关。抑郁也可能与遗传因素有关。研究表明，在原发性抑郁症中，其亲属患病率比较高。

（2）心理因素。

幼儿正处于心智发展的初级阶段，各方面不够成熟，问题解决能力弱，面对问题时难以较好地自我疏解，容易产生情绪方面的困扰。

（3）家庭因素。

生活中存在明显的心理应激事件，主要体现在家庭方面，如亲人丧失、父母离异、夫妻分居、父母关系不和等，生活中缺乏家庭温暖，受到过多的忽视、责备、惩罚、虐待，甚至是抛弃，导致不安全依恋的形成。（陈亦洋，2008）

3. 辅导措施

（1）提高认识科学预防。

引导家长提高对幼儿情绪状况的认知能力，如孩子经常表现出来的情绪是积极的还是消极的；其次，有意识地培养孩子对自己情绪状态的认识及合理表达。当出现抑郁情绪时，引导孩子合理表达自己的感受，并通过宣泄法、注意力转移等方法排解情绪，并且一同解决孩子当下遇到的问题。

（2）提供有效心理支持。

减少幼儿身边应激事件的发生，如保持家庭和睦，亲子关系和谐；对于幼儿遇到的困扰，如自信心不足、人际关系不和等，应当充分理解，给予孩子支持，协助帮忙解决；善于发掘孩子身上的优点和长处，增强幼儿的自信心。

（3）增加户外体育锻炼。

每天保持适当的户外运动、晒太阳等，有助于体内多巴胺和内啡肽等“快乐激素”的分泌，令人感到愉悦舒缓，抗抑郁药物也是根据这一原理来运作的，运动可以达到与药物治疗相似的效果。教师可以建议家长带孩子多出去晒晒太阳，活动活动。

4. 案例反思

因为幼儿的情绪仍然处于发展阶段，具有不稳定性和易冲动性，较青少年、成人的抑郁症更具隐蔽性，教师和家长往往比较难判断幼儿的情绪变化是否正常。但对于抑郁情绪的有效处理可以在一定程度上预防抑郁症。如果发现幼儿近期处于情绪低落的状态，可以及时给予关注和疏导，帮助孩子更合理地排解自己的情绪；如果幼儿长期处于比较反常的情绪低沉状态，则可向专业人士进行求助，科学诊治。

（三）恐惧

【案例导入】

天天，上中班的小男孩。每天早早到学校，非常热心地帮助老师同学，有什么事情总是勇敢地冲在前面，是同伴小朋友心中的大哥哥。但是，最近一两次的失败体验，如在同学面前出糗被嘲笑、玩游戏没有赢，使他开始变得垂头丧气，遇到一些小问题也不敢尝试而直接放弃了，表现出“输不起”的恐惧心理……（傅瑶，2020）

1. 问题现状

（1）定义。

恐惧感是指个体由于缺乏解决问题、摆脱可怕情境的能力，对情境产生的一种害怕的消极情绪体验。特别是婴幼儿时期，个体由于自身能力还比较弱小，对于外界的环境、事物等容易产生恐惧情绪。而如果婴幼儿长期处于过度的恐惧状态，对婴幼儿的身心健康会产生严重的影响。

（2）幼儿恐惧的内容。

主要包括对失败和批评的恐惧、对未知事物的恐惧、对动物和自然现象的恐惧、对危险和死亡的恐惧、对医疗方面的恐惧。（夏勇，1997）

有研究表明，4～6 岁的幼儿在面对失败和批评时的恐惧感最高，在面对动物与自然现象时的恐惧感最低。（李文娜，2019）恐惧现象会随着孩子年龄的增长而逐渐减少，恐惧的种类和性质也会随着幼儿年龄的增长而发生改变。

2. 案例分析

（1）发展特点。

幼儿的自我评价能力的发展还未成熟，还处在依从性评价阶段，对自我的认识容易受到他人评价的影响，而很难自己独立评价。在案例中，天天本身很优秀，但是一旦受到其他同学的评价，就觉得自己很糟糕，从而选择“逃避”问题。

（2）心理因素。

恐惧感与个人动机有一定的关系，比如一个人有着强烈的追求成功和回避失败的动机，凡事要追求完美，则很容易不敢轻易尝试。在案例中，天天一直都扮演着大哥哥的良好形象，得到其他人的赞扬也成了其认真做事的动机之一，所以当出现不好评价的时候，他就很容易为了避免失败而不敢再次尝试。

（3）家庭因素。

家庭教育方式与行为会影响到幼儿的恐惧感，如家长有时会用一些话来恐吓孩子、严厉惩罚孩子、经常吵架等都会造成幼儿的恐惧感；大人的评价标准也会影响幼儿对于失败等方面的恐惧，比如“望子成龙，望女成凤”、“第一名最优秀”等等的高要求对于孩子来说存在很大的压力，孩子一旦没达到，就会有巨大的失落感，甚至要面临责备。

3．辅导措施

（1）理解情绪，了解想法。

幼儿正处于自我认识发展阶段，比较片面、不客观，加之自身能力有限，容易对事物产生恐惧、焦虑等不良情绪，老师和家长应理解和包容孩子，和孩子一起探讨担心的具体内容和对象，再做针对性的引导。

（2）明确观念，增强弹性。

在平时的日常教育中，要引导孩子多方面合理看待自己，每个人都有自己的优点和缺点，并不一定处处都是最强的；当孩子犯错时，也不意味着他就是“差劲糟糕”的。家长应该跟孩子一起去看待问题，总结经验，肯定努力并且鼓励孩子积极尝试，树立正确的输赢观念。

（3）适当训练，合理归因。

教育学家维果茨基曾提出“最近发展区”的概念，意思是给孩子的任务不要过于容易或过于困难，需要孩子稍微努努力就能够得着的任务才比较有益。在成功或失败的归因方面，也要引导孩子看到自己的努力过程，而不是仅仅用“你真聪明”去表达，强调过程而非结果。

4．案例反思

恐惧感是每个正常儿童都会有的情绪体验，一些恐惧感也会随着年龄的增加而减少。对于孩子的恐惧感，重要的是家长要理解、接纳，引导孩子表达情绪，发掘原因，并从中帮助孩子更合理地看待问题和看待自己，帮助孩子一起克服困难，调整自己的恐惧情绪，对未来有更积极的认识。

三、人际问题的家庭辅导

（一）抗拒入园

【案例导入】

阳阳，一名初入幼儿园的男孩。在刚入园时，表现非常沮丧，紧紧抓住奶奶的手号啕大哭；在园时表现出过分依赖本班老师，总是要老师一直抱着或者牵着，否则就会焦躁不安；课后也不肯参加集体活动，拒绝和其他小朋友一起玩游戏，总是安静地坐在椅子上，很少讲话，无论老师和家长如何鼓励都没有很大起色……（杨力，2020）

1．问题现状

抗拒入园是很多幼儿在初入园时都会出现的一种情绪障碍。主要表现为负面情绪抗拒入园、过分依赖某固定对象、较少参加集体活动等。

有研究表明，除了幼儿自身方面、教师等方面的影响因素外，家庭方面也有着巨大影响。如家长的入园准备不充分（如环境不适应、自理能力弱等），家庭功能弱（如关系结构零散、家庭亲密度弱等），家庭教养方式不当（如溺爱、放任、专制等），以及家长的焦虑情绪会影响幼儿的入园适应。

2．案例分析

马斯洛认为，人们需要动力去实现某种需要，每个阶段不同的需要占据主导地位，当需要没有被满足时，容易产生恐惧、焦虑、抗拒的不良情绪。（见图 3－30）下面基于需要层次理论来分析孩子抗拒入园的原因。

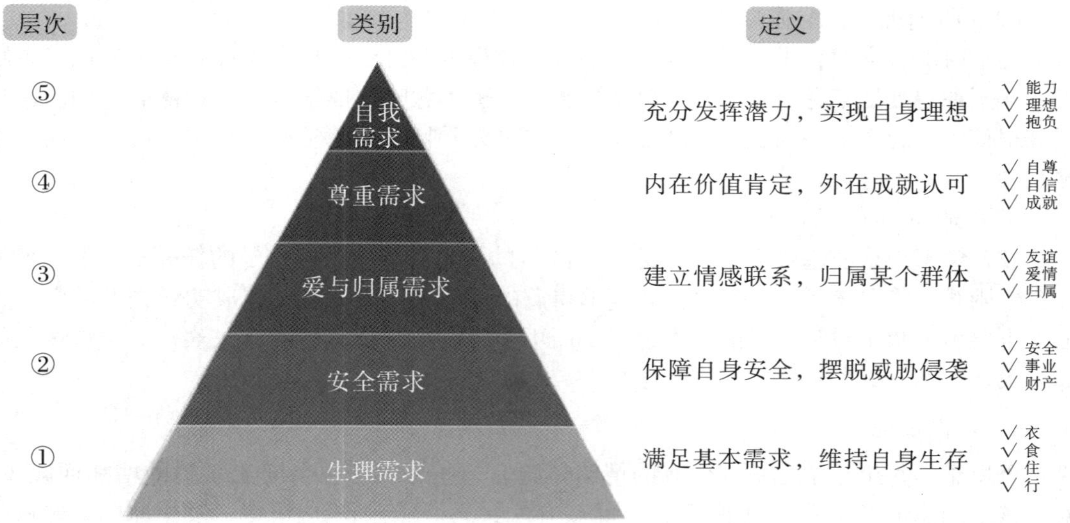

图 3－30　马斯洛的需要层次理论

（1）生活规律的变化影响生理需求。

变化主要体现在吃饭和睡觉的生活习惯上。在家时父母会根据孩子自身的习惯和规律进行照料并尽量满足孩子的需求，安排比较自由；而学校里更强调独立吃饭和按规定时间午休，很多孩子不适应，导致最基本的生理需要得不到满足。

（2）环境的改变影响安全需求。

宽松自由的家庭环境与充满生活规则的学校给孩子带来的体验感不同。前者令孩子的安全感比较容易得到满足，而在充满规则的环境里，孩子容易产生抗拒和恐慌心理。

（3）地位变化及社交能力的不足影响爱与归属需求。

在家中的中心地位与在学校的平等地位的落差，容易使孩子感到爱的缺失；加之要与外界的同伴相处，由于认知能力发展的局限，容易产生矛盾和摩擦，产生孤独、无助感。

（4）自信心的缺失影响尊重需求。

在学校孩子会碰到各种各样的问题，需要独立完成和解决，但由于能力有限，容易产生挫败感，以至于对活动失去信心，最终缺乏上学的热情。

（5）自主选择和解决能力的受限影响自我实现需求。

在学校需要参加集体活动，自主选择的兴趣活动很难被完全照顾到，因此有些孩子宁愿待在家里做自己想做的事情也不愿意去学校。

3. 辅导措施

（1）预入园亲子训练。

在孩子正式入园前3个月左右，建议家长和孩子共同到幼儿园参加趣味活动。在老师的指导下，双方逐渐熟悉幼儿园的环境、老师、行为准则、生活规律和活动准则等，以缓解幼儿对入园的抗拒。

（2）正向肯定上学的好处。

平时不要用上幼儿园、老师等恐吓孩子，而是多和孩子谈论幼儿园里有趣的事，引导孩子和家人分享班级里有趣的事，让孩子知道幼儿园是有趣好玩的、安全的地方，并对于孩子在学校的良好表现进行及时肯定。

（3）有意识地培养人际交往能力。

在日常生活中，多带孩子迈出家门，多接触陌生的同伴，鼓励认识新的朋友，与其他小孩一起玩耍，在互动中减轻与生人交往的恐惧；利用周末或假期约平时和孩子关系稍好的小朋友一起游玩，让孩子在幼儿园有好朋友，有一起玩的人。孩子能自如地融入群体时，能够增加自信和归属感。

4. 案例反思

孩子的入园适应是家长和老师尤为关注的问题，也是幼儿健康和谐发展的关键一步。陌生的环境、陌生的人都容易让孩子感到无所适从，我们要允许孩子有一个适应过程，家长不应过度焦虑，以防小孩的情绪更加波动。在入学前，家长要做好相应的准备，帮助孩子提早适应变化；当孩子哭闹不愿意上学时，更不能以指责、恐吓的方式强制小孩上学，而是要找到并适当满足孩子缺失的心理需求，做到及时鼓励和肯定，帮助孩子度过适应期。

（二）人际退缩

【案例导入】

果果，5岁，幼儿园大班，人际关系回避，在幼儿园喜欢自己一个人玩，即使老师同学耐心邀请也不积极参与班级活动，经常自己一个人乱逛乱跑；很少与人有眼神交流，经常发呆，注意力经常不集中，需老师多次提醒；有部分同学因此而排挤果果，但果果也没有任何的表现和反应。

（资料来源：https://zhuanlan.zhihu.com/p/34023550）

1. 问题现状

社会退缩行为是指当个体处在一个新的环境，面对新的人时产生的恐惧焦虑的状况，分为主动退缩、被动退缩和沉默寡言，见图3-31。具有社会退缩行为的幼儿更容易存在人际困扰，如不愿主动、拒绝或消极对待老师和同伴的互动，互动次数少且质量低等。社会退缩属于内化性行为问题，是幼儿发展的危险因素。如果幼儿长期处于交往的抑制状态，会影响到后期人际关系的发展甚至影响幼儿的身心健康成长。

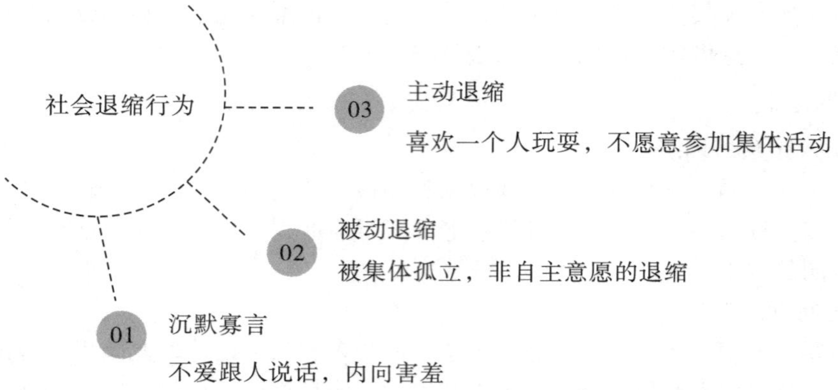

图3-31 社会退缩行为的三种类型

研究表明，对于社会退缩的幼儿而言，年龄越大，被动退缩和沉默寡言更为显著，而在主动退缩上无明显差异。这是因为沉默寡言所表现的低动机和回避动机具有一定的稳定性，幼儿的行为模式会随着时间的延长而得到强化，而被动退缩的幼儿因为环境的影响，容易产生习得性无助。(黄静，2013)

2. 案例分析

(1) 生理特点。

社会退缩行为受到生理指标的影响，与右脑额叶、心率及迷走神经节律等密切相关。当婴儿期出现右脑额叶不对称、高心率以及迷走神经节律低等情况，幼儿更易出现抑制性行为和气质性恐惧。

(2) 心理特点。

抑制性气质的幼儿首先在人际上表现得更加拘谨、内向。幼儿缺乏一定的社交策略，自我评价消极，观点采纳能力弱，且人际交往归因不当，会形成不自信、低自尊等情况。

(3) 家庭因素。

父母的教养观念以及亲子依恋依赖会影响到幼儿的退缩行为。当父母过度保护或过度控制孩子时，幼儿常常会养成依赖的性格，难以适应环境、独立解决问题。幼儿的成长本身需要一个温暖的家庭环境，父母如果经常给予幼儿负面评价，会使幼儿对人际产生不安全感，也会加重幼儿的退缩行为。

3. 辅导措施

（1）树立正确的幼儿观念。

幼儿是独立的个体，家长要善于与幼儿交朋友，以平等、尊重、信任的态度与幼儿沟通，要鼓励孩子表达自己的想法，并学会听取幼儿的想法和意见，而非采取高压政策。当幼儿与父母能够建立起有效沟通时，幼儿才敢慢慢地尝试与其他人交往。

（2）树立起模范带头作用。

幼儿的社会人际交往是通过观察和模仿发展起来的，而父母是孩子的第一任老师，父母平时与家庭成员、邻居和同事等人的相处方式影响着幼儿对人际关系的认知。父母应注意自己的言行举止，提供温馨的家庭环境、生活工作环境，让孩子在潜移默化中养成积极乐观的人际交往品质。

（3）科学指导人际交往问题。

在幼儿刚刚开始与他人互动时，父母要更加关注自己的孩子，宽容接受孩子出现的退缩行为，而不过度指责、批评；积极创造人际交往的机会，引导孩子与其他同伴友善交往、分享等，对其积极交往的行为进行表扬，让幼儿感受到温暖与爱。

4. 案例反思

当孩子步入幼儿园时，已经开始尝试与集体相处，这一时期是孩子发展社会能力的关键阶段。但幼儿常常容易受到个人、家庭与环境的影响而出现人际退缩现象。父母发现这一现象时，不用过度紧张，但也要予以足够的重视，积极创造条件和机会培养孩子的人际交往能力，帮助孩子适应集体生活。

四、不良习惯的家庭辅导

（一）咬手、咬指甲

【案例导入】

华华，一名正在上幼儿园的5岁男孩，从小就有爱咬手指的习惯，还经常咬到流血。医生经过检查，发现华华的身体状况并无异常。为了改善这一行为，父母经常将华华的指甲剪得干干净净，也尝试过涂苦药水在他的指头上，时常用指责、命令的方式强行制止，在开始的一两天还能起到一些效果，但过了一段时间后，华华又照咬不误，让父母很是发愁……

1. 问题现状

啃手指、咬指甲这类行为在幼儿当中很常见，严重者被称作为刻板性运动障碍，多发生于3～7岁。（黄忠秀，2007）随着时间的推移，有些孩子能自行好转，有些则持续到青少年甚至成年。

咬手指存在很多不良影响，比如容易带入细菌，导致孩子出现寄生虫病、肠胃炎等疾病；长期啃指甲也会导致指甲畸形，较难恢复，影响美观；而啃指甲一定程度上也反映了焦虑等不良心理情绪，是一种强迫性行为，如不及时改正，易影响心理健康。为此，家长也采取了很多措施来纠正孩子的不良行为，但有时又收效甚微。

2. 案例分析

（1）发展特点。

精神分析学家弗洛伊德认为，婴儿出生至18个月为口腔期，在这一阶段，婴儿会专注嘴里的东西，拿到什么东西就咬，通过嘴来感受和认知外界事物。因为婴儿的大脑尚未发育完全，手指就是离婴儿最近的“外界事物”，婴儿会通过吮吸、玩弄等方式来和世界对话，满足最原始的探索世界的心理需要，这是一种正常现象。但如像华华到了3岁以后，仍经常出现咬手指的习惯，且程度有点重，则需关注。

（2）生理因素。

研究表明，当孩子体内缺乏锌、钙等微量元素，或者肚子里可能有蛲虫时，会扰乱身体内环境的平衡，久而久之，孩子可能在情绪和感受上发生变化，不自觉地产生咬手指的行为习惯。而当体内被破坏的平衡恢复后，一些异常行为也会得以改善。

（3）心理因素。

除了生理因素外，心理因素也起到很大的作用。孩子紧张焦虑、失落无助时会产生极大的不安全感，而幼儿常常通过咬手指等最原始的方式来转移对负性情绪的关注，以起到缓解焦虑、释放压力的作用，获得最原始的安全感。若幼儿的不良情绪长期没有得到适当处理，咬手指行为就发展成一种习惯。

（4）家庭因素。

首先，幼儿咬指甲行为首先与家庭环境密切相关，如父母儿时存在爱咬指甲的行为、父母关系不和睦、父母长期不在身边等因素会增长幼儿咬指甲的发生率；其次，家长对孩子咬指甲行为的认识不足，没有关注到咬手指可能是身体因素、情绪因素等引发的不良行为，较少给予关心和重视；最后，父母的应对方式不当也会加重孩子的咬手指行为，如一味地批评指责会使孩子产生紧张、焦虑的情绪，成为继发性精神刺激因素。（黄忠秀，2007）

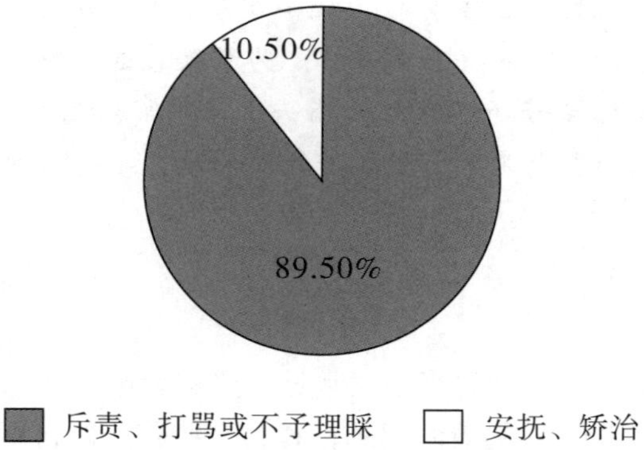

图3－32　父母针对幼儿咬指甲的应对方式

3. 辅导措施

（1）科学认识，合理应对。

咬手指是每个婴幼儿都会出现的正常行为，不用过于慌张，但也不能忽视。先辨别孩子咬手指的严重程度，通过医学检测、心理咨询等方式了解原因和寻求帮助，再对症下药。

（2）减少负强化，增加正强化。

一旦发现孩子出现咬手指的情况，家长通常会下意识地用指责、威胁、批评和惩罚等方法来纠正孩子，实际上，这容易让孩子变得更紧张或逆反，反而负面强化了孩子咬手指的行为。在纠正孩子的行为时，可以用轻松生动的语言教育孩子，比如"手指宝宝不喜欢别人咬它，它会疼的！"等；也可以减少对孩子咬手指的关注，而对于其不咬手指进行及时的肯定和奖励，正面强化孩子的优良习惯。

（3）关注情绪，营造安全感。

家庭氛围与孩子的情绪行为关系密切。在日常生活中，温馨舒适的氛围很重要，能够大大提高孩子的安全感；在关注到孩子有情绪时，应多给予一些陪伴、拥抱和抚摸等，允许孩子表达自己的想法和见解，引导孩子合理发泄生气、失落、不满等不良情绪。

（4）转移注意力。

用一些孩子喜欢的活动转移咬手指的注意力，在日常生活中记录下孩子能够放松、忘记咬手指的场景，然后在这些场景中做一些延伸。例如教孩子画画或做手工，让两只小手不空闲。

4. 案例反思

咬手、咬指甲等是孩子探索世界的原始方式，也可能受某种生理、心理因素的影响，重在对症下药。家庭因素也起到重要的作用，避免用简单粗暴的方式应对，以免加重或者转换形成其他不良习惯。

如果家长在各方面都做了很多努力，但孩子咬手指的程度仍未改善的话，建议寻求相关的精神卫生或心理机构的帮助，让专业的心理工作者和家长一起来梳理目前可能存在的问题并讨论相应的干预措施，帮孩子养成良好的行为习惯。

（二）口吃

【案例导入】

畅畅，一名正在上中班的小男生。读小班时畅畅部分字词发音咬字不清，但总体上语言表达还是比较流畅的，还没有出现口吃这一现象。然而，有一两次畅畅在课堂上发言时总是张大嘴巴"啊啊"，但实际上什么也没说出来，受到了小朋友们的嘲笑，于是他开始频繁紧张懊恼，现在经常性地口吃，连完整地说一句话都很困难，这让老师和家长都很着急……（何红艳，2019）

1. 问题现状

口吃，俗称结巴、磕巴，是一种常见的言语障碍，表现为说话不流畅，经常伴随言语中断、重复、拖长打断，也包括语塞，如言语前的反常犹豫或停顿和某些语音的拖长等。

口吃最早出现在两三岁，3～5 岁时会比较常见。研究发现，男童口吃的概率要大于女童。在幼儿当中，男女童口吃比例为 2∶1；到 11～12 岁时，男女口吃比例增大到 4∶1。老师和家长在发现幼儿有口吃症状后，应带小孩找语言治疗医师进行诊治。

2. 案例分析

（1）发展特点。

幼儿的语言功能发展尚未成熟，掌握的词汇量非常有限，且组织语言的能力还不够好，口语表达能力欠佳；幼儿的思维发展、词汇增长、表达能力的发展还不平衡，难以同步，常常会出现想表达但表达不出来的情况；幼儿很容易有模仿行为，当身边的人有口吃现象时，很容易因为“有趣”而进行模仿，从而养成不良习惯。

（2）生理因素。

语言神经中枢发育不良或神经生理异常，也会影响到幼儿的语言表达能力；有学者提出口吃也可能和遗传因素有一定关系，但需要进一步验证。

（3）心理因素。

当面临压力时，精神紧张、焦虑、应激等精神因素也会引起口吃，如环境的压力、父母的要求、同班同学的嘲笑都有可能诱发甚至加重口吃。

（4）家庭因素。

父母的情绪状态非常重要，当小孩有口吃倾向时，如果父母过于着急纠正，甚至严厉批评，则会增加孩子的恐惧和焦虑感，加重口吃现象。此外，有些家长过于着急，经常帮助孩子表达，剥夺了孩子的表达机会，也会加重口吃现象。

3. 辅导措施

（1）减少紧张焦虑的不良情绪。

在与孩子对话的过程中，应保持轻松、平和的态度，营造宽松的氛围，对于孩子的口吃不要过分关注，指责纠正，而是顺其自然，耐心倾听引导。没有过多压力时，孩子才能轻松自在地表达。

（2）有意识地进行语言训练。

做好小孩的榜样，在平时的交流过程中，家长也要注意自己的语言表达；鼓励孩子表达，在其表达不流畅时，不随意打断幼儿的讲话，也不急切告诉幼儿答案，而是告诉孩子“别着急，慢慢想，慢慢说”；通过多种形式锻炼孩子的言语表达，如练习朗诵、学唱歌、讲故事等，由易到难，慢慢调整。

（3）培养孩子的自信心。

口吃的孩子往往会担心被人笑话而不敢轻易开口，一开口则更加紧张。所以平时可以鼓励孩子面向父母，看着父母的眼睛表达；也可以带孩子参加一些文体活动，与不同的人接触；当孩子表达流畅时，及时加以肯定和鼓励，树立孩子的自信心。

4. 案例反思

口吃现象在幼儿中比较常见，有些会随着年龄的增长而有所缓解，但也需要家长、老师、孩子的共同努力，慢慢调整和治愈，重在以平和包容的心态对待孩子，科学引导；如果长期难以缓解，建议到医院检查是否有生理、神经方面的问题，及时进行矫治。

（三）厌食偏食

【案例导入】

滔滔，一名上小班的小男孩，父母比较宠爱孩子，基本上什么要求都会满足。滔滔从小吃饭很挑食，在家里这个菜不吃，那个菜也不吃，每次吃饭家长连哄带骗，但孩子总是讨价还价，又吵又闹。他现在在幼儿园也同样厌食偏食，这让家长很担心，甚至提出让滔滔不在学校吃饭……（蔡裕华，1987）

1. 问题现状

偏食、厌食现象在 2 ~ 3 岁孩子中很常见，大部分幼儿不会独立就餐，需要父母哄、喂，同时很爱挑食。幼儿的饮食行为与营养摄入有着紧密的联系，长期的偏食厌食容易导致身体营养的不足，影响孩子正常的生长发育和身体健康，这也让家长十分头疼。

2. 案例分析

（1）生理因素。

微量元素影响厌食偏食。营养学家认为，幼儿体内缺锌会导致幼儿味觉减退，出现厌食现象，而厌食又加重锌的缺乏，两者互相影响。（段湘雁，1998）调查显示，小儿时期缺锌现象较为普遍，从婴儿到少年都有发生，5 岁以下居多，占 65. 83%；寄生虫感染也可能引起幼儿的偏食厌食现象。

（2）家庭因素。

父母的偏爱、不良喂养行为会影响孩子不良饮食习惯的形成。（卓子欣，2021）如过于强制孩子吃某种食物容易造成孩子挑食状况，经常训斥、催促、乞求孩子进食会影响到孩子主动进食能力，平时过多满足幼儿吃零食的欲望容易导致幼儿不能好好吃饭。

（3）心理因素。

幼儿也会受“不好吃”“害怕吃”等心理的影响而导致厌食偏食；同时，对父母行为态度的不满也可能会形成一种饮食上的反抗心理。

3. 辅导措施

（1）排除病理性因素。

首先，家长应排除幼儿是否受微量元素、寄生虫感染或消化不良等影响而出现偏食厌食的现象，再对症下药，进行身体的调试。在护理上，可以多带孩子参加户外活动，适当运动有助于增强体质，增强食欲。

（2）适当采用“饥饿疗法”。

有时孩子的厌食偏食也会受到食物供给丰富、终日吃不停的影响，导致幼儿到了吃饭时间毫无饥饿感。所以，家长要控制幼儿吃零食的习惯，少提供或不提供孩子偏吃的零食，让孩子认真地去吃一日三餐。当孩子厌食挑食时，不要担心孩子饿着而给他吃一些零食。他不想吃饭就什么都不给他吃，让他饿着，用不着多久，孩子就会“饥不择食”。适当训练孩子就会使其逐渐克服厌食和偏食的习惯。

（3）引导孩子尝试不同食物。

家长平时注意食物的烹饪方式，可以尝试改变吃法，激起孩子的好奇心，增强孩子的食欲；有时幼儿也会有“不好吃”“怕吃”的心理而不想吃东西，如果孩子暂时不喜欢吃某种食物时，家长也不要强迫喂食，以免引起宝宝的反感，做到慢慢引导。

4．案例反思

为了孩子的身心健康发育，父母可以通过改善饮食结构、调整喂养方式等方式纠正孩子偏食挑食的不良习惯，遵循饮食多样化、荤素搭配、粗细结合、酸碱平衡等合理饮食的原则。

（四）睡眠问题

【案例导入】

雯雯，每到晚上都不愿意睡觉，需要哄上好长的时间；但等到好不容易哄上床，准备要入睡了，又开始各种闹腾；刚入睡没多久，父母一旦走开，又开始哭闹……

（资料来源：http://blog.sina.com.cn/s/blog_518dece00101v0u3.html）

1．问题现状

（1）儿童睡眠。

儿童睡眠是指儿童的睡眠时间和睡眠质量。睡眠的好坏会直接影响人的身心健康，尤其对幼儿而言。良好的睡眠有利于机体各器官得到充分的休息，促进大脑的发育，能使人精神饱满。

（2）睡眠的时长。

各年龄阶段所需睡眠的长短有所不同，新生儿一般每天要睡 14～17 个小时，1～2 岁的幼儿每天睡 12～14 个小时，3～5 岁时每天的睡眠时间为 11～13 个小时，6～12 岁的儿童建议每天保证 9～12 个小时的睡眠。

（3）睡眠问题的主要表现。

研究表明，我国儿童睡眠现状不容乐观，睡眠问题发生率较高。（刘文利，2021）儿童睡眠障碍一般发生在 2～12 岁儿童身上，主要表现为以下三种形式。

①睡眠不安和入睡困难。多见于婴幼儿，睡觉时经常翻动身体、无故哭闹、磨牙等；甚至有一些迟迟不能入睡、浅睡或者早醒。

②夜惊。常见于 2～5 岁幼儿，一般表现为入睡半小时后突然惊叫、哭闹、手足乱动等，醒后完全遗忘。随着年龄的增长，夜惊会自行消失。

③梦游。主要表现为入睡后突然坐起、意识不清、徘徊走路或做自己的事情，但是不易唤醒，大约数分钟后又可安静入睡。

2．案例分析

（1）生理因素。

幼儿睡眠障碍主要跟基因的异常有关，身体上的不适也会影响幼儿的睡眠质量。

（2）环境因素。

环境嘈杂，干扰因素大。如家长的睡眠习惯也会影响孩子的睡眠时间，比如家长习惯在睡前玩手机、打游戏或者看电视，会影响幼儿的入睡；或者如果家庭关系不和谐，父母经常吵架，也会造成幼儿的不安全感，引发睡眠问题。

（3）行为因素。

不良行为习惯的养成，如睡前看电视、玩手机等，容易使幼儿的大脑兴奋，且延迟褪黑素的分泌，扰乱人体正常的生物钟，影响幼儿的正常入睡。

3．辅导措施

（1）提高幼儿睡眠的认识。

了解不同年龄阶段幼儿所需的睡眠时间及可能存在的问题，提高对幼儿睡眠的重视，保障幼儿的睡眠时长及质量。

（2）营造舒适温馨的环境。

家庭环境应和谐有爱，不宜争吵吵闹；卧室应保持安静舒适的环境，如夜间温度及湿度适宜，且不受光和声音的干扰。

（3）养成良好的睡眠习惯。

无论是平时上学还是节假日，都要规范作息时间，固定就寝时间和起床时间；睡前不使用电子产品、不过多运动；睡前安排几项固定活动，如洗漱、如厕、讲故事等，让幼儿养成入睡前的好习惯。

4．案例反思

睡眠对于儿童的身心健康来说十分重要，家长应有意识地在幼儿小时候就培养其良好的睡眠习惯，保障幼儿的睡眠时长和质量。如发现幼儿夜间时常有失眠、夜惊或梦游等情况，建议家长及时带幼儿去医院咨询，保障幼儿的睡眠质量。

（五）卫生习惯不良

【案例导入】

锴锴，6 岁，大班生。平时人很聪明可爱，深受教师和同学的喜欢。可是，有一件事却让父母很头疼，那就是锴锴的卫生习惯很差，如每天早上，他很少会主动去洗脸和刷牙，经常要爸爸妈妈催着，才敷衍地刷几下，有时甚至不刷牙；睡觉前也没有洗漱的习惯，即使几经纠正也没什么改善……（梁丽玲，2015）

1．问题现状

（1）定义。

根据《3—6 岁儿童学习与发展指南》的具体要求，幼儿健康领域的卫生意识是由用餐、如厕、洗漱、作息等方面构成的一个系统概念。

（2）具体表现。

①如厕意识。如缺乏如厕技巧等。

②洗漱意识。洗漱意识能够直接体现到幼儿卫生意识的高低。如饭前便后是否会主动

洗手；睡前早起后是否会主动刷牙洗脸；是否会洗澡；吃水果前是否会主动清洗；等等。

③其他。如是否经常咬指甲、抠鼻子；是否会主动收拾东西、清理垃圾等。

2. 案例分析

（1）发展特点。

幼儿由于身心正处于发展阶段，各方面能力如独立生活能力、动手能力等差，自律意识薄弱，卫生习惯的观念不强。

（2）家庭因素。

父母自身的卫生观念和行为对孩子有潜移默化的影响；对于孩子的不良行为是否有及时正确的引导也很重要。

3. 辅导措施

（1）言传身教，强化意识。

在日常生活中，如果父母的言行举止不当，也会间接影响到孩子的习惯养成。平时父母也要注意卫生问题，同时多讲讲生活卫生小常识，形成恰当的引导，帮助幼儿树立讲卫生的意识。如饭前饭后带孩子一起洗手；垃圾要及时扔进垃圾桶等。

（2）鼓励表扬，正面引导。

对孩子的积极表现进行及时的肯定和表扬，对良好的卫生行为表现进行正强化。如孩子在吃饭前认真洗手、饭后擦干净嘴巴、主动收拾自己的玩具等等，家长可以给予大大的肯定，如温暖的拥抱或者一些小奖励等等。当孩子受到鼓励和肯定，会更加有自信，也更喜欢做这些事情，从而慢慢养成良好卫生习惯。

4. 案例反思

培养幼儿良好的卫生习惯是幼儿养成教育中非常重要的部分，但良好习惯的养成对于幼儿来说也是一个需要不断巩固和提高的过程，老师和家长需要有一定的耐心和恒心，帮助幼儿养成良好的卫生习惯。

（六）乱扔东西

【案例导入】

5岁的乔乔在幼儿园总是喜欢故意往地板上或其他地方乱扔东西，一会儿推翻一个堆积的游戏积木，一会儿又把一个个积木往地毯上乱扔，整个过程还时不时地发出笑声，但无论老师如何提醒，乔乔点头答应后又变回老样子……

（资料来源：http://www.buhaowan.com/jiaoan/peixun/2013-07-07/1129.html）

1. 问题现状

老师或家长经常会看到一个这样的场景：收拾好的东西经常被孩子扔得到处都是，地上、床上、桌上，到处都是散落的玩具或者其他物品，东一块西一块，显得十分凌乱……几乎每个小孩都喜欢乱扔东西，而且还未形成收拾的习惯，大人总把这看成是行为问题而想尽快纠正过来，但总会发现效果并不是很好。

2. 案例分析

（1）发展特点。

婴儿在 6 ~ 8 个月大时，开始具备足够的抓握和投掷能力，这让婴儿非常有成就感，并不断地扔自己够得着的东西，以测试自己的新技能和新本领，来获得自我肯定和满足感。

（2）心理需求。

2 岁左右的孩子自我意识开始觉醒，进入到人生的第一个叛逆期。在这一阶段，由于还不能用语言准确表达自己内心强烈的欲望，为了寻求父母的关注，幼儿可能会选择用扔东西来发泄自己的情绪，有时甚至会出现攻击性的扔东西行为。比如孩子愤怒时，把玩具扔在父母或者别的小朋友身上。

（3）亲子关系。

最初，在小孩眼里，当他们一扔东西，父母就会立马捡起来，这会被认为是一种亲子游戏或亲子互动的方式，幼儿会变得乐此不疲。由此可知，亲子互动在小孩眼里非常重要，但是父母的态度及如何引导也至关重要。

3. 辅导措施

（1）替换投掷类东西。

当孩子扔不适宜的东西时，比如饭碗，可以告诉孩子，“饭碗是用来吃饭的，而不是用来扔的”，并把碗拿走，再提供一些可以扔的替代品，比如球等，甚至父母可以和孩子一起玩以提高互动性，孩子也可以获得乐趣。

（2）及时纠正错误行为。

有些小孩扔东西是为了发泄不满，此时家长应该及时制止，理解孩子的情绪，如“我知道你现在很生气”，并明确告知孩子“但这样做是不对的，如果别人这样对你，你也会不舒服的对吧”来指出孩子的错误。如果孩子此时难以摆脱愤怒情绪，可以适当脱离当下场景，转移孩子的注意力，也可以适当对不当行为进行惩罚。

（3）养成收纳整理的习惯。

在小孩玩完后，建议家长带孩子一起整理玩具。可以手把手教孩子如何把物品归回原位；当孩子主动收拾的时候也要及时进行表扬和鼓励；可以把整理收纳当成一个小游戏，如“很晚啦，小熊也要回家睡觉啦，我们一起把小熊送回家吧”，或者“看我们俩谁能快速把球放回原位”等鼓励孩子自觉收纳物品。

4. 案例反思

家长经常会为孩子乱扔东西却不爱收拾的行为而感到头疼，实际上这一“行为问题”更多地体现了孩子的心理需要。我们应该从孩子的渴望和需要出发，去理解孩子的行为，适当包容和正确引导，帮助孩子度过“热衷于探索”这一特殊时期。

第四节　幼儿心理问题家庭辅导实操

一、幼儿教师的规范性操作方案

幼儿教师可以通过以下操作方案，指导家长对幼儿进行家庭辅导，一方面增进家长与幼儿之间的良性互动，另一方面帮助幼儿在入园时分离焦虑和不良习惯的纠正、专注力的训练等方面有所改进。

（一）入园时分离焦虑的家庭辅导方案设计

每年 9 月份幼儿园小班开园，总会看到这样的现象：新来的幼儿，有的放声哭喊，泪眼婆娑，紧紧拉着爸爸妈妈的手，不愿他们离开；或者入园后不停地哭闹；或沉默少语，不参与活动……对于幼儿来说，幼儿园是他们第一次与重要照顾者分离，并以独立的个体面对新的陌生群体、陌生环境，而体验到焦虑、不安，或不愉快的地方，因此在幼儿时期，分离焦虑是一种正常的情绪。

分离焦虑基本是负面情绪，如果幼儿长期处于分离焦虑中，对其身心发展会产生不利影响。对幼儿教师而言，也会影响其工作。那么，怎样才能减轻幼儿因分离所带来的焦虑情绪并且帮助幼儿顺利地度过分离焦虑期呢？

实验研究表明，对参加预入园活动的幼儿及家长进行为期 3 个月、总计约 23 小时的亲子训练可缓解幼儿的入园焦虑。（王巧婧，2010）周黛杰通过对比研究，发现分批式和阶梯式入园方式比传统入园方式能更好地缓解新生入园焦虑。（曹靖，2013）将预入园亲子活动和梯度式入园方式结合的应用可以更有效缓解幼儿入园焦虑。

1．预入园活动方案

（1）预入园活动目的。

通过一系列预入园活动帮助幼儿熟悉园区环境及人员，与环境逐渐建立联结，找到归属感；帮助幼儿了解上幼儿园这件事的意义，缓解焦虑；培养规则意识、锻炼基本生活技能，以帮助幼儿更好地适应幼儿园生活。

（2）预入园活动时间。

在正式入园前 15 周开始（约 3 个月），活动时间为每周五 15：00—17：00；或安排在每周六、周日 8：00—10：00。总时长约 25 小时。

（3）预入园活动地点。

幼儿学园。包括室外活动场地，如操场；以及室内训练场地，如活动室、玩具房、休息室、卫生间等。其中，室内活动场所安排应尽量与幼儿入园后将被安排的教室格局保持一致，以减轻幼儿适应新环境的难度。

（4）人员安排。

家庭：每次上课由一名幼儿的主要抚养者（父母或祖父母）带领幼儿参加。

学校：每班安排三名教师，包括一名主课教师，承担主要教学任务；一名配课教师，在活动中对家长和幼儿的表现进行鼓励和指导；一名保育教师，负责照顾幼儿饮食、如

厕。每班有一名教师是幼儿入园后的带班教师。（王巧婧，2010）

（5）预入园活动计划。

①活动前家访：第一，带上一份家长告知书，包含园所简介、幼儿入园注意事项等。第二，通过家访记录表，了解幼儿基本情况、家庭教育理念及家长状态等相关信息。例如，了解孩子个人身体健康状况，有无过敏史，自理能力（吃饭、睡觉、上厕所等），最爱玩的玩具等；幼儿主要抚养人；家长心理状态等。一方面可了解幼儿家庭入园准备情况；另一方面通过对幼儿入园可能不适的表现进行应对方法指导，解答家长疑惑，建立家长的信任感。第三，与幼儿初步建立关系。例如，家访时教师可戴上幼儿的小标记图，告诉他幼儿园里也有和他一样的小动物标记在等着他，和他一起游戏，激发幼儿到幼儿园的兴趣。（史文敬，赵静，2006）

②预入园前家长会：由本班班主任主持召开本班新生家长会，告知家长以下内容：a. 学校环境、场地、设施介绍。b. 班级师资情况介绍。c. 幼儿园预入园活动安排表，让家长了解活动目的、步骤、方法，取得家长的配合。d. 正式开学一日时间安排表，如尽量培养幼儿午睡的习惯、如何调整作息时间与幼儿园保持一致等（可制定相应的表格督促家长执行并记录，便于家长操作）。e. 在家庭中如何培养幼儿的自理能力、交往能力，如指导幼儿收拾玩具、独立洗手、上厕所、多与家庭成员以外的人交往等。

③第 1 ~2 周：熟悉环境。班级老师接待本班幼儿，向幼儿亲切问好，带领家长及幼儿熟悉幼儿园外部环境，由一名家长陪同幼儿在室内外玩具区、活动区自由活动。

④第 3 ~4 周：熟悉人员。由老师带领幼儿（家长陪同）进行活动，如在家长的帮助下自我介绍、老鹰捉小鸡、组织观看小朋友们做体操等。在活动过程中，教师可对幼儿多一些肢体接触，如更多地摸一摸幼儿的脑袋、拉一拉幼儿的手、抱抱亲亲幼儿，使幼儿感受到如母亲般的爱抚，从而促进亲密的师幼关系的形成。（佘翠花，2006）

⑤第 5 ~7 周：锻炼基本生活技能。教师通过儿歌、绘本故事、舞蹈等培养幼儿常规意识，如能够自我服务，自己穿、脱衣服，自己吃饭，自己如厕；能够向成人提出自己的需求，如要求喝水，请老师帮助更换衣服等。

⑥第 8 ~10 周：培养幼儿的规则意识。教师组织一系列亲子活动，幼儿和家长在积极参与、享受快乐的同时，愿意在老师的引导下遵守规则来完成活动。例如，在六一儿童节时邀请新生家庭参加六一联欢会，让幼儿感受园所大型集体活动的氛围，并参与活动，激发幼儿对幼儿园的向往之情。（曹靖，2013）

⑦第 11 ~15 周：融入园区。前两周教师带领幼儿参加户外集体活动，家长在旁边观看不参与活动，或者尝试离开幼儿视线，在约定好的时间内出现。目的是使幼儿逐渐脱离家长，逐渐拉近教师和幼儿的距离，使双方关系更融洽。（郁翠微，2020）游戏过程中，由于玩具对幼儿的共同吸引，可以诱发幼儿间的相互交往并增加幼儿交往的频率。

最后三周进行幼儿跟班活动。将预入园幼儿分期分批插入中班和小班，体验幼儿半日活动。（曹靖，2013）在以上活动中，教师应及时对幼儿的进步予以肯定反馈，以强化该行为，如可以口头表扬、奖励小星星或小红花等。

2. 梯度入园方案

(1) 第一周：半天制上学（不包含午餐）。

幼儿刚来到幼儿园，家长离开后，部分幼儿出现分离焦虑的表现，此时教师用事先准备好的玩具、图书等幼儿感兴趣的物品以及一些有趣的游戏活动等来吸引他们，转移他们的注意力，缓解他们的压力体验，稳定入园情绪。教师也可用讲道理的方式告知幼儿：家长去工作了，但是再过3个小时就会来接你回家。

林贤君和饶淑园（2021）在《以绘本为载体缓解幼儿入园分离焦虑的探索》中发现，阅读绘本故事可缓解幼儿焦虑情绪，教师可以带领全班幼儿学习，或者在阅读角投入大量的抗分离焦虑绘本，让幼儿进行自主阅读。此阶段以依恋绘本为主，使幼儿依恋对象与幼儿园产生更多的联结，促进幼儿在园安全感的建立。

表3-5 幼儿分离焦虑绘本干预参考书目（林贤君，饶淑园，2021）

绘本类型	具体书目举例
依恋	《魔法亲亲》《一口袋的吻》《妈妈一定来接你》《妈妈上幼儿园》《小猫头鹰》《我想念你》
环境	《幼儿园的一天》《汤姆上幼儿园》《12天爱上幼儿园》《小魔怪去上学》
建立新的人际关系	《幼儿园里我不哭》《学会拥抱》《我想和你交朋友》《我的老师是怪兽》
积极情绪的激发	《幼儿园里我最棒》《我爱幼儿园》
其他种类绘本	《不，不行》《阿文的小毯子》《我好担心》

(2) 第二周：半天制上学（包含午餐）。

有很多刚入园幼儿在中午吃饭、午休等特殊时段也非常容易出现情绪波动，因此在半日入园的基础上增加午餐时间，午餐后由家长接走，在熟悉环境、教师和同伴的基础上，幼儿园利用一周的时间来帮助幼儿适应在园吃午餐的问题。

(3) 第三周：半天制上学（包含午餐+午睡）。

在半日入园加午餐的基础上增加午睡环节，午睡过后由家长接走。在前两周的基础上，幼儿园利用一周的时间来帮助幼儿适应在园午睡的问题。睡前教师可通过言语，或者绘本故事等强化幼儿“妈妈马上会来接我”的想法，取得幼儿配合午休。

此外，教师在正常教学活动时，可在活动室多开展一些丰富多彩的文化活动，例如歌唱比赛、我是故事王、美丽的彩虹、小小运动员等各类不同游戏，借此分散幼儿对分离焦虑情绪的关注，培养幼儿对幼儿园生活的兴趣。（魏中杰，2016）

(4) 第四周：全日制上学。

在前三周的梯度入园适应周后，大部分幼儿能习惯且期待去幼儿园，适应良好。

通过预入园活动以及梯度入园模式，幼儿逐渐走出家庭，在家人的陪伴下稳步接触社会。因此，家长和教师要使幼儿在尽可能充分的心理安全氛围下探索外部世界，帮助其做好成长第一步。

（二）矫正不良习惯的家庭辅导方案设计

幼儿的良好习惯对于幼儿的成长以及今后的发展都至关重要。良好习惯的培养除了幼儿园，更离不开家长的配合。“5+2=0”充分体现了幼师的担心和无奈，即孩子5天在幼儿园养成的好习惯，周末2天时间就足以轻易摧毁，需要从头再来。3~6岁幼儿的不良行为习惯主要有偏食、不按时作息、挖鼻孔、咬指甲、打断谈话和具有攻击性行为等。（朱婷婷，2017）

1. 与家长沟通幼儿存在的不良习惯

目的是帮助老师和家长相互分享幼儿动态，共同找出问题存在的原因，进一步确定问题解决方案。沟通方式包括：

（1）家长接幼儿放学时单独沟通。

例如，“圆圆妈妈，圆圆午睡一直都很好，躺下很快就能睡着了，也不和其他小朋友打闹，但是最近两周她睡得没有以前那么好了，下午做游戏也没什么精神，这样圆圆休息和玩耍都没好，老师很想帮圆圆调整一下状态。我这边观察到的情况是这样，您那边有什么发现吗?”老师通过语言表达对孩子的肯定，并告知家长老师的目的是更好地帮助孩子，减少家长的戒备心理，使其积极与老师合作。

（2）通过家长会，与有同一不良行为问题的家长统一沟通。

沟通思路如上，不同的是，这种方式还能够减轻家长的部分不安全感——不是只有我家孩子才有这个问题。家长之间相互沟通，群策群力，或许能够帮助彼此获得一些解决问题的思路。

在此也要提醒幼儿家长，应和幼儿站在一边，共同解决问题，而非责骂幼儿。

2. 引导家长调整育儿理念

一部分家长认为，幼儿的教育就应该全权交给学校，幼儿在家时不用注意延续其好习惯的培养；有的家长对老师反映的问题不重视；还有些家庭的家长间教养态度不一致，让幼儿的不良习惯没有得到及时矫正。矫正幼儿教育理念可以通过以下方式。

（1）邀请有相关丰富经验的家长分享。

家长之间可能会面对相同的育儿困境，部分家长的经验分享，可以帮助其他家长更加直观地获取育儿技巧、转变教育理念。例如，芝芝曾经很偏食，爱吃甜食。每次爸爸制止她时，奶奶就会站出来给她撑腰，说孩子爱吃就给她吃，爸爸拗不过，不想当着孩子面和老人争吵，就放过她了。后来，芝芝想吃甜食了就直接找奶奶，她知道奶奶肯定会答应她。直到后来芝芝的恒牙被蛀空了2颗，牙疼到流眼泪，不得不去拔牙。奶奶这才醒悟。后来爸爸教育芝芝，其余家长包括奶奶都会和爸爸站在一边，让芝芝明白，不好的习惯，除了改正，没有商量的余地。

（2）邀请育儿专家举办“矫正不良习惯”系列主题的专题讲座。

幼儿园在提前调研、观察的基础上，将家长存在的一些“不合理理念”反馈给育儿专家，充分剖析这些观念的“不合理之处”，引起家长对培养幼儿习惯、配合学校工作的重视。

（3）对家长、幼儿的进步及时予以反馈。

如果家长向老师反馈，幼儿在家时，经过提醒可以不再咬手指了，教师应及时对幼儿的进步、家长的配合都予以鼓励，促进双方正向沟通，协助幼儿改进。

3．指导家长积极引导，合理使用强化、惩罚等措施

一部分家长发现孩子有不良习惯，会立马失去耐心，对孩子一顿指责、惩罚。坏习惯“浑然天成”，好习惯“难以养成”。幼儿矫正不良习惯需要时间，需要经历一个使不良习惯逐渐消失的过程。一味责罚，只会将孩子越推越远。积极引导、合理强化可以通过以下方式：

（1）耐心了解幼儿不良习惯出现的原因。

通过询问幼儿或求助专家，搞清楚幼儿不良行为出现的原因。例如，乐乐最近总喜欢在其他人说话时插话，老师与乐乐、家长分别沟通后了解到，乐乐最近当哥哥了，家里爸爸妈妈的注意力一下子都转移到了小宝宝身上。小宝宝一哭，爸爸妈妈就立马冲过去，陪自己的时间也少了。乐乐觉得自己长大了，不能像小宝宝一样总是哭，就想多说话，能让爸爸妈妈多注意一下自己，多和自己说说话。如果家长不了解乐乐做出插话举动的原因，一味训斥，要乐乐保持安静，或以去自己房间思过一小时作为惩罚，会让乐乐被忽视的内心更加受伤。

（2）积极沟通，及时引导。

例如，发现乐乐出现不良行为的原因后，家长认识到，自己无意间让乐乐感觉到了被忽视。于是，爸爸妈妈认真和乐乐沟通了一次，对乐乐表达了歉意和对乐乐一直未变的爱意，减弱了乐乐的不安全感，并告诉乐乐，他在像小宝宝这么小的时候，爸爸妈妈也是这么照顾他的，让乐乐理解并加入照顾小宝宝的队伍。最后，爸爸妈妈严肃地告知乐乐，打断别人讲话是非常不礼貌的行为，希望他能改掉这个坏习惯，乐乐答应了。

（3）合理强化，适当惩罚，反馈进步。

例如，乐乐刚开始在家长提醒后，能很快意识到自己这样不对，立马收声。对此父母及时把乐乐刚刚进步的表现反馈给他听，口头表扬乐乐，并不时予以糖果奖励。但乐乐始终是一个精力旺盛的小男生，偶尔还是会刹不住。这时，父母会严肃告知乐乐现在的行为不是乖孩子的表现，会给大家造成困扰，要求乐乐自己反思，并取消当天的零食。惩罚结束后，家长会和乐乐再沟通一次，告知他刚刚被惩罚是因为他的坏习惯，父母依然爱他，希望乐乐能早点改掉这个坏习惯。

（三）专注力训练的家庭辅导方案设计

专注力是指一个人能将注意力专心于某一事物、活动时的心理状态，是幼儿正常学习和活动的基本品质。李玫瑾教授曾说：所有的“小天才”身上都具备一个共同点，那便是“超强专注力”，而专注力需要后天长时间的培养和训练。家长与老师应及时相互反馈幼儿的专注力动态，目的是帮助彼此把握幼儿状态，家园配合，针对幼儿的专注力情况制定个性化家庭辅导方案。例如，不同气质类型孩子的专注力特点不同，敏捷型儿童专注力水平最优，活跃型儿童专注力水平最低。（何含姣，2018）

1. 指导家长调整训练方式

（1）了解幼儿专注力特点。

学龄前儿童的注意力不稳定，以无意注意为主，容易被鲜艳、新异、动态的刺激吸引，这也是为什么上课时幼儿更容易注意到窗外走过的人。受该阶段幼儿心理特点的限制，幼儿专注力持续时间较短，且主要通过游戏、活动进行训练。

（2）营造适宜的专注环境。

具体可以通过以下方式。

①提供良好的区域活动环境。例如，在安静的书房读书；幼儿游戏时，家长关掉电视；等等。

②一次只玩一种玩具。

③不随意打断幼儿正在进行的活动或游戏。例如不喂水果，不强行打断幼儿进行指导等。

（3）培养幼儿对活动或游戏的兴趣。

幼儿主要在游戏、活动中获取经验，因此首先要培养幼儿对活动的兴趣，使其保持一定时间的专注。例如，讲故事、拼积木等。

（4）合理设置专注时间。

学龄前儿童的平均注意力持续时间为7～15分钟。幼儿的专注持续时间可以通过活动适当少量逐步增加，但幼儿专注能力有限，不能对其要求过高。还可给幼儿设置限时任务，例如，2分钟内找出两张图中的所有不同。

（5）积极反馈，耐心引导。

在幼儿取得进步时及时予以鼓励；在幼儿遇到困难时不要立马指导，可在幼儿尝试多次，主动求助时适当引导，帮助幼儿及时解决问题，顺利完成剩余活动。

（6）培养良好的生活习惯。

正常的饮食、睡眠为幼儿能以充足的精神进行活动提供了保障；如果幼儿身体不适，也很难集中注意力于当前活动。

2. 为家长提供训练游戏或活动

幼儿教师可以为幼儿家长提供家庭亲子互动小游戏，在生活小游戏中培养幼儿的专注力。

（1）舒尔特方格。（见图3－33）

把25个数字随机放在方格中，要求幼儿用手指按1～25的顺序依次指出其位置，同时诵读出声。家长可记录所用时间。寻找目标数字时，注意力需要极度集中。

23	6	10	25	17
12	15	1	5	24
18	19	11	7	8
22	3	2	14	9
13	20	16	4	21

图3－33 舒尔特方格

（2）拼图。

从幼儿熟悉的图形入手，例如大象、小猫。拼图难度从最初的两三块起，逐渐增加拼图的块数。最初可让幼儿对照原始完整图形进行，探索拼图技巧，家长适当指点。

（3）夹彩豆。

把红豆、绿豆、黄豆、黑豆混在一起装在盘子里，请幼儿把豆子按颜色夹起分别装在不同的盘子里。可以多个小朋友一起做，对比谁夹得又快又准，增加竞争性，提高幼儿的紧张性和专注度。

（4）走迷宫。

提供一张错综复杂、有多个入口和出口的迷宫图，让孩子在5分钟内从入口找到出口。

（5）运乒乓球。

让幼儿用乒乓球拍运送乒乓球绕篮球场一圈（距离可根据幼儿能力调整）。难度加大时，家长在幼儿旁边及时给予鼓励。

（6）分享故事。

幼儿限时10分钟读完一本书，然后向家长复述故事情节，每位家长可提问一个关于故事的问题，帮助幼儿回忆故事情节。讲完后还可以将故事以角色扮演的方式重新演绎。

（7）动物地图。

在一张住满各种小动物（有动物形象）的地图上，指定某种动物，让幼儿找到它的家。

（8）请你帮我这样做。

请幼儿帮忙拿东西，如一个纸杯。幼儿熟悉游戏规则后，物品数量逐渐增加。例如，请帮我拿1个苹果、2颗瓜子、3张纸。

这一类简单的小游戏，可激发幼儿的参与热情，他们的记忆力、语言表达能力、运动协调能力也可得到锻炼，同时帮助幼儿在保持专注与及时获得成功的喜悦之间建立联结，也有助于培养幼儿的自我效能感，增进亲子互动。

二、幼儿家长的规范性操作方案

幼儿家长可通过以下操作方案对幼儿良好生活习惯的培养、幼儿潜能激发和创造力培养、专注力训练进行指导，增进亲子间的沟通。

（一）培养幼儿良好的生活习惯

培根说："习惯是一种顽强而巨大的力量，它可以主宰人生。"良好的生活习惯也是幼儿全面发展的基础，包括独立进餐、正确穿脱衣裤和鞋袜、独立大小便、整理玩具物品、个人卫生、健康饮食、喝水、规律作息等。（王柳苏，2020）

1. 家长充分发挥榜样作用

著名心理学家班杜拉提出了社会学习理论，他强调成人榜样对儿童有明显影响，儿童可以通过观察成人榜样的行为而习得新的行为。在培养孩子的良好生活习惯前，家长要先以身作则，把良好生活习惯的做法示范给孩子看，让孩子有正确的榜样可以学习。

例如，老师发现悦悦吃饭时总喜欢用手把饭放在勺子上再吃，与悦悦妈妈沟通之后才知道，在家里妈妈有时候不注意会这样做，不知不觉中悦悦也学会了。经过老师提醒后，回到家悦悦妈妈开始注意自己吃饭时不用手碰食物，并多次示范给悦悦看："妈妈只用勺子就可以把饭吃完”，后来，悦悦慢慢把这个坏习惯改掉了。

2. 拒绝包办，鼓励尝试

因为隔代长辈的溺爱，有很多孩子在家里时，饭给喂着才吃，水要追着哄着才喝。有些家长嫌孩子自己整理玩具太慢或者不整齐，就替孩子做了……2 ~4 岁的幼儿正处于培养自理能力的关键时期，家长的过度包办扼杀了孩子亲自尝试、发展独立能力的机会，而且幼儿对家长过度依赖，也会影响幼儿对于新环境的适应能力。对此，家长应鼓励幼儿自己动手尝试，刚开始可能会比较慢，甚至出错，但只有经过多次练习，幼儿才会越做越好。

例如，通过讲故事“自己的事情自己做”，激发幼儿自己动手的欲望；用儿歌教孩子系鞋带——两个好朋友，见面握握手，钻进大洞口，用力拉耳朵，变成蝴蝶走；和孩子一起整理玩具后，尝试给孩子机会让他限时整理好玩具；和孩子一起给娃娃穿衣服，然后鼓励孩子自己穿衣服。

3. 及时引导，强化习惯

根据行为主义心理学的学习原则，对不好的行为可以消退、惩罚，对好的习惯、进步及时予以鼓励、强化。良好习惯的养成是一个循序渐进的过程，对幼儿存在的不好的生活习惯，家长应及时发现、引导；对良好生活习惯进行巩固练习，得到更长时间的保留。

例如，欣欣没有养成饭前洗手的好习惯，爸爸发现后，和欣欣一起看了《我不要洗手》的绘本故事，让欣欣知道：如果不洗手，她会和小公主一样，细菌都住进了肚子里，要吃药才能恢复健康。欣欣听完故事，立马就跑去洗手。妈妈一边教她洗手，一边教她唱关于洗手的儿歌。洗完后，欣欣兴奋地给爸爸展示自己干净的小手，爸爸夸她：“做得真棒，洗完手的欣欣，爸爸更喜欢了。”还奖励她一颗糖。在这个事例中，家长通过绘本、儿歌让欣欣学会洗手，通过奖励及时巩固其行为。

（二）增进亲子沟通

有效的亲子沟通是建立良好亲子关系的基础，也是实现家庭教育功能的重要方式之一。

1. 家长教养态度一致，营造民主和谐的家庭氛围

在家庭中，每位家长保持教育立场一致，首先可以让孩子与所有家长保持沟通，减少对某一方的过度依赖；其次能够减少在孩子面前的争吵，营造和谐的家庭氛围；最后还能维护彼此在孩子心中的影响力。特别是隔代养育者，父母也要跟他们达成协议，在孩子犯了错误的情况下，必须站在同一个立场。

例如，饭前孩子非要吵着吃零食，在妈妈果断拒绝孩子后，孩子转而去向父亲、爷爷奶奶撒娇。如果此时其余家长能够和妈妈统一立场，并通过和孩子讲道理，引导其明白为什么不能吃零食，那么孩子最终也能接受“饭前吃零食是不可能的”这一现实。但是如果此时有一方站出来反驳妈妈“吃一点没什么，不影响吃饭就行”，反而给了孩子钻空子的侥幸心理，下次还会提出类似的请求，削弱孩子自我控制能力的发展。

2. 尊重幼儿主体地位，以平等尊重的态度对待幼儿

3 ~6 岁是儿童自我意识发展的关键阶段，自我意识水平是儿童心理发展的重要指标，

因此家长应将其视为独立自主的个体，用平等的态度与幼儿进行沟通交流，这样才能获得儿童对等的回答。因此家长要鼓励孩子表达自己的看法并尊重其见解。（龚小梅，2020）

例如，妈妈通过观察发现儿子的专注力不足，想给他报名绘画兴趣班。妈妈可以在报名培训班之前，在自己对儿子观察的基础上，询问其想法。例如：你喜欢画画吗？想不想和其他小朋友一起学画更好看的画？在征得儿子同意后再去报班体验。一味地要求孩子听话，意味着家长正在失去了解孩子内心真实声音的机会。

3．父母的高质量陪伴

经常看到这样的场景：家长和孩子待在同一个房间里，每人抱着一部手机，互不打扰；或者孩子在旁边和家长叽叽喳喳讲今天发生了什么，家长忙着自己的事情，心不在焉地偶尔应和一句；或者在孩子需要家长出席的所有场合中，几乎看不到父亲的身影等。《中国家庭亲子白皮书》显示，在中国家庭中，父亲对孩子的陪伴非常缺失，父亲陪孩子时间较多的家庭仅有13%。父亲角色与母亲角色对幼儿社会性发展存在着一定的差异性，不可替代。幼儿需要的是父母全身心的陪伴与关注，总是缺乏爱和关注的孩子甚至会用特殊手段来博得关注。比如，故意顶嘴、搞破坏、引起矛盾等。

台湾家庭教育的“123”法则在实践中发现，高质量的亲子互动，比漫无目的地腻在一起强百倍。具体是指：每天1次、每次20分钟、父母选择和孩子做3件事的任意一种。这三件事分别是一起读书、一起玩游戏、一起聊天。（见图3－34）

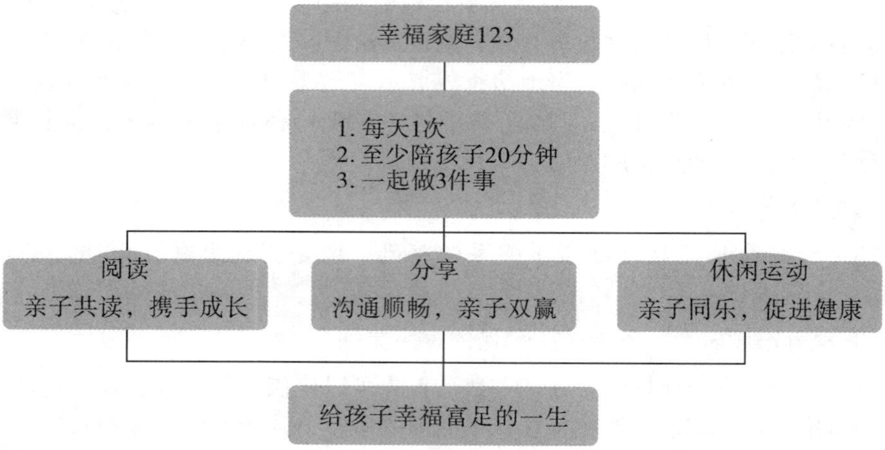

图3－34　台湾家庭教育123法则

（资料来源：https://zhuanlan.zhihu.com/p/87315068）

4．倾听孩子的声音，共情孩子的感受

亲子沟通过程中，父母首先需要学会“沉默”，认真倾听这些话背后孩子的感受和需要。家长具体可以这么做：说话时，和孩子保持眼神交流，让孩子感受到关注；倾听过程中，表达共情，说出对方的感受，例如“他把你的水杯撞到了，没有道歉，你感到很生气”；听完后，及时给予回应和反馈，确认自己的理解是否正确。如果在孩子想和爸爸妈妈说话的时候，家长在忙其他事情，没有时间回应怎么办？和孩子讲清楚自己现在不能聊天的原因，约定另一个时间，不要把孩子晾在一边，置之不理。

例如，孩子说谎时，应当看到谎言背后孩子恐惧的心理，孩子担心受到惩罚。此时如果说出孩子害怕的心理，并告诉他你对他的支持和理解，可以让孩子更好地认识到自己的错误，减少说谎行为的发生。

5. 学会有效表达，提供充足的心理支持

心理研究表明，父母处于压力状态、低自我效能感时，更容易采用无效的亲子沟通方式。幼儿需要来自父母的充足的心理支持。一方面，家长通过言语、非言语的方式表达对孩子的爱，培养其心理安全感。另一方面，家长要学会有效表达，减少无效沟通。对待孩子的激烈情绪，允许其有发泄的阶段；对待孩子不合理的想法，可以表示理解，但不能共情；对待孩子不合理的行为，需要对孩子进行更多的正面引导，示范正确的做法。

数子十过，不如奖子一长。在与孩子沟通过程中，应尽量避免以下几种无效沟通方式：①命令式，如“马上去写作业！”②责备和问罪，如“又用脏手摸墙，你看墙上都是手印！”③威胁和控制，如“我数到3，不听话就揍你了！”④说教，如长篇大论。⑤比较，如“你看人家孩子字写得多好看！”⑥预言，如“我就知道你不是那块料！”这些言语无疑会对孩子的心理造成伤害。所以，应用描述事实代替评价、比较。例如，描述为“我看见沙发上扔着一堆零食袋”，评价“你怎么把客厅弄得这么脏”提示“零食袋应该扔垃圾桶里”，用精炼的语言指出问题“孩子，沙发不可以乱扔零食袋”。这样更能让孩子理解发生的事情，家长也变成了帮助孩子解决问题的朋友，而非把孩子视作要解决的问题。

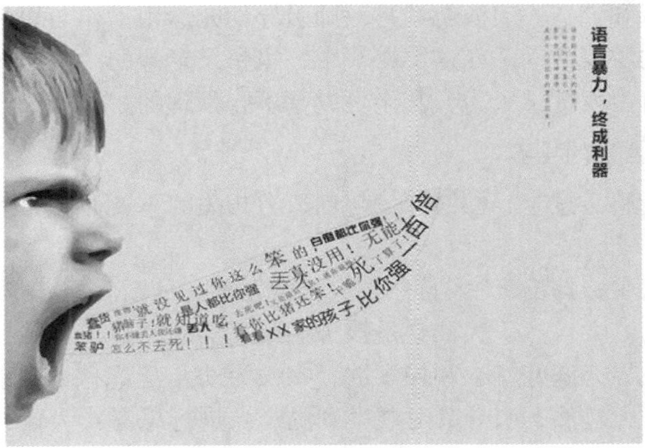

图3－35 孩子遭受的语言暴力

（资料来源：https://www.163.com/dy/article/GF9FF05805386XDD.html）

（三）幼儿潜能激发和创造力开发

所谓“幼儿潜能”是指幼儿可以发挥但尚未发挥出来的潜在能力，是针对幼儿发展的特定的关键时期而言的。幼儿阶段的创造力随着年龄的增长、知识经验的积累以及心理的日益成熟不断发展。

1. 认识幼儿的创造力

根据皮亚杰的认知发展阶段论，幼儿正处于前运算阶段，其思维活动具有相对具体性，不能进行抽象运算思维，这决定了幼儿在此阶段只能进行简单直观、形象具体的创造。幼儿的创造力具有原发性，表现在各种各样的活动中，尤其是各类游戏活动。（郑育敏，2003）一部分家长将幼儿的潜能激发错误地等同于早期知识教育，让孩子多识字、早学外语等。这类重视知识、忽略能力的培养方式反而是误区。（梁慧琳，2006）

2. 智力相关因素的培养

想象力、观察力、记忆力、专注力等智力因素是培养创造性思维的重要基础。例如，幼儿绘画时，通过对临摹作品的认真观察，专注于自己作品的完成，完成之后，可以根据自己的想象，对作品进行一定程度的再创作。图图模仿“金鱼”的图片，画了一只金鱼，但是金鱼的两只眼睛不仅特别大，还带了个潜水镜，询问图图才知道，图图觉得眼睛大才能帮助金鱼在水里看得更清楚，戴上潜水镜能保护金鱼的眼睛不进水。

家长可通过词语接龙，创编谜语、儿歌，编构故事等发展幼儿想象力和创造力。编构故事如续编故事结尾、改编故事、创编故事等，是语言网络活动结构中的一个层次活动，建立在理解故事、积累大量知识经验的基础上，它是一种对幼儿具有积极意义的创造性活动。

此外，角色扮演、表演游戏等对幼儿创造力的发展有着重大的促进作用。角色游戏的内容直接来源于幼儿的现实生活，是幼儿对现实生活的复演和再现，孩子对角色的扮演也更多的是对现实生活中各种角色的模仿。角色游戏没有固定的剧本，扮演的角色和内容情节幼儿可以自行选择和创造。表演游戏是教师引导幼儿运用动作与表情、声音与语言进行感知、想象和表达的游戏活动。在这类游戏中，家长及老师的“适当”引导尤为重要，给予幼儿充足的空间自由发挥想象力，甚至可以是不合常理的。（刘欣，2019）

3. 非智力相关因素的培养

动机、兴趣、情感、意志、性格等是与创造力相关的重要非智力因素。其中兴趣是培养创造力的必要条件。

著名教育家陈鹤琴曾提出：“大自然、大社会是孩子的活教材。”儿童的世界是儿童自己去探讨、去发现的。大自然、大社会是孩子们最真实的、最丰富的、最具吸引力的学习环境。幼儿对外部世界充满好奇心和探索欲，家长为幼儿营造有丰富素材的探索空间。例如，家长带幼儿探索大自然，引导其对观察到的现象进行思考：为什么北斗七星在不同的时间在天空中的位置不同；为什么鱼儿可以睁着眼睛游泳；为什么梅花在冬天可以开放……家长通过耐心提问或回答幼儿的问题，激发幼儿探索世界的好奇心。

家长还可以通过泥塑、舞蹈、音乐、画画等艺术活动培养幼儿创造力，例如用橡皮泥制作食物、根据音乐编舞蹈动作、根据故事情节作画等。在体育活动中培养幼儿勇敢、坚韧、顽强等意志品质，这些都是创造人格的重要内容。

总之，体验游戏是激发幼儿潜能、培养幼儿创造力的重要方式，而游戏活动是过程重于结果的“非功利性”活动。（王小英，2005）家长只需为幼儿提供适合其发展特点的游戏活动，在幼儿需要时适时指导即可充分激发幼儿的潜能，培养创造能力。

（四）幼儿专注力训练

专注力是学习品质的重要内容之一，幼儿阶段正是专注力培养的最佳时期。（郑茵茵，2019）儿童的注意是以无意注意为主导的，3 岁前的儿童的注意基本是无意注意，随后在一定的教育影响下，特别是在语言的作用下，有意注意能逐步形成和发展，他们的注意范围也不断变大。

1．根据幼儿发展特点，选择合适的活动

据研究表明，2 岁的儿童平均注意力集中的时间长度为 7 分钟，3 岁为 9 分钟，4 岁为 12 分钟，5 岁为 15 分钟。可见有些家长要求 4 岁的小朋友独自阅读半小时是不合理的。幼儿的注意力通常被鲜艳的色彩、新异的刺激吸引，这也是幼儿大多都很喜欢看动画片的原因。

家长根据幼儿发展特点，先从游戏活动入手，培养幼儿兴趣。例如，用颜色鲜艳的积木拼出动物形状，与幼儿共同阅读绘本故事，一起完成手工制作等。一般认为活动具有挑战性时更能激发孩子的兴趣，建议将活动难度设置为超过当前幼儿能力 10% 左右。

设置游戏或活动目标，培养幼儿思考问题的能力。有些家长说孩子看电视能看好久，但是在课堂上注意力不集中、坐不住。然而，动画具有大量的新异刺激，而且快速切换的情节将幼儿的注意力集中在了画面，缺少对情节信息的整合，反而削弱了幼儿集中注意的能力。

2．家长参与，为幼儿活动提供“支架”

一方面，家长参与可以协助幼儿将注意力更好地集中在当前活动；另一方面，幼儿是活动的主体，在幼儿独立完成任务过程中，家长要尊重幼儿的自主性，在幼儿遇到困难无法解决、需要帮助时及时给予支持和引导，使幼儿的注意力重新回到活动中。

要允许孩子试误，心理学家桑代克认为试误也是学习方法之一。在孩子活动过程中，出现错误会引发其思考如何解决问题。如果家长发现错误，立马出面指正，不仅打断了孩子对当前问题的专注，还剥夺了其独自探索的学习机会。

3．创设良好训练环境

首先，家长应起榜样示范作用，与幼儿共同专注于一项任务，或者在不同空间，各自专注于自身活动。例如，一起读绘本，一起在书房看书等。如果家长要求孩子每天看书半小时，而自己却从未有阅读习惯，或者孩子看书时，家长在客厅看电视，则无法创建培养孩子专注力的良好环境。

其次，单次不提供过多游戏或活动选择。例如，每次阅读时在书桌前进行，如果周围放置有其他玩具，幼儿就容易将注意力转移到玩具上，不利于保持专注力。

最后，不随意打断幼儿活动或游戏。例如，孩子正在专心拼积木，家长一会儿叫孩子喝水，一会儿叫孩子吃水果，认为他反正不是在学习，打断他一下也无所谓。殊不知幼儿的各项能力正是在游戏和活动中逐渐得到发展的，活动和游戏恰恰是幼儿最基本、最重要的学习途径。

图 3－36　家长不合时宜的关心是对孩子专注力的破坏
（图片来源于网络）

三、家园联合促进幼儿心理健康

（一）家长走出家庭，走进校园

《幼儿园教育指导纲要》指出“家庭是幼儿园重要的合作伙伴。幼师应本着尊重、平等、合作的原则，争取家长的理解、支持和主动参与，并积极支持、帮助家长提高教育能力”。家长参与是当前幼儿教育的发展趋势，是实现家园共育的重要途径。

李生兰教授（2003）通过实证研究说明：“儿童总体的发展水平与家长参与幼儿园活动的频率成正比，与家长的配合程度也成正比。”李枢密（2017）通过与教师和家长分类访谈发现，家园之间产生“信任危机”，合作共育缺乏良性互动。具体表现在：家长对教师的素养道德和“家园共育”的有效性两个方面提出质疑。而教师对当下 A 幼儿园家长不理解教师工作、不重视园方规章、不积极参与“家园共育”三大问题感到困扰。

首先，家长作为最了解孩子的人，可以将孩子在家的情况提供给老师，与老师双向互动沟通，提高育儿水平，共同促进幼儿成长；其次，家长进入学校，可以更直观地观察幼儿在园情况，在了解幼儿园日常安排的同时，也能加深对老师工作的理解和信任；最后，家长们的职业、特长等都是幼儿园可利用的宝贵教育资源。

1．家庭教育讲座

讲座主题可提前调查了解家长需求；也可以是园内老师根据对近期幼儿需求的观察确定讲座主题，例如，怎么培养孩子的好习惯；也可邀请专业人士进行一系列主题讲座，例如如何与孩子沟通，确保讲座内容能够切实帮助家长，提高育儿能力。

2．家长参与学校管理

教师在幼儿园的指导下邀请家长参与学校管理，例如成立家长管理委员会，邀请各班骨干家长带动其余家长参与学校活动；协助组织校园活动——担任幼儿比赛评委、监督食堂安全卫生等；家长参与学校各方面评价，深入了解幼儿园教育发展理念。

3. 家长助教

家长担任老师角色，为幼儿上课，组织幼儿活动。首先可以提前调查了解家长资源，然后园方与家长共同制定上课主题、内容。

例如，雯雯的爸爸是警察，他穿着帅气的警察制服教雯雯和她的同学们认识“不同种类的警察”。上完课后，全班小朋友兴奋地围在雯雯爸爸身边，问个不停；雯雯坐在爸爸的怀里，特别自豪地说：“这是我爸爸，他特别厉害!”雯雯爸爸也坦言，换位体验之后，发现原来上课没有看起来那么轻松，对老师的工作也增加了理解和尊重。

4. 幼儿园家长开放日

家长开放日活动能够让家长零距离感受幼儿园的生活，走进孩子们的世界，真切地感受自己孩子在幼儿园的学习、生活情况，加强了家长和学校之间的沟通与联系。开放日也可以有不同主题，例如，学校食堂开放日、教学开放日等。

（二）开展亲子团体活动促进家庭教育和幼儿心理健康

幼儿园通过开展各种各样的亲子活动，邀请家长进入学校和幼儿一起参与、相互合作完成，这个过程不仅增进了家长和幼儿之间的互动交流，还能加强家长与老师之间的理解，有利于促进幼儿的身心健康发展。

1. 亲子阅读

（1）活动目的。

培养幼儿的阅读兴趣；让家长充分认识早期阅读的重要性，提高家长阅读指导能力；增进亲子交流。

（2）活动流程。

①在教育开放日活动，老师通过阅读课，向家长展示与幼儿共读绘本的方式、互动技巧、引导提问等；

②老师与家长提前沟通确定阅读绘本书目；家长参照阅读课老师的演示，提前进行练习，老师可适当进行指导；

③家长进入课堂，与幼儿们围坐在一起，在温馨的氛围中进入故事中的世界，阅读末期可以通过提问评选出“最佳小听众”；

④阅读结束后，教师与家长之间进行反馈交流；

⑤邀请家长进行心得交流，做得好的家长进行经验分享。

2. 亲子职业体验

（1）活动目的。

增加幼儿对不同职业特点的了解，启蒙职业兴趣；丰富幼儿社会经验，学会遵守秩序和规则；增进亲子互动交流。

（2）活动流程。

①提前调查了解幼儿家长职业种类，邀请不同职业类型的家长穿上制服，带上部分职业标志工具到学校。例如，医生带上听诊器、针筒（无针头），警察带上木质手枪，甜点师带上糕点模型等；还可以邀请部分家长扮演某类职业角色。

②提前在开阔场地分好各职业体验区，用特色标志装饰，如医院的红色十字。

③幼儿在不同区域完成一项小任务即代表体验完成，可获得印章图案一枚，或一颗糖果。例如，在医院，帮助医生给病人完成注射。

④活动结束后，教师邀请家长和幼儿反馈心得体验。

（有条件的学校可以到儿童职业体验活动中心组织亲子职业体验活动）。

3．不同节日开展的亲子制作活动

（1）活动目的。

增进亲子互动交流，增加幼儿对节日文化的了解，培养幼儿的动手制作能力，引导幼儿欣赏自己及他人的作品。

（2）活动流程（以端午节为例）。

①提前向幼儿普及端午节的故事、传统活动——赛龙舟、吃粽子、佩香囊等，让幼儿对端午节有基本感知；

②提前准备活动材料：画画的纸笔、包粽子的食材、制作香囊的原料等；

③幼儿在家长协助下完成作品，并评选出“最佳小画手”等荣誉；

④吃完粽子后，引导幼儿发现：不同的同学擅长的领域也不同，粽子即使包得不好看，味道也不会差，因为这是自己劳动的成果等。

⑤活动结束后，教师邀请家长反馈心得体验。

4．爱心义卖活动

（1）活动目的。

增进亲子互动交流，增强幼儿的绿色环保理念，培养幼儿乐于奉献的精神。

（2）活动流程。

①家长协助幼儿准备少量义卖物品，例如笔、本子、旧娃娃等，并定价；

②在老师和家长协助下摆好摊位，确定价格区域，例如 2 元区、5 元区等；

③义卖过程中允许讨价还价，家长引导幼儿微笑服务、公道买卖、公平竞争；

④将最终义卖金额交给老师统计，捐给爱心机构，并发给幼儿爱心勋章或其他奖励；

⑤活动结束后，教师邀请家长和幼儿反馈心得体验。

5．亲子运动会

（1）活动目的。

增进亲子互动交流，锻炼幼儿身体、开发潜能，培养幼儿合作精神和竞争意识。

（2）活动流程。

①幼儿园提前公布运动会方案，提醒家长和孩子穿上易于活动的衣物；

②活动项目以简单活跃、家长和孩子组队参加为主，例如亲子拔河、袋鼠跳、赶球、青蛙跳等；

③活动项目也可以多组家庭参加、接力完成；

④活动过程中，家长可适当引导孩子积极参与、遵守规则、主动解决问题、正确看待胜利和失败等；

⑤活动结束后，评选出各项目最佳亲子组合；

⑥教师邀请家长和幼儿反馈心得体验。

6. 外出参观

（1）活动目的。

增进亲子互动交流；开阔幼儿视野，深入大自然；培养集体精神。

（2）活动流程（以参观植物园为例）。

①幼儿园提前告知活动方案，提醒家长和孩子穿上易于活动的衣物；

②布置参观任务，例如，记住 5 种植物的名字，记录 3 种形状的叶子等；

③可以提前了解有无家长擅长植物领域的相关知识，可邀请其为孩子们做现场讲解；

④活动过程中，鼓励孩子多提问、多思考；

⑤午休时间可加上植物主题游戏，例如，幼儿展示植物叶片，请同学们猜猜是哪种植物，哪个家庭能最快收集到 5 种颜色的树叶等；

⑥活动结束后，教师邀请家长和幼儿反馈心得体验。

教育家苏霍姆林斯基曾说：“没有家庭教育的学校教育和没有学校教育的家庭教育，都不可能完成培养人这一极其细微的任务。”幼儿教育需要集合学校和家庭双方的优势，优化教育方式，协商并统一教育理念，充分发挥和挖掘有效的家长资源，实现家园共育，促进幼儿健康成长。

第四章
幼儿心理问题的团体辅导

第一节　幼儿心理问题团体辅导概述

一、团体辅导的含义、类型与功能

（一）团体辅导的含义

1．什么是团体

团体是指两个或两个以上的人彼此互动，并使每位成员都能够影响他人或受他人影响的集合体。学校、班级、家庭、社团等都是团体。虽然团体是由个体组成的，但并非任何个人的集合都是团体。团体应具备以下特征：第一，团体必须有一个共同的目标。团体通常是为了一定的目的而存在的，成员聚集在一起来完成他们独自一人时没有办法完成的某种工作。在团体实现其目标的过程中，成员共同解决问题、分享观念、切磋技艺、寻找乐趣以及满足个人的归属感、安全感、自尊感和爱的需要。第二，团体要有一定的规模。一个有意义的团体必须由两个或两个以上的成员组成，存在着一定的结构，每一个成员扮演着不同的角色，执行一定的任务并由此构成一定的关系网络和信息沟通网络。第三，团体要有一定的规范。“没有规矩不成方圆”，团体的规范是每一位成员必须遵守的行为准则，它保证了团体目标和团体利益的实现。团体规范越清楚，并且大家自觉遵守，团体越健全、稳定，否则成员将处于“无序”状态，易导致团体的解体。第四，团体成员之间要具有互动性。团体成员需要借助语言、非语言的方式相互交流和分享彼此的感受，这种互动是团体达到目标的重要条件，它促成了个人对自己和他人的观察，并从中学习、支持、反馈，从而实现自我成长。

在心理辅导领域，团体是指在一定的目标引导下，通过成员之间的互动，满足成员一定的心理需求的组织。

2．团体心理辅导的概念

团体心理辅导又称为团体心理咨询，是相对于一对一的个体心理辅导而言的，是一种在团体情境下提供心理援助与指导的咨询形式，由领导者根据成员问题的相似性或成员自发组成的课题小组，通过共同商讨、训练、引导，解决成员共同的发展或心理问题。

团体心理辅导的优越性在于将团体当作一个微型社会，为那些在现实生活中受到挫折、压抑的成员提供一个宽松的环境。在这个充满理解与支持的氛围中，参与者自愿尝试各种选择性的行为，探索自己与他人相处的方式，学习有效的社会技巧。团体成员之间能讨论他们彼此之间的相互觉察，并获得其他成员在团体中对其觉察的反馈，通过别人的观点来审视自己，由此培养成员信任感和归属感，从对团体的信任到对周围的其他人的信任，从对团体的归属感扩展到对学校、社会的认同感和归属感。团体心理辅导可用来满足各种特殊群体的需要，是当代发展最快的心理咨询形式之一。

3. 团体心理辅导的优点

团体心理辅导充分重视与利用人类的乐群性本质特征，应用范围广泛，是一种最经济、最有效的方法。卡普其（Capizzi）和柯里（Corey）认为团体辅导的重要作用体现在以下方面。

（1）在团体中发展信任的气氛以促进彼此态度和情感的分享，并能将这种信任应用到日常生活中。

（2）促进自我接纳和自我尊重。

（3）认清生命的价值并探索人生哲学。

（4）能容忍他人并能接受和尊重不同的个体。

（5）学会问题解决和正确决策的技巧，并坦然接受这些决定的后果。

（6）能敏锐地感知他人的需要。

（7）学习关心他人的能力。

（8）学会将团体中学习到的经验运用到自己的日常生活之中。

团体辅导与个体辅导相比具有四个优势：第一，团体辅导感染力强，具有广泛的影响性；第二，团体辅导效率高，省时省力；第三，团体辅导的效果容易巩固和转移；第四，特别适用于人际关系适应不良的人。

（二）团体辅导的类型

团体辅导的类型有很多种，并且按照不同的标准可将团体分成不同的类型。

1. 根据团体辅导成员的背景相似度和问题的性质分类

（1）同质团体。

同质团体是指成员的年龄、性别、生活经历、家庭状况、心理问题具有一定的相似性。成员因背景、问题的相似性而有许多共同语言、共同体验，相互之间容易沟通，能互相关心，不会感到孤立，并且可以从其他成员身上受到启发，学习问题解决的方法。

（2）异质团体。

异质团体是指成员的自身背景条件、个人特质或所遇到的问题的差异很大，情况比较复杂。成员因年龄、性别、经验及所需要解决的问题不同而难以沟通，进而难以建立信任的关系，阻碍团体的正常发展。异质团体的好处是成员的视角差异大，可以从不同的角度看待问题，提供经验，成员从多角度觉察自己，获得多方面的启发。

2. 根据团体辅导活动有无计划与目标分类

（1）结构式团体。

结构式团体是指为了帮助学员，会事先做好充分的计划和准备，根据团体所要实现的目标来设计相应活动程序和引导成员积极参与的团体。其优点是团体目标明确，活动安排程序化，领导者与成员的角色明确，重视团体互动气氛，改善成员的目标行为，有团体焦点主题等。

(2) 非结构式团体。

非结构式团体是指不刻意安排有程序的固定活动，强调成员的自主性的团体。领导者对团体较少承担责任，其主要任务是促进成员的互动，对团体目标和方法很少介入。团体目标与团体进程由成员在互动中自己探究。其优点是此时此地，灵活应对，对成员的自我探讨和触动较大、较深，个别化程度高，成员的自主性和自发性得到充分体现。

3. 根据团体成员的固定程度分类

(1) 封闭式团体。

封闭式团体是指从第一次团体开始到最后一次团体结束，其成员保持固定不变，在团体进行过程中不允许新成员加入的团体。成员有较高熟悉程度和认同感。一般情况下，团体心理辅导采用封闭式的方式进行。

(2) 开放式团体。

开放式团体是指团体成员并不固定，新成员可以随时加入，旧成员可以随时离开的团体。成员不定期加入或退出，会给团体带来不同程度的冲击，使团体气氛产生较大变化，难以形成凝聚力。

4. 根据团体的进行方式分类

(1) 团体辅导活动。

团体辅导活动是以游戏、团队训练、表演等形式为主的心理辅导活动。游戏团体辅导活动是领导者在游戏室中摆放各类玩具，让数位儿童一起进入游玩。游戏活动的结构化程度因领导者采用的理论取向而有很大差异。团队心理活动是由领导者预先设计好一些互动游戏活动，结构化程度高，在团体热身活动后，带领成员参与投入这些活动，活动后要求成员分享活动过程中的体验和心得，兼顾了团体的趣味性和认知性。艺术与运动团体活动是在艺术团体中，成员在领导者的示范和指导下，以绘画、雕塑或音乐的形式，表达个人的内在冲突和无法言说的情绪的活动。

(2) 团体辅导课程。

心理健康教育课程是心理健康教育实施的核心途径，也是心理健康教育目的实现的重要手段，是个体在教育情景中获得心理健康发展、提高心理素质等方面的全部教育性经验。幼儿团体辅导课程是指以沟通交流、分享讨论、讲授引导等形式设计的课程，通过相互讨论、分享和反馈的过程，对面临的课题加以讨论，促进成员自我的发展、人格的形成。

(三) 团体辅导的功能

1. 团体心理辅导的功能

一个人要了解自己，最好从团体中去了解；要改变自己，最好从团体中去改善；要实现自我，最好从团体中去实现。因此团体心理辅导具有教育、发展、预防和治疗四大功能。

（1）教育功能。

团体心理辅导的过程是一个借助成员之间的互动而获得自我发展的学习过程，有利于成员的自我教育。团体心理辅导的过程还有利于培养成员的社会性，学习社会规范以适应社会生活的态度与习惯。成员可以在团体中进行信息交流、相互模仿、检视现实、尝试与创造、学习人际关系技巧等，这都具有教育的意义。

（2）发展功能。

团体辅导可以改善成员不成熟的偏差态度和行为，促进其心理素质的良好发展，从而培养健全的人格。团体辅导可以促进成员的自我了解与接纳，学习改善人际关系和人际交往技巧，使成员以积极的态度应对问题，对自己充满信心，满足其成长发展的需要。

（3）预防功能。

团体辅导可以使成员加深对自己的了解与认识，懂得什么是适应行为，什么是不适应行为；可以提供更多的机会，使成员之间相互交流，交换意见，共同探讨今后可能会遇到的难题以及解决的办法，从而增强成员处理问题的能力，预防成员出现心理问题或减少心理问题发生的概率。

（4）治疗功能。

团体的情景比较接近日常生活或现实状况，以此处理情绪困扰与心理偏差行为容易取得效果。在团体中，个人可以借助一般化作用勇敢地面对问题或困扰，借助成员给予的反馈与澄清使问题获得解决。

2．幼儿团体辅导的功能

幼儿团体中，小朋友彼此之间用自己的语言和可理解的方式沟通、互动，形成一个类儿童的小社会，如此可减轻幼儿面对领导者及辅导情境的紧张焦虑，从而起到个体咨询所不具有的作用。

（1）促进辅导关系的建立。

幼儿相对于成人领导者来说，无论是年龄、人生经验，还是社会身份与地位，都属于弱势团体，在面对成人时，幼儿会有各种压力。而幼儿团体是由多个幼儿组成的，团体会尽量照顾到所有幼儿，可以舒缓幼儿面对领导者的紧张焦虑情绪。团体中存在的同辈成员，可以给幼儿提供模仿和认同的对象。通过成员间的互动，幼儿有更多机会倾听他人、宣泄自己，也可提供更多视角。团体的安全氛围以及成员间的相互作用，可以使幼儿敢于更加充分地展示自我，从而与团体形成深厚的心理联系。

（2）促进情绪的宣泄。

团体接纳、安全的氛围鼓励幼儿自由行动和反应，帮助幼儿更加开放地表达自己的情绪感受。在以游戏为主的幼儿团体中，孩子们比较容易放松，可以缓解一部分压力，领导者可以自然地和孩子建立起信任的关系。游戏是孩子们最真实的语言。通过游戏，孩子们能表达其无法用语言表达或不愿意表达，甚至没有意识到的情绪和需要，以及展现出一些身心冲突。这些表达自身就有疏导作用。这些信息，有助于领导者加深对孩子的了解以及进行更有针对性的辅导。游戏为幼儿提供释放能量的渠道，通过呈现与幼儿主要困扰有关的主题，使幼儿的情绪在此过程中得到直接或间接的宣泄。

(3) 促进自我认识、接纳与整合。

在团体中，面对和同龄人直接互动后得到的回应，幼儿更容易对自己的行为模式重新评价，从而加深对自己的了解。在团体的安全氛围中，幼儿更容易接纳以往不能直接面对的自我，将其整合进自己的自我结构中，不断完善自我。

(4) 提供进行现实试验的场所。

团体给幼儿提供可以直接体验的“社会缩影”。在这一情景中，幼儿的行为模式和人际间的行为规范可以相互验证，不合规范的行为受到同辈成员的排斥，合作和助人行为受到他人的欢迎和积极回应。幼儿在这一真实的人际互动中，建立起有效的社交行为，有利于促进其人际行为的发展。

(5) 促进社会化。

社会化是指在特定的社会与文化环境中，个体形成适应于该社会与文化的人格，掌握该社会所公认的行为方式。在团体中，幼儿认识、觉察到受社会欢迎的行为和标准，学会克制自己不适宜的需求、欲望和行为，学习以成熟、被接受的方式满足自己的需求，更好更快地融入社会，促进其社会化。

二、团体辅导的理论基础

(一) 精神分析疗法

精神分析疗法的目标是通过揭示意识与无意识的冲突，重构来访者的个性与人格体系，在团体中以象征性的方式再现原生家庭，使成员过往的历史在团体中重演。

1. 精神分析疗法原理

(1) 早期经验的影响。

精神分析非常强调个人早期经验的重要性，认为个体在 0～6 岁的体验是其后来各种内心冲突的根源，着重于个体过去经验对现在人格和行为的历史影响。团体精神分析疗法最重要的是领导者要把握好时机，通过对过去经验的挖掘，来体察目前的状态与过去的联系，发现过去的创伤事件对后来个体病态行为模式的影响。

(2) 潜意识。

弗洛伊德认为，我们日常生活的行为更多是受潜意识中的本能和欲望驱使。个体幼年早期的痛苦情感经历被压抑在潜意识中，并导致无法忍受的焦虑。这种压抑并不能自动清除，儿童会继续保持这种压抑。领导者的作用就是帮助成员把潜意识内容意识化，让其意识到这些焦虑并非难以忍受，进而排除内心的压抑。

(3) 焦虑。

焦虑是个人内心对环境或某种事物产生恐惧的情感反应，因被压抑的情感、记忆、欲望、经验欲浮出意识层面而产生。在团体中，焦虑在成员们的交互作用中以多种形式表露出来。

(4) 自我防御机制。

自我防御机制是解释行为的一种方法，它保护个体自我从而避免痛苦的思想和情感的威胁，以避免体验焦虑，是维护个人信心的一种方式。自我防御确实存在残障自欺和扭曲现实的成分，但不一定是病态的。在团体中可以观察成员的防御行为。当成员在团体中感受到威胁时，就会沿用儿童时期遭遇威胁时所用的防御机制，通过领导者和其他成员的反馈，成员会逐渐意识到其在人际互动中使用的防御模式，并最终学会选择直接处理焦虑情绪的方式。在团体辅导中经常出现的自我防御方式有压抑、否认、退行、投射、转移、反向形成、合理化等。

（5）阻抗。

阻抗是个体不愿意将被压抑或否定的潜意识内容提升到意识层面重新体验，即害怕揭示潜意识带来的高度焦虑而采取的自我保护。成员阻抗的行为表现：经常迟到或缺席团体；保持一种自满或漠不关心的态度；一言不发或滔滔不绝；非常理智；对别人过分地关心和热情；不信任、不合作；行为冲动或不恰当，将团体仅仅作为一个社交活动场所。

（6）移情。

移情是个体将自己过去对某些重要人物的情感、态度、想象无意识地转移到领导者或其他成员身上的现象。移情可使个体重新体验童年经历，认识和领悟到过去的经历如何妨碍现时功能的发挥。团体为成员提供了多重移情的可能性，领导者要协助成员发现，他们在多大程度上对团体其他成员做出反应。通过对自己移情的理解和处理，成员会逐渐意识到自己存在的固执和缺失，意识到自己过去的经历如何影响其对现实的评价和应对。

（7）反移情。

反移情是指领导者由于对成员行为的曲解而将自己潜意识中的情绪转移到成员身上的反应。领导者要能鉴别自身反移情的各种表现：在某些成员身上看到了自己，并对他们过分认同，以至于不能对他们进行有效的工作；认为某些成员也有轻视自己的缺点，并且认为他们不会或不可能克服这些缺点；做出引诱行为，利用团体领导者的角色优势对某些成员施加影响；扮演一个慈祥的替代式父母，具有过度的保护性。

2. 精神分析疗法的基本技术

（1）自由联想。

自由联想是描述进入意识的一切内容，是揭示被压抑或潜意识内容的基本方法。团体使用自由联想来激励成员的相互交流。当成员通过袒露自己的梦想和幻想，营造出和谐有益的氛围后，鼓励成员们对其他成员进行自由联想。自由联想可以使成员在更加自然的状态下探索个体的潜意识，提升洞察力，增强团体的凝聚力。

（2）解释。

解释是对自由联想、梦、阻抗和移情等进行分析，领导者指出并解释行为的潜在意义的治疗技术，是促使潜意识内容显露的治疗过程。领导者进行解释时要遵循以下原则：解释针对的应是成员没有意识到但却表现出来的方面；解释要从成员的行为表现出发，深度要在其情感上能够接受的范围内；在解释成员潜在的情感和冲突之前，最好先指出对方的防御机制或阻抗形式。

（3）梦的分析。

梦是潜意识中需要、冲突、欲望、恐惧和被压抑体验的表达。在团体中对梦进行分析和处理，做梦能够洞察到自己内心深处的动机和情感，以一种具体的方式来应对原先不能面对的情感和动机，使成员趋向于更好地接受自己，更愿意探索其他未解决的、会激发罪责和羞耻感的问题。

(4) 领悟和修通。

领悟是个体对自己情绪困扰的原因的认识。领悟是在理智和情感上对过去经历和现存问题之间关系的感知。修通是指反复解释和克服阻抗，从而解决个体在童年期产生的功能失调模式，并在新领悟的基础上做出决策。修通是团体的最后阶段，是一个漫长和艰巨的过程，要求成员全心投入。

(二) 行为疗法

1. 行为疗法的原理

行为疗法是指以各学派的学习理论为基础的多元化技术和方法的应用，是一种以研究行为的实验方法为基础的一般性的治疗方法。其基本假设为：

(1) 很多非适应性行为、认知、情绪都是习得的不良结构，并且通过新的学习可以对其进行修正和调整。

(2) 来访者所表现出的行为就是问题，而不仅仅是问题的症状。只要成功地解决这些问题行为就等同于问题本身得到解决，继而不会产生新的问题。

2. 行为疗法的各个阶段

(1) 初期阶段。

团体行为疗法初期阶段要完成的任务：领导者向成员提供所有关于团体历程的资讯；领导者通过团体治疗前的个别会谈，探讨未来团体成员的期望，协助成员决定是否加入该团体；建立团体的凝聚力和信任关系；协助成员逐渐熟悉团体的组织结构，鉴别成员的问题行为；评估行为问题，以具体的行为术语对问题做出描述；建立书面形式的团体辅导契约。

(2) 工作阶段。

工作阶段是辅导计划的实施和技术运用的阶段，是成员发生行为改变的关键阶段，常使用的技术如下：

强化 (reinforcement)，是指团体领导者和团体成员借由表扬、赞赏、支持、关注等给当事人提供激励的过程。社会性的强化是形成期望行为的一种强有力手段。自我强化是帮助成员主动改变的关键方法之一，这种方法可以帮助其增强自我控制，同时变得更加独立。

暂时契约 (contingency contracts)，清楚描述行为的产生、改变和终止，与完成目标行为相关的奖赏，获得奖赏的调节，以及目标行为实现的时间表。有效的暂时契约应该具备以下特点：清晰描述约定中要表现的具体行为；具体介绍团体强化和个体接受的即时强化；任务的观察、测量和记录的方法的描述。

示范 (modeling)，是指来访者通过观察和模仿来进行学习。来访者既可以模仿团体领导者，也可以成员间相互模仿。示范要在观察者在场时加以详细说明，并即时增强模仿者的积极行为。具体行为的示范作用经由团体活动的角色扮演所表现，并以生动的形式来实践。

行为演练 (behavior rehearsal)，目的是训练团体成员在团体之外，不存在示范线索提示的情况下，表现出所期待的目标行为，是目标行为在一个模拟真实情景中得到实践的方法。

指导性训练（coaching），指领导者和成员为有效地使当事人达成所期望的目标行为，而提供建议或一般性原理的方法。指导要随着角色行为的逐渐实践而减少，成员在真实情景中尝试新的角色之前，要能独立地预演。

反馈（feedback），在成员实践了一种新的行为后，领导者和其他成员对其表现所给予的建设性、具体性和正面性的语言反应。反馈包括对行为的赞赏与鼓励，以及对矫正错误行为的具体建议。

问题解决（problem solving），通过认知行为的手段让个体学会处理日常生活的问题的方法。问题解决过程的步骤包括：以问题解决为定向；处理好问题的界定和具体目标的形成；让成员对各种问题解决方案进行“头脑风暴”，集体讨论；评价各种建议的相对风险性、适宜性和可能的效果；来访者实施选定的方案，同时评价其效果。

（3）结束阶段。

领导者把重点放在帮助成员将团体内改变的行为转化到现实生活中。领导者采取以下行动来实现：鼓励成员承担不断上升的个体责任；在训练过程中为成员提供各种虚拟现实的训练情境；让成员做好准备面对挫折环境，学会处理各种可能的自我行为倒退问题；对预期目标行为进行过度化训练；传授转化新技能或新行为的技巧；协助成员相互之间设计具体的转化训练计划。

（三）以人为中心疗法

1. 以人为中心疗法的原理

（1）团体过程中的信任。

美国心理学家罗杰斯明确地提出，个体中心疗法要建立在对个体实现自我潜能倾向的信任的基础之上。以人为中心疗法深信，团体具有发展自身潜能并向建设性目标前进的能力，必须营造一种接纳和信任的气氛，让成员将平时隐藏的东西都表现出来，并产生新的行为方式。

（2）成长的治疗条件。

罗杰斯提出了以人为中心疗法运用到团体工作中的基本原则：个体具有很强的自我理解能力，也有能力改变自我概念、基本态度和自我指向性的行为；如果能够营造一种心理学意义上的助人气氛，个体的这些能力就可以得到发挥。领导者必须具备三种基本态度：真诚、无条件积极关注和共情。这三个因素是核心条件。团体能够提供促进成员改变的心理氛围，成员就能自我了解和改变。

真诚，是指领导者是真实的人，没有虚假的外表，内在经验与外在表现一致。要想达到真诚，领导者需要具备高水平的自觉性、自我接纳和自我信任。真诚需要进行深入的自我探索，并愿意接受这种探索所得到的一切真实结果。领导者在向成员表达情感时能够意识到自己所担负的责任，也能意识到与来访者就某些持续性情绪一起探索的重要性。真诚的领导者为成员做出榜样，帮助他们达到更坦诚的状态。

无条件积极关注和接纳，是指领导者对成员的接纳和关注。积极关注意味着对成员的感情和思想给予无条件的关注，不带任何的评价。与积极关注相联系的是无私的关怀，可以通过一些细微动作表现出来，如手势、眼神、语调和面部表情。如果这种真诚的关注为成员所感知，就可以有效地促进其自身的发展。优秀的团体领导者从接纳自己开始，进而在头脑中形成这样的信念：对成员认同、关注和接纳的程度越深，促使其发生改变的可能性就越大。

共情，也称为共感、神入、同理心等，指领导者通过设想个体的内在框架从而洞察其内心世界的能力。领导者不仅仅感受和理解成员的内心世界，还要就自己的理解与来访者进行有效的交流。完整的共情包括对成员正在表达的内容和情感的全面理解。共情最关键的部分是全神贯注地倾听。倾听不只是话语，还要注意个体表达的言语和非言语内容背后所隐藏的意义。共情是通过以下方式促进成员改变的：帮助成员注意并重视自己的体验；帮助成员从认知和身体上感受自己的体验；帮助成员以新的方式看待过去的经验，以此促使其自我认知和世界观的改变；帮助成员增加对自己的感知能力和决策能力的信心，并能够积极地采取行动。

2. 以人为中心疗法的发展阶段

罗杰斯总结了应用以人为中心疗法的团体中会出现的15个阶段模式，这些阶段并没有严格的前后顺序，在不同的团体中可以进行适当的调整。

（1）踌躇不前。没有领导者的带领，成员在活动的一开始不可避免地会出现一定的混乱、挫败感和踌躇不前，这可能表现在行动上，也可能表现在言语上。

（2）对个人表露和探索的阻抗。成员们最初会表现出他们认为可以被团体接受的行为，在表露私人信息时会表现出恐惧和阻抗。

（3）对过去情感的描述。尽管担心表露自己存在的风险，但个人情感的揭示还是在犹豫和矛盾中开始。

（4）消极情感的表露。情感表露逐渐转向成员此时此地的感受，一般都是对领导者没有提供必要指示的责怪。

（5）个人意义性材料的探索和表达。如果成员们发现自己的消极反应能够被团体接受，团体便形成一种信任的氛围，成员们会试探着表露个人信息。

（6）在团体活动中及时表达对人际关系的感受。成员们开始彼此对各种不良感受焦虑。

（7）在团体中发展自我康复能力。成员们表达关心、支持、理解和关注，团体会形成助人性的人际关系。

（8）自我接纳开始并发生改变。成员开始接受自己身上曾被自己否定或歪曲的部分，消除防御，积极地面对改变。

（9）正面接受。成员开始对团体的意愿做出反应，去除自己的面具和伪装。

（10）反馈。在接受反馈的过程中，成员可以获得更多的信息，帮助其确定哪些方面需要改变。

（11）面质。成员就一些带有很强情绪性的反馈彼此进行激烈的讨论。

（12）在团体活动之外形成助人关系。成员开始在团体之外进行交往。

（13）深入交往。成员们朝着一个共同的目标而努力，开始体验如何建立有意义的人际关系。

(14) 亲密感的表达。成员开始坦诚地表达对自己和其他成员的感受。

(15) 团体成员的行为发生改变。成员向他人表露更深层的情感，对自身有更深的理解，从而采用更加有效的方式与他人相处。

三、团体辅导的技术

领导者为了达成团体目标，发展团体动力，促进成员互动，提升效率，适时地采取某些方法、态度、策略或手段，都是技术的运用。在开展团体辅导时，领导者需要掌握一定的技术来保证活动的顺利进行。

(一) 基本技术

1. 反应技术

反应技术指领导者用来建立良好的咨询关系，营造安全接纳的团体氛围，增强成员对领导者、团体的信任感，促使其更加有勇气地开放自己，帮助领导者更好地收集成员资料、了解成员的技术。

(1) 倾听。

倾听是个体辅导和团体辅导共同的最基本的反应技术，是领导者听到成员说话的内容、声音和肢体语言等信息，更要让谈话者感到自己说的话正在被领导者所关注的能力。领导者不但要倾听团体发言者所表达的内容，而且也要听到所有团体成员的心声。即使对于沉默的成员，领导者仍要尽可能地觉察他们的想法和情绪体验。领导者倾听的态度和习惯比具体技术更重要。目光接触、身体语言、空间距离、沉默时双方都使用的传递信息等手段对于发展辅导关系、获得好的倾听效果都有着至关重要的作用。

(2) 反映。

反映是指领导者以重复方式来传递对成员说话内容和情绪体验的了解。反映分为内容反映和情感反映两种类型。内容反映要求领导者将成员谈话的主要内容、思想加以整理后，再反馈给当事人，使其有机会再次剖析自己的困扰，重新组合零散的事件和关系，深化谈话内容。情感反映要求领导者将成员的语言和非语言行为中所包含的情绪、情感内容整理好后反馈给当事人，以协助其觉察和接纳自己此时此刻的感受。

(3) 澄清。

澄清是指对于成员叙述中模糊、意思含混或隐含、意义不清楚的表达，领导者要求其做出进一步的补充、解释、说明，以便于更准确地理解他们的叙述。例如，领导者可以进行以下澄清："你是感觉生气，还是有其他的感觉呢?"或"对不起，我没太听清楚，你能再说一遍吗?"

(4) 摘要。

摘要是指领导者将成员的口语叙述、情绪感受和行为进行分析综合，以提纲挈领的形式表达给成员，如一个谈话主题或一次团体活动的总结。摘要口语用于团体活动的开始，尤其是当上次团体活动尚有未完成的任务，或部分成员有强烈的兴趣持续这个主题时，也可以用在某次团体活动的结束阶段。

2. 互动技术

互动技术指从整个团体层面和人际关系层面使用的技术，有助于建立成员之间、成员与领导者之间的良好关系，增强成员团体归属感，促进成员互动，增进成员自我表达等。

(1) 支持。

当成员表达意见，特别是成员分享个人内在深层次的感受和痛苦经验时，领导者给予支持，对成员的优点、已有的进步及他们的参与和投入进行肯定和鼓励，让其感到安全、有力量。

(2) 解释。

领导者对成员的某些行为、感受、思考提供可能的说明。解释有助于团体动力的发展，化解团体僵局，刺激成员进行自我探索以及引导新的观点。

(3) 联结。

典型的团体技术，是指领导者将不同成员所表达的观念、行为或情绪中的相似地方进行衔接，使之产生关联，以帮助成员了解彼此的异同之处，增加相互间的认同感，从而获得重新检视个体资料的机会和新的领悟，促进成员间的交往，增强团体凝聚力。

(4) 折中。

领导者对团体中各方不同的意见应采取客观公正的立场，并都给予存在的空间和表达的机会。

(5) 阻止与保护。

阻止是领导者为了防止团体或部分成员的不适当行为而采取的措施，包括攻击评判其他成员，给其他成员施加太多压力等行为。阻止不能针对个人，也要避免批评和贴标签。保护是领导者对团体成员采取的保护性措施，以确保成员在团体中免于不必要的心理冒险，或者不必要的身心伤害。领导者要敏锐地觉察团体中出现的冲突、团体压力或其他负向行为，及时采取安全措施。

(6) 催化。

催化是领导者在团体中进行明确的、直接的互动，帮助成员对团体的活动方向承担更多的责任，是贯穿团体过程始终的技术。催化团体的方法有：协助成员克服恐惧、忧虑等负面情绪，营造安全、信任和接纳性的团体气氛，邀请成员参加团体活动，减少成员对领导者的心理依赖感，鼓励焦点成员公开对话，适时、适当开展团体活动等。

3. 行动技术

行动技术指领导者主动地介入团体过程，从领导者自身的参考体系出发为成员提供新的信息，对成员的问题提出新的解释，带给成员更有力的影响的技术。行动技术带有明显的指导性和倾向性，使用时要有信任的关系和团体氛围作为基础，而且要适合团体的发展水平和团体此时此刻的状况。

(1) 提问。

领导者使用开放式提问有意探询成员的感受、经验与行为，以引导成员对自己行为的内涵与成因做自我探索。

（2）面质。

面质是指领导者向成员直接指出其存在的混乱不清、自相矛盾的观点、态度或言行的行动技术。通过面质，领导者可以协助成员觉察自己在感受、态度、信念及行为等方面不一致的地方，有助于成员增进自我认识，更好地适应生活。面质分为三种类型：成员的现实自我与理想自我的差异，成员的思维、情感与实际行动之间的差异，成员自己的体验与领导者对其体验印象的差异。

（3）示范。

领导者为成员提供模仿的榜样，以矫正其不适应的行为。示范能够为成员提供理想行为的范例，促使成员充分发展其潜能。

（4）自我暴露。

自我暴露是指领导者将自己过去的或现在的经验、体会、感受与成员进行分享的技术。领导者的自我暴露要避免太多或太少两个极端，要注意时机适当，必须与团体的主题有关，与当下成员的问题有关，应简明扼要，并很快将话题重新引回到成员身上，以促进成员的自我探索。自我暴露能促进更深层次的团体互动，促进信任，示范如何向他人暴露自己。

（二）幼儿团体辅导的特殊技术

由于幼儿的言语能力受到限制，自我及自我概念还有待进一步发展，他们不可能像成人那样用语言符号来表述和传达自己的经验世界的感受和情绪。因此，以下方式是领导者与幼儿之间沟通及进行辅导的重要渠道。

1. 游戏

儿童可以通过游戏来表达其丰富的内心世界，重要的情绪经验通过游戏能被表达和重新赋予意义。

（1）玩偶游戏。

幼儿可以将自己的想法和感受投射到玩偶身上，而不用承受直接面对真实生活中人和事的痛苦。领导者可以在幼儿进行玩偶游戏过程时去观察其想法、感受和行为。

（2）木偶游戏。

幼儿可以表演并处理其难以面对的想法和感受，还可以将其强烈的情绪发泄到木偶上，从而以安全健康的方式发泄情绪。

（3）规则游戏。

规则游戏可以让幼儿学习自律、合作、竞争，训练幼儿学会群体生活，是其完成社会化的过程。

（4）沙盘游戏。

通过沙盘游戏，幼儿可以自由地表达内心世界，可以自由地创造。

2. 绘画

幼儿的画就是他们的文字，他们作画的过程就是与自己、与团体成员或与领导者进行沟通的过程。从绘画中，可以看到他们对世界的经验和怎样组织这些经验的，以及他们对这些经验的反应和感觉；可以发现他们的愿望和需求，了解他们对自己的概念。绘画是幼儿自我探索、自我揭露和自我实现的主要而又特殊的途径，是幼儿的重要语言。

3. 音乐

领导者在团体中通过组织各种音乐活动，让幼儿在宽松、舒适而愉悦的环境中体验音乐作品所带来的美感和快乐，为幼儿提供一个安全愉快的人际交往环境，培养其参与意识。音乐还可以激发幼儿的各种情绪体验，在适宜的时机打破幼儿对情感的隔离和否认等防御机制，协助他们将消极的情绪发泄出来。

4. 舞蹈

在团体中，在音乐的伴随下，幼儿把肢体语言作为表达的媒介，宣泄直接的情感和内在的心理冲突。领导者引导幼儿进行身心觉察，认识身心之间的相互作用和影响，了解身体与他人的关系，掌握身体表达的技巧，以及在动作中如何建立关系，促进幼儿在情绪、认知、身体和社会性等方面的整合。

5. 讲故事

领导者先让幼儿说出他自己的故事，然后领导者回应故事，并介绍一个更合理的解决故事中幼儿冲突的方法。讲故事是一种建立融洽关系的很好的方式，并能更多地了解幼儿。幼儿通过讲故事，交流与自己及家庭有关的重要信息，并学会表达和控制情感。领导者通过听故事能更好地明白幼儿的防御、冲突和家庭动力系统。

6. 阅读

阅读的书籍包括短故事或小说、自传或其他非小说，如纪实文学、童话、图画书及自助书等。阅读可以鼓励幼儿自由地表达出被压抑的问题和事件，分析与自我和他人有关的想法和行为，降低焦虑，提供情感释放，以一种轻松的方式来试验新的应对技巧和新的解决方法。

此外，一般的体育运动、表演等活动也能让幼儿将内在的愿望、需要、情绪、想法等投射其中，幼儿在这些活动中展现自己、表达自己，并与他人进行互动。

第二节　幼儿心理问题团体辅导实操

一、前期准备

（一）团体需求评估

通过团体辅导（简称团辅）活动，教师可以促进幼儿的生理发展、认知发展、人格发展和社会化。由于幼儿的语言表达能力和认知能力有限，幼儿不能很好地认识到和表达出可能产生的认知、人格发展和社会化的问题，因此团体辅导需要教师根据日常生活中观察到的幼儿在生活与学习中所遇到的问题进行评估，然后设置适当的团辅主题。团辅主题应与3～6岁儿童的发展任务紧密相关，在发现幼儿当前存在的问题后教师应及时干预。在团辅活动中，教师既要尊重儿童的意愿，发挥儿童的主观能动性，又要贯之以教育的意义于安排中，发挥引导者的作用。

那么，3 ~6 岁儿童有哪些发展任务，怎样的发展状况意味着儿童需要教师进行团体辅导等干预呢？

1．心理状况评估

幼儿的情绪是判断幼儿心理状况的首要指标。教师在评估日常生活中幼儿的情绪表现时，可以观察幼儿情绪是否稳定、能否经常保持愉快的心情，如有强烈的情绪反应时，能否在成人的提醒下逐渐平静下来或者儿童是否掌握了适当的表达情绪的方式。如果儿童不能达到以上要求，则需要教师进行适当干预，通过游戏的形式营造温暖、轻松的心理环境，让幼儿形成安全感和依赖感，并帮助幼儿恰当地表达和调控情绪。

3 ~6 岁的幼儿面临与父母分离的焦虑时，适应新环境的能力对他们来说非常重要。幼儿的环境适应问题也是首当其冲需要解决的问题。教师需要注意观察幼儿能否适应集体生活，较快适应新环境。如果幼儿在新环境中出现了情绪不稳定、睡眠和饮食不规律的问题，或者面对人际关系的变化不能较快适应，教师则可以增加幼儿人际交往活动时间，通过团体辅导锻炼幼儿适应生活与人际环境变化的能力。

3 ~6 岁是幼儿养成良好生活习惯的关键时期，教师应注意观察幼儿是否具有良好的生活习惯与卫生习惯，及时发现幼儿生活中遇到的习惯问题，适当进行辅导和干预。幼儿的生活习惯和卫生习惯问题包括幼儿能否按时睡觉和起床，是否偏食、挑食，是否喜欢吃健康食品，是否注意个人卫生如常洗手。如观察发现儿童缺乏良好的生活习惯与卫生习惯，则需要教师帮助儿童认识到养成良好习惯的重要性，通过活动养成幼儿的良好习惯。

3 ~6 岁幼儿需要发展基本的生活自理能力，有一定的独立性。教师可以留意幼儿在穿脱衣服、整理自己的物品方面的表现。3 ~4 岁幼儿应能在他人帮助下穿脱衣服，4 ~5 岁幼儿则应能自主穿脱衣服，5 ~6 岁儿童能根据冷热增减衣服、整理自己的物品。如果教师发现幼儿在生活自理方面存在问题，则可以通过活动引起儿童对自理能力的重视，鼓励儿童做力所能及的事情，激发儿童的自主性，并对儿童生活自理进行具体的方法指导。

2．语言

语言是交流和思维的工具。幼儿期是语言发展，特别是口语发展的重要时期。幼儿的语言能力是在交流和运用的过程中发展起来的。

在倾听方面，教师需要评估幼儿是否能认真听并能听懂常用语言，5 ~6 岁儿童能否主动提问并理解一些表示因果、假设等相对复杂的句子。教师如发现儿童之间矛盾较多，互相不能认真倾听对方的观点，应通过活动给幼儿提供倾听和交谈的机会，引导幼儿学会认真倾听。

在表达方面，教师首先需要观察幼儿的讲话意愿，如幼儿是否敢在熟悉的人面前说话，大方地与人打招呼，表达自己的需要和想法。如果教师发现幼儿不敢说、不想说且不积极回应，需要教师通过活动为幼儿创造说话的机会并体验语言交往的乐趣，引导幼儿清楚地表达。

幼儿阶段也需要强调幼儿语言习惯的文明，如目视对方，讲话自然，声音大小适中，使用礼貌用语，不说脏话、粗话，不随意打断别人，能表达安慰。如部分幼儿出现不良语言使用习惯时，则可以通过活动使幼儿认识到文明礼貌用语的重要性，练习使用文明礼貌用语。

3. 社会

幼儿社会领域的学习与发展过程是其社会性不断完善并奠定健全人格基础的过程。幼儿在和同伴交往的过程中，不仅学习如何与人友好相处，也在学习如何看待自己、对待他人，不断发展适应社会生活的能力。

尊重集体的行为规范是融入集体的基本要求，如幼儿有不经允许就擅自拿别人的东西、不爱护公物、说谎、不认真负责地完成自己所接受的任务等问题，很容易受到集体的排斥。教师应针对不能遵守集体行为规范的幼儿进行辅导和干预，结合社会生活实际设计团辅主题，帮助幼儿在互动过程中了解基本行为规则，体会规则的重要性，自觉学习遵守规则、诚实守信。

部分幼儿不能适应幼儿园的人际关系，人际交往意愿低，不愿意与小朋友一起游戏，不愿意与教师交谈、活动，不愿意与大家分享。如果教师发现集体中部分幼儿出现此类情况，面对社交活动比较退缩时，则可以通过活动的方式，创造交往的机会，让幼儿体会交往的乐趣。

幼儿适应集体活动的表现有：能友好请求、不争抢玩具，与同伴发生冲突时听从成人的劝解，年长一些的儿童还能与同伴一起克服困难，与同伴发生冲突时自己协商解决。如幼儿出现不适应集体活动的问题，常与同伴发生冲突矛盾，教师应对儿童进行教育和辅导，也可以通过活动引导幼儿学习交往的规则和技能，引导幼儿换位思考、理解别人。

教师和家长都希望幼儿能成长为一个自尊、自信的个体。幼儿拥有足够的自尊、自信，就会根据自己的兴趣和想法进行活动，具有创造性和自主性。自尊、自信的幼儿愿意承担力所能及的任务，甚至发起一些挑战和学习不会的事。而后，在产生自己的活动成果时，幼儿收获到喜悦感和成就感，从而进一步促进幼儿的自尊、自信。如观察到部分幼儿出现不自信的现象时，教师可以组织这部分幼儿参与以培养自信为主题的团辅活动，提高其自尊和自信心，通过活动鼓励幼儿自主决定、独立做事。

幼儿只有关心、尊重他人，才能更好地融入集体。如今的儿童都在父母的高度关注下成长，性格更为自我，可能更关注自己的需求而忽视他人的需求。3～6 岁阶段，幼儿应做到在他人讲话时认真倾听，不随便打扰别人，能注意到他人的情绪，并有关心和体贴的表现。以关心他人为主题的团辅活动可以改善幼儿以自我为中心的问题，提高幼儿关心他人的能力。

（二）团辅领导者及助手培训

一般来说，团辅活动中需要一名主教和一名助手。接下来将详细介绍团辅主教的职责与团辅主教需要掌握的理论知识与技能。

团辅主教的职责有：调动团体成员参与的积极性，适度参与并引导，提供恰当的解释和创造融洽的气氛。因此，团辅主教需要掌握高超的沟通技巧和控场能力，以及对团辅方案内容有深入的理解和应用。对幼儿进行团辅，与一般的中小学生、成人的团辅不同，主教需要注意与幼儿沟通的语言，短时间内形成与幼儿之间的联系，引导幼儿参与到团辅活动中来。

1. 理论基础

团辅主教应掌握不同年龄幼儿身心发展特点、规律，了解幼儿发展中容易出现的问题。

2. 沟通技巧

（1）如果有条件，请熟记幼儿的名字。

教师能记住幼儿的名字，并且亲切地呼唤幼儿的名字，幼儿会觉得自己受到教师的重视，这时，教师和幼儿之间就联结了起来。熟记幼儿名字是教师与幼儿之间沟通技巧的第一把钥匙，也是沟通的基础。

（2）时刻注意平等交流。

教师应支持、引导幼儿的活动，成为幼儿活动的支持者、合作者和引导者，视儿童为平等的合作伙伴，而不是命令和指挥。“请坐好”“请你这样做”，这样的话看似礼貌客气，其实是以一个指挥者的身份出现的。教师在指导和支持幼儿的探索活动时，应常以商量的口吻和讨论的方式。比如，当教师需要幼儿帮忙时可以说：“你可以帮我一下吗？”以此来得到幼儿的帮助、锻炼幼儿，而不能以命令的口气说：“快点帮老师收玩具！”当幼儿完成收拾东西的任务时，我们在一旁提醒：“你们是不是需要一个筐？”这样幼儿就会清楚地意识到可以把要收拾的东西放到筐里，但如果直接说：“来把东西放到筐里。”则很难引导出幼儿的归纳意识，难以达到预想的效果。所以，我们应常说“没关系”“能不能”“一起来好吗”“你说应该怎样呢”“你先自己试试看”“你可以帮我一下吗”等。

（3）语言的艺术化。

在设计团辅方案时，考虑到幼儿年龄小，理解能力较差，团辅活动中使用的语言应当避繁求简。教师在与幼儿交谈时应使用句法结构较为简短、词汇涉及范围较小的语句。教师的语言应力求简单、直白，这样才方便幼儿理解。

在团辅过程中，幼儿教师的语言要形象生动，富有趣味性，多使用些儿童化、拟人化的语言，将一些无生命的东西赋予生命来吸引幼儿的注意。当幼儿们在活动中很吵闹，教师需要维持秩序，让幼儿们安静下来时，可以说：“咦，我们的教室里怎么嗡嗡嗡嗡的，好吵呀，是不是从哪里进来了一群小蜜蜂？”这样委婉地提出要求，孩子们不仅能很快理解，并且能欣然接受教师的要求。这就是比喻修辞的效果，可以让生硬的命令变得极具趣味性。激发幼儿的学习兴趣，调动潜在的学习积极性，也可以用到生动形象的语言。生动形象的语言将幼儿的学习兴趣充分调动起来，使他们在愉快的情绪中自觉、主动学习。讲故事时，教师可以对故事中的角色进行角色扮演，比如扮演鸭子时，用又粗又涩的声音；扮演坏人大灰狼的角色时，注意腔调要恶狠狠的；老巫婆的声调则是阴郁尖锐的；等等。童话世界中的人物一个个都被鲜活地呈现出来，幼儿被引起强烈的兴趣，之后教师与幼儿的交流、教学也会进行得顺利且充满活力。

教师要熟练掌握用语言激励学生，激发学生学习、社交等活动的兴趣的能力，这样才能更好地达成团辅活动的目标。首先是激发孩子表达的兴趣。教师要关心孩子的所思所想，鼓励、引导孩子多说，不放过任何机会。注意在交谈时应该寻找孩子能理解的、感兴趣的话题，引导孩子观察和思考，引发孩子积极思考、大胆表达。教师可以说“你去尝试一下，失败了也没关系！”鼓励孩子不怕困难，说“你试试看！”鼓励孩子勇敢挑战，说“再想想，就能想出来了。”鼓励孩子不言放弃，说“这件事应该难不倒你的。”则可以给孩子带来信心。当幼儿即将失去信心、缺乏解决问题的动力时，这些语言是一种支持性的力量。而不管幼儿大胆的发现和想法是否正确，只要合理，教师都应该及时鼓励。“嗯，真不错”“你真行”“你的想法很特别”等等都具有很好的鼓舞力量，能激发他们进一步表现的欲望。

语言的语气、语调也对团辅活动中主教的引导所产生的相应效果具有重要的影响。如当幼儿提出不合理的要求时，应该以比较坚定的语气表示不同意；讲故事时，尽量把故事人物高兴、悲伤的心情用不同的语气、语调表现出来。对于略大一些的中大班幼儿，要注意语言的坚定和亲切，使幼儿感到老师的话是经过思考的，不是随随便便说的，是值得听的。

（4）目光接触、面部表情、体态的运用。

在团辅活动中，不仅要运用语言，还要运用目光、面部表情和体态，尤其是面对幼儿的团辅。幼儿的语言理解能力有限，但能够跟随老师的动作行动，能领会老师的神态所传达的情绪。目光的接触本身也是一种交流和沟通，用目光来和幼儿进行交流，幼儿有时能通过老师的一个眼神明白老师要说什么。

幼儿教师的体态比如微笑、手势、肢体动作，都可以强烈地感染幼儿。教师的微笑可以建立与幼儿之间的连接，能使幼儿从心底里自然而然地亲近老师；团辅中教师可以非常方便地使用肢体动作，帮助幼儿更容易、直观地理解抽象的内容。

二、幼儿团体辅导的方案设计

（一）团体辅导方案设计的原则

想要在幼儿群体中展开行之有效的团体心理辅导，需要遵循团体心理辅导的一般原则，并结合幼儿心理发展的特点设计辅导方案。具体而言，领导者在设计方案时需要把握以下三项原则。

1. 整体性

设计者需要从目标出发，从宏观的角度对整个方案进行系统把握。一个良好的幼儿团队辅导方案需要前后目标一致，并依照由易入难、由浅及深、由浅表信息交换到深层自我经验披露的次序循序渐进地展开。根据幼儿的认知规律，领导者需要指导幼儿从行为、情感层次的活动中出发，逐步进入认知层次，促成个体对团体的融入。此外，设计者还需要注意在设计过程中保证每个子活动均符合团体辅导的主题，保持整个活动内容的完整与统一。

2. 针对性

在每次团体辅导中，领导者面对的对象都不是完全相同的。因此，方案的设计者需要充分考虑参与活动的成员的特点，如年龄构成、性别构成和人际交往能力的发展水平。对于年龄较大的幼儿，静态性活动设计是更加合适的选择，而性格安静的幼儿则一般更适合催化性活动。此外，团体辅导活动的每个阶段均具有各自需要考虑的要点。例如，在团体初始期的相互认识阶段，应该设计一些交流层次不深、对个体不具有危险性的活动；而在团体辅导的转换期和工作期，设计者应该选择一些兼具体验分享和深入思考的活动以催化团体动力，比如“同舟共济”；最后，在团体的结束期，设计者应当让参与者有意识地回溯自身对团体的整体经验，并留出时间给参与者，让他们交换反馈、相互激励。

3. 可实现性

一个良好的幼儿团体辅导方案应该是一个能够稳定实现的方案。为了达成这一目标，领导者应该关注自身特质，并提前了解参与者的特征和主要目标，合理评估自身与参与者之间的匹配性。此外，领导者应当尽量选择、设计内容熟悉且有把握的活动，并最好在带领新活动前自己完整操作一次，以保证活动具有一定弹性和良好的安全系数。

总而言之，领导者应当了解影响幼儿团体辅导的各种可能因素，在规范和灵活变通之间保持平衡。团体心理辅导中，领导者是最重要的灵魂角色，只有专业认真、经验丰富的领导者才能适时催化团体气氛，激发团体动力，并随时结合方案设计和实际情况，调整团体目标的追求，发挥方案设计的优势，完成既定的目标。

（二）团体辅导方案设计的内容

为了保证团辅活动的有序进行，领导者需在团辅前制定完善的团辅方案。团辅方案分为结构化设计和非结构化设计两种，但任何设计模式的团辅方案，都应该包含以下几个内容：

（1）确定对象。即确定哪些人需要参加本次团体活动。

（2）制定目标。针对对象，了解和评估他们的需要，再确定团体活动要达到的具体目标。

（3）进行方式和活动的设计。设计和创造团体经验以引导成员参与分享。

（4）思考配合团体辅导进行时所需要的场地、设备与材料。

（5）将设计好的活动先组成一个试验性小团体试用一次，并讨论思考和修正。

（6）准备每一次活动进行的大纲以及必需的材料。

（7）准备一些备用活动，根据团体活动的进展有弹性地调整原先的设计。

（8）团体活动结束时，应用问卷或其他方式方法来了解大家对团体的反馈，以评估活动是否达到团体的目标。

（9）团体的反馈、自己的检讨以及所记录的资料都应加以保存，以供下一次改进参考。

对于幼儿的团体辅导，提供以下几个主题参考。

1. 学习人际交往

人际关系是人与人之间通过交往与相互作用而形成的直接的心理关系，良好的人际关系有利于心理健康发展。幼儿的人际关系比较简单，涉及较多的是师幼关系、亲子关系及同伴关系。在这些关系中，较难处理的是同伴关系。因为在这一阶段，父母、教师有很大的主动性、包容性、单方面付出性，幼儿之间更多的是平等交往关系。设计这一主题，主要是帮助幼儿学会如何与同伴交往、共处，同时帮助父母、教师更好地了解幼儿并采取合理的方式去引导幼儿，以促进幼儿的人际关系和谐。

2. 学习独立

当前社会普遍存在幼儿不会主动、独立去解决问题的现象。父母对孩子的溺爱导致孩子从小到大对父母存在较大的依赖性，独立自主能力较弱。这一主题一方面是给孩子更大的独立自主发展空间；另一方面也是从幼儿时期开始培养其独立能力，让幼儿养成遇事先思考如何解决而不是直接向父母求助的习惯。

3．提升自信

我们身边有很多人不敢在别人面前讲话、不敢上台表演，甚至连别人提到自己的名字也会感觉到紧张。他们经常质疑自己的能力，盲目自卑或过分自负。这一主题的设计，主要在于帮助幼儿克服胆小、恐惧的心理，培养幼儿的自信心和自我认同感。在活动开展的过程中，需要教师、家长积极鼓励和正确引导。

4．学会自律

自律意识是指个体自觉自愿地管束自己言行的积极的主观意愿。个体一旦形成自律意识，外界强制力便很难对其产生影响。这一主题目的在于培养幼儿的自律意识，让幼儿学习规划自己的生活，从小养成良好的生活习惯。

5．规则认同

俗话说：没有规矩不成方圆。个体需要从幼儿时期培养规则意识。规则认同这一主题，一方面帮助幼儿从小培养规则意识；另一方面则是让幼儿在活动中体验规则，对规则破坏所产生的危害性有一个大概的认识和了解。

6．情绪管理

幼儿情绪能力是指幼儿能够辨识、理解自己与他人情绪，并在此基础上进行调节、控制和适当表达情绪的能力，主要由情绪识别与表达、情绪理解和情绪调节三个维度构成。幼儿的情绪能力作为其非智力因素中的核心要素，对幼儿的社会性发展、健康心理状态的形成乃至幼儿一生的发展都有着非常重要的意义。情绪管理这一主题目的在于开展幼儿情绪教育，促进幼儿情绪能力发展。

（三）团体辅导各阶段的特点及主要任务

尽管不同的团体辅导由于参加成员不同、目标不同、活动方式不同，每个团体辅导都会经历不同的发展，但团体辅导大致都分为五个阶段，即团体辅导的创始阶段、过渡阶段、规范阶段、工作阶段和结束阶段。

1．团体辅导的创始阶段

这一阶段领导者的主要任务是协助幼儿相互间尽快熟悉，增进彼此了解，获得初步的安全感，并与幼儿订立团体目标、团体规范，最终建立安全和信任关系。这是团体进行下去的前提条件。通过一些语言与非语言的交流形式，幼儿们开始互相交往、相识。

2．团体辅导的过渡阶段

这一阶段领导者的主要任务是提供鼓励与挑战，使幼儿能面对并且有效地解决他们的冲突和消极情绪，以及因焦虑而产生的抗拒，使团体进行到彼此有效地建立成熟关系的阶段。团体领导者必须冷静沉着面对，主动真诚而积极地关心每一个幼儿，协助他们了解自我防御的行为方式及处理冲突的情境，鼓励幼儿大胆发言、勇于探索，积极地参与到团体活动中去，协助他们成为团体中独立自主的一分子。

3. 团体辅导的规范阶段

随着团体成员彼此互动、尊重和接纳的增加，幼儿获得更多的满足感，有更多的参与活动的积极性。

4. 团体辅导的工作阶段

这一阶段是团体辅导的关键时期。幼儿充满了安全感、归属感，表露出更多的个人资料及其生活中的问题，并愿意探索问题和解决问题。这一阶段团体领导者的主要任务是协助团体成员解决问题。领导者不仅要示范，而且要善用团体的资源，在充满信任、理解、真诚的团体气氛中鼓励成员探索个人的态度、感受、价值与行为，使成员将领悟转化为行动，增强成员之间的相互支持和帮助，鼓励成员尝试新的行为。

5. 团体辅导的结束阶段

这一阶段团体成员主要必须对自己的团体经验做出总结，并向团体告别。领导者要把握好这个机会，认真总结整个团体过程，并协助幼儿做出个人的评估，鼓励幼儿将团体所学的用于实际生活。

（四）团体辅导效果评估

团体心理辅导评估是指通过不同的方法，搜集有关团体目标达成的程度、成员在团体内的表现、团体特征、成员对团体活动的满意程度等资料，帮助团体领导者及团体成员了解团体心理辅导的成效。

通过团辅效果评估，我们可以有效监控团辅方案的执行情况，辨明问题和及时修正；还可以改进今后同类团辅方案的设计、训练策略。评估也能协助团体领导者了解和改进领导技能，提升专业水平。

团体辅导效果可以从团辅过程进行评估，也可以从团辅预期目标是否达成进行评估。在评估前，要先确定评估的依据即我们要评估什么，确定评估的标准即用什么来评，以及确定评估的方法即怎么评。

在团辅过程中，我们可以评估团体成员的反应。例如可以观察小组成员的沟通形态，分析小组成员察觉行为和感觉的程度，其他组员对自己行为与感觉的了解程度，并通过大多数组员在沟通互动中的开放度与互动度，评估小组在团辅过程中的团体动力与团体成效。

除此以外，我们还可以选用适当的标准和方法来评估团辅过程中成员在团体内的表现和团体特征，例如团体领导者的工作方法与技巧使用是否恰当，团体内成员的合作是否充分，以及成员的关系、气氛、计划执行、团体事件处理、领导者的领导行为、团体单元满意度、个别成员的改变历程、参与程度等。

评估团体辅导在既定目标上的有效性可以采用心理测验法、行为测量法、问卷调查法、访谈法。行为表现测量主要指对小组成员的评估，包含了对小组成员的目光、讲话声量、讲话流利度、动作手势自然度、语气肯定度的评定。而自编调查问卷测验法则是在团体结束后，给组员分发问卷，请其评估自己在团体中的改变。访谈法也同样可以在团体辅导后，对小组成员进行访谈，了解小组成员对团辅结果的评估，如团辅是否对自己有帮助/改变、有什么样的帮助/改变、改变是怎么发生的。总之，在团体辅导结束时，了解团体成员对团体的满意程度、对活动的看法和感受，可使领导者客观评定团辅成果，改进工作。

三、安全措施

孩子们在进行户外活动时，有许多未知的安全隐患。在团辅活动开始前，教师应该未雨绸缪，提前做好安全教育，提高幼儿自我保护意识和安全意识。面对一些潜在的危险因素，教师要充分考虑到，并且在团辅活动之前，必须口头或者使用多媒体视频等技术为孩子一条一条讲解活动过程中的注意事项，引起孩子们的重视。因为仅仅是口头的提醒是不够的，孩子自身的安全意识有限，所以教师还应该在可能发生伤害的区域放置颜色鲜艳的警告标志，例如在墙角处、桌角处放置警告标志等。当孩子看到这个警告标志时，他在玩耍时才会及时注意。

对于一些运动量较大的游戏活动，教师要教育幼儿遵守游戏规则，同时教导幼儿一些运动技能的保护方法。幼儿的年龄小，对动作技能掌握水平不高。教师要根据学生年龄特点和认知能力水平，提供一些简单扼要的动作技能示范。为了学生学习的技能能够不流于形式，教师最好能以身示范，并且确保学生的注意力集中，然后将动作技能的要领传授给学生，确保学生学习的动作保护技能能够真正派上用场。

团辅活动的物品放置。放置在活动区域内的物品帮助团辅活动实现其教育价值。幼儿在参与活动的过程中，可以使用不同的物品实现不同的操作和活动模式。幼儿在与物品互动的过程中所获得的学习经历也是不同的。为了团辅活动的顺利完成，放置户外活动的物品的过程中需要特别注意。由于参与团辅活动的成员是没有自我保护意识和缺乏自我控制能力的幼儿，所以首先必须保证团辅过程中所使用的物品是卫生、安全的。也就是说放置在活动区域的物品必须能保证幼儿的安全，活动区域的物品的材料也需要兼具卫生的特征。团辅活动中所使用的物品的材料如塑料、钢铁原则上不能出现锐角，以减少刺伤现象的发生。

第三节　幼儿心理问题团体辅导案例

一、幼儿心理团体辅导课程设计

（一）团体心理辅导课程目标

团体心理辅导的功能与目标有矫治、预防和发展三个层次，且预防、发展重于矫治。也就是说，不是学生出现了心理问题才需要进行团体心理辅导，而是通过辅导，一方面帮助学生掌握有关知识和社会技能，学会用有效的、合理的方式满足自己的需要，提高人际交往水平，学习自主地应付由挫折、冲突、压力、焦虑等带来的种种心理困扰，减轻痛苦、不适的体验，防止心理疾患的产生，保持正常的生活和学习；另一方面协助学生树立有价值的生活目标，认清自身的潜力和可以利用的社会资源，承担生活的责任，发挥个人的潜能，过健康快乐的生活。

在团体心理辅导中，教师和学生的地位是平等的，教师要允许和鼓励学生发表不同的观点、看法，重视学生的意见，移情理解学生，尊重学生，不能居高临下地训斥学生，不能讽刺、嘲弄学生，不揭学生“短”，要无条件地关怀和接纳学生，让学生感受到教师对他们的理解、尊重和接纳，从而抛开心理上的防范，对自己的内心世界做更自由的、深入的探索。

团体心理辅导过程中，团体目标具有四个功能：①导向性。团体目标引导着团体活动过程的方向，是领导者与成员经过共同努力要实现的状态。②聚焦性。团体目标可以协助成员将自己的注意力集中在团体主题上。③激励性。团体目标有助于调动成员的积极性，努力克服暂时困难，而最终达成目标。④评估性。团体目标为领导者评价带领团体的效果，以及适时调整团体活动主题提供了一个参照标准。汉森（Hansen，1980）将团体心理辅导的目标分为过程性目标、成员个人性目标和一般性目标。

（二）团体辅导课程内容

儿童身心健康是心理与外界环境相互适应过程中和谐发展的结果。《中国儿童发展纲要》指出“幼儿期是生理和心理发展的关键时期”，良好行为习惯的养成对身心健康有重要的作用。但是，有研究发现，目前我国的儿童心理健康问题非常不乐观，小班和大班幼儿以社会适应不良为主，中班幼儿则品行障碍突出，长期发展下去影响幼儿心理健康发展。我国教育部在2001年发布并施行了《幼儿园教育指导纲要（试行）》，该文件提到“使儿童情绪保持稳定、愉悦”“使儿童产生安全感、信任感”“帮助儿童树立科学的生活习惯”“提高儿童对社会环境等外界范畴的适应能力”等主要内容，指出必须高度重视他们的心理健康，要培养幼儿坚强、勇敢、不怕困难的意志品质和主动、乐观、合作的态度。

世界卫生组织曾经提到未来全球儿童心理障碍还会持续地增长，通过调查的数据发现，我国学龄儿童心理问题占有15.6%，因此必须采取综合措施予以干预。由于幼儿团体心理辅导活动的特点是预防性和适应性，这决定了在内容的安排上以发展中的个体在现阶段可能面临的“关键事件”为主题，它是为去预测个体需求且满足这些需求做准备。

（三）团体辅导课程方法

1．团体讨论法

团体讨论法指就团体共同关心的比较有意义的问题展开交流和讨论，使问题更加清楚，达成共识。

2．角色扮演法

角色扮演法是让团体成员依据一定的故事情节，简单模仿故事中的人物，体验不同的社会角色，达到理解他人、相互了解的目的。

3．行为训练法

行为训练法指安排一定的训练任务，要求组员按时完成，以达成养成良好行为、克服不良行为的目的。行为训练法遵循从易到难原则、示范性原则和及时强化原则。训练程序包括：情境的选择与描述—确定训练目标—团体讨论—提供示范—正式训练—总结与评价。

4．心理剧

心理剧是通过特殊的戏剧化形式，让组员扮演某种角色（角色扮演），借助某种心理冲突情景下的自发表演，主角的人格结构、人际关系、心理冲突和情绪问题逐渐呈现于

“舞台”，在主试的间接干预和同台参演者的协助下，使心理问题得到解决的一种团体心理咨询与治疗的形式。心理剧基本要素包括导演、主角、配角、观众和舞台，表演过程为暖身—表演—分享与讨论，基本技术包括自我介绍、角色转换、独白、替身技术、镜照技术、梦幻商店、未来投射等。

5. 敏感性训练

敏感性训练是一种从团体心理治疗法发展起来的团体训练技术，即对正常人在群体中的人际技能及其有效性获得反馈的方法。

6. 认知—行为改变法

认知—行为改变法是通过改变当事人的认知—心理意向、观点、信念和思维方式，重建其理性化思考，进而改变情感体验与行为模式的方法。其主要技术包括：理性情感疗法、自我指导训练、应对技巧训练、内隐示范等。

二、幼儿心理问题团体辅导活动

（一）游戏为主：以幼儿的分离焦虑问题为例

【实操展示】

幼儿的分离焦虑——第一节　相识你我他

（1）单元活动名称：“相识你我他”。

（2）活动的目标：帮助幼儿组员适应，并避免活动使小组成员产生不安情绪。

具体分目标：

①使组员熟悉自己周围的环境，增强组员的安全感；

②记住组员的基本状况和信息，包括姓名、年龄；

③让父母及监护人更多了解幼儿是否适应幼儿园的情况。

（3）活动场地：幼儿园儿童活动室。

（4）活动人数：8 人小组（家长一起参与）。

（5）活动时间：50 分钟。

（6）活动内容：

活动一：老师介绍，致欢迎辞（10 分钟）。

活动过程：老师首先应向小组成员进行简单的自我信息陈述，致本次团体辅导活动开幕辞，开幕辞内容包括活动的主要目的、目标以及能够达到的效果；然后对各小组成员进行介绍，让各小组成员互相认识、了解，让他们互相之间开展活动，进而让小组内的气氛变得活跃。

活动二：制作“幼儿树”（15 分钟）。

活动过程：按照各个小组内以及班级的最基本信息，幼儿园管理者、儿童、父母共同完成“幼儿树”，每一片树叶指的是各个小组的不同的儿童。后期引导幼儿和家长共同写下自己的姓名、家长的电话等基本信息，并在“幼儿树”上粘贴幼儿和家长的照片。

活动三：游戏“小鸡出壳”（15 分钟）。

活动过程：在废旧报纸上画上大鸡蛋，并分散放在地上。家长在鸡蛋的中心戳一个洞，帮助幼儿从洞里钻出，穿过报纸，然后幼儿发出“叽叽”声响，即为孵出一只小鸡。孵出小鸡最多者胜利！

活动四：活动总结（10 分钟）。

活动过程：老师首先赞赏在活动中最活跃的几个幼儿，然后总结本次活动的意义、目的以及效果，激励、鼓舞各个小组的成员继续参加以后的活动，将下次活动举办的时间告知各个成员及负责人；最后将“幼儿树”上的名字逐一念出，并且互相告别。

（7）活动过程与评估。

本次团体活动目标是让组员之间、组员与老师之间形成良好的关系，给幼儿提供独立选择的机会。因此，在制作“幼儿树”这一环节，要让幼儿独立为树叶挑选自己喜爱的颜色，依照自己的喜好制作树叶。幼儿通过这种简单的游戏充分发挥自我和表达自己，可以增强幼儿对周围环境的操纵感。在每一环节结束时，老师都要对幼儿进行表扬，其实每一个孩子都希望能得到大家的重视和赏识，因此老师应该对他们多加表扬和鼓励，来增强他们的自信心，也可以使他们获得更多的荣誉感，从而使他们在被表扬之后就会想着如何去更积极、更加努力地把这一整个事情做得更好。第一次活动采用亲子活动的方式来举行，是为了能够让幼儿对后面的活动有更多的兴趣。本次活动之所以采用亲子活动的方式，并不是因为主办方担心家长的离开会让幼儿产生厌烦的心理而拒绝参加，而是为了帮助幼儿渐渐地脱离家长的帮助，锻炼他们逐步独立地参加到整个小组的活动中来，并且能为下次的活动奠定基础。

幼儿的分离焦虑——第二节　猜猜我的朋友是谁

（1）单元活动名称：猜猜我的朋友是谁。

（2）活动目标：保证各个成员能互相了解、认识。

具体分目标：

①能够准确说出组内成员的姓名，从而减少之前的害羞与不适的感觉；

②缓解幼儿在园时因父母离开而造成的不适。

（3）活动场地：幼儿园儿童活动室。

（4）活动人数：8 人小组。

（5）活动时间：50 分钟。

（6）活动内容：

活动一：暖场（5 分钟）。

活动过程：依照“幼儿树”上的名字点名，老师叫到哪位幼儿的名字，幼儿就举手答“到”。

活动二：集体游戏——小兔子（20 分钟）。

活动过程：老师组织幼儿围成一圈，叫出一名幼儿，其余幼儿闭眼。被叫出的幼儿绕着圈走并且手持小兔，在幼儿放下小兔于另一名幼儿身后的同时，老师暂停游戏，这两个幼儿需要同时站起来，拥抱并且大声喊出来“我们两个是最好的朋友”，每一个人都可以有机会进行一次游戏。

活动三：绘本故事——《抱抱》（20分钟）。

活动过程：幼儿走进“儿童绘本阅读室”，脱鞋坐好，老师开始讲《抱抱》。老师在分享图书的过程中加入让幼儿彼此熟悉的环节。老师向幼儿询问书中动物的名称，让知道的幼儿说出小动物的名字和自己的名字，帮助幼儿相互熟悉。

活动四：活动总结（5分钟）。

活动过程：老师首先赞扬各个小组成绩突出的成员，然后通过实际行动鼓舞、引导他们更多地参加这种类型的活动，最后让各个幼儿有规律地从门口离开，在一旁安心等待父母迎接。孩子们在走之前和老师作别。

（7）活动流程与评价。

幼儿在讲解绘本故事的环节会慢慢淡忘了心中的不安，跟随故事的情节进入人物，不是仅仅想到了自己，还更多地去关注身边的其他小朋友，在克服了自己的不适感的同时，也温暖了身边的其他小朋友。本次活动让幼儿独立参加，是想通过注意力转移的方式缓解幼儿的分离焦虑，改善活动中组员和老师、组员和组员之间的氛围。

（二）团体训练为主：以幼儿的环境适应和行为规范问题为例

【实操展示】

幼儿的环境适应和行为规范——第一节　我们一起做游戏

（1）单元活动名称：我们一起做游戏。

（2）活动目标：让小班幼儿感受集体游戏和家庭游戏的差异。

具体分目标：

①让各个幼儿园新生入学养成一种有规则的责任态度；

②通过一系列的教育方式，让新入学的孩子缓解因与之前生活不同而引起的躁动不安的情绪。

（3）活动场地：幼儿园儿童活动室。

（4）活动人数：8人小组。

（5）活动时间：50分钟。

（6）活动内容：

活动一：暖场（5分钟）。

活动过程：小组成员到齐后，在幼儿园老师的协助下，幼儿独立完成脱鞋子、脱衣服等活动，并排队将鞋子放到鞋柜上，将衣服挂到指定位置。老师致欢迎词，并对今天的活动安排进行简单介绍。

活动二：学习《律动儿歌》（15分钟）。

活动过程：老师采取边教边展示的方式教组员学习《律动儿歌》，并对内容进行多次的重复展示。

活动三：绘制“手中的大树”（20分钟）。

活动过程：老师指导幼儿在画好的树干上粘贴树叶，共同创作“一棵树”。

活动四：活动总结（10 分钟）。

活动过程：为表扬组员的合作精神，老师给他们每个人贴上了一个表示奖励的“红花贴”。

（7）活动过程与评估。

幼儿的成长过程中，小班阶段是孩子成长的明显的过渡阶段：未进园之前，在家庭中，幼儿都拥有比较自由的游戏时间和家庭氛围环境；初次进入幼儿园，幼儿的各种需求虽然几乎都可以被满足，但不可避免的是小班幼儿需要适应这种入园以后不同于家庭生活的新的集体氛围，集体当中产生的约束和各种规则便可能使幼儿出现焦虑情绪。为了培养幼儿的律动意识，教师给 8 名小班小朋友教唱《律动儿歌》这首律动性启蒙儿歌；为了让初入园的幼儿知晓集体活动中需要注意的事项，老师采用了“手中的大树”这一活动，使幼儿获得合作能力、获得感及愉悦感。初入园的幼儿手掌小，没有纯熟地使用手掌的能力，在粘树叶的时候难免会粘成各种样子，如重叠、粘反等。尽管如此，但幼儿至少原原本本依照自我意愿来进行表现创作，在集体活动中也可以充分展现自身个性。活动过程中老师要时刻注意观察孩子的情绪变化，鼓励其表达自己的情感意愿，让每个小班小组员们都能在活动中提升自我表达能力，内心情绪可以在活动中得到释放。

幼儿的环境适应和行为规范——第二节　“便便”去旅行

（1）单元活动名称：“便便”去旅行。

（2）活动目标：让初入园幼儿在情景模拟中学习如何自理，以及从绘画故事里了解集体生活的日常规则。

具体分目标：

①养成幼儿对于事物拥有自己的看法的能力，提高他们对于事物的主动辨别力；

②增加刚入园幼儿的最基本的生活能力的认知，进而降低不适感，减轻不安。

（3）活动场地：幼儿园园区内集体阅读室和活动室。

（4）活动人数：8 人小组。

（5）活动时间：50 分钟。

（6）活动内容：

活动一：开场歌曲（10 分钟）。

活动过程：老师领唱，全体小班幼儿合唱《律动儿歌》。

活动二：绘本故事阅读（15 分钟）。

活动过程：引导每人端坐在各自的小板凳上，向他们抛出第一个引导问题：“你们会自己穿鞋、系鞋带吗？自己上厕所呢？”以一个问题先活跃气氛，再引入本次绘本故事阅读活动。书名是：《上幼儿园不用愁——神奇的咒语》。

活动三：情景再现（20 分钟）。

活动过程：教授孩子们怎样独立使用厕所。男老师和女老师分别带领男宝宝和女宝宝依次学习如何使用厕所。

活动四：活动总结（5 分钟）。

活动过程：所有活动结束后，在阅读室进行活动分析评价。首先需肯定他们每个人的表现并表示赞扬，鼓励他们练习自己上厕所的能力，无论是在家还是在幼儿园都养成可以独立上厕所的习惯，分发卡通橡皮作为活动奖励。小组员独立给自己穿上鞋子，和同学、老师告别，在校门口安全等待区域排队等待家长接送。

（7）活动过程与评估。

若初入园的幼儿无法表达自己的意愿，多数可以归结为无法掌握正确的表达技巧和羞涩，他们常常只是小声嘟囔自己的想法，而不是与老师或同学沟通。如此一来，老师无法领会，更无从了解幼儿们的真实想法，从而使幼儿产生委屈、畏惧心理，以至于出现哭闹等行为。因此，为了缓解幼儿因生活基础技能和表达技能的缺失而产生的焦虑情绪开展此次集体活动。老师通过开展相似情景的绘本阅读，对幼儿进行有意识的引导教育，利用情景再现活动让幼儿对所讲解的技能进行预演练习，可让他们在活动中进行团体训练，提升自己的自理能力。

（三）表演形式为主：以幼儿的攻击性问题为例

【实操展示】

幼儿的攻击性问题——“友”你同行

（1）单元活动名称：“友”你同行。

（2）活动目标：通过角色扮演等方式，让幼儿在冲突和攻击性场景下，有机会站在相关角色的立场去体会在冲突中可能产生的想法和意图，进而发展幼儿对他人的情感和认知的洞察和同理能力。

具体分目标：

①养成幼儿倾听的习惯；

②角色扮演的方式，让幼儿感同身受去体会冲突情境下的不同想法，进而减少攻击性问题。

（3）活动场地：幼儿园园区内集体阅读室和活动室。

（4）活动人数：8 人小组。

（5）活动时间：60 分钟。

（6）活动内容。

在人际交往技巧训练中，教师可运用说明、示范、观察、模仿、反馈与强化等社交技巧训练方式帮助幼儿建立起正向的人际互动关系。幼儿可以先从较积极的人际交往技巧中入手，如倾听、学会表达自己的不满等，然后渐渐深入经常遭遇的人际困境，如幼儿应怎样对他人的欺负做出适当的反应、与人产生冲突时该怎样反应等。

活动一：倾听游戏（10 分钟）。

活动过程：老师告知组员规则，让两个幼儿各自拿一张卡片，卡片上可以是动物或者是句子（句子如“我家养了 3 只小猫”“我家养了 5 只小狗”等），在团队的前面站定；然后让这两个幼儿学卡片上动物的叫声，并且让其他的幼儿猜这是什么动物，或者老师说出动物的名字，其他的幼儿通过判断站在所说的代表这种动物的幼儿前，锻炼幼儿倾听的能力。

活动二：木偶游戏（20 分钟）。

活动过程：老师通过情境设计，让幼儿用木偶表演处理事情的方式，其他的幼儿探讨其中的优劣之处。比如，设如下情境：老师批评你没有写作业，你骗老师说忘记带了。在此情景的设计之中，幼儿需要准确判断教师的指控是否正确，然后考虑应对方法。接着所有的幼儿进行交换游戏，用对方愿意的方式来交换对方的物品。教师引导幼儿思考：当别人拒绝你时，你的感受是怎样的？在获取别人的东西时，你有怎样的感受？在日常的生活之中，有些东西是你想要的，但是怎样都得不到，这种情况下你的感受是怎样的？当老师、家长都要你去做你不想做的事情时，你的感受是怎样的？

活动三：角色扮演游戏（25 分钟）。

活动过程：教师可以让幼儿扮演母亲、父亲、老师及处在不同冲突或攻击性情境中的自己，在扮演中体验角色、宣泄情绪、表达愿望，进而达到发展同理心的目标。

活动四：活动总结（5 分钟）。

活动过程：所有活动结束后，教师在阅读室进行活动分析评价。

（7）活动过程与评估。

老师通过倾听、情境设计，让幼儿用木偶表演处理事情的方式，其他的幼儿进行思考。针对幼儿经常面对的人际交往冲突问题或攻击性问题，教师可以使用角色扮演的方式，让幼儿有机会站在相关角色的立场去体会在冲突中可能产生的想法和意图，进而发展幼儿对他人的情感和认知的洞察和同理能力。

三、幼儿心理问题团体辅导课程

（一）沟通交流为主：以幼儿的情绪问题为例

【实操展示】

幼儿的情绪管理——情绪小管家

（1）单元活动名称：情绪小管家。

（2）活动目标：为存在波动情绪的幼儿增强情绪管理能力，对其攻击性行为进行抑制，从而避免攻击性行为的发生，合理进行情绪管理。

具体分目标：

①让幼儿正确地表达出内心的感觉，宣泄压抑和焦虑的情绪。

②让幼儿能够进行情绪辨别的训练，能够提高幼儿辨别情绪的能力。

（3）活动场地：幼儿园园区内集体阅读室和活动室。

（4）活动人数：8 人小组。

（5）活动时间：60 分钟。

(6) 活动内容:

活动一:感受气球(15分钟)。

活动过程:首先让幼儿绘制许多气球;然后帮助幼儿写下能够说出来的感受,将其贴在第一个气球上,并对剩下的气球进行命名,可以根据需要处理的问题而取不同的名字,如父母、兄弟姐妹、同学、自己(或任何一个与攻击关系有关联的人员);接着从第一个气球开始,教师将感受卡片转移,让幼儿发表感受,理解自己的感觉,进而建立一种常态,减少焦虑情绪。

活动二:情绪辨一辨(20分钟)。

活动过程:教师首先提供8个情绪脸谱,引导幼儿从脸部表情、生理反应与情境脉络等角度思考,练习辨识不同的情绪;然后鼓励幼儿在接下来的各种技巧训练中反复练习,体会情绪,通过游戏提升辨识他人情绪与自己情绪的敏感度的能力。

活动三:情绪叠叠乐(20分钟)。

活动过程:首先将幼儿进行分组,各组进行竞赛,分别派出代表玩"叠叠乐"。小组的其余成员可以进行干扰,从而使其停止游戏,但是禁止出现打人行为。每次游戏为2分钟。游戏结束后,让幼儿探讨游戏的感受,向幼儿介绍自我对话的方法,让幼儿掌握正向的、积极的对话方式。

活动四:活动总结(5分钟)。

活动过程:所有活动结束后,教师在阅读室进行活动分析评价。

(7) 活动过程与评估。

教师可以通过"感觉气球"游戏让幼儿正确地表达出内心的感觉,进而宣泄压抑的情绪。情绪辨别游戏对于攻击性幼儿而言至关重要。根据社会认知理论的观点,攻击性幼儿较少输入情境线索,缺乏对情绪的辨认能力,所以,进行情绪辨别的训练能够提高幼儿辨别情绪的能力,对幼儿攻击性行为进行抑制。很多攻击性行为,特别是幼儿的攻击性行为,往往是情绪性的,他们一时控制不了自己的冲动情绪,进而出现了攻击性行为。学习情绪控制技巧可以提高幼儿控制自己情绪的能力,从而避免攻击性行为的发生。

(二) 分享讨论为主:以幼儿的社交退缩问题为例

【实操展示】

幼儿的社交退缩——相信自己我能行

(1) 单元活动名称:相信自己我能行。

(2) 活动目标:增强幼儿面对困难和障碍的勇气,在创设的情境中敢于尝试并延伸到生活中。

具体分目标:

①勇于克服困难,尝试用多种方法解决困难

②对自己有信心,能够挑战自己。

(3) 活动场地:幼儿园园区内活动室。

（4）活动人数：8 人小组。

（5）活动时间：60 分钟。

（6）活动内容：

活动一：手指谣热身（10 分钟）。

活动过程：①导入《小鸟和小田鼠》故事的手指谣——“小鸟小鸟住在大树上，小田鼠小田鼠住在大树下，喇叭花喇叭花往上开，喇叭花喇叭花住在大树下，叽叽叽，喳喳喳，小鸟和小田鼠在说悄悄话。”

活动二：小马的故事（30 分钟）。

活动过程：向幼儿播放或展示小马过河的故事内容，孩子们看完后，提出以下问题：

①故事中有哪些人物？

②故事中的小马最终过河了么？

③如果你是小马，你会怎么做？

老师引导幼儿进行总结：首先对于小马来说，河流是困难和障碍，要用自己的行动和智慧去实践，才能够克服困难；其次要做一个有独立思想的人，拥有独立的人格，有自己的主见。再次，联系到孩子们的日常生活，让孩子们想一想自己在日常生活中有没有遇到同样的问题，自己是怎么解决的，大家帮忙想一想还有什么解决办法。

活动三：“小矮人的独木桥”（15 分钟）。

活动过程：小朋友排成一列，依次穿过独木桥。游戏前提醒孩子注意安全，不要在独木桥上拥挤；在穿越独木桥时，需要将双臂打开；在独木桥下方放置软垫，防止孩子摔倒。

活动四：活动总结（5 分钟）。

活动过程：所有活动结束后，教师在阅读室进行活动分析评价。

（7）活动过程与评估。

首先，有趣的手指谣可以吸引孩子的注意力，调动孩子的好奇心，并且为接下来环节的顺利展开做铺垫。通过小马的故事，可引导学生理解困难和障碍，知道要用自己的行动和智慧去实践，才能够克服困难。最后，从理论联系实际，联系到孩子们的日常生活，让孩子们去思考生活中遇到同样的问题时是怎么解决的，增强幼儿去面对困难和障碍的信心。

（三）讲授引导形式为主：以幼儿的目标感缺失问题为例

【实操展示】

幼儿的目标感缺失问题——我想要的未来

（1）单元活动名称：我想要的未来。

（2）活动目标：让幼儿在活动情景模拟中学习自我了解、表达情绪，以及找到未来前行的方向。

具体分目标：

①增强幼儿对自己的理解和认识；

②缓解幼儿对目标感缺失的焦虑，找到可以调整和改变的方向。

（3）活动场地：幼儿园园区内集体阅读室和活动室。

（4）活动人数：8人小组。

（5）活动时间：60分钟。

（6）活动内容：

活动一：乌龟与乌鸦游戏热身（5分钟）。

活动过程：幼儿两人面对面伸出双手，与对方的手平行交错，确保自己的双手中间有别人的一只手。两个人各有一个角色，老师左手边的人充当小乌龟，右手边的人充当小乌鸦。老师讲一个小故事，当听到自己名字的时候，一个人双手快速拍打，另一个人就快速逃避。注意不要太用力，适可而止。

活动二：我的自画像（20分钟）。

活动过程：老师将幼儿进行分组，准备好A4白纸，请幼儿认真画出自己，但不要临摹或写生，不要用尺子，不要画火柴人或漫画。作品完成后，请幼儿在小组中向其他成员介绍自己的作品。介绍完毕后，请小组中的每一位成员对其他成员的绘画进行添加或着色（用油画棒或彩笔）。

绘画结束后，老师从整体进行思考，找出不寻常的地方，提出自己的困惑，并倾听作画者自己的解读。

活动三：奇迹冥想（10分钟）。

活动过程：老师引导幼儿组员进行放松冥想，如果问题解决或当前困境消失，自己可能会处在什么样的状态中，包括学校生活和家庭生活等。

活动四："我的未来"自由绘画（20分钟）。

活动过程：准备一张白纸、彩铅或油画棒、杂志图片，以"我的未来"为主题画画。老师指导幼儿组员通过绘画的方式画出自己畅想的未来状况，以及希望有所改变和不一样的变化的地方。绘画结束后，组员之间相互分享，老师询问未来和现状之间的"不一样"是什么，以及接下来即将做出什么行动。

活动五：活动总结（5分钟）。

活动过程：所有活动结束后，教师在阅读室进行活动分析评价。

（7）活动过程与评估。

教师首先通过乌龟与乌鸦的故事，引导幼儿组员集中注意力，体会在目标的引导下更集中、更有动力的注意力，接着以讲授引导的形式通过自画像的方式让幼儿进行自我认识（那些画出现实自我肖像的人更愿意开放自己，更愿意向他人表达自己）；然后让幼儿通过冥想的方式和自由绘画未来的方式，增加面对自己、找到未来自己的勇气。

第五章
幼儿心理健康教育训练

第一节　幼儿心理健康教育训练概述

一、幼儿心理健康教育训练的概念

（一）幼儿心理健康教育训练的含义

训练是指通过有计划有步骤的学习和辅导掌握某种技能，使受训者能够有意识地发生生理反应，从而改变受训者的素质和能力。幼儿心理健康教育训练是指通过心理学专业中的理论，对学龄前儿童在认知发展、情绪、适应性、自信、个性心理、社会性发展等方面进行的有针对性的心理训练，旨在提高幼儿心理健康水平，养成良好的生活习惯，为未来做准备。

（二）幼儿心理健康教育训练的意义

1. 理论意义

脑科学、心理学以及教育学理论从不同角度证明，幼儿期是个体心理健康素质培养的关键时期。相关理论为幼儿心理健康教育训练提供了重要的生理、心理和教育学科学依据，同时，幼儿心理健康教育训练的实施又将进一步丰富和完善脑科学、心理学和教育学理论。

2. 实践意义

开展积极的心理健康教育训练具有以下实践意义：

第一，有助于克服幼儿成长中的一些心理问题，如感情脆弱、自我中心等。

第二，有助于促进幼儿健康人格的养成，为之后健康的人格发展奠定基础。精神分析理论非常强调早期经验对于个体人格发展的重要影响，在儿童早期，尤其是5岁前后一个人的人格已经初步形成。因此，幼儿时期心理健康教育训练对于个体健康人格发展有重要意义。

第三，有助于促进幼儿心理的健康发展，培养其学习与创造的能力，促进其潜力的发展。脑科学研究表明，生命的早期尤其是6岁以前是个体的心理潜能发展的关键期。开展科学的心理健康教育训练，不仅帮助幼儿达到良好的心理健康水平，还有助于开发其潜能。

（三）幼儿心理健康教育训练的原则

开展幼儿心理健康教育训练要坚持以下基本原则：

1．坚持科学性与实效性相结合

根据幼儿不同年龄阶段身心发展的规律和特点结合心理健康教育的规律，科学开展心理健康教育训练，注重心理健康教育的实践性与实效性，切实提高学生心理素质和心理健康水平。

2．坚持发展、预防和干预相结合

立足教育和发展，培养幼儿的积极心理品质，挖掘他们的心理潜能，注意预防和解决发展过程中的心理行为问题，在应急和突发事件中能及时进行干预。

3．坚持面向全体幼儿和关注个别差异相结合

教师要树立心理健康教育意识，尊重幼儿，平等对待幼儿，注重教育训练方式方法，关注个体差异，根据不同幼儿的特点和需要开展心理健康教育训练。

4．坚持教师的主导性与幼儿的主体性相结合

在教师的教育指导下，充分发挥和调动幼儿的主体性，引导幼儿积极主动地关注自身的心理健康，培养幼儿自主自助维护自身心理健康的意识和能力。

二、幼儿心理健康教育训练设计的目标与内容

（一）幼儿心理健康教育训练的目标

根据心理健康素质的内涵和幼儿的身心发展特点，结合《中国儿童发展纲要（2021—2030 年）》和《幼儿园教育指导纲要》的相关内容，幼儿心理健康教育训练以培养幼儿积极健康的人格和良好心理品质为基本目标，具体体现在“三个学会”和“四个发展”之中，即学会求知、学会生存、学会交往，发展智能、发展个性、发展创造性、发展社会性。这为幼儿今后的可持续发展打下必要的、有益的基础。

首先，培养幼儿积极健康的人格和良好心理品质的目标体现了当代心理健康教育的整体性、动态性、调试性。整体性强调每一名问题幼儿都应该充分发挥潜能，达到身心和谐。动态性指要教育幼儿积极参与，也就是说，健康的生命并非完全由自然给予，也需要个体的主动参与，健康状况因个体自身活动而不断变化。调试性指对疾病的有效抵抗与对生活环境的良好适应。幼儿知道必要的安全保障常识，就可以具备抵抗未来危险的能力，就好像体内有传染病抗体的儿童比无传染病抗体的儿童更不容易生病一样。

其次，培养幼儿积极健康的人格和良好心理品质的目标体现了身心和谐的价值取向。幼儿健康应包括身体和心理的两个方面。幼儿的身体健康以发育健全、具备基本的生活自理能力为主要特征，幼儿的心理健康以情绪愉悦、能适应集体生活为主要特征。目前我国针对幼儿身体健康方面出台了《国民体质测定标准（幼儿部分）》，而心理健康方面还有待进一步细化。

郑雪认为，幼儿心理健康教育训练的目标可根据幼儿的心理成分、年龄特点和幼儿发展三个角度分具体目标。

表 5－1　幼儿心理健康教育训练目标一览表

总目标		阶段目标			活动目标		
		小班	中班	大班	小班	中班	大班
适应良好	环境适应						
	角色适应						
	自我保护						
勤于思考	观察力						
	记忆力						
	想象力						
	思维力						
	言语表达能力						
	动手操作能力						
乐观向上	认识情绪能力						
	情绪表达能力						
	情绪调节能力						
自立自信	自信心						
	自制力						
	坚持性						
	独立性						
乐于交往	同情心						
	合作性						
	交往礼仪						
	解决冲突						

（二）幼儿心理健康教育训练的内容

幼儿心理健康教育训练的内容以幼儿心理健康教育目标为导向，即解决训练什么的问题。训练内容的具体化，是为实现心理健康教育目标服务的。幼儿心理健康教育训练内容的选择，一方面受心理健康教育目标制约，另一方面也要考虑幼儿的年龄特征、心理发展水平以及心理健康状况。根据张大均、刘云艳、刘文等关于幼儿心理素质教育的相关研究，结合幼儿心理健康教育训练实际情况，我们把幼儿心理健康教育训练的内容归纳为以下 5 个模块 17 个主题。

从心理成分上来分，幼儿心理健康教育训练内容大致可分为：适应性心理训练（适应良好）、认知心理品质训练（勤于思考）、情绪心理品质训练（乐观向上）、自信个性心理训练（自立自信）、社会性发展品质心理训练（乐于交往）等5个主题模块。

1. 适应性主题训练

小班入园以及幼小衔接的适应性心理训练，主要包括：①幼儿园环境适应；②幼儿角色适应；③学会自我保护，增强生活适应性；④演习仪式，应对离别。

2. 认知能力主题训练

幼儿认知能力属于幼儿心理品质的认知维度，涉及幼儿对客观事件及自我思维的反应活动，是心理品质结构的基本成分。认知能力主题训练主要包括观察力、记忆力、想象力、思维力、语言表达能力、好奇心培养、言语训练7个主题，主要从激发好奇心与求知欲入手，培养幼儿的认知能力，为以后的学习和身心健康打下基础。

3. 情商（情绪智力）主题训练

幼儿情绪智力属于幼儿心理品质的情绪维度。稳定的情绪是幼儿心理健康的指标之一。幼儿心理是否健康与他们能否用积极恰当的方式认识、分析解释及交流情绪情感有密切关系，因此，我们要重视幼儿积极情绪的培养，让幼儿初步认识情绪，表达情绪和调节情绪。情商主题训练主要包含：①情绪识别训练——积极情绪和消极情绪；②情绪表达训练；③情绪调节训练。

【知识拓展】

在《3—6岁儿童学习与发展指南》中，儿童在不同年龄阶段有其情绪安定愉悦的标准。

表5-2　儿童不同年龄段情绪安定愉悦的标准

3~4岁	4~5岁	5~6岁
1. 情绪比较稳定，很少因一点小事哭闹不止。 2. 有比较强烈的情绪反应，能在成人的安抚下平静下来	1. 经常保持愉悦的情绪，不高兴时能较快缓解。 2. 有比较强烈情绪反应时，能在成人提醒下逐渐平静下来。 3. 愿意把自己的情绪告诉最亲近的人，分享快乐或寻求安慰	1. 经常保持愉快的情绪。知道引起自己某种情绪的原因，并努力缓解。 2. 表达情绪的方式比较适度，不乱发脾气。 3. 能随着活动的需要转化情绪和注意

4. 自信个性主题心理训练

自信自立属于幼儿积极健康人格，涉及幼儿在对客观事件的活动中表现的个性心理品质，包括独立性、自制性、坚持性、自主性、敢为性等方面。幼儿个性心理训练主要包含：①自信心训练；②自制力训练；③坚持性训练；④独立性训练。

【知识拓展】

在《3—6岁儿童学习与发展指南》中，儿童在不同年龄阶段有自我意识发展的规律，在不同年龄段有相应的自尊、自信、自主的表现。

表 5－3 儿童不同年龄段自尊、自信、自主的表现

3～4 岁	4～5 岁	5～6 岁
1. 能根据自己的兴趣选择游戏或其他活动。 2. 为自己的行为或活动成功感到高兴。 3. 自己能做的事情愿意自己做。 4. 喜欢承担一些小任务	1. 能按自己的想法进行游戏或其他活动。 2. 知道自己的一些优点和长处，并对此感到满意。 3. 自己的事情尽量自己做，不愿意依赖别人。 4. 敢于尝试有一定难度的活动和任务	1. 能主动发起活动或在活动中出主意、想办法。 2. 做了好事或取得了成功后还想做得更好。 3. 自己的事情自己做，不会的愿意学。 4. 主动承担任务，遇到困难能够坚持而不轻易求助。 5. 与别人的看法不同时，敢于坚持自己的意见并说出理由

5. 人际交往主题训练

人际交往是幼儿社会性发展的重要方面。幼儿通过学习获得社会交往技能，这对其一生的社会适应能力有很重要的作用。在幼儿园阶段，儿童与同伴关系的塑造成为幼儿发展中重要的部分，这对未来儿童的亲社会行为（个体帮助或打算帮助他人的行为倾向）产生积极影响。幼儿社会性发展训练具体包括：①同情心训练；②合作性心理训练；③交往礼仪训练；④合理解决冲突心理训练。

【知识拓展】

《3—6 岁儿童学习与发展指南》中有 3 个部分与幼儿社会性发展有关。

（1）愿意与人交往。

表 5－4 儿童不同年龄段愿意与人交往的表现

3～4 岁	4～5 岁	5～6 岁
1. 愿意和小朋友一起游戏。 2. 愿意与熟悉的长辈一起活动	1. 喜欢和小朋友一起游戏，有经常一起玩的小朋友。 2. 喜欢和长辈交谈，有事愿意告诉长辈	1. 有自己的好朋友，也喜欢结交新朋友。 2. 有问题愿意向别人请教。 3. 有高兴的或有趣的事愿意与大家分享

（2）能与同伴友好相处。

表 5-5 儿童不同年龄段能与同伴友好相处的表现

3~4 岁	4~5 岁	5~6 岁
1. 想加入同伴的游戏时，能友好地提出请求。 2. 在成人指导下，不争抢、不独霸玩具。 3. 与同伴发生冲突时，能听从成人的劝解	1. 会运用介绍自己、交换玩具等简单技巧加入同伴游戏。 2. 对大家都喜欢的东西能轮流分享。 3. 与同伴发生冲突时，能在他人帮助下和平解决。 4. 活动时愿意接受同伴的意见和建议。 5. 不欺负弱小	1. 能想办法吸引同伴和自己一起游戏。 2. 活动时能与同伴分工合作，遇到困难能一起克服。 3. 与同伴发生冲突时能自己协商解决。 4. 知道别人的想法有时和自己不一样，能倾听和接受别人的意见，不能接受时会说明理由。 5. 不欺负别人，也不允许别人欺负自己

(3) 关心尊重他人。

表 5-6 儿童不同年龄段关心尊重他人的表现

3~4 岁	4~5 岁	5~6 岁
1. 长辈讲话时能认真听，并能听从长辈的要求。 2. 身边的人生病或不开心时表示同情。 3. 在提醒下能做到不打扰别人	1. 会用礼貌的方式向长辈表达自己的要求和想法。 2. 能注意到别人的情绪，并有关心、体贴的表现。 3. 知道父母的职业，能体会到父母为养育自己所付出的辛劳	1. 能有礼貌地与人交往。 2. 能关注别人的情绪和需要，并能给予力所能及的帮助。 3. 尊重为他人提供服务的人，珍惜他们的劳动成果。 4. 接纳、尊重与自己生活方式或习惯不同的人

第二节 幼儿心理健康教育训练方法与过程

心理就像肌肉一样，需要有规律地锻炼，否则无法发展最佳的功能。通过心理训练，我们可以让心理的敏锐度、大脑突触网络、关系中的内在联结保持训练有素，这些训练最终会使我们提高认知能力、觉察能力和情绪调节能力，培养出积极心理品质。幼儿的心理健康教育训练目前采用的方法主要有认知训练、暗示训练、行为训练，近年来正念训练日益流行。最近相关研究表明幼儿正念训练也存在良好效果。因此本节介绍关于心理健康教育训练的主要 5 种方法：认知训练、暗示训练、正念训练、行为训练和叙事训练。

一、幼儿心理健康教育训练方法

（一）认知训练

1. 认知训练概述

幼儿认知训练是指基于幼儿认知发展理论和神经可塑性理论，结合幼儿的认知现状及发展特点，主要对注意力、感知觉、记忆力、思维力、认知灵活性等认知能力进行训练，帮助幼儿提升认知水平。

2. 认知理论

(1) 认知发展理论。

根据皮亚杰认知发展理论，幼儿属于前运算阶段（2～7 岁）。较之前一阶段，其质的飞跃表现在：由于信号功能或象征功能的出现，这一阶段的儿童开始从具体动作中摆脱出来，可以凭借象征性格式而在头脑里进行表象性思维。这一阶段还可再分为前概念或象征思维阶段（2～4 岁）与直觉思维阶段（4～7 岁）两个亚阶段。

皮亚杰认为，知识来源于动作，来源于主客体的相互作用的活动。幼儿对物体本身有强烈的内在动机与兴趣，通过动手操作、物体观察、与周围世界的接触等方法，幼儿的认知能力可以得到发展。幼儿教师的任务在于创造机会与条件，鼓励幼儿大胆探索与发展，获得知识，促进其认知能力的发展。

(2) 脑可塑性理论。

脑可塑性是指大脑在外界环境和经验的作用下不断塑造自身的结构与功能从而适应环境需要的能力。在个体发展的整个过程中，大脑都具有一定的可塑性。在刚出生时，婴儿大脑便拥有约 2 000 万亿个神经元，但是此时的神经元之间的联结是相对冗余的、杂乱的。随着年龄的增长，在学习、训练以及多种经验等因素下，大脑神经元之间的联结开始逐渐精简和修饰。经常使用的联结得到强化并保留下来，逐渐形成适应外界环境的神经网络。因此，从神经元联结的角度上来说，学习是形成新联结的过程，而练习则是巩固已有联结的过程。以往的神经可塑性研究多从分子、突触水平到皮层功能区域水平的角度来研究，已取得了一定进展。虽然单个神经元或功能脑区都有自身不可忽略的作用，但是这些神经元或脑区构成的网络以及网络中不同部分之间的相互协调和相互作用才是个体表现出综合行为的根本原因。

总之，无论是神经元之间的联结的变化，还是脑网络的改变，都可能改变我们某种认知能力，这就是认知训练的理论基础。

3. 幼儿认知训练的内容和方法

(1) 认知训练内容。

认知训练主要还是针对幼儿认知能力，如模仿能力、注意力持续时间、感知运动能力、记忆能力、观察能力、概念形成的能力、数字认知能力、执行命令的能力等训练提高。

(2) 认知训练方法。

①模仿力训练：模仿能力是学习能力的根本。幼儿教师可以采取以下方法对幼儿的模仿能力进行训练。

a. 模仿幼儿。

b. 提供与幼儿的发展水平相当的模仿对象。

c. 提供幼儿学习模仿的过程中需要的任何帮助。

d. 必要时直接教幼儿如何模仿。

e. 让模仿成为一种奖励性游戏式的经历。

图 5－1　模仿力训练

（图片来源于网络）

f. 为幼儿做出的最初的模仿的努力提供积极的反馈和鼓励。

②注意力训练：注意力是人最重要的心理素质之一，3～6岁是开发儿童注意力的关键期。注意力水平的高低，将直接影响着人的智力的发挥发展和对知识的吸收。幼儿教师可以采取以下方法对幼儿的注意力进行训练。

a. 提供有吸引力的色彩鲜艳的材料。

b. 提供可操作且有内设反馈的材料。(蒙氏教具)

c. 提供孩子喜爱的材料。

d. 让儿童感觉参与是一种特权而不是责任。

e. 提供的任务要直接且明确。

f. 教师辅助说明或推进一项活动。

图5-2 注意力训练

(图片来源于网络)

③观察力训练：观察力是指个体在一组信息中发现关键信息的能力，它与注意力、记忆力、想象力、创造力密切相关，是构成智力的要素之一。幼儿教师可以采取以下方法对幼儿的观察力进行训练。

a. 有目的地让孩子进行观察。

b. 训练幼儿观察的持久性和概括性。

c. 帮助幼儿习得一定的观察策略：特征观察法；顺序观察法；视觉分割观察法。

④记忆力训练：记忆是人脑对过去经验的保持和再现。记忆力的好坏主要表现在记忆的容量和保持的时间两个方面。研究表明，通过记忆策略的训练，幼儿能有效增强记忆力。幼儿教师可以采取以下方法对幼儿的记忆力进行训练。

a. 对幼儿感兴趣的事物进行对话式提问。

b. 记住名字并正确运用。

c. 记住材料放置的地方，用时拿出，用完放回。

d. 通过盘子和盖子玩移动游戏。

e. 按顺序完成相应的事件。

f. 说故事或者看图说故事。

图 5－3 记忆力训练

（图片来源于网络）

⑤数字认知训练：学前儿童通过训练具有一定的数字认知能力。幼儿教师可以采取以下方法对幼儿的数学认知进行训练。

a. 通过对具体形象进行口头数数、点数、说出总数训练计数能力。

b. 通过对具体形象的数数训练可以让 4～5 岁幼儿熟练掌握 10 以内数的概念。

c. 通过训练让 4～5 岁儿童初步掌握奇数和偶数，初步发展数字推理能力。

d. 通过四则运算训练，5～7 岁儿童在掌握 10 以内数的组成的基础上，能完成 10 以内乃至 20 以内数的加减法运算。

⑥图形认知训练：几何图形是对自然物体形状的抽象和概括，有助于儿童辨别和区分日常生活中的物体。训练发展初步的空间知觉和空间想象能力，有利于儿童理解和掌握抽象概念，促进思维的发展。通过以下方法可以训练幼儿的图形认知能力。

a. 认识平面图形和立体图形。

b. 图形守恒。

c. 组合拼搭图形。

d. 图形推理。

⑦分类训练：分类要求个体能对材料进行比较、抽象和概括，是形成概念的基础。幼儿教师可以通过以下方法进行分类训练：

a. 根据外部特征（颜色、形状等）进行分类。

b. 根据食物、动物等上位概念进行分类。

c. 根据水果和蔬菜、爬行动物和飞行动物等下位概念进行分类。

d. 根据事物之间的关系进行分类。

e. 对更多的概念进行更为精细的分类。

⑧序列认知训练：排序列是按照顺序和相关维度安排物体和事件的过程。例：第一，第五，倒数第二；高的，中等的，最矮的；昨天，今天，明天。幼儿教师可以通过以下方法进行分类训练：

a. 指导幼儿按物体特征（高矮、大小、粗细等）排列并进行练习。

b. 指导幼儿按事情发展的先后顺序排列并进行练习。

c. 指导幼儿按人类、动物、植物等典型生长顺序排列并进行练习。

d. 指导幼儿按时间顺序排列并进行练习。

（3）认知训练适宜主题及实例。

幼儿认知训练主要还是针对认知主题的训练，如对注意力、感知觉、记忆力、思维力、认知灵活性等认知能力进行训练，帮助幼儿提升认知水平。实施过程中需要幼儿教师主动创设环境，让幼儿通过动作和言语与客观事件和情境接触，使其认知能力得到提高。具体的认知训练设计方案参看第三节的认知能力训练实例。

（二）暗示训练

1. 暗示训练概述

（1）暗示及暗示训练的含义。

暗示是指一个人用含蓄、间接的方式对别人的心理和行为产生影响。它最初应用在医学上，是医生向患者暗示某种观念，使患者在接受这些观念的过程中解除心理上的压力和负担，从而使疾病症状得以减轻和逐渐根除的一种治疗方法。暗示训练是指利用语言、手势、表情以及其他刺激物，采用间接、含蓄的方法，对训练者的心理状态和行为施加影响的过程。20 世纪 50 年代中期，洛扎诺夫受到心理暗示疗法成功案例的启发，开始把精力转向暗示教学法的研究。20 世纪 80 年代暗示训练概念传入我国。

人能接受他人暗示和自我暗示，通过代表外部环境和体内环境的一切事物和现象的言语可以调节认知、情感和意志过程。幼儿在学习过程中，不仅要有外部的身体活动，还要有内在的心理活动。幼儿的外部活动可以反映出幼儿的认知能力、疲劳状态、学习效果等情况，而幼儿的内部心理活动，如认识、注意、表现、害怕等都能直接影响学习的效果。

（2）暗示训练的依据。

巴甫洛夫认为，暗示训练就是通过词语即第二信号系统等的作用来调节中枢神经系统的兴奋水平，从而调节人体内部的过程。如调节人的心境、情绪、意志和信心，改变内脏活动，提高和降低体温，加速和缓解新陈代谢过程等。一般来说，人们的词语和所想象的形象结合在一起，能使语言暗示更鲜明，使人的内脏器官和运动器官根据暗示产生相应的变化。另外，手势、表情以及外界刺激物也可以对人产生暗示作用。暗示训练正是应用这些符号的交互作用，使训练者在心理状态、自我概念和社会角色认知上发生改变。

幼儿是最容易接受心理暗示的群体之一。心理暗示深深作用于他们的思想，有时甚至可以改变他们的一生。在幼儿能够主动对自我进行认识之前，他们所接受的心理暗示大多来自于外界，如父母、亲人、老师和朋友等，这些来自于外界的信息在很大程度上影响了幼儿的自我判断，使得他们眼中的“自己”取决于外界的评价。心理暗示，如同隐藏在日常生活中的指示牌，当幼儿经过这些指示牌，接收到这些“指示”，就会记住它们。这些“指示”可能是积极的，是对幼儿的爱和鼓励；也可能是消极的，可能成为伤害幼儿的“咒语”。幼儿教师通过积极的心理暗示训练，让幼儿养成自由、独立而身心健康的人格。

2. 暗示训练的类型

（1）语言暗示。

语言暗示是一种最为常见的心理暗示途径。幼儿教师可以采用简洁的语言，通过信任、尊重、商量、鼓励、赞赏等语气，对幼儿的心理和行为产生间接影响，促进幼儿的积极行为的增加。如，当孩子把画捧给老师看时，老师可以用赞赏的语气肯定他的作品："画得不错，继续努力，一定会画得更好。"需要注意的是，语言暗示不能以直接指示形式出现，否则很容易让孩子产生抵触的情绪，产生逆反心理。

（2）神情暗示。

美国心理学家艾帕尔·梅拉别思的研究表明，在口头交流的过程中，决定沟通效果的各部分比例为7%的言语信息+38%的音调+55%的面部表情，可见神情在传达信息过程中的重要性。表情是了解一个人内心真实想法的重要线索，由于幼儿对语言沟通还不太准确掌握，他们对表情、声调等非语言信息更加敏感，他们往往能够从别人的表情中辨别所暗藏的情绪变化。幼儿教师在采取神情暗示时首先要保持真诚，不要刻意做出虚假的表情，这可能会让幼儿产生迷惑，从而产生不信任。当幼儿做正确的事情，或者幼儿处于紧张的状态，需要舒缓压力，或者孩子情绪低落需要老师的安慰时，教师积极的神情暗示就能起到很好的效果。当幼儿做错了事情，教师也可采用积极的神情暗示，但切忌过度使用。

（3）行为暗示。

相对语言暗示，行为暗示更能起到不易察觉的、潜移默化的影响。行为暗示是以行为代替语言，向孩子传递出某种信息，以诱导孩子做出相似的行为。对于幼儿来说，幼儿教师是孩子信赖和尊敬的、与孩子有着良好关系的人，因此幼儿教师的行为暗示更容易起作用。幼儿教师进行行为暗示时须注意以下几点：①行为暗示所传达的信息必须是明确的，"身教"的行为应该与所期待的孩子的行为相一致。②恰当地引导孩子注意并领会暗示的信息。③把行为暗示和心理强化结合起来，以巩固行为暗示的效果。如当孩子出现良好行为，教师要给予赞许、鼓励，有时甚至可以表现出适当的惊叹："做得真棒，你是怎么做到的?"这样让孩子感觉到是自己自发做出正确的行动，并因此被激励，产生满足感，在之后的生活中更愿意主动通过这种方式进行学习和模仿。

（4）榜样暗示。

幼儿教师是幼儿最好的榜样。幼儿教师在带班时，首先要完善自己，以身作则，以身试教，说话算数。班内其他幼儿也可以成为榜样。可以邀请班上年龄较长的行为良好的幼儿做示范，适时举一些优秀幼儿的例子或看一些良好行为的视频。

（5）环境暗示。

科学合理地布置教学场地，因地制宜，设计安全、舒适的教学场所。红色等暖色调可以提高和调动幼儿的情绪唤醒水平；使用绿色和蓝色布局，可以使幼儿更加镇定。

3. 暗示训练运用的良好时机

①当幼儿注意力分散时，采用暗示训练帮助他们及时集中注意力于当前任务。

②当幼儿出现错误行为且难以纠正时，可以用暗示语言帮助他们纠正错误行为。

③当幼儿缺乏兴趣、感觉厌烦时，可以用语言暗示训练鼓舞情绪，唤起幼儿的学习兴趣。

④当幼儿感到疲劳、情绪低落时，教师可以采用暗示训练，提高他们的情绪水平，并强化意志品质。

⑤当幼儿因学习难度较大的动作而产生紧张、焦虑和畏难情绪时，可以采用暗示语言使他们逐渐放松和保持镇定。

4. 让幼儿学习积极自我暗示

暗示训练方法的6个主要步骤：

第一，让幼儿理解认识其表现方式，如言语对情感和行为的决定作用。

第二，确定常出现的消极想法和一些不正确的想法，如“这个积木我搭不好”。

第三，认识消极想法——确定这种想法是不对的。

第四，克服消极想法——寻找积极提示语以取代消极想法，如“没关系，再试一试”。

第五，不断重复相应的对的句子，如“我不会”换成“我还可以再试一下”。具体规定重复的时间及次数，如可规定每天早、午、晚各重复两次。

第六，通过不断重复，举一反三，养成对待困难的积极态度和良好习惯。

幼儿暗示训练也可通过绘本阅读，教师可让幼儿从绘本中学习到积极的想法。

5. 暗示训练适宜主题及实例

暗示训练适宜的主题可以是多方面的，如积极的认知、情绪、社会性、适应性以及个性心理品质等，常用于自信自立等积极个性心理品质的训练。实施过程中幼儿教师需要抓住良好的时机，采用言语、神情、行为和榜样暗示方法，让幼儿接受积极暗示，使其认知、情绪、个性等积极心理品质得到训练。暗示训练常常穿插在其他训练方法中，具体的暗示训练设计方案可参看第三节的自信、情商主题训练实例。

（三）正念训练

1. 正念训练概述

（1）正念以及正念训练的含义。

正念是指个体有目的地把注意力不加评判地保持在当下的体验上，并对当前心理事件进行觉知的一种方法。正念至少强调两个方面：一是把注意力集中于当下时刻；二是对当前事件不加评判地接纳。所以，正念训练是指个体将注意力集中于当下体验的一种心理干预方法（Lutz，Slagter，Dunne，Davidson，2008）。它是一种自我调节的、当下的觉知，不带预有概念和评判地欢迎所有的体验，带着好奇和慈悲“如其所是”地接纳。

正念训练（mindfulness training，MT）是起源于佛教禅修的一种重要技术，在斯里兰卡、缅甸等地，至今还保留着正念的全部训练。20世纪70年代，正念训练在西方社会得到了普及式的发展，它的流行引起了临床医生和心理学家的注意。在70年代末，美国麻省理工学院压力治疗中心的Kabat－Zinn博士开始运用正念训练帮助病人进行疼痛管理和压力管理，并创立了正念减压疗法（Mindfulness—based Stress Reduction，MBSR）。在1980—1990年期间，他还进行了几个里程碑式的正念训练疗效研究。研究证明，针对患有身心疾病的人群，正念训练能够起到有效作用，如对焦虑障碍、抑郁症、强迫症、注意缺陷多动障碍和慢性疾病的治疗等。此外，正念疗法对促进心理健康和积极心理也有很好的效果。

（2）正念训练的原理。

我们日常行为的行为模式通常是自动化的，通过思维加工经验的，沉浸于过去和将来的，回避痛苦的，致力于改变的，将想法认为是真实、实际事件的。行为模式只是多种心智运作模式之一。如果生活中这种模式过多，会削减注意力，导致抑郁和焦虑。如果要培养专注力，更能接纳情绪，需要切换到另一个不同的心智模式。这种模式我们称之为正念。正念训练是通过正念的心智模式的练习，用正念的心智模式来替代自动化的、通过思维动作的、关注过去和未来的行动模式，让受训者获得这种正念的心智模式。这种模式是谨慎的，有意识的；直接感知经验的；关注当下时刻的；有意愿地接近痛苦的；允许事物的；将想法看作心理事件的；了解更广阔需求的。

正念是个体的心理过程，即将个体的注意力集中在特定的事物上，例如呼吸、声音、或视觉感知等（Black，Sussman，Johnson，Milam，2012）。正念的过程中主要包含三个亚成分：注意的持续、注意的转换以及注意的控制（Bishopeta1.，2004；Brown，Ryan，2003；Shapiro，Carlson，Astin，Freedman，2010）。

从正念的心理机制来看，个体认知能力，尤其是注意力和执行功能起到非常重要的作用。有关正念的心理机制，Deikman（1963，2000）认为正念是一个自动化和去自动化的过程。自动化是指个体在不断重复的行为过程中，指导其行为内部的步骤从意识层面消失。而去自动化则是指个体对内在的行为步骤重新获得觉察和注意力，在个体自动化与去自动化过程中，个体注意力、转换能力、抑制控制能力起到重要的作用（Deikman，2000；Deikman，1963）。Kabat. Zinn（2003）提出正念是个体运用自律技术等对注意进行有效控制的一种自我放松的内在心理机制。换句话说，正念训练主要是对个体的认知或注意力进行的训练（Kabat. Zinn，2003），并在一定程度上提升个体的认知能力，而这种认知能力主要体现为对外界干扰进行控制的能力、转换、注意等能力（Ivanovski，Malhi，2007）。另一种观点则认为，正念可以通过提高幼儿感觉统合影响个体认知能力的发展（Tang，Tang，Tang，Lewis－Peacock，2017）。

（3）幼儿正念训练的意义。

幼儿为什么需要正念训练？我们并不知道孩子在十年、二十年后将需要什么样的知识，因为到那时，他们身处的世界和他们所从事的工作都将与现在大不相同。但我们知道的是，他们需要掌握如何集中注意力、如何倾听、如何学习、如何处理自己的思想和情感、如何与他人相处等技能。而学习和掌握这些技能的方法就是正念。近年来，研究表明，幼儿也适合进行正念训练，正念训练对于提高幼儿的专注力、自控力有良好的效果。一般来说，正念训练适合4岁以上的孩子，但也有研究发现3～4岁的孩子的正念训练也有提高注意力和执行功能的效果（李泉 et al.，2019）。通过选择适当的正念训练，孩子能够更专注，更不容易冲动，从而更胜任学习任务，更加友善。而且Sun等人（Sun et al.，2021）综述了正念对幼儿的社会情绪能力的影响，结果发现，正念训练具有改善幼儿行为自我调节和执行功能等调节技能的潜力，尤其在基线社交情绪功能较低的幼儿中似乎会产生更好的结果（Sun and Lamoreau et al.，2021）。

2. 正念训练的态度与特点

（1）正念训练的态度。

幼儿教师在进行正念训练时，必须自己先有正念的训练以及正念养育的态度。

第一，不能让问题停止，但可以学习与问题相处。

你无法控制海洋，不能让海浪停止，但却可以学习冲浪，这就是正念练习所基于的核心思想。每个人都会遇到问题，在幼儿教育过程中，总有一些问题我们必须去面对。当集中注意力看到问题真正的样子时，就可以做出更明智的选择并采取相应的行动。其中最为重要的步骤是停止和观察。停止和仔细观察环境能使你以不一样的方式来应对困境。你的反应就更不容易受挫折感或自动行为模式的驱使，因此你就可能更加温和、更能谅解别人。你可以开始看到造成问题的并不是境遇本身，而是你对此境遇的反应。这样，幼儿教师虽然仍然会有生气的时候，但已经学会了不再立即、自动地做出反应。学习在做事或说话之前故意地吸气和呼气，这样会创造一个全新的世界。

第二，承认和接纳现实的态度。

正念训练需要我们以一种客观的、不偏不倚、不加掩饰的态度来观察或参与，而不是戴着有色眼镜或心中的想望来扭曲事理。要能对自身的经验采取这种立场，首先，对于各种内在或外在的经验，你必须能觉察心里川流不息的评价与惯性反应；其次，学习从这些评价与惯性反应中，往后退一步。当我们开始学习关注自己的内心状态后，会惊讶地发现原来我们总是不停地在评价各种经验，对于所见的一切，几乎都以自己的价值和偏好为基准，不断地分类并贴上标签。

第三，存在、理解和接纳，转变自然会发生。

存在能让你就是在这里、与此时接触。带着开放、好奇、慷慨的感受和想法，而不用即刻评价。与负性情绪在一起，与日常工作在一起，与所有这些幸福、不幸、日常工作及期间发生的一切在一起。理解能让你和孩子联结得更紧密，并能设身处地为他们着想，特别是当事情发生意外的转变时。理解孩子就是从孩子的角度看问题，也是从更广的视角来看待问题，并努力看到孩子对你有什么需求。

接纳是发自内心意愿用承认自己的想法和感受的方式去承认孩子的想法和感受，而不试图改变或操纵他们，也不试图排斥或拒绝孩子或自己的任何方面。接纳意味着看到事情当下的本来样貌，接纳所有的这些时刻——当孩子没有达到你的期望时，在应该保持安静却大喊大叫时，表现得有些讨厌时，或者让你丢脸时。同时这种接纳也意味着接纳所有的这些时刻——当你不够温柔时，当你没有圣人一般的耐心时。接纳，单纯代表着你愿意看到人和事物的真实样貌。不论生活中发生什么事情，你能确实看清所发生的状况，不受自己的评价、欲望、恐惧或偏见所障蔽，如此一来，你才更能采取适切合宜的行动。

（2）幼儿正念训练的特点。

由于幼儿对自己的想法还不能完全用语言来表达，因此，幼儿正念训练的特点有以下几点。

第一，幼儿教师须有正念养育、静待花开的理念。

第二，正念训练更加有趣，结合形象的图片和教师的正确示范。

第三，正念训练更加简便，指导语指示性强而简短。

第四，幼儿正念训练的时长，每次从10分钟慢慢延长至40分钟。

正念训练需要“经常对日常生活行为进行关注和意识，是一个连续体”。其关键是连续性和重复性，并且贯彻在课堂中和日常生活中。正念训练活动最好采取循序渐进的方式，能够每天、每周或者每两周进行。

3. 幼儿正念训练的实施方法与过程

美国作家惠特尼·斯图尔特发展了一套从幼儿到老人都适合的正念训练法。艾琳·斯奈儿是资深的儿童正念训练专家，她为儿童创立了一套独特的正念训练法，让正念训练有趣而简便易行。训练的核心要素是从增加对外界环境的关注开始，然后转移到对内部身体的体验，最后将注意引入心灵和冥想练习。根据幼儿的认知发展特点，综合关于幼儿正念的书籍和相关文献，我们发现，幼儿正念训练内容主要集中在以下几个方面。

（1）正念基础：呼吸练习。

呼吸练习指将注意力专注在呼吸上。可以让幼儿学习腹式呼吸，然后专注于不加控制地呼吸。呼吸练习是所有正念训练的基础。

【实操展示】

正念训练：专注呼吸

——专注地坐好，背部挺直，身体放松。

——观察你的呼吸，轻柔、和缓、专注地呼吸三次，感受气流在身体内的感觉；吸气，呼气，吸气，呼气。

——吸气，感受空气流入鼻子。你感觉到空气轻轻流过鼻腔了吗？呼气，数一。

——吸气，体会空气充满胸部。你感觉到胸腔隆起了吗？呼气，数二。

——吸气，观察腰部随气息流动而扩展。你的肚子是不是看起来很圆，就像一个气球？气流入腹部。你感觉到腹部隆起了吗？呼气，数三。

——重复两次上面的过程，将空气吸入鼻孔、胸部和肚子。请专注于呼吸，感受这清醒的感觉，为新的一天做好准备。

像青蛙一样静坐

导语：青蛙是一种神奇的生物。它有很棒的跳跃能力，但它也可以非常安静地坐着。虽然它能意识到周围的一切，但往往不会马上做出反应。青蛙静静地坐着，呼吸，节省它的能量，而不是被头脑中不断闪现的各种想法带走。青蛙的肚子鼓起，落下，鼓起，再落下。青蛙能做到，你也可以做到，你只需要全神贯注。注意呼吸，关注，平和，安静。

通过呼吸练习，幼儿们将学会：提高专注力和记忆力；较少冲动（不被想法和感觉立即带着去行动）；对自己内心世界进行某种程度的控制，而不是拒绝或压抑一切。

（2）训练专注力：无偏见的观察。

感官在正念专注能力的发展中发挥关键作用。所有看到、听到、闻到、触到和尝到的都是这一刻的感知。这正是现在正在做的事情。

我们经常用头脑思考我们的感官体验，这种批判性思维对我们认为自己所看到、听到、尝到、闻到、触到的一切产生即时和源源不断的念头。而且，通常这些念头是不积极的。当将这些“喋喋不休的头脑停泊在港湾，充分调动非评判的感官”时，我们就会以非常不同的方式体验这个世界，更容易捕捉更多美妙瞬间。专注力训练包括：视觉训练、听觉训练、触觉训练、多种感官训练等。

【实操展示】

正念练习:“五件东西”

试着记住你看到的五件东西,它们看起来是什么样的?什么颜色,什么形状?是否有斑点和条纹?只是观察,不要去评判这个东西是美是丑。

通过这个训练,幼儿将提高专注力和记忆力,对身边的世界有更多发现。

(3)身体放松,减少压力。

身体可以告诉我们很多信息,虽然我们可能会注意到大部分的信号,但是我们并不能总是做出合适的回应。正念教会你如何跳出大脑,进入身体。通过一个短暂的暂停,把注意力放在身体上,你会注意到很多平时忽略的情绪和体验,包括身体平衡(手背和腿的拉伸)运动感知训练,对着镜子笑,正念行走,信任感知训练等。

【实操展示】

正念训练:空中画“8”

——身体坐直,或者双脚分开站好。眼睛睁开,将手臂抬起,并伸向身体两侧。

——双脚保持不动,上身左右扭动八次;身体转回原位,并将手臂放回身体两侧。

——举起一只手臂,在空中画数字“8”八次,然后放下手臂,举起另一只手臂,再画八个“8”。

——现在用两只手,手臂向前交叉,画八次数字“8”。

——放下手臂,轻柔、和缓、专注地呼吸三次。

备注:这个训练有助于放松上身肌肉,放松肌肉有助于放松自己的头脑。

正念训练:对着镜子笑

站在镜子前,开始笑。你的身体里正在发生些什么?除了你的声音,还有什么在笑?你的眼睛、脸颊、嘴、肚子也在笑吗?你的肩膀呢?与其他人一起做会更有趣。

备注:这个训练有助于更专注身体的感觉,有助于放松头脑。

(4)觉察心智,收获平静。

我们的心里像海洋,有时出现风暴,有时下雨,有时出太阳,这些都会改变广阔无垠的海面的状态,可能掀起滔天巨浪,翻腾肆虐,也可能使其平静如镜。我们可以学着观察内部的“天气”,并使自己稳定于正在发生的事情上。这包括个人天气报告、暂停键、不愉快情绪的急救、身体扫描、安全岛等训练。

【实操展示】

个人天气报告

找到舒服的地方坐下来，闭上或半闭着眼睛，花时间确定你现在的感觉如何。比如，内部的天气是什么样的？内心是放松和晴朗的吗？还是感觉阴雨连绵或大雨将至？或者正在遭受着暴风雨？你注意到什么？

不用考虑太多，找到最能描述你此刻感觉的天气报告。你感觉怎样，就让它那样，不需要用什么方式去做什么或改变些什么。因为，外部的天气，你也不能改变，不是吗？

请你用友好、好奇的心态引向你的内心天气，稍晚一些天气将会不同，心情也会发生变化，不需要我们做些什么。

画一幅画表现你当前的天气报告，当一天结束时，结束的那一刻是否是同样的天气或者已经变化？

备注：这个训练有助于理解没有东西会一直保持不变。

（5）敞开心扉，共享友善。

友善是一个人能够拥有的最有力的品质之一。友善是不评判和包容。友善触动心灵，使人成长和学会相信自己和他人。对自己和他人的友善会抚慰我们、治愈我们，帮我们即使在遇到困难或痛苦时仍能更平衡和开放。

正念可以帮助孩子练习友善，孩子们学习回想对他们特别关心和友好的人，识别爱的感受。很多孩子在练习中提到他们的父母、继父母、祖父母。下一步，孩子们学习将这种温暖、爱的感觉送给他人，包括已经不在世的亲人。除此之外，还有提醒手镯、悄悄地找友善、共享友善、赞美列表等正念训练。

【实操展示】

提醒手镯

你可以和老师、同学们一起用松紧带制作手镯，然后把手镯戴在右手腕上，作为你要对自己和他人友好的提醒。如果需要，这个手镯可以戴几周。如果你觉得自己没有思考就行动、对自己不友善或者对他人由衷地不喜欢，你就把手镯换到另一个手腕上。如果这种情况再次出现，你就将手镯换回来。这样会使你对每一个不友好的行为有更强的察觉。当这种情况发生时，不要责备自己，只要面带微笑将手镯换到另一个手腕上就行了。不需要其他人卷入其中来提出你的不友好，你自己做就好。

这个练习不是告诉你你不能不友好，只是让你注意到你不友好了。而只要你注意到了，你就会有一个选择：既然现在你已经知道了，那你是继续下去还是停下来？

共享友善

——专注地坐好，背部挺直，身体放松。闭上眼睛，轻柔、和缓、专注地呼吸三次。

——想一个能使你开心的人或物品。这可能是一个你爱的人，也可能是一个特别的宠物。

——把你对那个人或宠物的感觉想象成你心中金色的光束。吸气，呼气。想象你将这道金色的光芒送给了一位需要你友善相待的朋友。你看到朋友在笑。

——现在吸气，呼气，将你的金色光芒共享给一个你讨厌的人。你发现自己的友善帮到了那个人。

——最后，将你的金色光芒共享给世界上的每个人。想象每个人在一同欢笑。

——带着那种愉快的感觉微笑。轻柔、和缓、专注地呼吸三次，然后睁开眼睛。

备注：这个训练可以帮助孩子将友善传递给他人。

4. 正念训练的适宜主题及实例

正念训练适宜的主题可以是多方面的，如认知、情绪、社会性发展心理品质等，最常运用于认知能力如专注力、自控力等认知心理品质的训练。训练实施过程中需要幼儿教师具备良好的正念技能，创设情境和时机，主动指导幼儿进行正念训练，使其认知、情绪、个性等积极心理健康水平得到提高。正念训练可以单独进行，也可穿插在其他训练方法中，具体的正念训练设计方案参看第三节的认知能力训练设计案例中的“蔬菜国王餐厅——我有奇思妙想”“布谷鸟闯迷宫——我有超强记忆”，自信能力训练案例中的“独一无二的大脚猫——我能悦纳自己”，情绪能力训练中的“漫游哈哈星球系——我能识别情绪”“守护情绪小精灵——我会疏解情绪”等。

（四）其他方法

1. 行为训练

（1）概述。

行为训练是一种以行为科学和咨询心理学等学科为基本原理，以行为训练作为媒介手段，提高幼儿的基础心理品质和心理健康水平的训练方法。行为训练以创设相应的情境和规则为主要手段。这也是行为训练不同于其他训练的重要区别。行为训练不同于以往的知识传递和教育疏导，而是幼儿通过身临其境的参与、感受与发现，以自己切身的经验为基础，获得了深刻的认识。这种认识再经过教师的引导，帮助幼儿进行行为调整，并逐步内化成幼儿积极的心理品质。

（2）行为训练的主要理论基础。

操作性条件反射理论：心理学家斯金纳经过大量研究，提出操作性条件反射理论，即人的绝大多数行为都不是由刺激情境引发的，而是有机体的自发行为。行为的结果决定着行为是否会再次出现，这就是操作性条件反射。行为的结果就是一种强化。斯金纳认为，儿童的行为是通过强化的方式去学习的。强化是指发生一个具体行为，有一个直接结果紧随着这个行为，并导致这个行为在将来被加强了。强化又分为正强化和负强化。正强化是指一个行为的发生，随着这个行为出现的刺激的增加或刺激强度的增加导致了行为的增强。负强化是指一个行为的发生，随着这个行为出现的刺激的移去或刺激强度的降低导致了行为的增强。无论是正强化还是负强化，其结果都是导致某个行为的增强。

社会学习理论：社会学习是指通过观察环境中他人的行为以及行为结果来进行学习。例如，当一个孩子观察到好朋友的攻击行为，他也会习得这种行为。这种学习主要发生在对他人行为的观察中，因此也被称为观察学习或模仿学习。

（3）行为训练的主要方法。

榜样示范法：观察是幼儿行为习得的主要方式，而观察学习的对象就是榜样，榜样的示范性非常重要。对于幼儿来说，学习是经验的习得，这些经验主要来自于周围人的示范，观察他人面对困难时的行为，这种情境将以表象的方式进入幼儿大脑，当类似情境再现时，幼儿会及时再现出来或潜伏下来，作为个体行为模式的一部分。由于幼儿的分辨能力比较差，幼儿教师要为幼儿的健康成长创造良好的环境，选择恰当的模仿对象，从小让幼儿习得良好的行为。

行为矫正法：行为矫正是根据学习理论，对幼儿进行反复训练，以达到矫正不良行为、形成良好行为的目的。我们可以通过强化来巩固其正常行为和正确的言行。强化指提高反应的可能性的任何事情。当某些事情（如抚摸）的增加导致了某个行为的增加，那这种强化是正强化；当事件（令人厌恶的刺激，如攻击行为）的移走导致某个行为的增多，这种强化就是负强化。如一个偏食幼儿，只愿吃肉，很少吃青菜，尤其是有涩味的青菜。在行为矫正的过程中，当幼儿吃一口蔬菜后，就给一块肉，这样幼儿吃青菜的行为就增多了，这就是正强化；给幼儿的青菜去除涩味，让幼儿吃青菜，这样幼儿吃青菜的行为就增多了，这就是负强化。注意负强化不是惩罚，它也是一种增强某种行为的手段。根据这一原理，我们在训练活动中，通过正强化或负强化，塑造我们所期待的积极行为，如独立性、自主性和自制力等。我们还可以通过消退法来消除不良行为和问题行为，即当幼儿的不良行为出现时，不予理睬，使之自讨没趣。

角色扮演法：角色扮演是通过让幼儿扮演某个重要他人的角色的训练方式，达到幼儿自由抒发其所理解的角色感受的目的。幼儿要扮演某个角色，先要通过认知方式了解角色的行为，体会角色的心理状态，同时通过扮演其角色，逐渐学习换位和行为方式。角色扮演这种方式既符合幼儿的认知特点，又能有效促进幼儿在轻松愉快的游戏情境中进行学习，如警察的勇敢、小兔子的机警等。

2. 叙事训练

（1）叙事疗法的产生背景与理念。

叙事心理治疗的创始人和代表人物为澳大利亚临床心理学家麦克·怀特及新西兰的大卫·爱普斯顿。他们在 20 世纪 80 年代就提出了该理论，90 年代他们的书籍得以在北美发行，叙事心理治疗开始大为流行。

叙事，简单地说就是说故事。每个故事都是一个叙事，但叙事并非都是传统意义上的故事，相比之下，它具有表达内容和方法上的多样性和复杂性。叙事训练通过“故事叙说”“问题外化”“由薄到厚”等方法，使人变得更自主、更有动力。叙事训练的人性观是：人不是问题，问题才是问题。叙事训练中老师的身份是一个人而非专家。

(2) 叙事训练技术。

幼儿心理健康教育训练比较常用的是问题外化技术。外化，就是将内在的困扰“掏出来”，并将困扰拟人化，孩子暂时抽离。通过外化，孩子对于困扰的强度、造成的麻烦很容易进行生动具体的描绘，也能说明自己所希望的与困扰的相处形式。另外，把自己内在的部分外化，也避免了孩子及他人对自己的全盘否定，以及由此引发的其他负面情绪。孩子会觉得：我只是有这样一个困扰。生活中，也不乏那些将困扰等同为孩子本身的例子，“他很敏感”“他注意力不集中”……像强力胶贴上去的标签，撕也撕不掉，无形中给孩子增加了无力感和压力。外化问题的具体方法如下：

①面对……你觉得最辛苦的地方是……

②我想让你给它起一个名字，你想要叫它什么？

③它长什么样子？请你把它画出来。

④它什么时候威力最强？

⑤你什么时候比它强？

⑥你是怎么打败这个家伙的？

⑦你觉得自己最棒、最不简单、最不一样的地方是哪里？你怎么做到的？

同时，可以通过一些隐喻故事的讲解、相关绘本故事（如绘本《我的情绪小怪兽》《爷爷变成了幽灵》）的阅读起到类似的效果。

行为训练和叙事训练适宜各类主题训练，具体案例可参看第三节。

二、幼儿心理健康教育训练设计过程

幼儿心理健康教育训练是以培养幼儿个体良好的心理品质为目的的专门训练，是学校心理健康教育与辅导工作的一个重要途径。与其他形式的心理健康教育与辅导相比较，心理健康教育训练具有目的性、系统性和连续性等特点，是心理健康教育与辅导的重要形式。

（一）幼儿心理健康教育训练准备

1. 确立训练设计目标

心理健康教育训练的设计以促进幼儿各领域整体和谐地发展的思想为指导，以幼儿期健康心理发展的特点为依据，其目的是促进幼儿良好的心理品质和健康人格的发展，促使幼儿身心各方面得到整体和谐的发展。

确立心理健康教育训练设计的目标，即挑选所要培养训练的心理品质或心理特征。要培养的心理品质有很多，在一次训练中，不可能对所有的心理品质都进行训练，面面俱到反而无所适从，必须有针对性地、有选择地加以训练。在进行心理健康教育训练之前，教师可以对幼儿进行心理测试，测量和观察、评价他们的认知、气质、态度、性格、社会适应、情绪调节、行为问题等方面，并在此基础上建立心理档案，然后根据心理档案，遵循心理健康教育训练目标制定的原则，为心理健康教育训练确立目标。

目标系统主要包括总目标、层次目标、年龄目标和单元目标。

层次目标：从心理成分上分析，应包括认知目标、情感态度目标、动作机能目标。

年龄目标：依据幼儿心理健康教育的总目标，并考虑幼儿年龄发展的特点，分别提出每个年龄段的教育目标。

单元目标：心理健康教育训练是通过各项具体的心理健康教育训练活动来进行的，而每一项活动都要有明确的具体目标，其目标根据教育训练的总目标与教育内容来确立，可以是一次活动要完成的任务，也可以是通过若干次教育活动或主题系列活动来实现的目标。如：3～4 岁幼儿，主要训练其专注力、记忆力、共情、自信、抗挫折力、愤怒管理能力；5～6 岁，主要训练其专注力，记忆力、创造力、助人和合作意识、冲突解决能力、自控力等。

2. 设置教育训练内容

训练内容系统主要是设计心理健康教育训练的序列和活动方案。设计心理健康教育训练活动序列的依据是单元目标，同时要结合幼儿的生活经验定出反映目标思想的活动名称，一系列活动名称就组成了心理健康教育训练的序列。围绕训练目标，根据相应年龄段幼儿的心理特点，设置训练内容。

如围绕训练专注力，根据 3～4 岁幼儿的心理特点，我们可以设置相应的教育内容。

第一，视觉专注力训练：说说你看到了什么；

第二，听觉专注力训练：说说你听到了什么；

第三，感官专注力训练：说说你感觉到的五样东西。

如围绕合作训练目标，根据 5～6 岁幼儿的心理特点，我们可以设置相应的教学内容。

第一，合作意识的培养：小动物抬水比赛；

第二，合作性训练：小拖鞋制造厂。

心理健康教育训练方案由三个因素构成：一是心理健康教育训练的目标，即矫正与预防幼儿何种心理与行为问题，培养幼儿何种心理素质，健全何种人格，开发幼儿何种心理潜能，促进幼儿智力发展；二是具体情境内容，通过筛选幼儿的生活经验，选择符合目标要求的内容，把它们设计成有明确主题的、有感染力的情境；三是教师的启发引导，即教师如何引导幼儿进入情境，如调节幼儿的需要、预期和认知评价，如何启发幼儿的感受和体验。

3. 选择教育训练设计方法

心理健康教育训练以教师为主导，通过教师和幼儿的共同活动来进行。心理健康教育训练的方法主要分为以下两种。

第一，以教师主导的方法，包含但不局限于认知训练、暗示训练、正念训练、叙事训练、行为训练。

第二，教师与幼儿共同活动的方法，包括以下几种。

讲解法：通过教师的讲述，让学生明白一些道理。讲解法包括讲故事、绘本阅读等方法，根据幼儿喜欢听故事的心理，讲述一些与心理健康教育有关的故事，如可以讲述“司马光砸缸”的故事，来启发幼儿的创造力。

游戏法：游戏法是幼儿心理健康教育训练的主要方法之一。因为游戏是幼儿最喜欢的活动，不同种类的游戏可起到不同的心理健康教育训练作用。

角色扮演法：角色扮演法是一种通过行为模仿或行为替代来影响个体心理过程的方法。它是让幼儿以一种类似游戏的方式，表演出自己的心理或行为问题，进而起到增进自我认识、训练积极心理品质的作用，是一种综合性的方法，可以提高幼儿多方面的能力。

心理健康教育训练设计中，需要把以上方法结合起来使用，才能取得最佳效果。

4. 教育训练设计思路

在幼儿心理健康教育训练过程中，为了提高系统性和连续性，建议采用主题系列单元设计。先确立几个主题，然后围绕同一个主题在不同年龄段设计几个不同的单元，循序渐进。根据目标，我们选取设计了五个训练主题，每个主题在每一个年龄段设计 3～4 个训练单元。在一个单元设计中，要考虑和明确单元的训练目标、训练时长、场地、活动方式，训练前所需的准备工作，训练活动的程序，等等。主题设计的具体情况，可参考下面的幼儿心理健康教育训练案例。

（二）幼儿心理健康教育训练评估

心理健康教育训练是否有效，以及有效性程度有多大，都需要进行评估。一个完整的心理健康教育训练必须包含评估。评估，也称评价，是指采用统一认定的标准，用系统、客观、科学的方法，收集资料并了解心理健康教育训练实施的成效，然后对训练结果给予一种价值判断，作为改进与决策的依据的过程。评估的目的是收集与了解心理健康教育训练对幼儿的训练情况，对训练情况给予好与坏、成功与失败的价值判断。

1. 评估类型

一般来说，教育训练评估和教育评估一样，按照评估的时间点可以分为起始评估、过程性评估、结果性评估。

起始评估是在训练前进行的心理评估，主要任务是评价学生进入新的教学活动前所具有的前提条件如何，包括对幼儿能力、个性特点、各种优点和缺点、各种心理或行为问题类型等的识别。其目的是把握幼儿的心理特点，有针对性地制定训练内容和方法。另外，也可将起始评估与结果性评估相比较，从而了解训练的有效性及其程度。

过程性评估是指在教育训练过程中实施的评价。其目的是收集幼儿在教育训练过程中的表现，从而为心理健康教育训练的调整提供及时的反馈信息。

结果性评估是指在心理健康教育训练结束时所进行的结果评定，包括评定幼儿的进步和评定心理健康教育训练的有效性及其程度。通常可以在一个年龄段的幼儿的一个主题训练结束后进行，也可以在一个学期或一个学年结束后多个主题训练结束后进行。

【知识拓展】

训练过程记录表（教师用）

年　　月　　日

主题内容：

训练氛围：

幼儿的投入程度：

幼儿间的相互反应：

训练过程中偶发事件及处理：

训练效果与评价：

训练建议：

教师签名：

幼儿训练中行为评定量表

说明：第一，观察每一位幼儿每项行为出现的次数，在格子上画记号，并计出总数，作为训练效果的具体依据。第二，在“检讨与建议”栏写上总评、注意事项与处理方法，供下次活动参考。

成员行为		成员编号										合计	检讨与建议
		1	2	3	4	5	6	7	8	9	10		
抗拒行为	1. 独裁敌对												
	2. 沉默退缩												
	3. 缺席												
	4. 自大												
	5. 不守规则												
	6. 开玩笑												
	7. 管闲事												
操纵行为	8. 爱讲无关话												
	9. 成为指责批评目标												
	10. 依赖、屈从别人												
	11. 批评、语言攻击												
协助行为	12. 倾听												
	13. 遵照指示												
	14. 领导												
	15. 自我开放												
情绪行为	16. 守密												
	17. 发泄否定行为												
	18. 肢体攻击												
	19. 哭泣												
	20. 情绪激动												
动作化行为													
检讨与建议													

2. 评估过程

一个完整的教育训练评估应该包括以下几个步骤。

第一，确定评估的目标。实施心理健康教育训练评估之前，应确定评估的目标，以便确定评估的方法与程序。

第二，确定评估的内容。心理健康教育训练通常具有一定主题，需要确定训练评估的主题，根据评估的内容可评估训练师资、组织、实施情况等。

第三，设计评估表。确定评估目标和内容后，可以进一步设计评估量表，量表的设计尽量使用方便，准确可靠。

第四，挑选评估人员。一般来说，评估人员应与教育训练实施人员不同。另外，评估人员应当具有一定的专业知识，有相关的经验与公正求实的科学精神。

第五，实施评估计划。准备就绪后，就按计划展开评估活动，收集相关信息。

第六，对评估结果进行综合性分析，写出评估性报告。

第七，评估资料的运用。应用评估资料来判断心理健康教育训练活动所取得的成效，鼓励先进，推动后进，发现问题与解决问题。

第三节　幼儿心理健康教育训练设计实例

一、适应能力训练

（一）适应能力训练的概述

适应能力是指为满足个人生活和社会需要所需的日常生活能力，使个体能够与环境保持动态平衡（Mendonca，Shrivastava，Pietschnig，2020）。“学会生存”是素质教育中一项最基本、最重要的内容。面对未来人生发展中的各种变化和时代赋予的重任，幼儿需具备一定的生存意识和适应能力。幼儿期是形成适应能力的关键时期，适应能力强的幼儿能较快、较好地适应变化的人际环境和心理环境，对新环境所给予的刺激能做出恰当的、适度的反应。随着年龄的增长，认知水平不断提高，情绪的感受、表达、调节和控制能力不断增强，幼儿的适应能力也将随之增强。

在成长阶段，幼儿会遇到许多个人生的第一次，良好的适应能力是个体发展过程中生存的必备能力，也是心理健康教育的重要标志，它影响着幼儿未来发展的坚韧、希望等积极心理品质的塑造以及幸福感的获得。进入幼儿园，幼儿面临着分离焦虑，同时一系列的未知挑战也接踵而来。适应能力训练不仅可以帮助幼儿获得独立判断、成就感，而且也是遵守团体要求、社会规则的体现。

社会适应与个体的心理、生理健康都有密切的关系，三者相互促进、相互支持，是个体积极发展的重要内核与表现（Arslan，Allen，Craig，2020）。幼儿的适应能力包括生活适应、行为适应、学习适应、人际适应。生活适应指幼儿学会自我生存、自我服务，形成良好的生活卫生习惯，如自己进餐、自己睡觉、文明如厕等。行为适应指幼儿可以懂得规则，养成文明的行为，如互相帮助、遵守纪律、排队等候等。学习适应是指幼儿进入群体后，参与群体活动，形成良好的学习习惯，如善于提问、礼貌回答、完成任务等。人际适应是指愿意与人沟通，乐于交往，如主动打招呼、愿意回园、懂得分享等。

在适应的心理学实验中，心理学家将一只小猫先放进一间背景全是横条纹的生活空间，让它自由自在地生活了一段时间；然后又将它放入一间背景全是竖条纹的生活空间里，这只小猫对新环境产生不适应心理，东倒西歪，有些站不稳。（见图 5 – 4）

图 5 – 4　适应的心理学实验（资料来源：公众号泛心理 zakka）

当我们到达一个新的、陌生的环境，我们就会感到有些不适应，有压力，如果不能调整好心态，就会产生一系列不适应的心理与行为问题。幼儿在入园前，生活在特定的生活圈中。因此，大多习惯以自我为中心的幼儿离开家庭来到陌生的环境，接触陌生的人，需要一个适应的过程。幼儿期是人生发展的初始阶段，这时人的身心发育尚未成熟，独立适应环境变化的能力差，因此新生入园的适应能力培养至关重要。

幼小衔接是近年来幼儿教育关注的一个话题，《幼儿园教育指导纲要（试行）》明确指出：“幼儿园应与家庭、社会密切合作，与小学相互衔接，综合利用各种教育资源，共同为幼儿的发展创造良好的条件。”研究表明，幼小衔接问题实质上就是主体的适应问题。幼儿园大班孩子升入小学是儿童发展的一个关键时期，衔接过渡的成功与否对孩子的成长影响很大。（见表 5 – 7）

表 5 – 7　适应能力训练目标

班级	适应能力训练目标	
小班	认知目标	认识到如何寻求帮助以适应环境变化
	情感目标	依恋替代，在游戏中降低不确定性带来的分离焦虑
	行为目标	学会独立，减少依赖行为，学会适应新环境
中班	认知目标	认识到主动表达和沟通有助于提高人际适应能力
	情感目标	在情境模拟中增强友爱、乐观的情绪
	行为目标	养成规则意识，能够遵守规则进行相关活动

续上表

班级	适应能力训练目标	
大班	认知目标	有集体观念，了解与他人互动对社会适应的重要性
	情感目标	在角色扮演中体验积极、可控的情绪
	行为目标	主动调整，以积极行为主动适应幼升小的挑战

（二）适应能力训练案例

【实操展示】

活动1　叮咚彩虹袋——我能积极适应

1. 训练对象：小班。

2. 训练的准备：制作包含各种动物图案的PPT，绘本《一口袋的吻》，彩虹条纹布袋一个，音乐背景，提前让每位家长带一个小朋友最喜欢的物品或玩具回园。

3. 训练目标。

（1）通过绘本游戏与幼儿产生共情，调整幼儿的情绪，舒缓幼儿入园的分离焦虑。

（2）通过绘本共读，建立幼儿园和家庭之间的情感联结，学会和老师、小朋友友好相处。

4. 训练内容。

培养幼儿入园后应具备的一些情感态度，减少陌生环境以及父母消失带来的分离焦虑。

5. 训练方法。

认知训练、叙事训练。

6. 训练过程。

（1）热身活动（1～2分钟）。

内容：教师播放律动音乐或钢琴伴奏，随着音乐节奏，带领幼儿做出与动物相应的动作。

目的：激发引导幼儿充分参与其中，减少幼儿对环境和他人的恐惧感和陌生感。

道具：制作包含各种动物图案的PPT，律动音乐。

（2）主题活动（6～8分钟）。

内容：幼儿和老师围圈坐，教师引导幼儿一起喊“叮咚”，教师从彩虹条纹布袋中取出一件物品，每“叮咚”一声，取出一件，让小朋友分别认领自己的物品。

目的：增强幼儿的好奇心，减少幼儿对环境和他人的恐惧感和陌生感。

道具：彩虹条纹布袋以及家长们让幼儿带回幼儿园的物品或玩具。

（3）分享活动（1～2分钟）。

内容：相邻的两位幼儿握手，并互相分享这个物品的来源或故事。

目的：引导幼儿主动获得归属感，在交流互动中获得人际支持和信任。

道具：轻音乐或钢琴伴奏。

（4）升华活动（2～3分钟）。

内容：教师从彩虹条纹布袋中双手轻轻地捧出，告诉幼儿这是幼儿的妈妈带给幼儿的吻，播放音乐《爱我你就亲亲我》，请幼儿放学后回家和妈妈一起阅读绘本《一口袋的吻》。

目的：帮助幼儿释放担心、害怕、焦虑的情绪，学会表达情绪和心理需要。

道具：绘本、音乐或钢琴伴奏。

7. 训练评价。

本节叙事训练活动以减缓幼儿入园前期的分离焦虑为主要目标，通过绘本故事帮助幼儿建立情感联结与替代，使其尽快适应环境变化，建立人际信任感，提升幼儿的适应能力，促使幼儿变得更自主、更有动力。

活动2　奇趣小火车——我会乐于助人

1. 训练对象：中班。

2. 训练的准备：火车头头饰、荣誉勋章。

3. 训练目标。

（1）在游戏中养成规则意识，能够遵守规则进行相关活动。

（2）通过讲解园区各场地的功能，建立幼儿对园区环境的再适应及归属感。

4. 训练内容。

培养幼儿的规则意识，能够按照团体要求、社会规则做出相应的积极行为。

5. 训练方法。

认知训练、行为训练。

6. 训练过程：

（1）热身活动（1～2分钟）。

内容："小小火车头"。老师带领小朋友进行"石头、剪刀、布"的游戏，赢的小朋友继续，输的小朋友站在赢了的小朋友的身后，拉着赢的小朋友的衣服，形成一辆小火车，直到全部完成，找到小小火车头，活动结束。

目的：培养幼儿对游戏规则的理解。

道具：火车前进的背景音乐。

（2）主题活动（6～8分钟）。

内容：老师以故事导入，奇趣小火车开始了世界之旅，每走到一个地方，火车头都要停下火车，给大家介绍这个景点，如：第一站到了，这里是门卫室，保安叔叔好，再见！介绍完的小朋友站到队伍的最后面，原来第二位的小朋友作为火车头继续前进，到达第二个景点的时候继续向大家介绍……依次进行。为了保障安全，防止队伍过长，可以分小组进行。

目的：通过游戏训练提升幼儿的规则意识。

道具：话筒道具和火车头头饰。

（3）分享活动（1～2分钟）。

内容：分享刚才看到了什么，听到了什么，想到了什么。

目的：引导幼儿在分享过程中懂得倾听别人的发言，养成倾听的习惯。

道具：轻音乐或钢琴伴奏。

（4）升华活动（2～3分钟）。

内容：评选最佳火车头，老师为小朋友颁发荣誉勋章。

目的：对规则有更加清晰的理解。

道具：荣誉勋章。

7. 训练评价

本节训练活动是幼儿对规则意识的培养。规则感是影响幼儿适应、人际、情感等能力的重要因素，活动内容符合幼儿的情感认知特点，能训练幼儿的规则意识和倾听能力，使幼儿服从规则，尊重他人，从而建立人际联结，有效提升幼儿的适应能力。

活动3　我的毕业纪念手册——我有美好回忆

1. 训练对象：大班。

2. 训练的准备：制作折纸毕业纪念手册，各类贴纸若干（爱心、香蕉、棒棒糖、可乐、礼物、太阳）。

3. 训练目标。

（1）通过回忆作画，引导幼儿分享感受与精彩瞬间，与即将结束的幼儿园生活告别。

（2）通过贴纸游戏，引导幼儿了解不同的人对我们的影响是多方面的，提升对未来变化的心理适应能力。

4. 训练内容。

培养幼儿的人际适应能力，并看到可以帮助自己的人际资源。

5. 训练方法。

认知训练、正念训练。

6. 训练过程。

（1）热身活动（1～2分钟）。

内容：老师通过“大小西瓜”互动手指操，带领幼儿做出相应的动作。

目的：训练幼儿的注意力，以积极的心态参与活动。

道具：大小西瓜图片。

（2）主题活动（6～8分钟）。

内容：幼儿和老师围圈坐，教师分发给小朋友每人一张A4纸，引导小朋友折成一本小手册。手册的封面可随意涂鸦，老师帮忙写上幼儿的名字或者代表小朋友的图案。从老师和班级幼儿中一共选出6位，每个人写或画在同一页上。然后教师请幼儿分别给每一个人贴相应的贴纸。如给感觉爱自己的人贴上爱心，给经常帮助自己的人贴上太阳，给最想感谢的人贴上礼物，给在一起很开心的人贴上可乐，给可以分享小秘密的人贴上香蕉，给自己最欣赏崇拜的人贴上棒棒糖，等等。

目的：回忆三年的幼儿园生活，获得人际支持。

道具：A4纸和各类贴纸若干（爱心、香蕉、棒棒糖、可乐、礼物、太阳）。

（3）分享活动（1～2分钟）。

内容：幼儿们分享自己的“毕业手册”，可以用录音笔记录、珍藏。

目的：引导幼儿收集美好的回忆，看到更多的人际支持，获得更多的资源。

道具：轻音乐或钢琴伴奏。

（4）升华活动（2～3分钟）。

内容：正念训练，慢慢地深呼吸，闭上眼睛想想——你还记得小时候穿过的衣服、鞋子是什么样子的吗？慢慢想想以下物品：1岁时穿的袜子，2岁时戴的帽子，3岁时穿的裤子，4岁时戴的手套，5岁时穿的马甲，6岁时穿的鞋子。你能想象未来7岁、8岁……你穿的衣服大小吗？我们穿过的衣服越来越多，也越来越大，这些都在告诉我们，我们在慢慢长大。

目的：帮助幼儿学会珍藏美好的记忆，创造对未来的期待。

道具：正念音频。

7. 训练评价。

本节训练活动是为幼升小适应而设计的一节课。此活动使幼儿从对影响自己最大的人入手，进行积极情感的回忆，学会获得更多的社会资源，并对未来产生期待，有效地促进了幼儿的社会适应能力的提升。正念训练活动最好采取循序渐进的方式，能够每天、每周或者每两周进行。

二、认知能力训练

（一）认知能力训练的概述

幼儿认知训练是指基于幼儿认知发展理论，结合幼儿的认知现状及发展特点，主要对注意力、感知觉、记忆力、思维力、认知灵活性等认知能力进行训练，帮助幼儿提升认知水平。

著名心理学家让·皮亚杰认为幼儿处于认知发展阶段的前运算阶段，即幼儿在这个阶段可以内部表达并根据客体和实践表达出文字和图片，但是他们无法理解守恒、逻辑推理或者同时考虑一个客体的多个特征。他们使用语言作为探索世界的一种方式。幼儿时期是人生发展的初始阶段，也是认知能力发展的关键时期，情感是认知的体验，具有良好认知能力的幼儿，对自己和他人能够有正确的认识，能够很好地适应环境，并且能够正确地对待生活中所遇到的困惑和挑战，积极寻求改变和解决方法，最终形成积极的情感体验。

幼儿期是儿童人格和社会性发展的重要时期，主要表现在幼儿的自我意识迅速发展，个性特征逐步形成，各种社会性需要及行为迅速发展。

心理学家维果斯基认为："学前儿童记忆处于意识中心，心理活动的各个方面以记忆占着优势地位。"具有良好认知能力的幼儿能够正确、客观地认识周围的事物和环境；能够对情绪及身心的变化进行良好的认知评价；能够妥善地处理学习、生活中所遇到的困难，及时调整自己的状态，尽快适应新环境。当幼儿对周围世界产生错误的认识时，往往会导致不自信的情绪和行为，而这些情绪和行为也会反过来影响幼儿对周围客观世界的认识。

在幼儿的认识活动中，感知觉占优势地位。《3—6岁儿童学习与发展指南》指出，教师和家长要“支持幼儿在接触自然、生活事物和现象中积累有益的直接经验和感性认识”，引导幼儿“感知生物的多样性和独特性”“感知常见物质、材料的特性和物体的结构特点”。建构主义认为，幼儿的知觉需要通过长期的学习来建构。注意的发展水平直接影响着幼儿认识活动的效果。幼儿记忆的发展主要表现在记忆的目的性、记忆的方法、记忆的内容及记忆的精确性等方面。幼儿在探究自然事物和运用数学解决实际生活问题的过程中，不仅获得丰富的感性经验，充分发展形象思维，而且初步尝试归类、排序、判断、推理，逐步发展逻辑思维能力。（见图5－5）

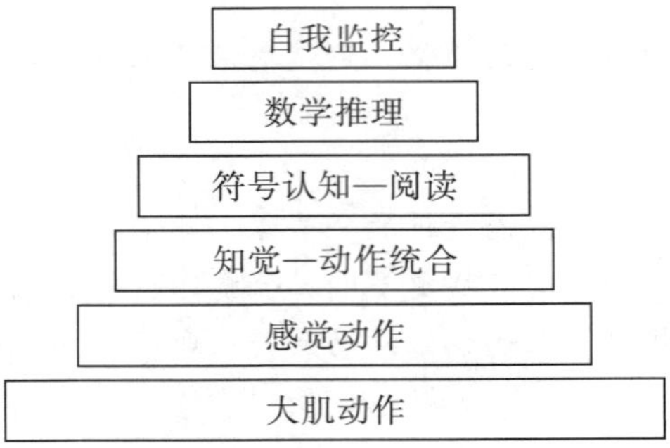

图5－5 学习能力发展顺序

智能训练的主要目标包括：理解能力、逻辑思维能力、联想能力、创造力。

有研究发现，通过一个人的注意力可以预测他的发展水平、智力状况、问题解决能力以及语言技能。当我们关注幼儿注意力的时候，我们需要关注注意力的广度、注意力的稳定性、注意力的分配以及注意力的转移四个品质。3～4岁儿童的注意力持续时间为3～4分钟，4～5岁儿童为10分钟，5～7岁儿童为15分钟，因此幼儿的注意力训练应根据幼儿的发展特点来设计。（见表5－8）幼儿注意力发展的第一个特点是无意注意占优势，因此，在培养注意力方面应注意激发幼儿的兴趣，如此才能有利于幼儿产生有意注意的动机。全面提升幼儿注意力的方法有运动、睡眠、正念练习。

表5－8 认知能力训练目标

班级	认知能力训练目标	
小班	认知目标	理解符号（图式）想法代表的意义及物品的性质
	情感目标	在游戏中感受并获得积极情绪
	行为目标	激发学习兴趣，提升对未知事物的观察力和想象力
中班	认知目标	认识到事物的多样性和独特性
	情感目标	在接触自然中让幼儿体验到创造的快乐
	行为目标	锻炼联想能力，增加直接经验和感知认识

续上表

班级	认知能力训练目标	
大班	认知目标	认识到合作学习的重要性
	情感目标	在游戏活动中增强幼儿对事物的好奇心
	行为目标	培养逻辑思维能力，提升幼儿的发现问题和解决问题的能力

（二）认知能力训练案例

【实操展示】

活动1　神奇摸摸城——我能识别物品

1. 训练对象：小班。

2. 训练的准备：各类物品（香蕉、牙刷、面包、绿豆、纸巾、书、皮球等），一个上面开口（大小可以伸进手掌）的箱子。

3. 训练目标。

（1）通过漫游“摸摸城堡”游戏活动，让幼儿认识各类物品软硬、大小等性质，学会通过特征辨识物品，帮助幼儿习得一定的观察策略。

（2）激发探索、学习的兴趣，提升对未知事物的观察力和想象力，训练幼儿观察的持久性和概括性。

4. 训练内容。

培养幼儿的认知技能，训练观察力、理解力以及分类能力。

5. 训练方法。

认知训练、行为训练。

6. 训练过程。

（1）热身活动（1～2分钟）。

内容：通过卡片认识、熟悉物品，如苹果、水杯、雨伞、书包等。

目的：帮助幼儿认识物品的类型。

道具：物品卡片或实物。

（2）主题活动（6～8分钟）。

内容：按照漫游“摸摸城堡”游戏活动，老师可以先把所有物品摆在桌子上，让幼儿依次摸摸看，感受物品的软硬程度、大小等特征；然后老师随机把一个物品放到“摸摸城堡”中，幼儿分别在“神奇摸摸城堡”中伸手摸里面的物品，猜猜看是什么东西。

目的：增强幼儿的想象力，发展幼儿的感知能力。

道具：各类物品。

（3）分享活动（1～2分钟）。

内容：邀请刚才猜对的幼儿分享，平常还知道哪些相似的物品。

目的：引导幼儿学会分享，懂得分类。

道具：苹果、水杯、雨伞、书包分别属于哪一类的物品。

(4) 升华活动 (2~3分钟)。

内容：回家和爸爸妈妈一起对自己的玩具和物品进行分类整理。

目的：提升感知能力和分类能力。

道具：填写能力卡。

7. 训练评价。

本节训练活动的设计符合幼儿的认知能力和能力水平，通过手部触摸物品的活动，训练幼儿的物品感知能力，使幼儿对物品的属性有一定的了解和认知，如颜色、气味、硬度等；并且在分类的基础上学会分类整理的能力，这是培养幼儿认知能力的有效训练方式之一。此活动中，应注意游戏时间不宜过长，以免幼儿疲劳，注意力降低。

活动2 蔬菜国王餐厅——我有奇思妙想

1. 训练对象：中班。

2. 训练的准备：各类蔬菜卡片、一次性餐盘或仿真模型。

3. 训练目标。

(1) 通过“蔬菜大比拼”和“蔬菜蹲”的活动，让幼儿认识蔬菜的多样性，减少挑食的行为，学会在互动中建立良好的人际关系。

(2) 在“厨王争霸赛”的挑战活动中，鼓励幼儿发挥创意和想象，打破固有观念，多使用日常很少吃的蔬菜进行创作。帮助幼儿学会与他人合作，积极主动参与同伴游戏。

4. 训练内容。

培养幼儿的社会交往技能，使幼儿学会积极互动；培养幼儿对材料进行比较、抽象和概括的能力，逐渐形成概念。

5. 训练方法。

行为训练、正念训练。

6. 训练过程。

(1) 热身活动 (1~2分钟)。

内容：根据全班人数分成若干小组，每组6~8人，每人抽取一张蔬菜卡片或者仿真模型，然后进行“蔬菜蹲”活动。(全班一起参与“蔬菜名称大比拼”活动，教师展示蔬菜的卡片或者仿真模型，幼儿竞猜名称，猜对的可以获得相应的蔬菜贴纸。)

目的：让幼儿认识蔬菜的多样性。

道具：蔬菜卡片或仿真模型。

(2) 主题活动 (6~8分钟)。

内容：按照小组进行“厨王争霸赛”挑战活动。每个幼儿抽到的卡片代表小组的食材，小组成员根据已有的食材进行搭配（注意不需要使用全部食材），烹饪出一道菜，并进行菜式的命名，鼓励幼儿发挥创意和想象，打破固有观念，多使用日常很少吃的蔬菜进行创作。

目的：增强小朋友的想象力和合作性，发展幼儿之间交往和合作的能力。

道具：蔬菜卡片（仿真模型）和餐盘。

(3) 分享活动(1~2分钟)。

内容:美食博览会,小组一起展示自己小组的美食作品,如事物名称,包括哪些蔬菜,包含哪些营养物质等。

目的:引导小朋友关注食物营养,培养小朋友参与烹饪的能力。

道具:蔬菜卡片(仿真模型)和餐盘。

(4) 升华活动(2~3分钟)。

内容:正念训练吃橘子,每个小朋友一瓣橘子,吃的过程中不能说话,慢慢品尝,体味橘子的味道。

目的:尊重食物,珍惜粮食,开始慢慢学习生活技能。

道具:贴纸,音乐或钢琴伴奏。

7. 训练评价。

本节训练活动的最大特点是通过正念训练增强幼儿的同感联想能力。幼儿可能无法完全达到正念训练的要求,老师可以把这个过程当作游戏一样和幼儿一起练习,时间不宜太长,几分钟内让幼儿动手操作,建立幼儿与食物之间的积极关系,有利于培养幼儿珍惜粮食的良好行为。通过正念训练,孩子能够更专注,更不容易冲动,从而更好地完成学习任务,更加友善。

活动3　布谷鸟闯迷宫——我有超强记忆

1. 训练对象:大班。

2. 训练的准备:空旷的场地,画出8×8的格子,画有路线图的课件,记忆棋。

3. 训练目标。

(1) 通过迷宫游戏这一明确的任务,增强幼儿的兴趣,提高幼儿大脑皮层有关区域的兴奋性。

(2) 通过小组合作记忆完成挑战,锻炼幼儿的抗干扰能力,提升幼儿有意识记忆的水平。

4. 训练内容。

记忆力作为一种特殊的素质和能力,可以通过练习来提升。幼儿阶段的记忆力水平可以通过抗干扰和提升注意力来提高,为幼儿升入小学的学习做准备。

5. 训练方法。

行为训练、正念训练。

6. 训练过程。

(1) 热身活动(1~2分钟)。

内容:教师播放律动音乐《快乐的布谷鸟》,伴随音律节奏,带领小朋友们做出相应的动作。

目的:热身游戏,引导幼儿充分参与活动。

道具:《快乐的布谷鸟》律动音乐。

(2) 主题活动(6~8分钟)。

内容:全班幼儿分为A、B两组,由两名老师分别带队。两组幼儿分别站在8×8方格的两边，教师呈现一次正确的迷宫路线图，时间为5秒，走出迷宫的路线是唯一的，两组幼儿依次轮流进入方格内，可以选择一个格子进入。如果与路线图一致，可以继续前进；如果其中一组全部小朋友都挑战失败，教师可以再呈现一次正确路线图，直到两组都成功。

目的：提高小朋友对图形和位置的记忆能力，培养其有意识记的意识。

道具：迷宫。

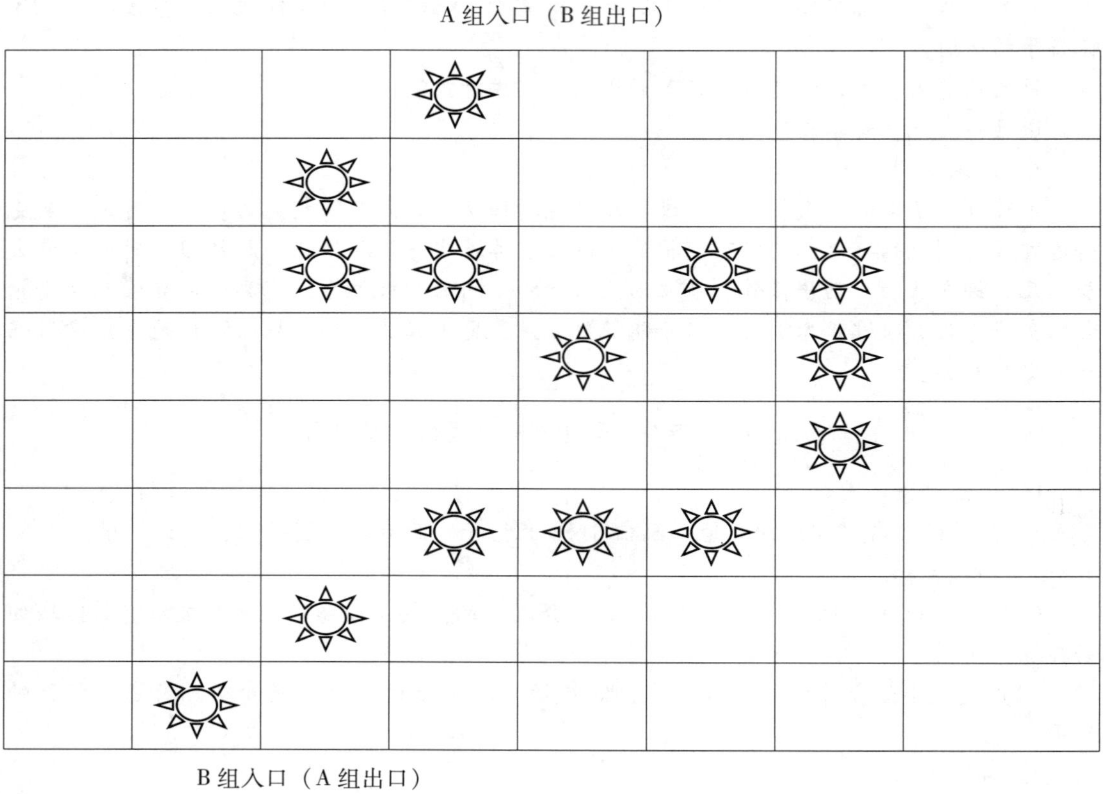

图5-6　布谷鸟闯迷宫

（3）分享活动（1~2分钟）。

内容：最先挑战成功的幼儿可以告诉其他幼儿自己是怎么做到的，下次如何做得更好。

目的：引导幼儿主动分享记忆的方法，发现自身的记忆优势。

道具：轻音乐或钢琴伴奏。

（4）升华活动（2~3分钟）。

内容：正念训练，正念钟声练习，告诉幼儿会播放一些声音，让他们专心听，直到声音停止，让幼儿把注意力专注在钟声上面。

目的：帮助幼儿养成有意识记忆的习惯，提升专注力水平。

道具：正念音频。

7. 训练评价。

本节训练以唤起幼儿的学习兴趣、提升幼儿专注力、培养有意识记为目标，两组 PK 的活动设计方式极大地激发了幼儿的参与度与好奇心，通过行为塑造提升幼儿的记忆力水平。记忆的前提是注意力，而正念练习是提升幼儿注意力的有效方式。提高专注力有助于获得更强的记忆力，较少冲动（不被想法和感觉立即带着去行动）。

三、自信能力训练

（一）自信能力训练的概述

在 3 ~6 岁阶段，幼儿的自我意识迅速发展，人格特征迅速形成，因此教师从人格的角度入手，对幼儿的心理健康的指导和促进，具有重要意义。

自信心是指个体对自身行为与价值的客观认识和充分估价的一种体验，是一种健康向上的心理品质。幼儿的自信心源于他们对自己的认识，他们在对自己的认识过程中还要不断地吸收外界的评价来调整自己，因此我们要注意培养幼儿良好的自信心。

幼儿在成长过程中，会面临五个发展自信心的关键期：基本信任期（0 ~2 岁）；婴儿期到蹒跚学步期的创伤性过渡期（2 ~3 岁）；兄弟姐妹争宠期（4 ~5 岁）；同伴竞争期（5 ~13 岁）；独立战争期（13 ~19 岁）。发展幼儿自信心的关键所在，就是父母应该在幼儿自信心发展的五个关键期给予幼儿及时恰当的指导，使幼儿顺利度过每一个关键期。（Yoder，Pao，Imam，et al，1988）

自信心是一个人非常重要的心理品质，对人一生的发展和成才起着极为重要的作用。成人充分的信任、热情的期待和正确的评价与鼓励能有效地增强幼儿的自信心。成功感是自信心的重要心理成分。自信心教育可以渗透到教学的各个领域，教师可以在健康、语言、社会、科学、艺术五大领域的教学活动中帮助幼儿树立自信心。

2011 年 7 月 14 日的《科学》杂志刊登了浙江大学求是高等研究院系统神经与认知科学研究所和医学院神经科学研究中心的胡海岚团队的研究成果。该成果第一次指出大脑中存在一条介导“胜利者效应”的神经环路，它决定着先前的胜利经历，会让之后的胜利变得更加容易。

团队引入“钻管测试”来研究小鼠的等级地位：在一段只能让一只小鼠通过的玻璃管道中，两只小鼠狭路相逢，优势者会在 30 秒内将对方推出管道。一群小鼠经过两两竞争，形成等级地位。团队通过光遗传学的方法发现，小鼠等级地位相差越大，逆袭所需的“神经激活剂量”就越高。当劣势小鼠成功逆袭 6 次或更多次时，即使离开科学家的“帮助”，“裸奔”的小鼠也能实现逆袭。而成功经历不足 6 次，“裸奔”的劣势小鼠会恢复到劣势地位。

“这种先前胜负经历影响后续比赛输赢的现象，恰恰体现了心理学中的‘胜利者效应’。”即在胜利了 6 次之后，劣势小鼠的大脑发生了质变，他们的神经突触连接强度显著增加了，有效地帮他们进阶并维持在更高的等级地位。

胡海岚团队认为，这是一条在进化上保守的神经环路，从低等哺乳动物到高等哺乳动物乃至人类中普遍存在，因此会有更多的启示意义。在游戏活动中，让幼儿获得愉悦的成功情感体验，增强“胜利者效应”，对于幼儿的自信心培养极其重要。

表5-9 自信能力训练目标

班级	自信能力训练目标	
小班	认知目标	认识自己的外部特征和喜好
	情感目标	在互动中获得自信的情感体验
	行为目标	在游戏中学会“我是……”语句的表达
中班	认知目标	了解身体各部分的功能和保护办法
	情感目标	在情境模拟中对自我感到满意
	行为目标	能够准确进行表达、展现自我，学会调节自己的行为
大班	认知目标	认识到每个生命的独特性，了解自己的优缺点
	情感目标	在正念训练中体验积极、可控的情绪
	行为目标	主动调整，学会表达需要，以积极适应幼升小的挑战

（二）自信能力训练案例

【实操展示】

活动1 袋鼠妈妈打电话——我能自信表达

1. 训练对象：小班。
2. 训练准备：空旷的场地。
3. 训练目标。

（1）通过互动游戏，增强幼儿的自信心。

（2）为幼儿提供参与活动的机会，鼓励幼儿勇于表现自己。

4. 训练内容。

通过行为训练，提升幼儿的自信。

5. 训练方法。

暗示训练、行为训练。

6. 训练过程。

（1）热身活动（1~2分钟）。

内容：跟随《动物走路歌》歌曲，小兔子走路，跳跳跳跳跳，小鸭子走路，摇呀摇呀摇……老师带领幼儿们做出相应的动作。

目的：引导幼儿通过模仿动物的走路动作，学会身体表达。

道具：“动物走路歌”歌曲。

（2）主题活动（6～8 分钟）。

内容：幼儿围成圆圈坐在地上，老师根据互动内容，分发给幼儿每人一个动物头饰，如“花猫”“老虎”“兔子”“猴子”“鸭子”“斑马”“袋鼠”“熊猫”“长颈鹿”“大象”等，头套的图案可以重复，接着告诉幼儿游戏规则：首先，幼儿要记住自己戴的是哪种动物头饰。然后当老师说“袋鼠妈妈打电话”，小朋友们一起问“打给谁”，老师回答“打给小花猫宝宝”。这时戴花猫的宝宝要马上起立。起立的同学可以做出自信的姿势，然后坐下。活动依次进行。

目的：通过游戏活动，鼓励幼儿勇于表现自己。

道具：动物头饰。

（3）分享活动（1～2 分钟）。

内容：根据刚才的活动，老师询问幼儿认为刚才哪些小朋友反应最快，谁最自信，他是怎么做的。

目的：引导观察，增加幼儿间的互动，帮助小朋友主动获得自信心。

道具：音乐背景。

（4）升华活动（2～3 分钟）。

内容：播放歌曲《你笑起来真好看》，老师带领小朋友一起舞动。

目的：帮助小朋友充分表达自信的感受。

道具：歌曲《你笑起来真好看》。

7. 训练评价。

本节训练活动基于幼儿认知特点，通过积极的心理暗示训练，让幼儿养成自由、独立而身心健康的人格；以培养幼儿自信心为目标，鼓励幼儿在活动中勇敢地展现自己，看到自己的优点，在自信的基础上，也学会欣赏他人。自信心的培养是幼儿自我认知和个性形成的重要着眼点，行为训练可以有效地提升幼儿的自信心水平。

活动 2　跳跳鱼和魔镜——我有发现优点

1. 训练对象：中班。

2. 训练的准备：将幼儿自己或者和家人的电子照片制作成 PPT 或者视频保存在手机或者照相机里。

3. 训练目标。

（1）通过观看照片，激发幼儿的自信情感。

（2）认识五官及身体的结构，帮助幼儿增加对身体的认知，增加幼儿的自信心。

4. 训练内容。

通过微笑等行为训练，提升幼儿的自信。

5. 训练方法。

暗示训练、行为训练。

6. 训练过程。

（1）热身活动（1～2 分钟）。

内容：“猜猜我是谁”活动，教师随机播放幼儿自己或者和家人的电子照片，并且带领幼儿快速说出这位同学的名字。

目的：引导幼儿懂得每个人都有优点，学会赞扬他人，同时体验别人对自己赞扬时的积极感受。

道具：将幼儿自己或者和家人的电子照片制作成的PPT或者视频。

(2) 主题活动（6~8分钟）。

内容：老师讲述故事——跳跳鱼们一起去春游，发现了一个神奇的魔镜，每条跳跳鱼站在魔镜前，魔镜就会发现它最美的地方，如美丽的大眼睛、宝石蓝的尾巴、最洁白的牙齿等等，而这些都是跳跳鱼们以前没有发现的优点，因此，跳跳鱼们排着队，经过魔镜。小朋友们，你们想知道自己最美的地方是哪里吗？

老师用照相机或者手机为幼儿拍照，引导幼儿逐一经过指定拍照点，并做出一个表达自信的动作。老师每经过一位幼儿，老师和同学们就用一句话赞扬这位同学，如：小静同学的笑容很灿烂，小明同学的动作很帅气，小雅同学的舞姿最优美，等等。

目的：增强幼儿的好奇心和自信心，学会用身体和表情自信地表达自己。

道具：照相机，拍照背景卡。

(3) 分享活动（1~2分钟）。

内容：根据刚才的活动，老师为小朋友们分发自信卡。

目的：引导幼儿学会发现自己的优点，帮助幼儿主动获得自信心。

道具：轻音乐或钢琴伴奏。

(4) 升华活动（2~3分钟）。

内容：装饰自己的自信卡，为自信卡添加自己喜欢的颜色和图案，并带回家和爸爸、妈妈分享。

目的：帮助幼儿充分表达自信的感受。

道具：自信卡，绘本、音乐或钢琴伴奏。

7. 训练评价。

本节训练活动采用简洁的语言暗示，通过信任、尊重、商量、鼓励、赞赏等语气，对幼儿的心理和行为产生间接影响，促进幼儿的积极行为的增加。故事贯穿整节训练活动，形式活泼，有效地激发了幼儿的好奇心和参与度。幼儿在游戏中通过角色体验自然展现个人的优点，充分获得自信和被欣赏的情感体验。

活动3　独一无二的大脚猫——我能悦纳自己

1. 训练对象：大班。

2. 训练的准备：绘本《大脚丫跳芭蕾》，个人名片任务卡，动物或者食物贴纸，彩笔，音乐背景。

3. 训练目标。

(1) 通过绘本共读，认识到自己的一些优点和长处，并对此感到满意。

(2) 通过正念训练，获得积极的自我意象。

4. 训练内容。

培养幼儿积极的自我认识和意象。

5. 训练方法。

正念训练、叙事训练。

6. 训练过程。

(1) 热身活动 (1~2分钟)。

内容：玩“照镜子”游戏。老师播放律动音乐或钢琴伴奏，随着音乐节奏带领小朋友们两两配对，做出一致的跟随动作。

目的：激发幼儿参与游戏的兴趣。

道具：节奏变化的律动音乐。

(2) 主题活动 (6~8分钟)。

内容：跟随放松音乐和老师的指导语，进行正念练习。

请小朋友们拿着自己喜欢的玩偶，躺在地板上或者小床上，把玩偶放在肚子上，闭上眼睛，慢慢地吸气吐气，同时轻轻地微笑。今天是一个阳光灿烂的夏日，你光着小脚丫在沙滩上奔跑，一阵微风吹过，你感到非常舒服。海鸥从你身边飞过，海浪击打着你的小脚丫，凉凉的，很舒服。你看着海水里自己的影子，一个多么可爱的小孩啊，清澈的大眼睛，乌黑的头发，可爱的笑容。

目的：通过正念练习，提升自信心。

道具：玩偶和正念音频。

(3) 分享活动 (1~2分钟)。

内容：老师组织学生分享。如，刚才在正念训练中，小朋友们想到了什么？

目的：引导幼儿主动分享，在交流互动中获得人际支持和信任。

道具：轻音乐或钢琴伴奏。

(4) 升华活动 (2~3分钟)。

内容：幼儿和老师围圈坐，老师引导小朋友一起阅读《大脚丫跳芭蕾》。

目的：帮助幼儿学会看到自己的特点，明白每个人都是不一样的。

道具：绘本、自信卡、音乐或钢琴伴奏。

7. 训练评价。

本节训练活动着眼点放在尊重个体的独特性、避免自卑、强化积极自我形象方面，这为幼儿发展社交技巧奠定了良好基础，也为幼儿升入小学的人际交往提供了自信。采用正念训练，可帮助幼儿通过平静状态促进前额叶皮层与杏仁核的连接，从而提升幼儿的自控力，有助于幼儿更多专注身体的感觉，放松头脑。

老师需要带着开放、好奇、慷慨的感受和想法，通过共读绘本等一些隐喻故事的讲解，引导幼儿能力发展。

四、人际交往能力训练

(一) 人际交往能力训练的概述

《幼儿园教育指导纲要（试行）》明确指出，要“建立良好的师生、同伴关系，让幼儿在集中生活中感到温暖，心情愉快，形成安全感、信赖感。身体的健康和心理的健康是密切相关的，要高度重视良好人际环境对有身心健康的重要性，幼儿不是被动的‘被保护者’，教师应尊重幼儿不断增长的独立需要。”

幼儿期是幼儿人际交往发展的重要转折期，随着年龄的增长，幼儿的自我意识正在不断得到发展。但由于幼儿的生活范围小，生活经验少，幼儿对于许多现象和问题缺乏认知和了解；又由于缺乏人际交往的技能，容易出现一些人际交往的困惑。

因此，在这一时期，同伴互动变得越来越复杂，表现出更多的交流与合作、互惠的想象游戏及共享的积极情感，由此获得的技能和社会知识为幼儿随后的社会性发展奠定了重要的基础。（刘新蕊，邢晓沛，张轶男，2018）许多幼儿缺乏交往技能，不会处理人际关系，这在一定程度上已经影响到了幼儿的学习和生活，甚至会影响到他们将来的发展。

在幼儿社会化的过程中，随着交往范围逐渐扩大，幼儿对外关系的焦点由亲子关系逐渐向同伴关系转移。从 3 岁开始，幼儿越来越喜欢与同伴游戏。幼儿的同伴交往能力会影响儿童积极情绪的建立、社会能力的提升和认知能力的改善。（姜勇，李艳菊，黄创，2015）

幼儿人际交往包括幼儿与成人的交往和幼儿同伴之间的交往两种基本形式。幼儿人际交往能力是一种综合能力，也是一种实际操作能力。

通过与同伴的交往，在与同伴的游戏中，幼儿不仅满足了自己交往和归属的需要，而且也学会了积极地对成人世界中的各种角色进行模仿和实践，从而逐渐掌握一些交往技能和社会所认可的行为模式。

幼儿心理研究表明，幼儿期的儿童需要与同伴交往，此时他们感到最痛苦和忧虑的是大家都不愿意理睬他。倘若没有良好的同伴关系，幼儿会为自己不被同伴接纳而出现紧张不安的焦虑感受；而良好的同伴关系则有助于幼儿更好地适应幼儿园的生活，充分调动孩子参与活动的积极性、主动性，让孩子感觉到在幼儿园有这么多好朋友，逐渐培养幼儿正常的社会人际交往能力。

研究指出，随着幼儿年龄的增长，幼儿与同伴交往时可以更好地听取同伴的意见，并与同伴合作。他们在表达自己愿望时，通过增加新的角度来维持同伴交往。而且大一些的幼儿在游戏中表现出更多积极情感、领导性、容忍性和亲社会行为。曹安所做的有关“3 ~6 岁城市儿童社会交往能力及其家庭因素关系的调查”显示，幼儿的社会交往能力是随着年龄的增长而提高的。在这个过程中，小班到中班时期出现一个加速期，中班到大班时期有缓慢提高趋势，但增长速度不明显。

研究指出，4 岁幼儿已经有固定的玩伴，4 岁幼儿比 3 岁幼儿更能直接对同伴进行赞同和影响同伴情绪，5 岁幼儿会花更多的时间与同伴进行交往。有研究表明，4 岁幼儿开始交友，5 岁幼儿由母爱需要逐渐转向对同伴的需要。幼儿期尤其是 4 ~6 岁是同伴关系形成和发展的关键时期。

幼儿在游戏中的同伴交往活动可分为六个等级：无所用心、袖手旁观、孤独的独立游戏、相互平行的活动、结伴游戏以及合作的或有组织的原始游戏。前四种游戏都是无参与或无同伴交往的活动，只有结伴游戏和合作游戏才能算作幼儿在同伴交往的基础上进行的游戏，而 4 岁幼儿的结伴游戏和合作游戏开始逐渐增多，占据游戏的主导地位。（见表 5 –10）

表 5－10 人际交往能力训练目标

班级	人际能力训练目标	
小班	认知目标	认识到朋友的重要性
	情感目标	体验到人际互动的乐趣
	行为目标	学会打招呼，自我介绍，学会与他人沟通交流
中班	认知目标	认识到表达自己的情感在人际交往中的重要性
	情感目标	愿意交往，在情境模拟中获得积极的人际情感
	行为目标	学会与他人合作，积极主动参与同伴游戏
大班	认知目标	激发幼儿团结合作的意识
	情感目标	在互动中获得被支持被信任的积极情感
	行为目标	培养幼儿愿意与他人共同讨论、解决问题的主动性

（二）人际交往能力训练案例

【实操展示】

活动 1 小熊宝宝滚雪球——我能融入班级

1. 训练对象：小班。

2. 训练的准备：歌曲《洋娃娃和小熊跳舞》、白色皮球一个。

3. 训练目标。

（1）让幼儿在音乐中学会放松身体，感受到人际互动的乐趣和积极情感的体验。

（2）通过打招呼、自我介绍，提高幼儿自我调节及与他人沟通交流的能力。

4. 训练内容。

培养幼儿的社会交往技能，学会主动打招呼和自信大方地自我介绍。

5. 训练方法。

暗示训练、行为训练。

6. 训练过程：

（1）热身活动（1～2 分钟）。

内容：教师播放《洋娃娃和小熊跳舞》的音乐，随着音乐节奏，带领幼儿用肢体语言表现音乐中小熊和洋娃娃的状态。

目的：幼儿在音乐中体验到互动的快乐。

道具：歌曲《洋娃娃和小熊跳舞》。

（2）主题活动（6～8 分钟）。

内容：老师和幼儿们围坐成一圈，老师抱着白色皮球开始自我介绍："大家好，我是乐乐老师，我喜欢漂亮的洋娃娃。"然后把皮球传递给右手边的幼儿，拿到皮球的幼儿开始自我介绍："大家好，我是小豆丁，我喜欢吃冰激凌"……依次进行，直到每一位幼儿都进行了自我介绍，互动结束。

目的：提升幼儿主动表达的能力。

道具：白色皮球。

(3) 分享活动（1～2 分钟）。

内容：老师询问，刚才小朋友们都认识了哪位小朋友，他叫什么名字，他喜欢什么？回答的幼儿先举手，老师把皮球传给他让他发言。

目的：引导幼儿学会表达和倾听。

道具：白色皮球。

(4) 升华活动（2～3 分钟）。

内容：老师随机叫出几位比较内向、不敢发言的幼儿的名字，让全班幼儿一起说出他们的名字和爱好，首先回答出来的幼儿和被叫出名字的幼儿一人得到一张贴纸。

目的：帮助内向的孩子更好地适应，获得被关注的积极情感。

道具：贴纸。

7. 训练评价。

本节训练活动把行为暗示和心理强化相结合，关注的是全体幼儿的人际交往能力的提升，不仅给乐观主动的幼儿展示的机会，也关注到内向幼儿的心理需要。自我介绍是人际交往中非常重要的训练内容，形式可以变化。教师应发自内心地接纳孩子的想法和感受，而不是试图改变或操纵他们。

活动 2　巧虎过小桥——我会沟通合作

1. 训练对象：中班。

2. 训练的准备：歌曲《两只老虎》，独木桥木板（或幼儿园内的小桥）。

3. 训练目标。

(1) 通过《两只老虎》跳舞的活动，让幼儿在音乐中学会放松身体，体验到用表情、动作、身体表达自己的情感在人际交往中的重要性。

(2) 在"巧虎过小桥"的情景活动中，帮助幼儿学会与他人合作，积极主动参与同伴游戏，给幼儿展示合作的机会。

4. 训练内容。

培养幼儿的社会交往技能，学会积极互动、欣赏其他小朋友。

5. 训练方法。

认知训练、行为训练。

6. 训练过程。

(1) 热身活动（1～2 分钟）。

内容：老师播放《两只老虎》的音乐，让幼儿两人一组，随着音乐节奏。老师带领幼儿们用肢体语言表现音乐中两只老虎的状态。

目的：在互动中，幼儿体验到用表情、动作与他人进行积极的情感交流，以唤起参与和合作的热情。

道具：《两只老虎》的音乐。

（2）主题活动（6~8分钟）。

内容：两人一组搭档走过小桥，两个幼儿自由发挥一起走过小桥，每个方法只能用一次，直到所有的幼儿都通过小桥。

目的：增强幼儿的想象力和合作性，发展幼儿之间交往和合作的能力。

道具：25厘米宽的木板或者小桥。

（3）分享活动（1~2分钟）。

内容：所有幼儿评选刚才最有创意的小组（1－3组），拿到话筒（卡通玩具）的幼儿才可以发言，其他小朋友要学会倾听，逐渐建立规则意识。幼儿还要分享过桥的方法是谁先想出来的，自己现在还有哪些新的想法。

目的：引导幼儿学会欣赏他人，培养幼儿的亲社会行为。

道具：卡通玩具（作为发言同学的话筒）。

（4）升华活动（2~3分钟）。

内容：老师为最有创意、最懂得合作、最遵守规则、最乐于助人的幼儿分别发放贴纸，放学后邀请幼儿父母一起完成走独木桥的游戏。

目的：尊重每个人的独特性，创造互相支持、温暖的人际环境。

道具：贴纸，音乐或钢琴伴奏。

7．训练评价。

本节训练活动基于幼儿的发展水平，以两两结对的方式培养幼儿的互助合作能力，并在活动中发挥幼儿的参与和创新能力，让幼儿学会互相支持。过程中有些幼儿会有不同意见，于此理解学会尊重和沟通也是人际交往的重要能力。正念训练可以帮助孩子培养友善等积极心理品质——孩子们回想对他们特别关心和友好的人，识别爱的感受。

活动3　精灵猴走迷宫——我会友好互助

1．训练对象：大班。

2．训练准备：设置三个关卡，红橙蓝绿青黄紫黑粉9种颜色的6种图形（三角形、圆形、长方形、正方形、椭圆形、环形）卡片1套54张，宝盒2个（一个红色、一个绿色），330毫升大小的空矿泉水瓶，筷子，牙签，线绳制作的钓鱼竿，宝物（书签）。

3．训练目标。

（1）通过通关挑战游戏，激发幼儿团结合作的意识。

（2）通过小组合作练习，培养幼儿愿意与他人共同讨论问题的主动性。

4．训练内容。

培养幼儿克服困难的勇气，积极想办法解决困难、勇于挑战的心理。

5．训练方法。

认知训练、行为训练。

6．训练过程。

（1）热身活动（1~2分钟）。

内容：全班分成A、B两组。老师随机呈现一张图片，如“红色三角形”，幼儿要在卡片中挑选出包含“三角形”或者“红色”的任意卡片。每一位幼儿都找到一张符合条件的卡片的小组获得一颗星。小星星里面包含第一个密码颜色（红色或绿色）。

目的：以团队挑战形式激发幼儿互相帮助、积极参与游戏的主动性。

道具：红橙蓝绿青黄紫黑粉 9 种颜色的 6 种图形（三角形、圆形、长方形、正方形、椭圆形、环形）卡片一套共 54 张卡片。

（2）主题活动（6 ~8 分钟）。

内容：分成若干小组，每组 10 位幼儿分别站在各点，接力完成从起点到达终点的挑战。每位幼儿根据自己所站立地点的图案，完成相应的动作。如：起点—曲线—按照数字顺序跳格子—弧形跑道—小脚印—转圈圈—90°跑道—跳圈圈—弧形跑道—平衡触觉板—双脚跳—终点。(见图 5 –7)

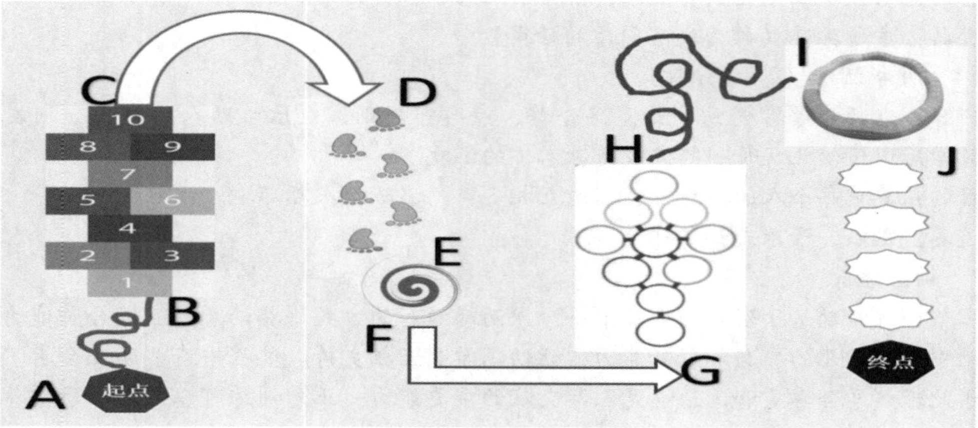

图 5 –7　活动路径

目的：培养幼儿的动作协调和合作能力。

道具：方格、触觉板等训练器材。

（3）分享活动（1 ~2 分钟）。

内容：老师组织幼儿分享刚才的感受。

目的：引导幼儿主动分享，自信表达。

道具：加油充气棒。

（4）升华活动（2 ~3 分钟）。

内容：根据活动表现和分享，给幼儿颁发自信贴纸或奖章。

目的：帮助幼儿懂得坚持的意义，让他们及时获得肯定。

道具：自信贴纸或奖章。

7. 训练评价。

本节训练活动设计生动有趣，符合幼儿动作发展的水平。接力游戏可以培养幼儿合作的意识，很好地增强了幼儿的集体荣誉感，让幼儿懂得尊重别人就是尊重自己的道理，为幼儿后期的发展奠定基础。

五、情绪能力训练

（一）情绪能力训练的概述

情绪是个体心理体验的一个重要组成部分，具有建立、维持和改变个体与外界关系的功能。著名心理学家伊扎德（Izard，1977）认为，情绪由独特的主观体验、外部表现和生理唤醒三种成分组成。主观体验即人们的感受，例如，你能感受到的愉快或伤心、平静或愤怒等。外部表现通常称为表情，包括面部表情、姿势和语调，例如，高兴时嘴角上扬、手舞足蹈或语调高昂轻快等。生理唤醒是情绪产生的生理反应，是一种生理的激活水平。不同情绪的唤醒是不一样的。例如，满意、愉快时心跳节律正常，恐惧或暴怒时心跳加速、血压升高、呼吸频率增加等。

情绪的这种功能被广泛认为是一种能力，即情绪能力。情绪能力是幼儿发展任务的中心，直接影响到幼儿的心理健康。这一时期幼儿的情绪逐渐趋于稳定，开始带有人格化倾向。因此，这一阶段应注重发展幼儿积极的情绪，尽量保持幼儿情绪的健康。

心理学家萨洛维及约翰·梅耶首先提出情绪智力（emotional intelligence，EI）的概念，并且将其定义为直觉、表达、理解和控制情绪的能力。丹尼尔·戈尔曼在此基础上将情绪智力扩充为以下五个方面：了解自我情绪、管理自我情绪、自我激励、识别他人情绪、人际交往技能。

学前阶段的情绪智力与小学时期的社交能力有关，幼儿的情绪是在游戏、活动、生活事件的不断感受和体验中不断形成的。幼儿的情绪表达规则具有年龄和性别的差异，男孩倾向于掩饰痛苦的情绪，而女孩更可能掩饰愤怒的情绪。女孩更有可能自我宣泄情绪，或直接变现某些情绪以寻求他人的支持和帮助，而男孩则较少寻求情感支持和帮助。幼儿的情绪表达已不是一个单纯的个体情绪反应，而是文化、社会和重要他人等因素的综合反映。

同时，幼儿对他人情绪的认知和理解能力也有了很大的发展。识别情绪是情绪管理的开始，可以提高幼儿自我疏导与管理各种情绪的能力，帮助幼儿在成长的过程中逐步学会在合适的地点、合适的时间表达合适的情绪，也可以帮助幼儿在与人交往中注意到对方的情绪变化，并给予及时的反馈。3 岁是获得情绪理解能力的一个关键期，4 岁幼儿已基本获得了该能力。幼儿对积极情绪的理解能力要高于对消极情绪的理解能力。（姚端维，陈英和，赵延芹，2004）

幼儿情绪的自我调节能力增强，主要表现在幼儿的情绪状态可以保持一定的时间，稳定性增强，冲动性减少，同时也表现出不容易受他人的感染。在儿童早期（2 ~ 7 岁），个体会倾向于使用身体安慰来改善他人的情绪（例如拥抱），他们还能够提供令人安慰的物品（如毛绒玩具），并寻求成年人的援助。

幼儿的情绪和情感具有外露、不稳定、容易变化等特点，情感教育的目标就是要使幼儿逐步做到情绪稳定，学会用恰当的方式表达自己的快乐和痛苦，形成积极健康的心境，并在此基础上萌发道德感、理智感和美感以及同理心。

有研究者在对 1 011 名儿童进行研究时发现，能够解读非言语信息的孩子是学校里最受欢迎的人，并且尽管他们的智商并不比那些不擅长理解别人非言语情绪的孩子高，但他们的学习成绩更出色。在人际交往中，幼儿能够站在他人的视角看问题，能够敏锐地觉察和解读他人情绪，能够关爱和体谅他人，这些能力能够让幼儿获得更多的友谊、幸福感和亲密感。

教师可通过言语引导幼儿进行自我暗示，建立现实与理想之间的桥梁，改变幼儿对自己和环境的看法，进而建立合理的情绪反应机制，调动幼儿的积极性，发展其积极情绪；在游戏中进行角色扮演，利用模仿、体验等手段，促进其积极情绪体验和学会情绪表达。因为幼儿言语能力表达不足，艺术表达如舞蹈、绘画也是幼儿表达和宣泄情绪的一种方式。幼儿情感教育要全面渗透到幼儿的生活和学习之中，要多利用大自然、教学情景和艺术作品进行熏陶。除此之外，还可以设计一些专门的活动来进行培养。（见表5－11）

表5－11　情绪能力训练目标

班级	情绪能力训练目标	
小班	认知目标	认识各种情绪变化并懂得识别面部表情特征
	情感目标	通过游戏获得乐观、快乐等积极情感体验
	行为目标	学会在需要时寻求成年人的帮助
中班	认知目标	学会理解他人的情绪
	情感目标	通过绘本阅读提升移情能力，能够把自己的情感“投射”到故事主人公身上
	行为目标	克服恐惧、焦虑等消极情绪，学会用词语描述自己的情绪情感
大班	认知目标	学会一些合理宣泄情绪的方法
	情感目标	在正念训练中体验积极、可控的情绪
	行为目标	在人际交往中能逐步学会注意到他人的情绪变化，学会分享感受和情绪

（二）情绪能力训练案例

【实操展示】

活动1　漫游哈哈星球系——我能识别情绪

1．训练对象：小班。

2．训练准备：标有不同情绪的气球（开心、悲伤、愤怒、害怕、伤心）。

3．训练目标。

（1）通过游戏，帮助幼儿学会认识情绪感受。

（2）学会在需要时，寻求成年人的帮助。

4．训练内容。

促进幼儿情绪的识别能力。

5. 训练方法。

认知训练、正念训练。

6. 训练过程。

(1) 热身活动(1~2分钟)。

内容:老师播放《幸福拍手歌》的音乐,带动幼儿一起跟随音乐进行肢体的运动。

目的:在音乐中舒缓情绪。

道具:《幸福拍手歌》的音乐。

(2) 主题活动(6~8分钟)。

内容:全班分成6个小组,老师介绍游戏背景,欢迎幼儿来到哈哈星球系。这里一共有6个神秘的星球。老师放置好6种颜色的气球代表6个星球,每个小组邀请一个幼儿作为代表,每人选择一个气球,气球内的小纸条分别画着"快乐""惊喜""盼望""伤心""愤怒""害怕"的表情。拿到"快乐星球"的小组的幼儿需要在表情卡片中挑选出相应的表情图,全部挑选出来就算完成任务。第二轮可以升级,每组幼儿从情绪卡片里选出6个星球分别对应的情绪卡片。

目的:培养幼儿的情绪识别能力。

道具:6只气球、6套情绪卡片(可以是从报纸杂志上剪下的图片)。

(3) 分享活动(1~2分钟)。

内容:幼儿排成一列开火车,老师站在队伍的最前面,依次经过6个"星球"。走到"快乐星球"的时候,老师带领幼儿一起做出微笑的表情;走到"惊喜星球"的时候,老师带领幼儿做出双手蒙眼睛,突然打开的惊喜动作;走到"盼望星球"的时候,老师带领幼儿做出左手在前的眺望动作;走到"伤心星球"的时候,老师带领幼儿双手交叉抱在胸前;走到"愤怒星球"的时候,老师让幼儿两个人结队一起握手;走到"害怕星球"的时候,老师带领幼儿互相拥抱在一起,然后分享刚才拥抱时有什么感觉。

目的:引导幼儿主动分享,学会正确表达情绪。

道具:6个情绪星球。

(4) 升华活动(2~3分钟)。

内容:正念散步。老师带领幼儿在园区内散步,告诉幼儿这三分钟我们需要完全不说话,去注意一些之前我们没看见过的东西,专注在看和听上,试着去找找让自己开心和快乐的事物。

目的:帮助幼儿学会正念调节情绪。

道具:正念指导语。

7. 训练评价。

本节训练活动以训练幼儿识别情绪为目标。识别情绪是情绪管理的第一步。脑科学的研究表明,正念冥想可以训练和改造我们的大脑,让我们富有同理心和洞察力。因此正念散步对训练提升育儿的情绪感知能力来说是一个很好的设计,让幼儿在生活中学会关注积极的事物,养成积极思考的习惯。

活动2　杰瑞的冷静太空——我能冷静思考

1. 训练对象：中班。

2. 训练准备：绘本《杰瑞的冷静太空》。

3. 训练目标。

（1）通过绘本阅读，帮助幼儿学会用语言表达自己的情绪感受。

（2）通过绘本阅读，学会积极暂停，学会自控，和自己的情绪友好共处。

4. 训练内容。

促进幼儿情绪的控制能力。

5. 训练方法。

认知训练、行为训练。

6. 训练过程。

（1）热身活动（1～2分钟）。

内容：老师播放一些引发各种情绪的音乐，带动幼儿一起跟随音乐进行肢体的运动。

目的：在音乐中舒缓情绪。

道具：律动音乐。

（2）主题活动（6～8分钟）。

内容：老师和幼儿一起阅读绘本《杰瑞的冷静太空》，提问相关问题。如：杰瑞为什么踢桌脚？为什么哭？当我们伤心或者生气的时候，会做些什么？踢桌子，哭闹是否能解决问题？后来杰瑞做了些什么，让自己心情感觉好了些？当你伤心、生气的时候，还有什么可以让你平静下来呢？小朋友们是否想搭建自己的冷静太空呢？

目的：培养幼儿调节情绪的能力。

道具：绘本《杰瑞的冷静太空》。

（3）分享活动（1～2分钟）。

内容：寻找班级的冷静太空。

目的：建立班级冷静太空，当幼儿发脾气，可以养成冷静的习惯。

道具：小帐篷式的班级冷静太空。

（4）升华活动（2～3分钟）。

内容：和爸爸妈妈一起阅读绘本《杰瑞的冷静太空》，并在家里和爸爸妈妈一起寻找和搭建属于自己的冷静太空。

目的：帮助幼儿通过学会暂停，建立情感联结和加强专注于解决问题的练习。

道具：绘本《杰瑞的冷静太空》。

7. 训练评价。

本节训练活动以绘本赏读和行为塑造为训练方式，通过角色代入，提升幼儿的自我情绪控制能力，使幼儿学会在合适的时间、合适的地点表达合适的情绪。情绪的控制也会影响到人际关系，这部分的情绪训练对幼儿的发展具有重要意义。

活动3　守护情绪小精灵——我会疏解情绪

1．训练对象：大班。

2．训练准备：白色卡纸、彩笔。

3．训练目标。

（1）通过游戏，帮助幼儿学会用语言表达自己的情绪感受。

（2）通过正念练习，帮助幼儿学会管理自己的情绪。

4．训练内容。

促进幼儿情绪的表达能力。

5．训练方法。

暗示训练、正念训练。

6．训练过程。

（1）热身活动（1～2分钟）。

内容：老师播放一些引发各种情绪的音乐，带动幼儿一起跟随音乐进行肢体的运动。

目的：在音乐中舒缓情绪。

道具：律动音乐。

（2）主题活动（6～8分钟）。

内容：老师给每位幼儿分发一张白色的卡纸，让幼儿分别对折一次，折成大小、形状相同的两个长方形。（见图5－8）

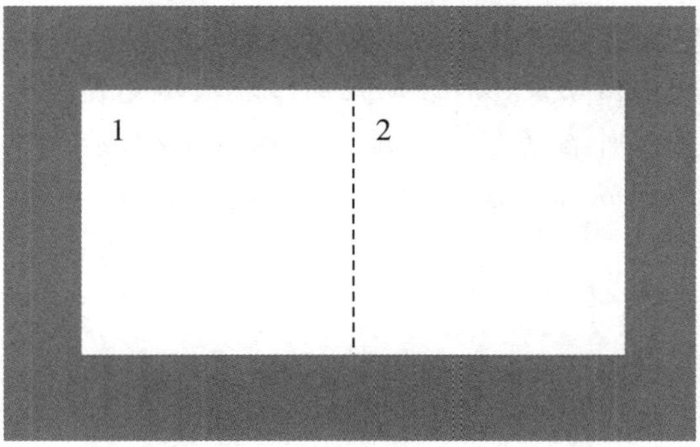

图5－8

老师给出正念冥想指导语："专注地坐好，背部挺直，身体放松。闭上眼睛，轻柔、和缓、专注地呼吸三次。"

"想一个能使你开心的人或物品。这可能是一个你爱的人，也可能是一个特别的宠物；小朋友用喜欢的颜色和线条在左边的标记为1的格子中随意涂鸦。把你对那个人或宠物的感觉想象成你心中金色的光束。吸气，呼气。想象你将这道金色的光芒送给了一位需要你友善相待的朋友。你看到朋友在笑。"

画好之后，老师给出下一个指导语："专注地坐好，背部挺直，身体放松。闭上眼睛，轻柔、和缓、专注地呼吸三次。"

“有小朋友故意弄坏了你刚刚画的画，你此时此刻的心情是什么？在右边的标记为 2 的格子中随意涂鸦。画好之后，仔细认真地看着自己的画，感受一下此时的心情。如果以后遇到这样的事情，该怎么想，该怎么办？”

“现在吸气、呼气，将你的金色光芒共享给弄坏你画的那个人，你发现自己的友善帮到了那个人。”

“最后，将你的金色光芒共享给世界上的每个人。想象每个人在一同欢笑。带着那种愉快的感觉微笑。轻柔、和缓、专注地呼吸三次，然后睁开眼睛。在标记为 2 的格子的背面再次涂鸦。”

目的：培养小朋友用图画表达情绪的能力，并通过正念练习，学会调节自己的情绪。

道具：彩笔和白色卡纸。

(3) 分享活动（1 ~2 分钟）。

内容：互相欣赏小朋友的作品，然后在标记为 2 的格子的背面再次涂鸦。

老师组织小组幼儿分享刚才画画的感受。

目的：引导幼儿主动分享，学会正确表达情绪。

道具：涂鸦作品。

(4) 升华活动（2 ~3 分钟）。

内容：制作“心情瓶子”，回家后拿给爸爸妈妈看。

目的：了解情绪的意义，学会疏解情绪。

道具：彩色的小瓶子和彩纸、笔。

7. 训练评价。

本节训练活动以语言暗示训练鼓舞幼儿情绪，通过绘画涂鸦帮助幼儿训练自主觉察能力，并有效释放情绪。训练活动设计符合幼儿的心理认知发展水平，通过艺术化的方式让幼儿内在的情绪发生过程、外在的行为表现以及同社会的相互作用这三者进行调整和控制，达到了训练幼儿情绪调节的目标。

第六章
幼儿心理健康教育的途径与设计

第一节　通过园区环境进行心理健康教育

一、园区环境与心理健康教育融合概述

环境是我们人类赖以生存的基础。对于幼儿来说，成长与发展更离不开环境。幼儿园环境是指在幼儿园内，对幼儿身心发展产生影响的一切物质条件和精神条件的总和。依据不同的维度，幼儿园环境的分类也存在不同。从构成性质上，可分为物理环境和心理环境；从空间形态上，可以分为室内环境和室外环境；从呈现形态上，可分为硬环境和软环境；从环境要素上，还有自然环境和人工环境之分。在此，我们主要从构成性质这一维度入手，将园区环境分为客观实际的物理环境和主观感受的心理环境。

（一）园区环境融合心理健康教育的目标

2001 年 7 月，教育部颁发《幼儿园教育指导纲要（试行）》（简称《纲要》）。《纲要》明确规定："幼儿园必须把保护幼儿的生命和促进幼儿的健康放在工作的首位。树立正确的健康观念，在重视幼儿身体健康的同时，要高度重视幼儿的心理健康。"这表明，现代社会对于健康的理解，不再局限在身体健康上，而是开始追求身体与心智的全方面发展。所谓的健康，就是在身体、心理、社会上都呈现良好状态。俗话常说"三岁看大，七岁看老"，学前期是儿童心理与个性发展最为迅猛的阶段，此时养成的性格特点、培养的行为习惯都将产生深远影响。因此，幼儿的心理发展和健康教育的问题已成为世界关注的焦点。

《纲要》还指出："环境是重要的教育资源，应通过环境的创设和利用，有效地促进幼儿的发展。""幼儿园应为幼儿提供健康、丰富的生活和活动环境，满足他们多方面发展的需要，使他们在快乐的童年生活中获得有益于身心发展的经验。"幼儿园环境是幼儿的"第三位教师""不说话的教师"，在培养幼儿身心和谐发展方面起着不容忽视的重要作用。

基于此，我们提出将园区环境作为开展幼儿心理健康教育的重要载体和依托，根据幼儿园教育要求，结合幼儿身心发展规律的需要，创设一个科学、适宜的园区环境（物理环境与心理环境），将有限的环境资源转化为教育资源，以期达到以下几个目标。

①利用园区环境建设，对全体幼儿实施全面性、渗透性的心理健康教育。

②预防幼儿在成长中可能出现的心理问题，以促进幼儿的持续正常发展。

③对有心理问题、行为问题的幼儿，实施个别教育，做到早发现、早补救。

（二）园区环境融合心理健康教育的意义

1. 预防/干预幼儿心理问题的需要

资料显示，我国幼儿心理健康状况不容乐观。上海市精神卫生中心曾对3 000名年龄范围在4~5岁的幼儿进行调查，结果显示11%的幼儿有抑郁、自卑情绪，5.8%的幼儿有紧张、焦虑情绪，20%的幼儿表现出多动、坐立不安的行为，22%的幼儿性情有些古怪。（俞国良，2004）此外，全国22个城市协作调查组（1993）采用CBCL问卷开展调查时发现，4~16岁儿童行为问题的检出率达到12.97%，其中幼儿占了较大比重。幼儿心理问题频发，使得国家越来越重视心理健康教育。国务院2021年颁布的《中国儿童发展纲要（2021—2030）》提出："加强儿童心理健康服务。构建儿童心理健康教育、咨询服务、评估治疗、危机干预和心理援助公共服务网络。"营造园区积极良好的物理和心理环境，能起到预防及有效干预的效果。

2. 全面提升幼儿园心育工作水平的需要

学前教育作为人生的第一个教育阶段，是国民教育体系的重要组成部分，也是终身学习的开端。幼儿几乎每天都在园区进行学习和生活。充分发挥园区环境的教育功能，有效提高幼儿素质和心理健康水平，是维护幼儿家庭幸福的需要，也是促进社会和谐发展的需要。

但受早期大环境影响，幼教工作者容易忽视心理健康教育的重要性。相关心理健康教育理论的匮乏，导致实践操作层面存在困难，由此产生一系列亟须关注的教育问题。例如教师往往更注重对幼儿身体健康的培养，忽视了同样重要的心理健康；注重智力培养，关注幼儿在园区学习到的知识技能，忽视人格健全的培养，没有考虑到幼儿情绪、情感、态度培养的深远影响。此外，园区还出现过度追求高档奢华的客观物理环境，轻视人文精神环境的现象；且园区教育与家庭教育、社会文化教育的结合也不够充分；等等。因此，全方面、多角度地开展园区环境融合心理健康教育工作以弥补现状的不足、完善相应理论，必将是大势所趋。

（三）园区环境融合心理健康教育的原则

1. 安全性原则

人是环境之子，环境的质量决定了人的质量。如何评估环境质量的好坏？安全、卫生、舒适是首要的，这是保障幼儿健康发展的前提，也是最根本的原则。营造一个安全整洁的园区环境，需要全体教职工的辛勤付出。首先，需要确保园区建筑物的结构牢靠、坚固，建筑材料健康、耐用；其次，活动场地与配套设备设施，如楼梯踏步、护栏、运动器械等需要经常检修，避免不安全因素存在；最后，玩具教具的品质、卫生管理等细节也需要考虑周全。

2. 教育性原则

园区环境融合心理健康教育需要有利于教育目标的实现。首先，幼儿园的教育目标是促进幼儿全面发展，那么我们应该追求“德、智、体、美”四育并行，在关心幼儿知识、能力培养的同时，不能忽视人格整体素质的提升；其次，将心理健康教育与健康教育、社会教育、科学教育、语言教育、艺术教育等五大教育领域相结合，不能出现顾此失彼的情况；最后，进行学期计划、教学目标、活动的设计时，考虑相应环境的配合与创设。

3. 参与性原则

我国著名儿童教育家陈鹤琴先生曾指出：“通过儿童的思想和双手布置的环境，可使他对环境中的事物更加了解，也更加爱护。”由此可见，幼儿不仅是教育对象，更是教育的主体。在各项活动中，我们要充分尊重幼儿的自主权，鼓励幼儿动口、动脑、动手参与设计、布置。这种共同参与，既可以提升幼儿的兴趣与创造力，又可以增强他们的集体荣誉感和成就感。此外，个体心理学家阿德勒曾说过：“学校是家庭教育的补充。倘若父母完全可以胜任孩子的教育工作，那么学校便几乎没有存在的必要了。”由此可见，学校教育虽重要，但家庭教育才是根本，需要通过多种形式让家长也参与进来，加强家园合作，使园内良好的心育氛围延伸到日常亲子互动过程中。

4. 发展性原则

一般而言，心理健康教育有矫治、预防和发展三种功能。在此我们强调要用发展的眼光来看待幼儿，最大限度地激发幼儿的潜能。在不同年龄阶段，幼儿的身心发展特征迥异，需要符合其特点，通过设计不同层次的环境及活动来达到教育目的。值得注意的是，即使同一年龄段的幼儿，也会因为天生的气质类型、兴趣、能力的不同而产生差异，因此也要开展个性化教育，尊重每位幼儿独特的人格特点。此外，要将心理健康教育渗透到环境创设及日常教学工作的点滴中去，生活法即是教育法，真正做到教、学、做合一。

【知识拓展】

“三岁看老”的科学依据

据香港《文汇报》12 月 14 日报道，英美科学家的一项研究发现，只要对 3 岁小童进行 45 分钟的脑能力测试，便能预测他们长大后是否成为“社会负累”，例如犯罪、制造单亲家庭或靠福利度日。研究刊于《自然·人类行为》期刊上，追踪了 1 037 名新西兰婴儿从 3 岁到 38 岁的成长历程。他们在 3 岁时接受脑能力测试，评估语言、社交及处理极端情绪的能力。研究发现，在测试中得分最低的 22% 人中，到 38 岁时占全体所犯刑事罪行数量的 81%，制造了 77% 的单亲家庭，领取了 66% 的福利，并占用了 78% 的医疗资源。

（资料来源：环球网，2016 - 12 - 14）

二、客观实际的物理环境

【案例导入】

某幼儿园入园处有一条弯弯曲曲的小路，小路两旁环绕着小溪，里面养了很多彩色的金鱼。小溪旁还有一个大风车，微风吹来，风车跟着转动，周围布置了很多孩子们喜欢的东西。每天上学和放学时，孩子们都可以走走小路、看看风车、喂喂小鱼，非常开心。这样的幼儿园环境设计充分考虑了幼儿心理发展规律和活动特点：幼儿走路喜欢拐来拐去地跑，弯曲的小路可以满足他们的童趣心理；幼儿喜欢观察、喂养小动物，给金鱼喂食不但可以满足幼儿的兴趣，还可以培养幼儿的爱心；风车的转动为幼儿增加了活力，幼儿在观察风车的同时，也能感受到风的动力，为幼儿以后的学习做铺垫。在这样的物理环境中，幼儿不但身心愉悦，还能够积累多种经验，从而获得认知发展。

（资料来源：魏巍《幼儿园环境创设》）

（一）物理环境与幼儿身心健康发展

1．园区物理环境的概念

广义的物理环境指对教育活动产生影响的所有天然、人工环境的集合，如城市建筑、社区绿化、自然风光、幼儿家庭条件等。狭义的物理环境指对幼儿发展有一定影响作用的物质要素总和，如园内装饰、设施设备、活动场地、教学器材、空间设计利用等。此处我们仅针对狭义层面的物理环境，按照不同物理空间分为室内环境和室外环境。

2．园区物理环境对幼儿身心健康发展的影响

人类发展生态学家布朗芬布伦纳曾用生态学的观点来研究人的发展问题，提出了著名的生态系统理论（Bronfenbrenner，1979），如图6－1所示。他认为个体发展的环境是一个由小到大层层扩散的生态系统，由四个系统构成，每一个系统都会通过特定的方式对个体的发展施以影响，这些系统之间也会相互影响。其中最核心的是微观系统，由学校、家庭、同伴关系等构成，是个体直接面对与接触的。这一系统的活动和事件一般比其他系统对人们个性与行为习惯的影响更大。幼儿园应为幼儿提供健康、丰富的生活和活动环境，满足多方面发展的需要。他们每天在此生活、学习、游戏，随处可见“会说话的环境”。从进门的大厅开始，到走廊、活动室、寝室等，每一个地方都直观形象、鲜活而灵动，亲切地与幼儿“交流”。

意大利幼儿教育家蒙台梭利曾说过：“在教育上，环境所扮演的角色相当重要，因为幼儿从环境中吸取所有的东西，并将其融入自己的生命之中。”对于年幼的儿童来说，他们不具备成人所拥有的对环境进行选择、适应、改造等能力，很多时候只能被动地适应环境，对环境具有广泛的接受性和依赖性。因此，幼儿园作为幼儿所处特定环境中时间最长的场所，对幼儿的身心健康发展有着最直接、最深刻的影响，具体表现为以下几个方面。

①幼儿由于心智发展、身体条件的限制，缺乏安全意识和自我保护的能力。建设良好的物理环境，尽可能排除各种不安全因素，如尖锐的边角、易滑倒的地面等，避免出现幼儿磕碰、严重受伤的现象，这是保证幼儿身体健康、安全的基本前提。

②心理学家皮亚杰认为，儿童的认知发展需要通过与环境之间的交互作用获得。他们通过自己的各个感觉器官（眼睛、嘴巴、鼻子、手、耳朵等）来感受、认识客观世界，形成最初的认知体验。因此，丰富而动态的物理环境为幼儿提供大量的感知刺激物，能使幼儿处于积极的探索状态，对外界事物保持兴趣与热情，对幼儿智力水平和认知能力的发展

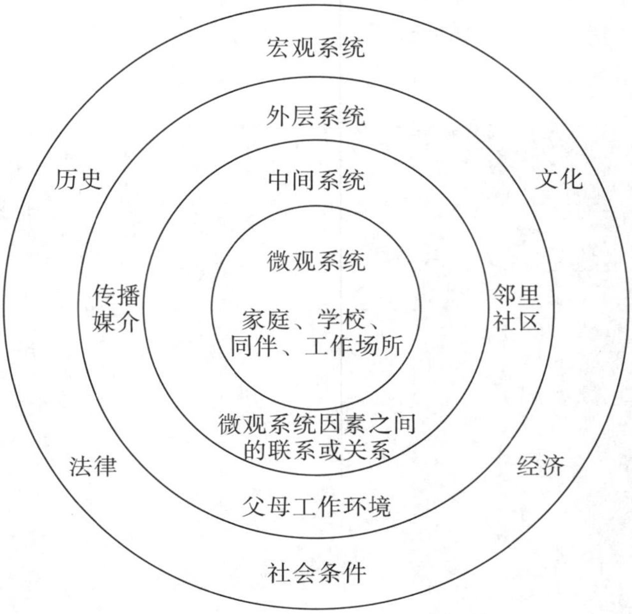

图 6－1　社会生态系统理论

（资料来源："数字教育"微信公众号）

有着极其重要的作用。例如在自然区活动，能让幼儿触摸泥土，感受大自然的奥秘；接触丰富的积木材料，能让幼儿理解物品的形状、用途。一系列探索活动，可以促进幼儿好奇心、观察力、想象力、思维能力、动手能力、语言表达能力等的发展。

③物理环境对幼儿的社会性发展有着潜在的影响。物理环境的内容及其营造的氛围会对幼儿产生暗示和引导效果。例如，墙面装饰如果以关爱、互助为主题，能激发幼儿产生积极的社会行为，减少攻击行为。活动空间大小也会影响幼儿的社会性表现。研究表明，单位面积内幼儿过多，容易产生负面攻击行为；幼儿过少，则会影响交往的正常发生。（董旭花，2009）

（二）园区良好物理环境建设

1．园区室外环境建设

幼儿对于室外的阳光、空气、自然环境有着与生俱来的喜爱之情。在他们眼里，室外总是充满刺激与诱惑，是自由快乐的天堂。室外活动是幼儿每日生活必不可少的组成部分，对于促进幼儿身体素质发展，激发幼儿好奇心与探索欲，提升想象力与创造力，培养健全人格等方面起着重要作用。《幼儿园工作规程》明确规定："幼儿室外活动时间在正常情况下，每天不得少于 2 小时，寄宿制幼儿不得少于 3 小时，高温高寒地区在冬季可酌情增减。"由此可见，合理规划、布局室外活动环境是园区建设良好物理环境的核心内容之一，具体建设内容如下。

（1）运动游戏区。

室外活动场地应设置为软质地坪，铺设塑胶跑道，供幼儿进行骑车、踢球、跑步、做操等集体活动，充分发展运动技能。除必要的交通道路外，其余地方不宜铺设水泥或砖块地面，避免幼儿磕碰受伤。自然草坪天然美观，柔软安全，有条件的幼儿园可以种植自然草坪，供幼儿观赏和玩耍，没有条件的则可以铺设人工草坪。(见图6-2)

图6-2　运动游戏区

(资料来源：www.gove.cn)

(2) 游乐器械区。

游乐器械区一般包括滑梯、攀爬架、儿童城堡等大型组合游乐设施以及秋千、转椅、跷跷板等中型游乐设备。设备之间应保持安全距离，在进出口及活动着地处铺设安全软垫，若幼儿不慎摔倒，可以起到缓冲作用。在幼儿玩大型滑梯时，应有班级老师在不同位置看护，避免视线盲区，确保幼儿安全。若空间不足，可以考虑把游乐设备与沙地结合，既节省空间，又保证安全。(见图6-3)

图6-3　游乐器械区

(3) 攀爬区。

攀爬能锻炼幼儿的大肌肉，帮助幼儿提升胆量，培养勇于挑战、克服困难的品质。因此，有条件的幼儿园应尽可能创设一个专门的攀爬区。例如：利用建筑物外墙设计攀岩墙；设置各种造型和角度的攀爬架、爬网，提供不同难度给幼儿选择；还可以设置平衡木、荡桥等，激发幼儿的挑战欲望，增强其成就感和自信心。(见图6－4)

图6－4　攀爬区

（资料来源：西安市临潼区栎阳中心幼儿园省级示范园）

(4) 沙水区。

沙子变化无穷，玩法各异，具有很强的可塑性。心理学家认为，玩沙不仅是游戏，更能促进手部动作发展，提升想象力与创造力，增强空间感。幼儿园应设置不同规格和形状的玩沙池，以及提供辅助的推车、锅铲等材料，严格筛选沙子质量，定期清理消毒。有条件的幼儿园还可以在玩沙区搭建防雨棚、设立洗手池等。

幼儿天性喜欢玩水。条件好的幼儿园可以设置游泳池、喷泉等不同的玩水区。一般的幼儿园可以设置简单的长条形水池，水池靠近玩沙区，供幼儿沙水共玩；还可以在水池内投放防水材料制作的小动物、小船等，提高幼儿的知识与经验水平。沙水区周围最好有高大的树木遮阴，避免幼儿晒伤中暑。(见图6－5，图6－6)

图6－5　玩沙区

图6－6　玩水区

（资料来源：沈建洲，《幼儿园教育环境创设》）

（5）种植养殖区。

幼儿通常对动植物有天然的好奇。植物种植及动物养殖，能让幼儿近距离接触大自然生物，加深对于生命的理解与认识。养护植物，能培养幼儿的责任心，体验劳动的成就感；饲养小动物，能使幼儿感受生命的奇妙，观察繁衍生息、生老病死的生命过程。幼儿园的种植区及养殖区可以班级为单位，每个区域交由班级自己来打理，可以考虑通过定期评比或颁奖进行鼓励。(见图6－7)

图6－7　种植养殖区

（资料来源：某县直幼儿园）

（6）室外涂鸦区。

孩子是天生的艺术家，只要一支笔、一张纸，就能激发幼儿强烈的创作欲望。涂鸦区能满足幼儿绘画与自我表达的需求，提升他们观察生活、描绘生活的能力。除公共区域墙面外，还可以考虑各种规格的画架、白板等，这些可根据需求随时调整。另外，涂鸦区也可以考虑将日常随处可见的物品作为绘画载体，例如光滑的石头、贝壳，甚至衣服、鞋子也可以进行涂鸦。（见图6－8）

图6－8 室外涂鸦区

（资料来源：大邑县南街幼儿园）

2．园区室内环境建设

幼儿园室内公共环境指可供全体人员进入并使用的园内空间，包括门厅、走廊等公共区域以及各类活动室、功能室。通常一进园门，园区公共区域就会映入眼帘，它传递了园所的文化魅力，展示出相应的教育理念和价值取向。因此，幼儿园应当重视室内环境建设，秉持以人为本的核心原则，结合自身地域特色、办园特点，让每一位幼儿、家长、教师或来访者都能感觉舒适、温暖，感受其独一无二的特色文化和细致入微的人文关怀。具体建设内容如下。

（1）门厅。

门厅是所有人每天的必经之路，是幼儿园对外展示的窗口，也是幼儿园整体室内环境建设的焦点所在。对于幼儿来说，温馨的门厅环境能帮助他们建立对幼儿园的归属感，缓解不想上学的焦虑感。一般而言，小型幼儿园的门厅建筑面积为30～40米^2，中型为50～70米^2，大型为80～100米^2，净高为2.6～2.8米。（韩智，张敏，2019）门厅不设台阶，分向不同区域的路线指引需要明晰，保持宽敞明亮、通畅无阻。根据园区特色，可以展示幼儿作品、教师信息、教学成绩及科研成果等，形成一面形象墙；还可以用造型新颖、色彩醒目的艺术品或各类绿色植物进行装饰。此外，因家长接送孩子需要，可以在门厅摆放长椅、沙发、阅读书籍等，供家长停留休息。（见图6－9）

图 6－9　门厅

（资料来源：图行天下）

（2）走廊与楼梯。

走廊、楼梯是连接各场地、楼层的通道，在设计时应充分考虑安全防护、紧急疏散的要求，合理的设计能保证人员流动的安全、便捷。首先，单面走廊宽度应在 1. 8 米以上，中内走廊应在 2. 4 米以上，保证地面平整、防滑和无尖锐突出物。设计楼梯时首要考虑安全因素，如倾斜坡度应小于 30 度，台阶应低于 0. 12 米，表面要光滑，边缘要磨圆。其次，走廊的护栏高度不能低于 1. 2 米，可以是密封的，也可以是封闭与开放结合的。楼梯两侧应设计幼儿扶手，高度不应大于 0. 6 米，以木质扶手为宜。最后，走廊、楼梯可以用吊顶、挂饰等进行装饰，提升视觉效果。（韩智，张敏，2019）走廊作为教室环境的拓展延伸区域，在不影响通道功能的前提下，可适当安排活动区域或融入一些供幼儿驻足欣赏、丰富学识的内容。而楼梯间的装饰则不宜太花哨，避免幼儿驻足引发拥挤，导致危险情况发生。整体装饰色调应以浅色或中性色调为宜。（见图 6－10）

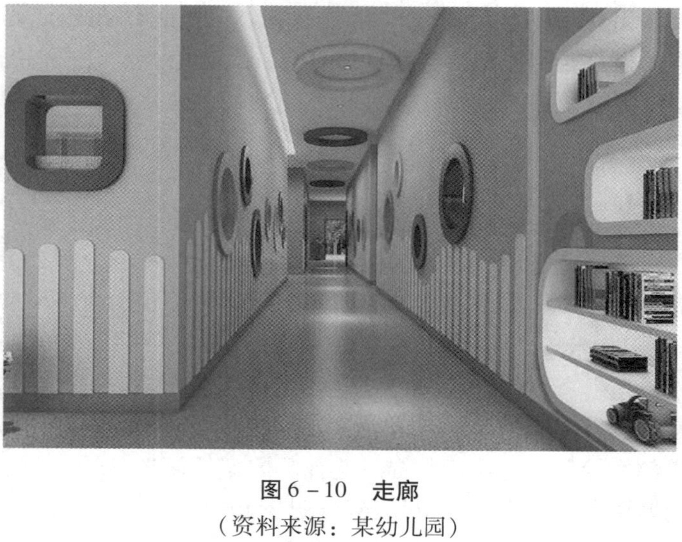

图 6－10　走廊

（资料来源：某幼儿园）

（3）多功能区。

多功能区指能同时或分别满足多种活动需要的场所，如小礼堂、音体活动室等，可用于节日聚会、教学观摩、家长会等大型活动。幼儿在多功能室的活动量较大，可能与地面会有较多接触，因此地板可以考虑用安全系数高、舒适度高的材料。建筑结构考虑用软包保护，避免碰撞受伤。颜色以浅黄、浅绿、浅蓝为主，利于放松心情。一般还需要配置多媒体设备、方便移动的桌椅等。音体活动室考虑以实木地板、复合地板为主，安装落地形体镜、木质把杆等。(见图 6 – 11)

图 6 – 11　多功能厅

（资料来源：金石设计）

（4）单一功能室。

单一功能室是为了满足某一特定活动所设置的活动空间。常见的单一功能室包括美术活动室、图书阅览室、科学探索室、游戏室等。在此仅以美术活动室为例介绍建设方案。

美术活动能够培养幼儿的艺术创造力，提高幼儿发现美、创造美的能力。美术活动室（见图 6 – 12）一般选择采光、通风条件较好，有清洗设备的地方，可分为绘画区、手工区、泥塑区、清洗区、作品展示区等，需要配备各种材料及必要的电教设备，用以教学及储放教学所使用的物品。桌椅高度应适合幼儿身高，边角做磨圆处理，便于拼搭与收纳。幼儿进行美术作品创作时，通常需要较大的操作台，操作台的大小应可供 10 名左右的幼儿同时操作。

图 6－12　美术活动室

（资料来源：四川省南充仪陇哈佛乐迪幼儿园）

【思考与讨论】

1. 幼儿园物理环境创设包含哪些内容？
2. 幼儿园物理环境创设应体现哪些原则？注意哪些问题？
3. 参观其他幼儿园的功能室，谈谈自己受到的启发。

三、主观感受的心理环境

（一）园区心理环境与幼儿身心健康发展

1. 园区心理环境的概念

物理环境与心理环境共同构成了园区环境。“心理环境”这一概念最早由美国心理学家勒温提出。广义的心理环境是指幼儿园开展各种教育活动所产生影响的社会精神因素的总和，如政治、经济、文化、道德、风俗习惯、生活方式等。狭义的心理环境是指在幼儿园内对幼儿发展产生影响的所有心理因素，主要指幼儿接触的人及产生的人际关系、园区教育文化，包括同伴关系、师幼关系、教师上课风格、活动气氛、幼儿园整体风气、管理制度等。在此我们仅涉及狭义的心理环境。

2. 园区心理环境对幼儿身心健康发展的影响

2012 年 10 月发布的《3—6 岁儿童学习与发展指南》指出“在创设丰富的教育环境时，要保护和尊重幼儿的好奇心和兴趣，珍视幼儿生活和游戏的独特价值。温馨的人际环境的创设，可以让幼儿形成积极稳定的情绪、情感，使幼儿充分感受到关爱和亲情”。与客观、显性的物理环境相比，心理环境作为一门“隐性课程”，通常是看不见、摸不着的，往往容易被人们忽视。但俗话常说：“近朱者赤，近墨者黑；潜移默化，自然似之。”从人的成长和发展来看，隐性的环境影响往往更为深远，直接作用于幼儿的知情意（即认知、情绪、意识）系统，对幼儿的认知发展、自我意识、社会性、情感发展等都有很大的影响。具体表现为以下三个方面。

（1）心理环境对幼儿认知发展的影响，主要是以情绪情感为中介而起作用的。研究表明，情绪对幼儿行为有正反两方面的作用。良好健康的人际关系，如师生之间、同伴之间相处和谐、融洽，能帮助幼儿在情感上建立安全感。依据心理学家马斯洛提出的需要层次理论，安全需求属于第二层次，具备充足安全感之后，才能发展爱与归属、尊重、自我实现的需要。因此，稳定的安全感是幼儿自信、大胆地探索外界环境的基础，也是幼儿认知发展的重要前提。若幼儿经常在不安全的心理环境中感受到被忽视、被否认，那很难有积极的情绪体验，情绪不稳定的幼儿也难以精神活跃、积极思考，学习的主动性自然降低了。

（2）良好的心理环境有助于幼儿自我意识的形成。自我意识是指对自己身心活动的觉察，即自己对自己的认识，包含意识到自己的生理状况、心理特征以及自己与他人的关系。幼儿受身心发展的局限，一般自我意识较为薄弱，不能较为客观地评价与看待自己。幼儿园中的同伴交往及交流方式一定程度上会影响其自我意识的形成。例如，当幼儿之间产生矛盾与争执时，教师应当了解具体情况后再判断对错，必要时对幼儿进行教育，使其意识到错误所在，发现与总结自己的不足，避免下次交往过程中再犯错误，进而实现自我认识、自我观察、自我分析、自我评价。

（3）幼儿园作为人类最初集体生活之地，构建了一个互动交往的环境，是幼儿社会性发展的第一步。幼儿具有明显"向师性"，对教师普遍有较强的情感依赖。与高年龄段的儿童相比，幼儿具有更强的模仿性，更容易观察学习教师的所言所行，进而用类似方式与他人进行交流相处。例如，幼儿若观察到教师之间的互助、关心行为，也会学习到这种正确的社会行为，在家与父母相处、在校与同伴相处，都能培养较好的关系。基于此，《纲要》也特别指出："幼儿同伴群体及幼儿园教师集体是宝贵的教育资源，应充分发挥这一资源的作用。教师的态度和管理方式应有助于形成安全、温馨的心理环境；言行举止应成为幼儿学习的良好榜样。"

（二）园区积极心理环境建设

1. 建立良好的师生关系

苏霍姆林斯基曾说过，教育技巧的全部奥秘在于如何爱护儿童。每个幼儿都有独立的人格，独特的个性，尊重并走近每一个幼儿是幼儿园教师热爱教育事业的表现，也是能从事这一职业的前提。《纲要》曾明确提出要求："建立良好的师生关系、同伴关系，让幼儿在集体生活中感受到温暖，心情愉快，形成安全感、信赖感。"因此，构建互相尊重、互相信任、互相平等的师幼关系，有利于促进幼儿的全面发展，具体建设内容如下。

第一，教师应该做到公平公正、一视同仁地对待幼儿。俄罗斯有一句谚语："漂亮的孩子谁都喜欢，面对难看孩子的爱才是真正的爱。"这里的难看和漂亮不单指长相，也包括心理、行为。（刘文，2008）这些"难看"的孩子可能会更调皮、不听话、无视规则，但其实他们更需要爱护与帮助。教师需要做到换位思考、耐心倾听，努力理解幼儿的想法与感受，真正走进幼儿的内心世界，不带偏见地对待每一位幼儿。

第二，教师要做到关注和信任幼儿。教师要尊重幼儿的兴趣爱好与意愿选择，支持、鼓励他们大胆表达与探索，给他们一定的独立操作权限，充分激发他们的好奇心与创造力，同时多用正面的语言鼓励与肯定，少一些否定评价，使其变得自信积极。

第三，教师应加强自身专业素养，提高自己的师德水平。教师要在日常教学中多反思、勤记录，尽可能解答幼儿的疑惑与提问，赢得幼儿的尊重与爱戴。

图 6－13　师生互动

（资料来源：金太阳教育集团）

2．建立和谐的同伴关系

同伴交往是年龄或心理发展水平相近的个体间互相影响、互相作用的过程。与成人交往相比，幼儿的同伴交往更为宽松、自由、平等。和谐的同伴关系能帮助幼儿摆脱“自我中心”，提高社交能力，产生安全感与归属感。与此同时，同伴交往为幼儿提供大量讨论与学习的机会，有利于其丰富知识和提高能力，具体建设内容如下。

第一，我们应有意识地为幼儿创造交往的有利条件，营造一种宽松的心理氛围，促进幼儿进行积极的同伴交往。比如，引导刚入园的新生进行自我介绍，消除他们的陌生感和胆怯心理；日常教学过程中，可以通过布置适宜的场地环境、提供丰富的材料、安排开放式活动等，促进幼儿交流合作、互帮互助。在活动中提前说清楚规则，能避免幼儿产生不必要的冲突。

第二，利用各种途径在交往态度和交往方法上给予幼儿指导与帮助，用故事讲述、移情训练等方式让幼儿学会真诚以待、互惠互利、大度宽容。例如，在活动开始前发现有一个小伙伴没来，尝试用“他怎么了”的方式提问，与幼儿讨论，从而培养其关心关爱他人的品质；有幼儿摔倒了，可以引导其他幼儿把他扶起来，并教其学会表达谢意。

第三，合理解决出现的同伴冲突。并不是所有冲突都需要教师介入，教师可以先在一旁观察，如果幼儿可以自行解决则无须插手。如果冲突升级或他们主动寻求教师的帮助，则应公平公正地处理。

图 6－14　幼儿合作

（资料来源：创世纪幼儿园）

3. 建立积极的教师关系

“教师的态度和管理方式应有助于形成安全、温馨的心理环境；言行举止应成为幼儿学习的良好榜样。”这是《纲要》对教师提出的要求，教师应发挥成人的示范作用。和谐的同事关系不仅有助于营造温馨的校园人文环境，提升教师的工作能力，维持教师的情绪稳定，还将在一定程度上影响幼儿的交往，起到榜样示范的作用。具体建设内容如下。

第一，幼儿园的女性教师偏多，女生相比于男生情感更细腻、敏感，可能容易产生一些猜忌和误会。因此教师之间交往应以真诚为基础，在同事面前不虚伪，不欺骗，不能当面一套、背后一套。

第二，教师之间要互相关心、互相帮助，不能只以工作职责划分、各自为营。可以适当组织教师参与集体活动，增进彼此的感情，营造温暖的园区气氛，让幼儿感受教师之间的情感流动，增加亲社会行为。

第三，教师也是相对独立的个体，每个人的教育理念、方法都可能存在差异。教师之间应该多沟通、交流，对教学方法进行讨论与研究，避免出现较大的分歧，使幼儿无所适从。例如，新入职的教师可以向有经验的老教师学习教学经验、课堂管理方法，同时老教师也可以学习新教师带来的新观点、新理念、新技术，互相学习、取长补短。

图 6-15　教师趣味运动会

（资料来源：京山市外国语幼儿园）

4．建立良好的家园合作关系

幼儿的健康发展，离不开家园合作，家庭是幼儿接受教育的“第一课堂”。教师应该让家长意识到，幼儿的成长需要大家共同关心。促进幼儿健康发展，需要家长承担责任，做出有价值的贡献。因此，家长与幼儿园之间是平等、合作、共同决策的教育伙伴关系。具体建设内容如下。

第一，掌握系统幼教知识的教师，对于幼儿的发展规律会更为熟悉了解，也能提出相对专业的看法与意见。教师应主动地与家长沟通，把幼儿在园的情况及时、如实反馈给家长。如幼儿出现一些异常行为或心理问题的苗头，应尽早让家长知晓，告诉家长一些预防、发现或治疗幼儿心理、行为问题的方法，取得家长的支持和配合。

第二，对于不同类型的家长，教师应采取各异的沟通方式。例如，有些家长不善言谈，虽然想了解孩子在园区的情况，但不知该如何开口。对于这类家长，教师可以采取给他们看活动录像、照片、成长档案的方式，慢慢建立信任关系，消除隔阂。

第三，教师可以组建家长工作委员会，一方面定期召开家委会，听取家长的意见与建议，满足家长的合理需要；另一方面也可以通过家委会定期展开亲子游戏、家长沙龙等互动活动，满足家长科学育儿的需要。

图 6－16 亲子互动游戏

（资料来源：阳光金童幼儿园）

5. 建立合理的常规管理制度

常规指在幼儿园一日生活的各项活动中，需要遵守的基本行为准则。常规管理是维持幼儿园班级活动秩序，保障各活动安全、有序进行的前提。建立班级规则，能有效进行班级管理，形成良好的班级氛围，使班集体氛围积极向上，同时还能帮助幼儿建立初步的规则意识，适应集体生活。因此，幼儿园班级应该建立一系列必要的常规制度。具体建设内容如下。

第一，制定幼儿园班级公约时，教师应以《幼儿园管理条例》《幼儿园工作规程》等文件为依据，坚持以人为本的制度文化建设，参考班级实际情况，尊重并结合幼儿的想法、意见，大家共同讨论商定后，形成一套张弛有度的幼儿园班级制度，包括各种活动和休息的时间及顺序、活动规则及行为要求、上课纪律等。

第二，可以考虑建立奖励制度。结合日常在园学习、生活情况，比如完成作业情况，或者参与活动的积极性，评选出小标兵，奖励小红花、小奖状，促进幼儿内部形成榜样的力量，互相学习。

第三，可以设立类似“我是小小卫生督察员”的岗位，通过幼儿自我推荐、班级推荐等方式，找出自信心强的幼儿来担任职务，服务班级和自己的同学，增强幼儿的责任感和主人翁意识。

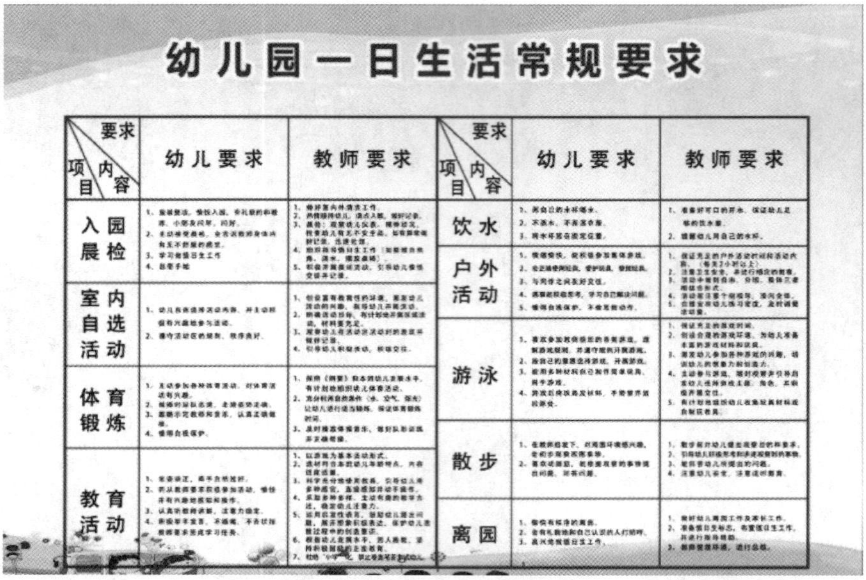

图 6－17　幼儿园一日生活常规要求

（图片来源于网络）

6．建设积极的校园心理氛围

除上述人际关系、管理制度层面外，还需要从心理环境层面开展建设。我们需要以精神培养为核心，突出“以人为本、和谐发展”的教育理念，通过加强校园心理活动的基础设施建设，创新校园心理活动的内容，拓展校园心理活动，努力构建并不断完善与时俱进的、具有浓厚育人氛围和鲜明办学特色的校园心理体系，使幼儿园成为师生身心愉悦的成长乐园。具体建设内容如下。

第一，需要设立有足够空间的环境。要按照幼儿园人均建筑面积指标，对室外和室内场地进行严格控制。室外游戏场地人均面积应不低于 4 米^2，室内空间密度应不低于 2 米^2。（魏巍，2016）足够的空间，使幼儿感到宽敞舒适，能减少他们的攻击行为，有利于心理健康发展。

第二，可以通过在园内设立各类与心理健康相关的标语、宣传栏、阅报栏、图书架等，宣传心理健康知识，在潜移默化中培养全民关注心理健康的意识。还可以在校园里设立心理信箱进行互动，使幼儿和教师都有宣泄情绪的渠道。

第三，在日常游戏、教学、活动中融合心理健康教育，有条件的幼儿园可以有针对性地开展个别辅导和家庭教育。

图 6－18 幼儿园心语信箱

（图片来源于网络）

【思考与讨论】

1. 谈谈哪些因素可能对幼儿的心理健康产生影响？
2. 幼儿犯错误时，应该以怎样的态度与其交流沟通？

第二节 通过园区活动进行心理健康教育

一、园区活动与心理健康教育融合概述

园区活动是幼儿园进行教育的重要载体，也是进行心理健康教育的重要途径，将心理健康教育有效地融合到园区活动中，通过活动不断提高全体幼儿的心理健康素质，有助于全方位地维护和增进幼儿的心理健康水平。本节内容主要是对园区活动融合心理健康教育的相关知识进行简要阐述。

（一）园区活动融合心理健康教育的目标

1. 园区活动融合心理健康教育的总目标

园区活动融合心理健康教育的总目标是通过园区活动培养幼儿良好的情绪、行为方式和适应能力，预防早期可能出现的行为偏差、心理障碍等现象，平衡协调幼儿智力、性格、情绪、行为方式与周围的环境，从而使幼儿达到良好的心理健康水平。

2．园区活动融合心理健康的分类目标

从幼儿心理发展的角度来看，园区活动融合心理健康活动的分类目标可以分为认知、性格、情绪、适应能力、自我意识、人际交往等方面。

（1）认知目标。幼儿有探索环境的积极主动性，能够发展良好的注意、记忆、思维能力。

（2）性格目标。幼儿形成积极、乐观、开朗的性格。

（3）情绪目标。幼儿形成积极稳定的情绪，能体验到愉快的心情，有一定的心理挫折承受力，懂得如何宣泄负面情绪。

（4）适应能力目标。幼儿在新的环境中具有一定的适应能力和自理能力，愿意寻求新的生活体验，在面对困难时可以想办法去解决。

（5）自我意识目标。幼儿对自身的生理和心理发展有较好的认识，恰当地认识自我，具有自尊感和自卑感的自我体验，能够对自我进行相应的控制，有一定的自控力。

（6）人际交往目标。幼儿学会如何与他人相处，能与父母、老师、同伴进行良好的沟通交流，懂得相互尊重和平等交往，建立积极的人际关系，有一定的亲社会行为。

（二）园区活动融合心理健康教育的意义

园区活动是幼儿学习与发展的重要方式，在园区活动中有效融合心理健康教育，潜移默化地塑造幼儿良好的心理素质，对幼儿未来的身心健康发展具有重要的积极意义。园区活动融合心理健康教育的意义主要表现在以下几个方面。

1．积极促进幼儿全面发展

园区活动的主体是幼儿，因此，融合心理健康教育对幼儿的意义最为突出。主要体现在以下几个方面：

（1）有利于幼儿能力的发展。教师将心理健康教育融合到园区活动中，综合团体辅导、教育、咨询、训练等多种方式，可以充分促进幼儿智力、语言的发展。如幼儿在活动中根据需要会和同伴去思考解决问题的方法，这样可以提高其思维能力，与同伴商讨方法的过程也提高幼儿理解他人和运用语言表达内心想法的能力。

（2）有利于情绪情感的发展。教师在园区活动中更加注重幼儿的心理健康教育，会使幼儿在活动中形成积极而稳定的情绪、顽强的意志、良好的心态等非智力心理品质，对未来的发展打下稳定而强大的心理素质基础。

（3）有利于社会化的发展。幼儿参与幼儿园活动是一个社会化过程。为更好地让幼儿融入社会，园区活动融合心理健康教育，教师将更有意识地去促进幼儿社会化发展，使其与社会发展需求相适应，让幼儿形成较好的社会交往能力，懂得相互尊重与和平相处，发展出助人、合作、分享和安慰等亲社会行为。人是一种社会性动物，幼儿进入幼儿园参与活动便是一个社会化的过程。当融合心理健康教育后，教师更有意识地去促进幼儿这方面的发展，才能让其更好地与社会的发展需要相适应，使幼儿形成较好的社会交往能力，懂得相互尊重与和平交往，学会助人、合作、分享和安慰等亲社会行为。

2．有效提高家长的心育素养

家长是园区活动融合心理健康教育不可或缺的角色，想要使活动中的心理健康教育取得效果，必须要让家庭教育和园区教育相结合，提高家长的参与度。当家长积极参与园区活动时，家长也会在活动中获取相应的心理教育知识，掌握科学有效的心理教育方法，提高自身的心育素养，对幼儿的心理健康教育有良好的促进作用。

3. 提高学前教育事业的心育水平

当园区活动融合心理健康教育时，全园教师都是一线心理健康教育工作者，因此教师需要补充相应的心理健康教育知识，不断学习和深造，提高自身的综合素质，进而将心理健康教育应用于实践中。与此同时，心理健康教育是德育的一个重要手段，将心理健康教育融合到园区活动中，能进一步促进幼儿园德育的有效发展。

（三）园区活动融合心理健康教育的原则

1. 主体性原则

园区活动融合心理健康教育的主体性原则是指教师在计划和开展园区活动时，应该充分尊重幼儿的主体地位，以幼儿为出发点与归宿。教师应提供给幼儿更多的自主选择空间，尽可能创设良好的条件，使幼儿积极主动地参与园区活动。教师在组织园区活动时要切实了解幼儿活动进行中的想法，了解他们内心的基本需求，才能真正地做到以幼儿为园区活动的主体，从幼儿的心理角度出发，提高其心理健康水平。因此，幼儿在进行活动时，教师都不应过多地干涉，如若教师强制性地将自身意愿强加给幼儿，会影响幼儿的心理及各项能力的发展，教师只需要在恰当的时候给予幼儿指导。

2. 发展性原则

园区活动融合心理健康教育的发展性原则是指园区活动应符合幼儿的发展阶段特点和认识事物规律，以发展的眼光看待幼儿，最大限度地发展幼儿的心理潜能。贯彻发展性原则，幼儿教师应做到以下几点：

（1）幼儿教师应了解和掌握幼儿的发展阶段特点，选择符合幼儿年龄特征和认识事物规律的活动，对不同的幼儿需要加以细致的观察，关注其发展变化的差异，在活动中进行相应的指导，维护幼儿的心理健康状态。

（2）用发展、变化的眼光看待幼儿。教师在面对园区活动中幼儿出现的心理问题时，应抱以乐观的态度，因为在他们身上出现的各种心理问题都是发展过程中会出现的，要相信幼儿自我成长的意愿和能力。

（3）园区活动内容的选择应明确发展是心理健康教育的出发点和归宿这一方向，在幼儿现有智力、知识和理解能力的基础上，为幼儿提供教学支架，从而促进幼儿的发展水平向最近发展区发展。

3. 协同性原则

园区活动融合心理健康教育的协同性原则是指心理健康教育应充分渗透到园区活动中，各项园区活动的开展应具有联系性，与家庭教育、社会教育充分结合。贯彻这一原则，幼儿教师需做到以下几点：

（1）幼儿教师在开展园区活动时应注意将心理健康教育融合至幼儿活动的各项环节中，与健康教育、语言教育、科学教育、社会教育和艺术教育保持协调和发展，使各项教学内容在园区活动中相互渗透，促使幼儿在活动过程中得到全面发展，有更好的心理健康素质。

（2）涉及幼儿心理健康教育的不仅仅是幼儿园的教师，还有家庭、社区等，所以应充分利用家庭、社区等资源，使多方参与到园区活动中，共同承担幼儿的心理健康教育工作。

4．经验性原则

园区活动融合心理健康教育的经验性原则是指园区活动要符合幼儿的生活经验，满足幼儿亲身体验后获取经验的需求。幼儿的知识经验有限，不能以知识为线索来组织园区活动，说教式教学对幼儿的效果往往不佳，以恰当的方式使其获取亲身体验后的感受才能使其成长。教师应充分考虑幼儿的生活经验，以幼儿能理解的方式设计组织园区活动，创设良好的活动情景，最大限度地支持和满足幼儿通过直接感知、实际操作和亲身体验来获取经验的需要。

（四）园区活动融合心理健康教育的设计策略

1．心理健康教育目标纳入园区活动目标体系

传统的以传授知识和技能为主的活动目标已不再适应时代的要求，融入心理健康教育的目标即表示在设定活动目标时，教师需要注重情感目标的设立，要培养幼儿形成积极稳定的情绪情感、良好的行为态度和人际交往体验。情感目标本身就包含了心理健康教育的内容，尤其重视幼儿的参与性和情感体验，因此需要将其纳入各项活动目标的重心。园区活动蕴含了丰富的心理健康教育资源，教师在寻找目标融合的切入点时需要注意，并非所有的活动内容都适合设立心理健康教育目标，教师应先充分掌握幼儿的心理健康因素，深入挖掘园区活动所存在的心理健康教育内容，再将两者进行融合，园区活动的内部渗透需要顺其自然，有机融合，而非生搬硬套。

2．心理健康教育贯穿园区活动全过程

首先，在设计园区活动时，教师应根据幼儿的发展水平和个体差异，提出不同层次的目标，匹配相应的内容，选择适当的活动形式，设计不同层次的练习，让幼儿在园区活动中能完成任务，获得自我效能感，即在经验中获得认知与情感的需求。其次，除了将心理健康教育目标和内容渗透到园区活动的实施中，在园区活动的过程中也会出现需要进行心理健康教育的“契机”。幼儿的情感情绪在活动中是最容易被观察到的，教师通过观察幼儿在活动中的表现，对幼儿当下的心理需求做出及时的干预，能够有效地抚慰幼儿的心灵，使心理健康教育与园区活动融合走向生成式教育，做到将心理健康教育及时渗透至活动实施的过程中。

3．心理健康教育落实到活动评价中

活动评价需要注重对幼儿心理健康的影响，强调过程性评价的重要性，将过程性评价和总结性评价相结合。园区活动使幼儿获得良好的心理体验，培养其良好的心理品质，因此教师在园区活动中多关注幼儿的参与和体验，以幼儿为出发点，对幼儿在活动中做出的努力进行肯定和鼓励，以无条件积极关注为原则发现幼儿身上的闪光点，促使幼儿形成积极的心态和良好的自我意识。

二、园区活动融合心理健康教育的实践应用

（一）亲子互动活动融合心理健康教育活动方案设计

亲子互动活动是指在教师的指导下，由家长和幼儿共同参与，相互合作，从而加强父母与孩子之间的情感沟通，促进幼儿形成良好品质的活动方式。家长作为幼儿的第一任教师，对幼儿的成长具有不可替代的作用，因此亲子活动是幼儿心理健康教育的一种重要途径。亲子互动活动不仅可以增进家长与幼儿的互动，还可以增近家长与幼儿园、家长与家长之间的交流、沟通和合作，有利于提高家长的心育能力，从而维护幼儿心理健康，促进幼儿全面健康地成长。

1．目标与内容

从亲子双方不同的角度来看，亲子互动活动融合心理健康教育活动目标可以分为以下两点。

第一，从幼儿角度出发，亲子互动活动目标包括使幼儿愿意参加亲子互动活动，体验到与父母互动的乐趣；与父母交流分享自己的想法，学会与父母合作完成活动；在活动中得到相应技能的锻炼和养成。

第二，从父母角度出发，亲子互动活动目标包括让父母观察孩子在活动中的行为，了解孩子的发展和需求；学会与孩子平等交流，提高亲子沟通的有效性；增加与孩子之间的情感交流，提高共情能力。

亲子互动融合心理健康教育的活动内容可以根据《3—6 岁儿童学习与发展指南》五大领域目标、亲子关系中普遍存在的问题、幼儿实际发展需求、重大节日来进行设计。

2．思路与方法

（1）亲子活动准备工作。

教师在亲子互动活动的前期准备工作包含活动内容的确定、组织工作、物资和经验的准备。教师在准备的过程中需要做好问卷调查，结合家长、幼儿的需求设计活动，创新活动内容，不断激发家长的参与热情和欲望；要提前做好沟通工作，确保家长在参与活动前做好经验的准备。

（2）亲子活动过程工作。

在亲子活动过程中，教师要把自己的注意力放在家长和幼儿身上，通过观察家长，了解家长的教育方式和育儿水平，提供及时、适当的指导，让家长真正参与到活动中，而非旁观拍照或过多干预；通过观察幼儿，了解幼儿在活动中的认知水平、情绪状态和行为举止，有效把握幼儿与父母之间的关系，给予相应的指导。

（3）亲子活动后续工作。

组织家长交流和反馈亲子活动，不仅可以给家长之间的交流提供平台，得到其他家长的育儿经验，同时也可以让教师发现亲子活动的问题和不足，为亲子活动的评价提供依据。

3．设计实例

（1）“亲子三人行”活动示例（适合小班）。

活动目标：①在父母的指导下，学会爬、抱、跑等肢体动作；②在父母的陪同下，增进与父母亲的情感，初次感受合作与竞争的乐趣。

组织工作：事先和家长沟通活动目的和活动内容，在遵循父母需求、幼儿发展、教师引导的基础上计划好活动，邀请父母双方到幼儿园参与亲子互动活动。

经验准备：指导家长和幼儿了解各项活动的规则。

物资准备：起跑线、终点线、两人三足绑带多个、障碍物多个、跨栏多个且调至成人蹲下高度、哨子1个。

活动过程包括以下几个环节。

①父母两人三足。父母双方在起跑线上将两人的各一条脚捆绑在一起，父母通过双方的协作，快步走到下一个环节。

②父亲的肩膀。幼儿绷紧身体坐在父亲肩膀上，父亲双手扶住幼儿的双腿，确保其安全，父亲带着幼儿通过障碍物，让幼儿感受到父亲的力量。

③母亲的拥抱。幼儿双手环绕母亲的脖子，双脚缠绕在母亲的腰部，母亲匍匐过跨栏，让幼儿在过程中感受到母亲的温暖。

④幼儿的成长。幼儿通过自己的努力越过重重障碍物，学会自己探索。在必要的时候父母可以给予指导，但切勿着急和传递焦虑情绪给幼儿，也不要在一旁冷眼旁观，要在幼儿活动过程中给予积极的关注。

⑤幼儿到达终点后，拿起摆放在终点的花束献给父母，谢谢父母的养育之恩，并说自己在未来会茁壮成长。父母对其竖大拇指，语言上对其表示肯定。

活动延伸：亲子互动活动结束后，隔天幼儿返回园区，教师可以拿出昨天活动的相片对幼儿进行采访，以对话或绘画的方式，让幼儿重新感受活动中的亲子互动过程，强化幼儿的正面情感体验。

（2）亲子互动活动融合心理健康教育示例要点。

整体活动过程以父母双方、父亲与幼儿、母亲与幼儿、幼儿独自完成四个环节进行设计，寓意在于父母相爱后有了幼儿，父母陪伴幼儿成长后，幼儿独立，能离开父母去学习去成长。

生活在父母关系和睦、氛围温和家庭的幼儿，更能保持稳定的积极情绪，与他人交往更友善，并且能全身心地投入学习生活中。因此，活动设计中不仅仅有亲子互动活动，更在环节一设计添加父母两人三足活动，目的在于让幼儿看见父母携手共进，夫妻关系和谐，进而影响幼儿的情绪情感。

心理学家弗洛姆曾说：“父亲是孩子的导师之一，他指给孩子通向世界的路。”在幼儿心理健康教育中，父亲对幼儿性格的形成具有不可或缺的作用。目前，园区亲子互动活动的现状整体表现为父亲淡出幼儿教育，结果导致幼儿因父亲教育不足而形成独立性较差、优柔寡断、谨小慎微的性格。示例中，幼儿坐到父亲的肩膀上，看到父亲努力克服障碍物，渡过难关，幼儿会从中学习到父亲勇敢上进、热情宽容的性格，培养幼儿勇于挑战等品质。父亲参与的过程也可以引起幼儿的兴奋情绪和愉悦感，使幼儿得到足够的安全感和自尊心。父亲参与亲子互动活动不仅对幼儿心理素质的提升有帮助作用，对父亲的心理健康也有促进作用。父亲参与育儿活动，会对自己的行为给予正面的评价，从而影响夫妻关系满足度和自身心理健康，同样，这一促进作用也反过来促进幼儿的心理健康。

当幼儿在活动中遇到问题无法立马解决时，父母在活动中不应向幼儿传达他们的焦虑情绪，应该鼓励幼儿自己尝试不同的方式方法，思考如何解决这一问题，或当幼儿对活动产生的兴趣不大时，父母应及时作出针对性的提醒，让幼儿的注意力集中到活动中。

最后活动结束的设计为幼儿跑向终点，将花束献给父母，以报答父母的养育之恩，父母对幼儿竖大拇指这种仪式化的动作，这对幼儿是一种肯定。一些不会用言语进行表扬的家长，可以采用这种方式给幼儿鼓励和赞扬。

教师在设计活动环节时，要提前与父母、幼儿进行沟通，了解他们的需求，在活动前应对父母进行相应的指导，让父母清楚活动规则，知道如何与幼儿真正地互动起来。

（二）体育活动融合心理健康教育活动方案设计

幼儿的体育活动中蕴含了丰富的心理健康教育内容，将心理健康教育融合到体育活动中，能有效提高幼儿健康领域的教育水平，为幼儿的健康发展奠定良好的基础。此处结合《幼儿园教育指导纲要（试行）》和《3—6 岁儿童学习与发展指南》中健康领域的要点，展开说明体育活动融合心理健康教育活动的方案设计。

1. 目标与内容

（1）体育活动融合心理健康教育活动的目标可以分为以下几点：

①身体健康，在集体生活中情绪安定、愉快。

②具有一定的适应能力，能适应集体生活和人际关系环境。

③具有一定的力量和耐力，能坚持完成一定的体力活动。

（2）体育活动融合心理健康教育的内容可以分为以下几点：

①激发幼儿参加体育活动的兴趣，养成锻炼的习惯，增强体质，提高适应能力。

②通过参与体育活动，排解幼儿的负面情绪，维持良好的情绪体验。

③在活动中建立良好的师生关系和同伴关系，增加幼儿的安全感。

④在体育活动中培养幼儿坚强、勇敢、不怕困难的意志品质和乐观、合作的态度。

2. 思路与方法

（1）注重示范模仿法。

心理学家班杜拉的社会学习理论认为，观察学习是人的学习的最重要形式。体育活动中存在着大量的观察学习，幼儿通过直接模仿教师的动作示范习得大部分运动技能，教师在上课时需要有意识地按照观察学习的过程去影响幼儿。在体育活动中，不仅动作性技能起到示范作用，教师的心理也会以外在的形式体现出来，幼儿在观察中学习教师的心理。因此，教师在体育活动中既要注意自己动作技能的示范，也要将自己良好的性格特点、积极的情绪状态传递给幼儿，让幼儿感受到教师的乐观、自信、活力。除了教师的榜样示范作用，幼儿的榜样作用在体育活动中也不可忽视。教师需要借助同伴示范的作用，强化幼儿的行为。

（2）多运用由易到难或难易不同的活动环境。

设置难易程度不同的体育活动，逐渐提高幼儿身体活动的能力，使幼儿在活动中体验到成功的喜悦。幼儿在活动中对自己身体活动能力的确定可以促进其“自我概念”的发展，并且幼儿更愿意去尝试不同的活动挑战，即使困难重重，也会充满自信地去完成。

3. 设计实例

（1）活动示例“小袋鼠运果实”（适合中班）。

活动目标：①练习双脚夹物品弹跳，锻炼双脚连续弹跳能力，增强腿部力量；②主动探索沙包的玩法，体验成功运输沙包时的快乐，提高自我效能感。

活动准备：教师提前一天准备与幼儿数量相同的沙包，备用沙包多个，袋鼠头套人手1个，软垫子多个，哨子1个。

活动过程包括以下几个环节：

①导入阶段。教师和幼儿佩戴好袋鼠的头套，教师创设教学情境：“袋鼠妈妈有一天生病了，没办法到外面采摘果实，但家里也没有果实了，需要袋鼠宝宝团结协作到外面摘果实回来给妈妈吃，袋鼠妈妈才能快快好起来。那么现在袋鼠宝宝们要勇敢地迈出第一步，和兄弟姐妹们一起把果实运回家中。”

②热身活动。教师扮演袋鼠妈妈，幼儿扮演袋鼠宝宝。在《袋鼠》音乐伴奏下，教师带领幼儿进行手腕、脚腕、胳膊、腿部各关节的热身活动。注意下肢运动的时间相对要长一些。

③独立探索阶段。教师告诉幼儿，沙包是果实，请幼儿们动动小脑筋，想想运输果实的方法有哪些。幼儿分散活动，通过自己的探索，寻找运输果实的不同方法，教师鼓励孩子打开自己的思维。

④集中交流阶段。教师让幼儿们分享自己想到的运输方法。幼儿分别展示自己刚刚所探索到的方法，如扔、驮、拎、踢等。幼儿展现的过程中，教师需要对他们的想法和行为做出肯定，例如描述幼儿的动作过程、动作结果，表扬幼儿的想法。

⑤讲解示范阶段。首先请幼儿们思考现实中袋鼠宝宝是怎么行动的（主要是采用跳的方式），从而引导幼儿使用双脚夹物跳的方法，然后让幼儿们自行探索双脚夹物跳的动作方法。教师在一旁鼓励、肯定和指导。当幼儿在自行探索下寻找到正确的动作要领，教师要进行表扬，邀请幼儿出列示范动作，并进行动作的讲解，教师也进行相应的示范。如果幼儿出现肢体不协调的情况，教师需要进行鼓励和单独辅导。

⑥分散练习阶段。幼儿双腿夹住沙包跳过软垫子（障碍物）。教师设置教学情境，袋鼠宝宝回家会遇到各种障碍物，需要跳过这些障碍物才能继续前行。

⑦分组练习阶段。幼儿双腿夹住沙包连续跳过6个障碍物，到达终点时把沙包给袋鼠妈妈，可以获得袋鼠妈妈一个充满爱意和感谢的拥抱。完成后的幼儿可以再次返回起点进行夹物跳。

⑧结束分享阶段。袋鼠妈妈带领所有的袋鼠宝宝随着音乐放松腿部关节，随后围成圈坐到地上。袋鼠妈妈对袋鼠宝宝表示，自己的活力值在袋鼠宝宝们的帮助下恢复满满，特别感谢袋鼠宝宝，并邀请袋鼠宝宝分享运输时的感想，着重表扬经过自己努力达到目标的幼儿。

（2）体育活动融合心理健康教育示例要点。

自我效能感的培养：教师为幼儿选择难易适当的任务，通过单个夹物跳和多个连续分组夹物跳设置不同的任务难度，从易到难，让幼儿在不断尝试中体验成功的快乐，从而获得自我效能感。即教师在体育活动中让幼儿做成功动作示范，通过替代性经验和强化来促使其他幼儿获得信心，相信自己也可以经过努力完成任务。

埃里克森提出人的发展有八个阶段，其中幼儿正处于主动内疚的成长阶段，他们的主动性增强，希望能够帮助别人去完成某项任务，获得他人的肯定。但由于幼儿的身体发育尚未能支撑许多的工作任务，因此很多任务会被教师或父母禁止。袋鼠宝宝主动运输果实给袋鼠妈妈的教学情境，能够有效地满足幼儿的主动活动意识，促使幼儿发展追求价值目标的勇气、不怕困难和失败等积极心理品质，与此同时，幼儿的身体机能也得到相应的锻炼。

饰演袋鼠宝宝的幼儿完成连续6个夹物跳，会获得袋鼠妈妈的拥抱和肯定，这种柔软的拥抱和肯定的表扬对于完成任务的幼儿来说是一种直接强化，对于其他观察的幼儿来说是一种替代强化，从而使幼儿获得夹物跳的技能和愉悦的情绪体验。

在实际的夹物跳过程中，可能会出现部分幼儿落后于他人习得该动作的情况，教师要根据幼儿的主体性和情绪因素，进行生成性教学，注重活动中所形成的心理健康教育内容，运用相关知识对幼儿进行心理健康教育。

活动评价阶段，教师注重幼儿在活动中的积极性和努力程度，对幼儿进行肯定，而幼儿通过活动获得良好的心理体验，能够提高其心理素质。幼儿在教师的启发下，回想在活动中的体验，通过自身的评价，加速活动行为反思，夯实活动主体地位，增加了经验，情感体验更为强烈。

（三）社会教育活动融合心理健康教育活动方案设计

社会教育活动中蕴含了丰富的幼儿心理健康教育资源。此处结合《幼儿园教育指导纲要（试行）》和《3—6岁儿童学习与发展指南》中社会领域的要点，展开说明社会教育活动融合心理健康教育活动的方案设计。

1. 目标与内容

（1）社会教育活动融合心理健康教育活动的目标主要分为以下几点：

①能主动地参加各项活动，有自信心。

②乐于与人交往，学习互助、合作和分享，有同情心。

③理解并遵守日常生活中基本的社会行为规则。

④能努力做好力所能及的事，不怕困难，有初步的责任心。

⑤爱父母长辈、老师和同伴，爱集体，爱家乡，爱祖国。

（2）社会教育活动融合心理健康教育活动的内容主要分为以下几点：

①引导幼儿参加各种集体活动，体验与教师、同伴等共同生活的乐趣，帮助他们正确认识自己和他人，养成对他人、社会亲近、合作的态度，学习初步的人际交往技能。

②为每个幼儿提供表现自己的长处和获得成功的机会，增强其自尊心和自信心。

③在共同的生活和活动中，以多种方式引导幼儿认识、体验并理解基本的社会行为规

则，学习自律和尊重他人。

2. 思路与方法

（1）创设支持性学习环境。

社会领域教育具有潜移默化的特点，教师应创设相应的教学环境，提供给幼儿良好的氛围，使他们在社会环境下去学习如何适应环境和与人相处。在环境支持下，教师应充分发挥幼儿的自主性，当幼儿投入到类似于“小社会”的活动中，幼儿会更加主动地建立良好的合作意识和人际互动交往能力。

（2）运用多媒体手段捕捉幼儿典型性行为，生成直观教学素材。

教师在平时注意积累幼儿会出现的典型性行为，有些素材可以积累到以后使用。例如在“我长大了”主题活动下，大班学生看到自己以前刚入园时的录像，这对幼儿来说是一个非常有意义的情感体验。而有些素材可以在当下使用，例如需要纠正幼儿某些行为举止的情况。但在运用这类素材时，一定要特别注意不要让幼儿受到伤害。例如，在纠正幼儿吃饭浪费现象时，教师可以聚焦拍摄餐桌和地面。

3. 设计实例

（1）活动示例“我们是好朋友”（适合中班）。

活动目的：①愿意换位思考，能够理解和体验对方的情绪；②与同伴发生矛盾或冲突时，知道采用适宜的方式解决冲突。

活动过程包括以下环节：

①情景表演：邀请两位幼儿进行情境表演。其中一位扮演走路时被扑倒的小朋友，另一位扮演扑倒他人的小朋友。“A 高高兴兴地走在路上，B 突然冲了过来推搡 A，A 被 B 扑倒在地上，随即发出呜呜呜的哭声。”看完这段表演后，教师请幼儿说出小朋友们间发生了什么事情？并结合这个具体的情境，引导幼儿换位思考：“如果你是那位摔倒的小朋友，你会是什么感受呢？”

②小结：小朋友在幼儿园里会遇到各种各样的矛盾冲突，会感受到委屈和不开心，不知道对方为什么会做出这个行为。如果我们采用这种不合理的方式对待别人，别人会难过的。

③情景再续：两位幼儿继续上演后面部分。

B：“啊！我只是一时高兴想和 A 玩儿，但没想到扑倒了她。她一定感觉到很疼。是我做错了，我要去和她说对不起。”

B：（蹲在 A 旁边）“A 对不起，我刚刚太激动了，因为想和你玩，一不小心太过用力，把你碰倒了。”

A：“呜呜呜，好疼啊，但 B 是我的好朋友，她也是想和我玩，不是有意的，我就原谅她吧。”

A：“呜呜，没事了，我知道你是想和我玩，下次可别这样子了。”

B 把 A 扶起来后，手拉手一起走向教室。

④教师根据具体情境设问：“刚刚的情景表演中，有哪些地方是值得我们学习的？你在生活中遇到这样的情况时，你会怎么做？”让幼儿联系实际尝试思考如何解决冲突。

⑤总结：引导幼儿在矛盾冲突中尝试用协商、交换、轮流玩、合作的方式解决冲突。如果是对方做错，选择原谅对方，向对方说明活动规则；如果是自己做错，向对方真诚道歉，表明以后不再这么做。

活动延伸：教师需关注幼儿在日常生活中是否有相似的行为，引导幼儿发展移情能力和处理矛盾冲突的能力。家长需观察幼儿在家与他人相处时是否可以运用移情能力体恤他人，鼓励幼儿解决问题。

（2）社会教育活动融合心理健康教育活动示例要点。

采用情景教学中的移情训练法，让幼儿设身处地站在他人角度和立场上思考问题，感受他人的情绪和需要；让幼儿在日常生活中对他人类似的情绪产生习惯性的理解和共情。

注重幼儿已有的经验。4～5 岁幼儿会主动地与同伴建立关系，会对同伴表现出喜欢或反感的心理，幼儿间的冲突性质也产生了不同的变化，常常与自尊有关，幼儿不喜欢被有意地和当众欺负。所以活动中的情景表演设定结合了幼儿的学习与生活经验，考虑到 4～5 岁幼儿的年龄特点和个体差异，让幼儿看到在日常生活中发生的事件应如何换位思考和解决冲突。

（四）艺术教育活动融合心理健康教育活动方案设计

艺术教育是素质教育的重要组成部分，是基于生态教育和多元智力理论提出的，注重幼儿艺术能力与情感的激发。在艺术教育活动中融入心理健康教育，有利于幼儿表达内心世界，进行自我疏导和调试。同时，艺术作品也是教师和家长了解幼儿心理状态的一种方式。所以，在艺术教育活动中融合心理健康教育十分重要。此处结合《幼儿园教育指导纲要（试行）》和《3—6 岁儿童学习与发展指南》中艺术领域的要点，展开说明艺术教育活动融合心理健康教育活动的方案设计。

1．目标与内容

（1）艺术教育活动融合心理健康教育活动的目标主要分为以下几点：

①能够运用歌唱的方式合理地表达自己的情感。

②在活动中达到感觉统合的协调，使情感得到表达和释放。

③学会倾听和欣赏音乐，发展感知觉、理解等能力。

④视觉审美能力、视觉审美想象力得到发展。

（2）艺术教育活动融合心理健康教育活动的内容主要分为以下几点：

①让幼儿接触和感知周围美好的事物，引导幼儿用自己的语言、动作描述美的方面，如形态、颜色、形状等，激发他们对美的感受。

②提供自由表达的机会，让幼儿能采用艺术形式去表达自己内心的情感和想象，尊重每个幼儿的兴趣和独特感受。

③引导幼儿向同伴、家长和老师分享和展示自己喜爱的舞蹈、戏曲、绘画或工艺品，家长和老师要给予耐心的倾听和积极的回应。

2．思路与方法

（1）以无条件积极关注代替单一评定标准。

每个幼儿都有独立的意识，表现艺术活动的形式多种多样，这就要求教师不应采用好坏等单一评定标准去评价每个幼儿的艺术作品。教师在艺术教育中可结合来访者中心疗法的无条件积极关注原则，去挖掘幼儿的闪光点，去感受幼儿艺术活动的创作和想象，尊重和表扬幼儿的探索精神和好奇心理，去倾听幼儿对自己艺术作品的解释，用赞许的眼神和鼓励的言语使幼儿树立成长的自信心。

（2）艺术教育需保持艺术性。

首先，艺术教育需要以生动的艺术作品为载体，提高幼儿对艺术作品的认知，并从中学会欣赏艺术，喜欢艺术活动；其次，教师需运用丰富的艺术手段去感染幼儿，营造安全的心理氛围，使幼儿敢于并乐于表达表现，对于幼儿在潜移默化中表现出来的自发性艺术活动需要赞扬其独特的表现方式；最后，艺术教育的内容需要以幼儿的日常生活为背景，只有这样，才能使幼儿在日常生活中发现、感受、欣赏美。

3. 设计实例

（1）活动示例“快乐画展”（适合大班）。

活动目标：①以绘画的形式描绘让自己快乐的事情，并分享给同伴和老师；②充分体验绘画活动的快乐，感受开心愉悦的内在体验。

活动准备：教师提前准备若干画板、若干套蜡笔、绘画展板和幼儿名牌。

活动过程包括以下环节：

①活动导入。教师创设情境，告诉幼儿，有位小伙伴感觉到不开心，急需别人的帮助，请大家帮帮忙，动动脑筋想想怎么样可以把自己的快乐传递给其他小伙伴。

②幼儿自主分享。幼儿可能会通过言语分享快乐的事情，可能会带着小伙伴一起唱歌跳舞，去感受快乐。教师肯定幼儿的行为，提醒幼儿不仅可以通过语言，也可以运用一些动作、歌声来表达分享快乐。

③幼儿回想快乐。在轻音乐的伴奏下，教师请幼儿闭上眼睛，听着音乐感受快乐，想想最近还有哪些开心的事情。

④画出我的快乐源泉。教师看到幼儿的脸上都洋溢着快乐的笑容，想着大家一定会有很多快乐的事情迫不及待地分享，请幼儿选择最快乐的一件事情进行分享。教师请幼儿们想想画家是怎么分享快乐的事情的，鼓励幼儿们为不快乐的小伙伴举办“一起快乐”画展。伴随着轻柔的轻音乐，幼儿们拿出画板和蜡笔开始绘画。

⑤分享我的快乐画作。每位小画家都画出了自己的快乐，教师邀请幼儿把自己的画挂到画展里，贴上画家的名字，让小画家和小伙伴们分享画中的开心事。

⑥教师总结。教师说：“听到这么多快乐的事情，看到这么多快乐的作品，不开心的小伙伴也感受到了其他人的快乐。”引导幼儿发现快乐是可以传递的，所以以后要多和小伙伴们分享快乐。

⑦活动结束。在背景乐《画家》的伴奏下，教师请幼儿将画作都贴到绘画展板上，将幼儿名牌贴到相对应的画作下方，请幼儿露出最快乐真诚的笑容，合影留念。

活动延伸：家长与幼儿可以常以绘画的形式分享快乐，拉近亲子关系。

（2）绘画活动融合心理健康教育示例要点。

创设同伴需要小伙伴们分享快乐的情境，激发幼儿的助人心向，在教师的提问下，幼儿开动脑筋去思考有哪些方式可以帮助到同伴，可以引导幼儿采用言语、动作、音乐等不同方式分享快乐，激发幼儿的创造力和想象力。

集体绘画活动会充分调动幼儿的参与性。相比于幼儿一个人绘画，看到其他小伙伴在描绘自己的快乐，会带动幼儿的积极性。幼儿希望自己可以画得比别人的好，会全身心投入绘画创作中。但也有一些幼儿害怕自己表现得不好，在绘画中自信心不足，不敢表现，教师观察到这样的现象时应该在言语上和行为上给予支持，不需要幼儿画出多好的作品，以传递快乐为重点。

绘画作品可以体现幼儿的心理健康状态，教师可以通过活动中幼儿绘画和分享的环节，深入了解幼儿的心理发展情况。如出现明显异常的作品，教师可以进行及时的跟踪和疏导。

活动延伸中如果有家长的参与，绘画活动的开展会更有意义。在绘画活动中，作为幼儿的合作者、倾听者和支持者，家长的参与和引导不仅会进一步提高幼儿对绘画的兴趣，还会增进亲子关系。家长也可以通过幼儿的绘画作品观察幼儿的心理健康状态，及时给予幼儿关注和疏导，保护幼儿的心理健康。

（五）语言教育活动融合心理健康教育活动方案设计

语言的获得和发展与幼儿的学习、生活、心理及全面发展息息相关。在幼儿园教育中，语言教育活动是最为常见的。语言教育活动融合心理健康教育有利于提高幼儿的心理认知水平，健全人际交往观念，提高相关技能。此处结合《幼儿园教育指导纲要（试行）》和《3—6 岁儿童学习与发展指南》中语言领域的要点，展开说明语言教育活动融合心理健康教育活动的方案设计。

1. 目标与内容

（1）语言教育活动融合心理健康教育活动的目标主要分为以下几点：

①认真倾听他人讲话，愿意向他人表达自己的想法，具有文明的语言习惯，做到良好的人际沟通。

②喜欢听故事，看图书，具有初步的阅读理解能力、书面表达的愿望和初步技能。

（2）语言教育活动融合心理健康教育活动的内容主要分为以下几点：

①多给幼儿提供倾听和交谈的机会，结合情境使用丰富的语言，便于幼儿倾听和理解。

②为幼儿创造说话的机会并体验语言交往的乐趣，引导幼儿清楚地表达。

③教育幼儿注意语言文明，帮助幼儿养成良好的语言行为习惯。

④为幼儿提供良好的阅读环境和条件，激发幼儿的阅读兴趣，培养阅读习惯，引导幼儿了解标识、文字符号的用途。

⑤经常和幼儿一起阅读，引导幼儿以自己的经验为基础理解图书的内容，在阅读中发展幼儿的想象和创造能力。

⑥让幼儿在写写画画的过程中体验文字符号的功能，培养书写兴趣，在绘画和游戏中做必要的书写准备。

2. 思路与方法

（1）挖掘语言教材中的心理健康教育因素开展活动。

幼儿的语言教材主要由童话与故事构成，内容涉及领域较广，涵盖大量的心理健康教育元素，因此可以从不同的侧重点去挖掘语言教程中的心理健康教育要素，有针对性地开展活动。通过教材中创设的故事情境，教师运用具有感染力的语言和对角色情感色彩的描写，引导学生走进语言教材，使学生体验到情绪上的共鸣，从而主动模仿教材中的角色，养成良好的思想观念和行为习惯。

（2）注意教育活动经验连续性。

教师在设计语言教育活动时需要考虑幼儿的语言经验，既要满足幼儿原有的经验基础，又要为幼儿提供新的语言经验，确保设计的活动对幼儿语言发展起到促进作用，从而提升幼儿与人交流的能力，不断增强其自信心，使幼儿在语言教育活动中体验到乐趣所在，增强心理健康程度，培养健全人格。

3. 设计实例

（1）活动示例“谈话活动：神奇的动物园”（适合中班）。

活动目标：①丰富动物相关知识，通过同伴交流认识更多的动物。②愿意与同伴交流动物话题，体验谈话活动带来的乐趣，树立幼儿愿意与人交流的心向。③认真倾听同伴的谈话，并学会用丰富的语言来形容自己对动物的认识和想象。

活动准备：将活动室打扮成动物园，挂上各种动物摆件。准备猴子和大象的公仔，动物胸饰，舞蹈音乐。

活动过程：

①创设“动物园”情境。教师作为动物园一日游导游，带领幼儿进入布满动物摆件的活动室。教师问幼儿“你在动物园里看到了哪些动物呢？除了这些动物，你还知道什么动物吗”，引出谈话主题“动物”。

②和不同的动物做朋友（猴子）：通过与动物做朋友的活动，激发幼儿对动物主题谈话的想象与兴趣。首先教师通过猜谜游戏，让幼儿猜猜什么动物有长长的尾巴，脸的形状是心形的，红扑扑的。当幼儿猜出是“猴子”后，教师请出“猴子”朋友，让猴子坐在圆圈中心。教师接着提问幼儿：如果你想和猴子做朋友，那你会怎么夸夸它呢？你想和他做些什么呢？教师参与谈话，并引导幼儿围绕猴子展开想象谈话。

③和不同的动物做朋友（大象）。教师说，除了猴子，还有一种动物也想和大家交朋友，它有长长的鼻子，灰色的、大大的身体，走起路来比较慢。当幼儿猜到是“大象”后，教师请出“大象”朋友，让大象坐在圆圈的中心。教师接着提问幼儿：如果你想和大象做朋友，那你会想怎么夸夸它呢？你想和他一起做些什么呢？教师参与谈话，并引导幼儿围绕大象展开想象谈话。

④和动物园里的其他动物做朋友。教师指着动物园里的其他动物，问幼儿：除了想和猴子、大象做朋友，还想和哪些动物做朋友呢？你为什么想要和它做朋友，它有什么特点吗？引导幼儿拓展谈话的范围。教师面向全体幼儿提出问题，鼓励幼儿与同伴交流，使每位幼儿都参与谈话。教师通过隐形示范引导幼儿从动物名称、外形特征等多个方面来说出为什么想要和它交朋友。

⑤和动物朋友一起狂欢。教师请幼儿佩戴上动物胸饰，播放舞动音乐，和动物朋友们一起随着音乐舞蹈。

（2）谈话活动融合心理健康教育活动示例要点。

谈话活动主题设定需考虑多方面因素。教师在选择谈话主题时，需要考虑主题内容是基于幼儿自身经验的，如示例中的动物话题，幼儿在生活中是有接触过动物的，具有一定的经验；主题内容也需要具有一定的新鲜感，能够唤起幼儿谈话的心向，如示例中的动物话题，教师引导幼儿去和动物做朋友，幼儿会觉得比较新鲜，对话题感兴趣；谈话主题也需要有一定的创造空间，"你会和动物朋友做什么"这个问题就可以让幼儿在运用语言的同时，充分发挥想象力，锻炼创造性思维。

教师作为参与者与幼儿一起进行谈话活动。在示例中，教师可以打破旧有的幼儿面向教师坐下的座位安排方式，采用教师与幼儿一起围坐一圈的方式。并且在谈话活动中，教师也可以适当发表自己的想法，更好地创设出平等谈话的氛围，让幼儿在谈话活动中更有安全感。

谈话活动中，教师以间接引导为主。教师作为活动的设计者和组织者，在谈话活动过程中不应直接对幼儿的谈话进行干预，只要幼儿愿意说就可以了，不一定要求幼儿使用准确无误的句式或连贯完整的语段。在这过程中，教师可以采用间接引导、隐形示范的方式去引起幼儿的注意。

第三节　通过仪式化活动设计进行心理健康教育

一、仪式化活动与心理健康教育融合概述

仪式是指按照一定文化传统或社会约定俗成将一系列具有象征意义的行为集中起来的安排或程序，是人类历史上一种特有的社会文化现象。加拿大学者格兰姆斯指出，当人类把自己的某种姿态、行为赋予意义，并将其变成交流的手段或者表演的形式，该姿态行为的功能性实用价值退居次要地位时，这种姿态或行为就被仪式化（ritualization）了。（薛艺兵，2003）仪式化活动源自于人类漫长的发展历史中的日常活动，但又与日常活动不同。就行为频率而言，日常活动发生频率更高，它是每天都会发生，而仪式化活动则是偶尔甚至是定期，在一定社会情境下才会出现的；就行为的目的而言，日常活动行为往往与满足人类的基本生理需求（衣、食、住、行）相关，具有实用价值，而仪式化活动则更多的是表达精神价值（如社交、信仰）、情感、意义的行为，具有精神、心理层面价值。从这个角度出发，仪式化活动本身就是心理、精神层面的活动。具有象征性的仪式活动可以丰富个体的精神世界，满足其心理需求。除此之外，仪式还是人类历史上一种特有的社会文化现象，仪式化活动是储存社会记忆、传承社会文化、宣传核心价值的重要手段，是促进个体社会性发展的重要教育途径。（赖景执，2016）

仪式化教育在幼儿园教育中的地位十分重要。著名的认知发展心理学家皮亚杰提出，3～6 岁幼儿处于前运算发展阶段，其主要思维方式是具体形象思维，对事物的认知需要借助直观的符号，或直接的参与获得。而仪式化活动的外部表现形式与幼儿心理认知发展特点有着高度的契合。首先，仪式化活动具有情境性，往往会通过装饰、标语等塑造出生动形象的情境，让幼儿在仪式中身临其境。其次，仪式化活动具有直观性，会通过一系列

象征性的语言、动作将抽象的概念具体化、生动化地呈现，使得幼儿对仪式行为背后的教育意义产生更为深刻、形象的认知。再次，仪式化活动具有群体性，仪式化活动是一种社会化活动，在仪式中所有人都围绕同一个主题，仪式行为具有一定的统一性，需要高度的服从，在高度统一中相互感染、共同强化。最后，仪式化活动具有模仿性，仪式活动中的行为往往是约定俗成的，具有一定的固定成分，参与者通过观摩、模仿习得仪式行为，而模仿恰恰是幼儿阶段个体行为习得的重要途径。（谭芳，2020）可以看出，仪式化活动教育与幼儿心理健康发展之间存在着相辅相成、相互促进的关系。一方面，仪式化活动顺应了幼儿心理认知发展的特点；另一方面，幼儿心理的健康发展需要仪式化活动的形式。

（一）仪式化活动融合心理健康教育的目标

将心理健康教育与幼儿园仪式化活动相融合，需要考虑两者目标的融合性。姚本先与邓明（2004）把幼儿心理健康教育的目标总结为，以发展性教育模式为主，从儿童成长需要出发，解决他们在成长中的问题，促进心理技能的开发与发展。刘文（2021）进一步将幼儿心理健康教育的目标进行具体分类，包括以下几个方面：

①使幼儿具有良好的自我意识。增强幼儿自我调适、承受挫折、适应环境的能力。提高幼儿自信心，培养其独立与坚毅的品质。

②培养幼儿积极乐观、开朗向上的性格。

③培养幼儿的人际交往能力以及关爱他人、帮助他人的品格。

④培养幼儿广泛的兴趣爱好，保持幼儿的好奇心，激发幼儿的求知欲，训练幼儿思维，开发其智力与创造力。

⑤对有心理与行为问题的幼儿给予科学有效的心理辅导，及早发现幼儿可能存在的心理问题，通过心理健康教育进行干预与预防。

⑥促进教师与家长保持良好、积极、健康的心态，促使其教育理念的更新，提高其心理健康水平。

依据幼儿心理健康教育的目标，综合仪式化活动的教育目标，我们认为可以将融合了心理健康教育的仪式化活动的目标划分为以下几点：

①认知目标：促进个体认知思维能力的发展，如通过仪式化活动中的规范行为锻炼幼儿注意力、自控力、记忆力等方面的能力，并在活动中理解象征符号，提高幼儿的社会认知能力，认识社会规则、行为规范，了解传统文化，增强幼儿参与活动的积极性与主动性，促进探索欲、好奇心的发展。

②行为技能目标：幼儿园仪式化活动通常有相应的程序、节奏与行为方式。因此，仪式化活动的行为目标应该关注培养幼儿良好的行为习惯与行为品性，规范幼儿行为，丰富行为体验。如，学会安静观看表演，学会在表演结束时鼓掌，在仪式过程中不嬉戏打闹等。除此之外，还需注重幼儿在活动中发展人际关系的能力，促进幼儿合作行为、相互关怀行为的发生发展。

③情感态度目标：积极的情感是一种重要的内驱力，人们发展积极的情感是最有价值的，人们可以通过参与仪式化活动来增进这种积极的情感。因此，在仪式化活动中要注重积极情感的引导，培养幼儿爱祖国、爱家乡、爱集体、爱家人、爱老师、爱同伴的情感，增强幼儿的自信心，提高幼儿自我效能感，从幼儿阶段开始种下社会主义核心价值观的种

子，引导幼儿建立中华民族文化自信。

（二）仪式化活动融合心理健康教育的意义

发展心理学研究表明，幼儿阶段是儿童各种素质、能力发展的奠基阶段，是儿童形成健康心理的关键时期。以同伴关系为例，大量研究表明，幼儿期同伴关系的类型可以作为未来心理健康的预测指标，同伴关系较为糟糕的青少年，日后会更容易产生适应不良、学业成就低等问题。（刘文，2007）可以看出，在当前幼儿教育中，心理健康教育是必不可少的一环，心理健康教育的视角需要渗透在幼儿园教育过程当中的各个环节，由此真正促进幼儿的全面发展。

仪式化活动是将一系列象征符号结合起来营造出特殊的教育情境，这样较为抽象的教育内容便会以生动形象的活动形式表现出来，同时也在校园中营造了社会化的氛围。不同的仪式化活动对个体的行为、情感、精神方面也存在着不同的教育功能。常规的仪式化活动具有一定的凝聚功能，有利于幼儿集体意识的养成。升旗仪式等活动有助于建立幼儿自我身份认同感，形成归属感，强化使命感。外出踏青、游玩等活动可以增强学生与自然的联结，增加学生的直接认知和体验。因此，近几年来，随着幼儿园教育政策的改革发展，越来越多的幼儿园教育教学重视仪式化活动的开展。但当前的幼儿园仪式化活动教育仍存在一定的问题，如幼儿园仪式教育内容枯燥，形式单一，没有根据本地、本园以及幼儿的特点进行创新；幼儿的主体地位未得到充分体现，更多的是以教师的教导为主，部分仪式化活动成了幼儿教师管理幼儿的工具；幼儿的情感能量未得到充分激发，情感目标的达成未被重视；等等。（谭芳，2020）

【典型案例】

升国旗、奏国歌、全体小朋友行注目礼

升旗仪式在主持人的宣告下正式开始，主持人在没有整队的情况下，进行了简单的自我介绍，并说了一句“升国旗、奏国歌、全体小朋友行注目礼”，国旗便缓缓升起，这时小朋友并没有理解到升国旗是一项庄重的活动，应在标准的站姿下，目光注视国旗。升旗过程中各种情况都有，部分小朋友站在自己的位置上发呆，有的小朋友在乱跳。小班的小朋友明显不知道升旗仪式的要求及意义，呆呆地望着国旗。在这样的活动中小朋友处于一种无序的状态，没有融入仪式活动中，情感能量自然无法得到激发。

（资料摘自：谭芳．幼儿园仪式教育的现状及对策研究［D］．南充：西华师范大学．）

仪式化活动不应只有仪式，更应关注仪式背后能够给幼儿的发展带来的教育意义与发展意义。将仪式化活动与心理健康教育融合的意义就在于强化仪式化活动促进幼儿身心发展的作用，从促进幼儿认知发展、社会适应、丰富情绪情感体验等心理健康角度出发，设计仪式化活动，使仪式化活动的实施更有意义和价值。

（三）仪式化活动融合心理健康教育的原则

1．发展性原则

发展性原则指幼儿园的仪式化活动的设计和实施要把促进幼儿身心全面和谐发展作为

幼儿园仪式教育的出发点和落脚点。根据维果茨基（Vygotsky）的“最近发展区”理论，在了解不同年龄阶段幼儿的认知发展水平的基础上，设计活动内容及规则，目标及难度既不能太低，也不能太高，要让幼儿在当前水平之上能达到一定发展，要让幼儿在能够完成的基础上，以及在教师的引导下进一步思考，在最大限度上发展幼儿的潜能。

2. 主体性原则

主体性原则是指在仪式化活动的设计与实施中，必须充分尊重幼儿的主体地位，尊重每个幼儿独特的人格特点，以幼儿为中心。在活动设计过程中，必须充分了解幼儿的心理年龄特征，从幼儿的需要以及兴趣出发。在活动实施的过程中，必须要让幼儿成为活动的主要参与者，使其充分地参与活动的各个环节。

3. 直观趣味性原则

直观趣味性原则是指在设计幼儿园仪式化活动时，需要充分考虑到幼儿具体形象思维发展的特点，运用直观形象的活动工具，将抽象的概念和场景具象化呈现，使幼儿更容易理解，并能够从直观、形象的活动中获得感性认识。除此之外，还需要提高活动的趣味性，活动环节的设计要能够引起幼儿的注意与兴趣，激发幼儿参与活动的积极性与主动性，提升幼儿在活动中的积极体验。

4. 正面教育与真诚教育相结合原则

仪式化活动通常是涉及一些规范、规则的活动，需要幼儿习得一定的规范行为，但由于幼儿的自控能力有限，往往会存在一些违反规则甚至破坏规则的儿童，这时如果引导儿童去做一件老师希望他们做的事，并告诉他们应该具体怎么做，会比直接以“不要”“不可以”这种发出禁止指令的方式的教育效果好很多。

正面教育的核心是在尊重的前提下对幼儿提出要求，在肯定的前提下对幼儿的行为进行修正，在维护幼儿自主性和完整性的同时渗透课程要求，即以一种积极的方式对幼儿提出要求。正面教育有利于营造一个积极良好的环境，这样才有利于诱发、维持、巩固和强化仪式化活动的积极影响。但仅有正面教育，只对儿童进行鼓励、认可是不全面的。正面教育的积极关注只是弱化儿童的不良行为，并不是忽视。正面教育还需要与真诚教育相结合，还原事实的真相，让幼儿获得真诚的正面教育，使其在积极的氛围中获得反思和成长。（尹立业等，2017）

5. 科学性与思想性相结合的原则

科学性是指在幼儿园仪式活动的设计和实施中，向幼儿传授的知识和技能是科学的，是符合客观事物发展规律的，活动的实施开展是符合幼儿身心发展规律的。思想性是指在幼儿园仪式活动中要注重幼儿的情感态度启发，让幼儿树立正确的价值观，促进幼儿的品德和社会性的发展。科学性与思想性相结合则是指教育者需要根据前沿的心理健康发展研究，设计出既能让幼儿获取知识、技能，提高认知思维能力，又能丰富其情感体验，树立良好价值观的活动方案，促进幼儿身心全面发展。

（四）仪式化活动融合心理健康教育的设计策略

将心理健康教育融入仪式化活动并不是增加仪式化活动的环节，也不是代替原有的仪式化活动，而是把仪式化活动内在的、潜在的因素挖掘出来，根据幼儿的心理发展特点和需要，发挥更好的教育效果。通常而言，仪式化活动的设计思路流程如下：活动定位—设计并撰写方案—组织实施—总结提升。那么，仪式化活动融合心理健康教育的设计策略，就是要将心理健康教育的理念，融入活动设计的每个流程当中。

1. 仪式化活动融合心理健康教育的活动定位策略

活动定位是一个仪式化活动的基础与核心，包含活动的主题、意义、目标，这是仪式化活动首先应该明确的事情。

仪式化活动的主题相对容易确定，往往根据一定的节日、教学主题或时间节点确立。但仅仅只有主题的仪式化活动是没有灵魂的，需要将活动的意义注入主题之中，才能发挥活动的最大的效用。《纲要》指出，像仪式化活动这类社会活动属于幼儿社会性教育的重要内容，这类活动的开展是为了提高幼儿的自尊心、自信心，培养幼儿关心他人、对他人友好的态度和行为，促进幼儿的社会适应，使幼儿初步了解社会常识、学会遵守基本的行为规范，促进幼儿全面发展。因此，在确立活动意义时，要以促进幼儿身心发展、社会化功能作为出发点，让参与活动的人明确做这个事情的意义与价值。在设立目标方面，要以活动意义为方向，确立总体目标，再根据活动的具体内容，设立子目标，即具体目标。在具体目标的制定上，需要根据认知、行为技能、情感三个维度进行划分，并考虑该活动哪部分内容可以达成上述目标，使目标更具有指导性价值。

2. 设计并撰写活动方案策略

设计方案则需要集思广益，为构思活动具体方案提出意见和想法。一份活动方案通常包括活动主题、目标、对象、时间、地点、内容、组织实施（活动准备、人员安排、活动要求、工作细则、活动流程）等方面的内容。活动方案讲求具体性和可实施性，是整个活动的指挥棒。活动方案设计既需要体现活动的主题和意义，也要达成活动目标。在活动的设计上要充分考虑幼儿的身心特点，以及具体活动的性质，将每个环节设计得合理、有趣，让幼儿能够从活动中获得发展。（李春玲，2015）

（1）活动对象及对象人数。

活动的参与对象决定了活动的主体，参与人数决定了活动的规模。比如：是全体幼儿还是部分幼儿？是否需要家长参与？是以班级为单位还是以全园为单位？当然，对象及人数的确定是由活动的主题性质决定的。比如，节日庆典活动、幼儿园园庆等仪式化活动需要全园幼儿参加，而毕业典礼、入学典礼等就适合部分幼儿参加。同时，在人数的确立方面也要充分考虑幼儿的心理特征。比如，观赏表演类的活动不需要儿童注意力的高度集中，此类活动不需要教师过多指导，可以大型活动的形式开展；知识规则传授类的活动，儿童需要调动认知思维进行学习，需要教师更多的引导和关注，此类活动则不宜人数过多。

（2）活动地点。

活动地点通常可分为园内和园外、室内和室外。一般没有特殊要求的活动可以尽量安排在园内，这样既能确保幼儿的安全，也方便活动的实施与操作。对于一些对场地要求比较高的活动，比如参观动物园、科技馆，则要选择特定的园外场地开展。在场地的选择上，也要根据活动当中具体环节的实施情况，进行室内外的选择。室内场地较为安全，且不受天气影响，适合教授类活动；室外场地空间相对更大，且更贴近自然真实，适合互动、跑动较强的活动。仪式化活动往往需要营造一定的场景和氛围，良好的环境氛围能够使幼儿更好地身临其境，提高他们的感受性与体验感，有利于教育效果的达成。因此，在选择好场地后，还需要根据活动特点对场地进行一定的布置，这时要尽可能贴合活动主题，布置生动、形象、贴合实际的场景，让幼儿能更好地融入其中。

（3）活动时间。

时间的安排需要考虑两个方面，一个方面是整个活动需要多长时间完成，有些活动一天或者半天就可以完成，比如入学典礼、毕业典礼等，有些活动则是系列活动，需要通过一系列小专题开展，如母亲节系列活动等。另一方面是要明确具体开展的时间及时长，比如“六一”活动，往往是选在5月31日开展，或者是安排在“六一”当天开展半天时间活动，下午则把时间留给家长陪伴孩子。在时长方面，还要考虑不同年龄阶段幼儿的专注力和耐力，低龄幼儿的活动时间不能过长，但随着年龄段的增长，可以适当延长；也要考虑活动的性质，表演类、运动类的活动可以适当安排较为长时间的活动，认知习得类的活动的时间安排则不宜过长。

（4）活动内容。

活动内容是仪式化活动方案的核心内容，包括具体的活动环节以及每个环节的具体组织安排、实施方式。活动内容的选择依据是活动目标，以目标为导向设立适当的环节，也以是否达成目标来判断活动内容安排的合理性。同时，在活动的内容选择上，要避免脱离实际，要贴近幼儿实际生活，要从生活中来，到生活中去；在活动内容的表现形式的选择上要考虑幼儿的心理特点、认知接受能力，要避免单一说教，要增强幼儿的体验感与参与感，特别是情感态度类的活动，不是靠发言、讲道理就能让幼儿理解的。

3．仪式化活动的组织实施策略

仪式化活动的组织、实施是整个活动的关键，实施效果的好坏能直接检验整个活动。在活动的实施上，要注重以下几个部分。

（1）方案培训。

仪式化活动往往涉及多方工作人员的配合参与，如果参与的工作人员不理解方案的意图和实施计划，就难以完满地实施活动。因此，在活动实施之前，需要对所有的工作人员进行方案培训。每一个工作人员除了了解自己岗位职责之外，还需要了解整个活动的意义理念，清楚方案当中的细则，熟悉方案的整体实施流程等。

（2）分工明确、紧密合作、责任到人。

一些大型的仪式化活动需要对所有工作人员进行明确的分工，可以以小组为单位进行职能划分，如环境布置组、后勤服务组、家长工作组等。每个岗位的工作人员需要知道自己要与谁合作，出了问题需要找谁等，加强彼此间的沟通。

（3）提升放权与监督的执行力。

活动的主导者是班级的教师，教师也是整个活动是否能顺利实施的关键人物，因此在实施过程中，要给予教师充分的信任与尊重。在活动的布置过程中，可以充分地放权给各位教师，让教师们进行统筹设计，提高教师对于活动的参与性与主动性；在活动的实施过程中，可以给予教师发挥自己教育智慧的自由空间。行政领导可以发挥支持作用（如场地、经费支持）与监督作用（如明确活动要求、检查验收的标准与时间）。

（4）要关注当下幼儿的反应，及时调整。

活动方案设计得再出彩也是纸上谈兵，在真正实施方案的过程中，未必尽如人意。因此，在实施活动的过程中，教师及其他工作人员必须不断观察幼儿的反应和状态。当大部分幼儿出现不耐烦、不专注的表现时，如果按活动流程继续下去，可能会引起幼儿更多的不适，甚至会使其产生排斥、厌恶情绪，难以达到目标效果。此时，应及时调整活动内容，比如可以适当增加休息或游戏环节，让孩子们稍适放松，再设法重新将其注意力转到活动上。

（5）仪式化活动的总结与提升。

总结包含了活动过程中的总结和活动效果的总结。活动过程中的总结应关注活动方案设计的合理有效性、活动准备得是否到位、活动各个环节安排的顺畅性等；活动效果的总结应关注活动氛围营造的效果、幼儿达成活动目标的程度、活动的辐射性（活动后行为、习惯、态度的保持）等。可以从园长、行政领导、教师、家长、幼儿等多角度进行活动总结和评价，以达到对活动的多维度评价，获得更为客观真实的信息。在总结时，需要找出本次活动的成功之处与不足之处，思考下次提升的方向和空间。

二、仪式化活动融合心理健康教育的实践应用

（一）阶段适应性活动融合心理健康教育活动方案设计

1. 开学典礼活动方案设计

（1）活动意义。

开学典礼是在开学第一周将全园所有幼儿聚集起来，宣布新学期正式开始的仪式化活动。经过了一段时间的假期生活，重返幼儿园的幼儿可能会存在一些不适应的表现，甚至会对幼儿园产生排斥情绪。开学典礼可以发挥一个良好的联结作用，通过一系列典礼活动为幼儿营造一个和谐、温馨的入园心理环境，让他们对幼儿园生活重新感兴趣与好奇。除此之外，一个正式的开学典礼，作为一个象征符号，代表一段崭新的开始，代表孩子们又成长了一岁，也能让幼儿感受自己在逐渐长大、成熟，提升幼儿的自尊心与自信心。

（2）活动目标。

认知目标：让幼儿们认识到新学期的正式开始，促使幼儿形成自己比上学期又成长了的概念。

行为技能目标：使幼儿学会仪式礼仪，在仪式场合保持安静，遵守仪式纪律。

情感态度目标：营造良好的幼儿园氛围，让幼儿产生对园区、教师、同伴的喜爱之情，引导幼儿以积极向上的心态迎接新学期。

（3）开学适应性活动设计示例。

活动一：开学红毯式。

设计要点：布置入园通道，在通道上铺上一段红地毯，在红毯两旁布置有趣的开学仪式背景墙，播放欢快的音乐，营造一种愉悦、隆重的开学氛围。入园幼儿与其家长共同走

红毯入场时，可以安排工作人员穿上卡通人偶服装引导家长与幼儿到达指定区域进行签名后拍照。

活动要点：通过走红毯的仪式，让幼儿体会到开学的隆重氛围，同时让其感受到幼儿园的有趣与快乐，增加幼儿对上幼儿园这件事的心理认同，从而帮助幼儿更好地适应幼儿园环境。

活动二：留下我的成长印记。

设计要点：提前准备好《我的成长卡片》，以班级为单位发给每个幼儿。卡片上写着“我叫×××，今天起我就是小班/中班/大班的小朋友了”（低龄年级幼儿的卡片信息由老师写，大班幼儿的卡片信息可以自己填写）。卡片下有空白部分，幼儿选择自己喜欢的颜色，用手蘸取颜料，将自己的手掌印在卡片空白地方，记录自己今天的成长，让幼儿感受到自己的成长。

活动要点：仪式主持人要与各班老师配合好，老师在派发卡片后，先由主持人讲述卡片写、画的规则和意义，各班老师在具体实操时帮助并引导幼儿完成成长印记，并且要注意在蘸取颜料、按手印环节中幼儿可能存在的矛盾、分歧，引导幼儿在矛盾中学会谦让和合作。

2. 毕业典礼活动方案设计

（1）活动意义。

从幼儿园毕业，是幼儿阶段一个重要的里程碑，这个年龄阶段（5、6 岁）也是幼儿从学龄初期阶段向学龄阶段发展的关键转变时期，毕业典礼作为这一阶段的仪式化活动，具有特殊的意义。毕业典礼象征着幼儿即将结束幼儿园生活，进入小学生活与学习当中，是具有转折性的纪念活动，好的毕业典礼为幼儿的在园生活画上圆满的句号。通过一系列毕业仪式，幼儿感受到典礼时刻的庄重，同时通过展示自己的毕业成果（毕业证书等），能够获得被肯定、被重视的体验，从而增强其自尊感与自信心，在仪式活动中关于小学的描述与积极引导，也能激发幼儿产生即将成为一名小学生的自豪感，为其未来的小学生活做铺垫，从而尽可能减少升学的不适反应。除此之外，毕业典礼也是一次很好的感恩教育，通过典礼活动，教师让幼儿回顾自己的幼儿园生活，再一次感受到父母长辈、教师、同伴的关爱与陪伴，加深幼儿对父母长辈、教师的感激之情，增进与同伴们的友谊。

（2）活动目标。

认知目标：通过毕业典礼活动，幼儿认识到自己已经长大，形成即将成为一名小学生的认知概念。

行为技能目标：通过参与节目表演，掌握一定的朗诵、舞蹈、歌唱等表演能力；通过感恩活动环节，学会表达自己爱意的行为礼仪。

情感目标：幼儿们通过典礼仪式，感受到自己成长的快乐与自豪；通过表演，获得自信心与成就感；通过系列活动，增进与家长的亲子之情、与教师的师生之情、与同伴的友谊。

（3）毕业典礼心理成长类活动设计示例。

活动一：我的点滴成长。

设计要点：播放事先剪辑好的毕业班幼儿成长点滴视频相册，让幼儿和家长再次回顾幼儿在园中 3 年学习生活的有趣画面，让幼儿感受到自己不断成长、不断蜕变的过程。播放完视频后，教师提出问题“你觉得自己长大了吗?”“你觉得自己的哪些表现能证明自己长大了?”邀请毕业幼儿进行分享。

活动要求：在剪辑视频时可以联系幼儿家长提供更丰富的资料，争取搜集到所有毕业班幼儿的资料，每个幼儿的成长都能在视频中体现。在分享环节，教师要注意引导，让幼儿能够关注到自己不断成长的积极的一面，增强幼儿的自我效能感。

活动二：我想谢谢你。

设计要点：在毕业典礼仪式上播放提前录制的趣味感恩视频，视频内容为采访每个毕业班幼儿，请幼儿们分享自己最想感谢的人。观看结束后，在主持人引导下，由家长代表发言，表达对幼儿园老师的感谢与祝福。讲话结束后，幼儿代表上前献花。随后，进行感恩互动，在主持人的引导下，每班派出幼儿代表及家长代表向全体教师分别献花，给予拥抱，表示感谢；再由每位幼儿向自己的家长送上鲜花及自己提前制作的感恩卡片，并给予家长拥抱，相互表达爱意。

活动要求：各班教师需在前期教学过程中对幼儿进行感恩教育，制作感恩卡片，引导幼儿抒发自己对幼儿园、教师、家长的感激之情。在活动时，教师要注意引导，让幼儿体会家长和教师对自己的关心关爱。

活动三：书写心愿便利贴。

设计要点：老师提前准备好心愿墙展板、好看的便利贴及笔，各班教师为毕业班幼儿发放心愿便利贴与水笔，主持人引导幼儿在家长的帮助下，将自己对未来小学生活的期许写下来，并贴在心愿墙上，贴完后进行自己的心愿分享。该活动主要是为了激发幼儿对未来小学生活的兴趣与期待，为幼儿升小学做心理准备。

活动要求：在写心愿前，教师可以通过一段描述小学生活的指导语，让幼儿对小学有一个想象，再让幼儿写下自己的心愿。写心愿时，教师和家长不要过多介入，给幼儿想象的空间。如果幼儿出现书写困难，教师和家长可以先询问幼儿的想法，再按照幼儿的想法写或画在便利贴上。粘贴心愿便利贴时，教师要注意维持秩序，鼓励幼儿团结、礼让，引导贴好的家长幼儿尽快回到座位。分享时，教师对分享的幼儿应给予鼓励与认可，也要引导其他幼儿安静倾听。

（二）节日主题庆祝活动融合心理健康教育活动方案设计

1．儿童节活动方案设计

（1）活动意义。

六一国际儿童节是为了保障世界各国儿童的生存权、保健权、受教育权和抚养权，为了改善儿童的生活，为了反对虐杀儿童和毒害儿童而设立的节日，是儿童的专属节日。儿童节活动的仪式感在于让儿童体验到童年时期的快乐，感受到周围人的爱与关怀，并在这个过程中增强自身的自信心与成就感，懂得爱自己，在活动中通过与家人、同伴、教师的互动，体验与人交往的快乐，学会关爱他人。儿童节活动应该以儿童为中心，让儿童成为活动的主人，让儿童有更多的参与感。儿童节活动可以设计为系列活动，活动的形式不应局限于节目表演，应以各种形式呈现，活动时间可以定在儿童节前一段时间内，这样更能够让幼儿充分感受到儿童节的氛围，并在各类活动中获得成长。

（2）活动目标。

认知目标：通过开展庆祝“六一”系列活动，让幼儿了解每年6月1日是世界儿童节这一概念，认识到周围人以及社会对儿童的关爱。

技能行为目标：通过自主参与活动，培养幼儿的动手布置能力、合作能力、表达能力、运动能力、交往能力、创造能力等。

情感态度目标：让幼儿感受到参与活动的快乐、与他人交往的快乐，增强幼儿的自信心与主动性，促进幼儿形成健康、向上、自信的观念及态度。

（3）儿童节活动设计示例。

活动一：装扮我们的“六一”课室。

设计要点：各班教师先将装饰任务布置给幼儿，让幼儿提前思考怎样装饰自己的课室，并通知家长配合，让幼儿和其父母共同商议需要准备的道具和材料。对于不同年级的班级，可以有不同的设计：①针对小班，教师和家长先将可以用作装饰的材料准备好，让幼儿自主选择喜欢的材料，并选择自己想要装饰的角落，在教师的帮助下，与同伴一起装扮课室；②对于中班幼儿，可以鼓励其大胆说出自己关于庆祝节日的想法和愿望，自己提出装饰的材料，与父母、教师一起置办装饰材料并与同伴一起合作装饰课室；③大班幼儿可以形成讨论小组，在教师的协助下，与同伴协商进行布置方案，与父母、教师一起置办装饰材料，然后与同伴合作装饰课室。

活动要求：教师要提前以书面形式通知家长，促进家园合作，帮助幼儿更好地完成装饰任务；在装饰方案的制定过程中，教师要鼓励幼儿多表达自己的想法，多问“你喜欢怎样装饰”“为什么要这样装饰”等问题，引导孩子自主思考，促进孩子的思维能力、表达能力的发展；在装饰中，对于小班幼儿，教师要对一些装饰物的摆放、制作做充分的演示，促进孩子模仿、鼓励创新，对于中、大班幼儿，则要鼓励幼儿发挥自己的想象力，自己动手制作。

活动二：收集我的六一快乐。

设计要点：该活动的目的是让幼儿学会识别基础情绪，同时学会觉察自己快乐的情绪，认识快乐是什么，怎样才能获得快乐。首先，由教师向幼儿提问“六一儿童节快到了，你们感觉到快乐吗?”“你快乐的时候会有怎样的表现?”，让幼儿进行回答。随后，教师可以展示喜、怒、哀、惧四大基础情绪表情图，让幼儿进行识别。在教师的引导下，幼儿说出各种情绪相对应的表情和表现，再由教师进行总结，如快乐的时候人们的脸上会展露笑容，会笑出声，会哼快乐的歌曲等。接着，进行“我是表情大王”的游戏，游戏规则为当教师喊出不同情绪时，幼儿要做出相应情绪的表情。幼儿们两两相对而站，相互监督，通过游戏再一次训练情绪体验和情绪觉察的能力。最后，教师提问“做什么事情能让你感受到快乐?”让幼儿进行分享，引导幼儿觉察到能让自己快乐的事，并布置家庭作业，让幼儿回家后做一件让自己快乐的事（此部分可以与家长提前进行沟通）。

活动要点：活动过程中，教师要引导幼儿多去体验情绪，学会表达自己的情绪感受，不要做过多的干预。在分享“做什么事情能让你感受到快乐?”的环节中，可以适当引入情绪调节的主体，引导幼儿在自己难过的时候想想做什么能让自己快乐起来，帮助幼儿形成调节自我情绪的意识。

活动三：小吃货的“六一”大聚餐。

设计要点：以班级为单位开展六一聚餐活动，要求每位幼儿与家长共同商议和制作，将自己最喜欢的一种食物带到幼儿园与同伴进行美食分享。教师协助幼儿将自己带来的食物摆放好，并由幼儿介绍食物的名称、特色以及自己喜欢的理由。介绍完毕后，进入幼儿自助取餐和食用的环节。食用结束后，教师可以提问幼儿“除了你自己带来的食物，你还喜欢哪一个”“你今天吃得开心吗”等问题，引导幼儿分享自己的感受与心情，最后进行总结，提出“分享才会得到更多快乐和满足”的概念，引导幼儿在日后生活中学会分享。

活动要求：老师提前通知家长聚餐的规模、日期，引导家长协助制作美食。在这个过程中，要注意食品安全，摆放食品的碗碟及幼儿使用的餐具要注意卫生。在聚餐过程中，要注意引导幼儿感受自己愉悦的情绪，在引导幼儿感受到“分享才会得到更多快乐和满足”的过程中，可以让幼儿思考怎样去和朋友分享，并鼓励幼儿去分享，从而促进幼儿人际关系的发展。

2. 端午节活动方案设计

（1）活动意义。

民族节日是对民族文化的集中展示，也是对民族情感的集中表达，是一个民族的传统印记，也是仪式化教育当中非常重要的一部分。端午节是我国四大传统节日之一，有着丰富的节日内涵，包括祭奠爱国先人（屈原、伍子胥等）、祈求健康、防疫祛病等。这些文化内涵也转化成了众多传统仪式，如包粽子、做香包、赛龙舟等。在幼儿园开展端午节活动，可以增进幼儿对我国传统文化的了解，提升对传统文化的兴趣，帮助幼儿获得更多关于节日的概念与经验，激发爱国主义情感，提升文化自信。同时，一系列端午活动还能锻炼幼儿的思维能力、动手能力与创造力，促进儿童认知、技能发展。（李滢，2019）

（2）活动目标。

认知目标：让儿童认识端午节的来历与内涵，了解端午习俗，学习传统文化。

行为技能目标：学会制作简易粽子、香囊；通过参与模拟龙舟的活动，学会与同伴合作共赢；提高孩子在活动中遇到挫折困难后的抗挫能力。

情感态度目标：在端午活动中让孩子们体验到传统节日的快乐，激发幼儿对中国传统文化的兴趣，使其产生初步的民族自豪感。

（3）端午节活动设计示例。

活动一：端午故事我来讲。

设计要点：在端午节前夕，老师向家长、幼儿布置查阅端午节资料的任务，让幼儿与家长合作查找端午节来历、端午节故事，了解端午节习俗。在“端午故事我来讲”的活动中，老师鼓励每个幼儿把自己听到、看到的关于端午节的来历和风俗讲出来。最后，老师进行总结，加深幼儿对端午节的印象。

活动要求：老师要提前准备适合幼儿观看学习的端午资料，如图书、动画，可推荐给家长，让家长陪伴幼儿共同学习。对于不同年级的幼儿，在讲述端午故事的环节可以采取不同要求，如小班儿童，可以通过准备粽子、玩具龙舟的方式，让幼儿在看到实物的基础上描述；对于大班幼儿，则侧重于锻炼其叙述自身过往经验的能力。在最后的总结环节，老师可以通过端午教具、端午节动画视频等手段，以更具体生动的方式加深幼儿对端午节的认识。

活动二：一起包粽子。

设计要点：老师提前准备好包粽子需要的材料，如粽叶、糯米、豆子、猪肉、酱油、粗线等。在活动中，先让幼儿学习认识包粽子需要的材料分别有哪些；再请会包粽子的老师现场一步一步演示如何包粽子，包括如何卷粽叶、如何压实糯米、如何困扎等，过程中引导幼儿仔细观摩，再让幼儿跟着老师一起，在老师的指导下，一步一步包粽子；最后，由厨房把幼儿和老师包好的粽子一起蒸煮好，幼儿可在幼儿园食用或带回家与家人分享。

活动要求：认识包粽子材料的环节，老师需细心、生动讲述每个材料从哪里来，有什么用，让幼儿能对其有深刻认识并产生兴趣。由于包粽子是一个难度较高的手工活动，可以在本活动中引入挫折教育。当幼儿包粽子遇到困难时，老师可以引导幼儿自己想办法应对和解决，如提出问题，“米总是漏出来是什么原因导致的?”，引导幼儿自己发现问题，想办法自己解决问题，提高幼儿应对困难、克服困难的能力；也可以从学会求助的角度进行引导，如“当遇到不会包粽子的问题时，可以找谁帮忙?”，让幼儿学会求助，学会寻求合作。

活动三：赛龙舟。

设计要点：老师提前准备好模拟龙舟（可用纸箱连接成龙舟船体，让幼儿可以站到其中）、船桨（卡纸、纸板）、龙舟头饰、鼓等道具。在开始赛龙舟活动前，先让幼儿观看龙舟比赛的视频与图片，让幼儿感受到赛龙舟热闹、激烈的氛围，鼓励幼儿讲出观看之后的感受和想法，引导幼儿觉察龙舟比赛团结合作、拼搏向上的精神。随后，组织模拟龙舟比赛，可以分组进行，让幼儿戴上龙舟头饰，坐到模拟龙舟的纸箱内，整齐排坐好，手持船桨，按照鼓点大声喊出“1、2、1、2”口号，并做出划船动作，声音洪亮、动作整齐的队伍获胜，由此让幼儿感受到赛龙舟的气势与团结精神。最后，可以让获胜队伍和落败队伍分别分享自己的感受。

活动要求：在观看视频的环节，要注意多以提问的方式引导幼儿自主思考龙舟精神是什么，鼓励幼儿表达自己的想法。在比赛环节，教师要鼓励幼儿团结合作，引导幼儿感受到团结的力量，同时要注意气氛的烘托，让幼儿感受到赛龙舟激烈、刺激的氛围，在比赛中感受到竞争与合作的乐趣。在分享环节，教师要注意对落败队伍的引导，可以通过让落败队伍思考“为什么会落败”“还有什么可改进的地方”等问题，引导幼儿认识到失败也会带来收获，使幼儿学会合理地面对自己的挫折、失败。

（三）外出社会实践活动融合心理健康教育活动方案设计

1．参观动物园活动方案设计

（1）活动意义。

动物园是幼儿最喜欢去的游玩场所之一，去动物园游玩既能让幼儿认识各种各样的动物，了解动物科学知识，也能够让幼儿亲近自然，热爱自然界的每个生物。在参观动物园的过程中，幼儿还可以学习动物园游园礼仪，培养尊重爱护小动物的情感。

（2）活动目的。

认知目标：让幼儿认识更多小动物，初步了解它们的特点与生活习性；认识并遵守动物园游玩规则与礼仪。

行为技能目标：让幼儿能够遵守动物园游玩规则，不随意投喂动物，不大吵大叫吓唬动物，学会爱护小动物的正确做法。

情感态度目标：培养幼儿尊重爱护小动物的情感，让幼儿对大自然的各类生物产生兴趣与热爱。

（3）参观动物园活动设计示例。

活动一：小猴子怎么生病了。

设计要点：在正式游玩前一周，可由教师开展故事表演《小猴子怎么生病了》的活动。由教师扮演小猴子，讲述动物园里一只快乐的小猴子，因为吃了游客随意投喂的食物，突然肚子剧痛，浑身冒冷汗的故事。故事结束后，询问幼儿，“小猴子为什么会肚子疼？这样给小动物投喂食物是正确的吗？正确的做法应该是什么？”等问题，引导幼儿自主思考回答。最后教师做出总结，讲解参观动物园要遵守的纪律和规则，引导幼儿规范游园，用正确的方法爱护动物，爱护每一个生命。

活动要求：在故事表演环节，教师可以准备有趣的动物头套进行扮演，增强趣味性。在问答环节，教师鼓励幼儿说出自己的想法，引导幼儿遵守“不随意投喂食物”的游园规则。在正式参观动物园时，教师在幼儿快乐玩耍的同时，也要关注其游园纪律，提醒幼儿不得追逐打闹、喧哗，不得随意投喂动物等。遇到违反纪律的幼儿，教师应耐心引导，解释为什么不能这么做，从保护动物的角度，激发幼儿的善心爱心，让幼儿理解规则存在的意义。

活动二：小鸡变凤凰。

设计要点：可以利用午休时间，组织幼儿开展“小鸡变凤凰”的活动。游戏中有 3 种角色，分别是鸡蛋、小鸡、凤凰，对应的姿态是全蹲、半蹲、站立。初始阶段所有人都是鸡蛋（全蹲的状态），随机找同类进行猜拳，胜利的人可以进化，输了的人要继续保持原先的状态，最终变为凤凰者为游戏胜利方。游戏可进行 2 ~ 3 轮，结束后，可围坐在一起分享游戏后的感受，引导幼儿体会生物从出生到成长的艰难，体验生命的可贵。

活动要求：在“小鸡变凤凰”游戏环节，教师要引导幼儿遵守游戏规则，只能通过层层猜拳获得“进化”，鼓励幼儿坚持、不放弃。最后的总结环节，教师积极肯定幼儿坚持不懈的品质，引导幼儿感受生命成长的不易，要更关爱自己，关爱每一个生命。

活动三：观看表演要守纪律。

设计要点：在观看动物表演前，教师吹响集合哨音，幼儿及家长按照队伍顺序排好队，迅速集合。随后，幼儿仔细听取动物园向导对本次表演的介绍以及观看表演时需要遵守的规则的讲解。讲解结束后，教师就刚刚讲解的内容进行简单提问，如“这次表演我们会看到哪些动物？”“在观看表演时，我们需要怎么做？”等，让幼儿回答，帮助幼儿对即将要观看的表演有一个充分的认知准备，并且再次巩固观看动物表演时需要注意的礼仪举止。随后，幼儿、家长及教师按秩序进场，观看表演。

活动要求：教师提前将下午观看表演的集合时间与地点告知幼儿及家长，集合时，要注意在安全、不阻碍其他游客的地方按集合纪律尽快集合。在听向导介绍前，教师可以先提示幼儿要仔细听，向导介绍结束后进行简单的提问，由此提高幼儿的注意力。观看表演时，教师要留意幼儿在观看时表现出色与表现不佳的地方，对于有哭喊、大闹问题的幼儿，及时与家长对其进行询问与安抚。

2. 参观公园活动方案设计

（1）活动意义。

《纲要》提出："在幼儿生活经验的基础上，帮助幼儿了解自然、环境与人类生活的关系。从身边的小事做起，培养初步的环境保护意识与行为。"参观公园，让幼儿走出课室，走进大自然，与自然的环境进行亲密接触，可以更好地让幼儿认识到大自然的美好、生命的美好，从而激发幼儿爱护自然、保护自然的情绪情感。参观公园的活动，可以与植树节活动安排在一起，以亲子活动的形式进行，从而加深幼儿对活动的印象，也能够促进亲子间的交流。

（2）活动目标。

认知目标：幼儿通过参观公园，了解更多动、植物知识，认识保护环境的基本要求，初步形成爱护自然环境的观念。

行为技能目标：通过幼儿自己筹备参观公园的物资、与家长一起植树等活动，幼儿提升解决问题的能力以及动手能力，同时学习参观公园、保护公园环境的基本礼仪。

情感态度目标：提高幼儿对大自然的好奇心与兴趣向往，培养幼儿热爱大自然的情感。

（3）参观公园活动设计示例。

活动一：畅想公园游。

设计要点：教师在外出游玩一周前，告知幼儿外出参观公园的事宜。组织系列谈话活动。谈话话题一：询问幼儿"以前有没有去过公园？去过哪些公园？"，调动幼儿的过往认知经验；询问幼儿"你期待这次在公园里看到什么？你想在公园里面玩什么？"，从而了解幼儿的兴趣需求，引起幼儿对参观的期待。谈话话题二：询问幼儿"去公园游玩需要准备些什么"，准备教具卡片，如食物（水、零食等）、医疗用品（创可贴、防蚊水等）、生活用品类（水杯、纸巾、垃圾袋等）等，让幼儿自行选择，并由教师做总结、归纳，引导幼儿回家后，在家长的指导下，尽可能自主准备。谈话话题三：询问幼儿"参观公园时，我们要遵守什么注意事项？"，教师可以通过视频动画、图片等生动形象的形式，引导幼儿结合自己过往的游玩经历，说出参观公园应该注意的事项，如不能随意扔垃圾，要关注教师的指挥，紧跟队伍，等等。

活动要求：在谈话过程中，要让幼儿主动思考，结合自己的经验表达自己的想法，再由教师进行总结、补充，给予经验提升。教师要与家长进行沟通，引导家长配合、协助幼儿进行参观公园的准备。

活动二：亲子游戏——松鼠与大树。

设计要点：在植树场地集合后，开展趣味的亲子游戏活动——松鼠大叔，由教师讲明游戏规则，并示范如何游戏。具体游戏规则如下：安排家长和幼儿 3 人一组，可以分为若干组，多余的人可以作为预备人员。首先，每组的三人当中需要二人扮大树，面对对方双手互拉组成一个圆圈，另一人扮松鼠，并站在圆圈中间。所有人需要根据教师的口令进行组合，如：教师喊“松鼠”时大树不动，扮演“松鼠”的人就必须离开原来的大树，重新选择其他的大树，教师需要临时扮演松鼠并插到大树当中，落单的人就要被淘汰，换预备人员上；教师喊“大树”时松鼠不动，扮演“大树”的人就必须离开原先的同伴与其他扮演大树的人重新组合成一对大树，并圈住松鼠，此时老师应临时扮演大树，落单的人淘汰；教师喊“地震”时，扮演大树和松鼠的人全部打散并重新组合，扮演大树的人可扮演松鼠，扮演松鼠的人也可扮演大树，教师和预备人员亦可插入队伍当中，落单的人被淘汰。游戏可进行3~5轮。

活动要求：游戏时，教师要注意跑动安全和游戏纪律，对于淘汰后情绪不佳的幼儿给予及时的安慰及开导。游戏结束后，教师可以松鼠需要大树作为家园为契机，对幼儿进行植树环节的引导，激发幼儿植树的动力。

活动三：亲子种树。

设计要点：以家庭为单位开展亲子种树活动，教师为各家庭准备好树苗以及种树的工具，安排园区园林人员指导幼儿、家长和教师掌握正确的植树方法。栽种完毕后，幼儿将自己的姓名牌挂到树上，以作纪念，增添植树的仪式感。植树后，教师组织幼儿和家长围坐起来。教师提出问题“你们种下的小树会长成什么样子?”，引导幼儿畅想树木成长后的样子；再次提问“你觉得小树在成长中会遇到什么困难?”，引导幼儿思考成长可能会面对的问题。最后，教师总结“树的一生”，以故事的形式讲述一棵树从种子到发芽到长成参天大树再到树叶凋零、枯萎的过程，帮助幼儿从中认识到生命成长的历程。

活动要求：负责准备工作的教师需提前清点好树苗、植树工具、姓名牌等物资。植树环节要注意幼儿安全，最好安排专业的园林人员指导幼儿及家长种树，以免伤害植物，也教导幼儿正确的植树方法。植树后，指导幼儿将用完的工具完整交还。在围坐分享环节，前半段提问部分，教师要注意对幼儿的回答进行引导；后半段讲故事的部分，教师需要提前准备好故事文稿，生动形象地描绘出树木成长的历程，并结合人的一生对幼儿进行生命教育。

活动四：公园绘画写生。

设计要点：再次集中后，教师带领家长和幼儿前往一个适合绘画写生的地点。到达后，教师将提前准备好的绘画纸、绘画板、水彩笔等发给幼儿，让幼儿在家长的协助下，共同绘画出自己眼中美丽公园的场景，以美术、绘画的形式记录公园的美好。绘画完毕后，集合围坐，让幼儿分享自己的画作内容。

活动要求：各班教师准备好绘画工具，在绘画前，可以适当提出一定的指导语，让幼儿回忆今天一天的所见所闻，引导幼儿自主绘画，提醒家长尽量在幼儿确实遇到困难时予以一定的帮助，不能代笔。分享时，引导幼儿自主描述，可以适当引导幼儿描述画了什么、为什么要这么画等，注意纪律，提醒其他幼儿要安静倾听，并给予描述者掌声。

（四）安全教育活动融合心理健康教育活动方案设计

1. 防拐防骗活动方案设计

（1）活动意义。

一个幼儿的丢失，是一个家庭永远无法弥补的悲痛。为了不让悲剧上演，除了严惩、严打拐卖儿童的人贩子，提高幼儿及其家长的防拐防骗意识也尤为重要。防拐防骗教育，也是幼儿园安全教育的重要一环。

（2）活动目标。

认知目标：教导幼儿认识什么样的人可能是人贩子，学会辨别人贩子可能会运用的拐骗手段以及科学安全的求助手段。

行为技能目标：学会运用求助手段，学会在危险情况下求助并保护自己。

情感态度目标：培养幼儿的自我保护意识、警觉意识。

（3）防拐防骗活动设计示例。

活动一：防骗防拐小能手知识教授。

设计要点：教师播放拐骗幼儿的动画视频，并总结出常见的拐骗场景，以模拟场景的生动形式呈现给幼儿，让幼儿辨别哪些是拐骗场景，为什么是；再提出相关问题“如果遇到这类事件/危险，你会怎么做”，从而引导幼儿运用自己以往的知识经验自发思考危机应对方式。教师总结幼儿提出的有效方法，并在此基础上教授幼儿安全有效的求助方式。最后，通过现场演练，由教师扮演坏人，诱骗幼儿，让幼儿按照所学所思做出防御反应。演练结束后，教师再进行总结。

活动要求：教师呈现的拐骗场景需要提前查阅相关资料，尽可能把拐骗场景真实还原。在教授活动中，要注意让幼儿主动思考，引导幼儿自发产生自我保护的意识。在模拟练习中，当幼儿没有及时发现拐骗场景或做出错误反应，教师需及时给予纠正。

活动二：“真枪实战”防拐骗。

设计要点：设计两个拐骗场景，一是家长接幼儿放学后，家长假装在打电话或中途离开疏忽幼儿，此时有拐骗人员前来诱骗；二是幼儿园外出活动中，老师假装离开上厕所，此时有拐骗人员前来诱骗。安排好家长和老师的角色扮演，在幼儿不知情的情况下，连续几天，不定时、不定点对幼儿进行模拟拐骗，由此考察幼儿在真实情境下的防骗意识以及对求助手段的应用。

活动要求：在模拟诱骗过程中，教师要尽可能营造真实的气氛和环境，并安排观察人员，随时观察幼儿的反应和举动，以便随后总结。在模拟诱骗结束后，家长和老师要关注幼儿的情绪反应，及时予以解释和安抚，对于幼儿做得对的地方给予充分的鼓励和表扬，对于不合理之处则避免直接批评，要仔细询问清楚幼儿为什么这样做，再与幼儿共同讨论更好的办法。

2．防震演练活动方案设计

（1）活动意义。

2008 年汶川大地震的惨剧让人们再一次认识到了大自然的无情，同时也给人们敲响了警钟。自此之后，防震演习及地震知识普及也逐渐走进各类各级校园。幼儿园的幼儿年纪小，自我保护能力弱，更有必要掌握一些有效且易掌握的防震知识与技巧。幼儿园安排防震演练，既能训练师生在模拟地震中的反应速度，在特殊时期，让幼儿能够在最大限度上保护自己不受伤害，减少不必要的伤害；也能让幼儿认识到保护自己、珍惜生命的重要性。

（2）活动目的。

认知目标：初步认识地震是怎样形成的，会带来怎样的伤害，培养幼儿在灾害中保护自己的意识。

行为技能目标：通过地震演习训练，帮助全园师生掌握逃生、自救、互救的基本方法，熟悉园内逃生路线，提高全园师生应对紧急突发事件的能力，培养幼儿听从指挥、团结互助的习惯，学会调节情绪。

情感态度目标：引导幼儿珍爱自己与他人的生命，培养幼儿面对灾难时勇敢面对、坚强坚持的品质。

（3）防震演练活动设计示例。

活动一：地震知识我知道。

设计要点：在防震演习开始前一周，老师在课堂上通过视频、动画、现场模拟等生动有趣的形式向幼儿科普地震知识以及地震来临时的避难技巧，可以通过教授防震儿歌加深幼儿的记忆。可以在阅读区放置防震避震科普图书，引导幼儿学习。在学习防震知识后，及时安排班级现场模拟演练，让幼儿掌握避震技巧。带领幼儿提前熟悉各班避震区域与逃生通道，让幼儿对防震演习提前做好知识准备、心理准备。

活动要求：在教学的过程中，老师要注意幼儿的反馈，及时通过提问和现场演练的环节了解幼儿对防震知识与技巧的掌握程度，多模拟多训练，让幼儿能够熟练操作。

【知识拓展】

地震自救儿歌

你拍一，我拍一，地震自救要学习。
你拍二，我拍二，镇定自若不要怕。
你拍三，我拍三，安全有序往外散。
你拍四，我拍四，疏散不及钻桌子。
你拍五，我拍五，被困废墟把嘴捂。
你拍六，我拍六，相信自己会得救。
你拍七，我拍七，救助未到不要急。
你拍八，我拍八，如有可能往外爬。
你拍九，我拍九，听到声音要求救。
你拍十，我拍十，战胜困难贵坚持。

活动二：自我保护训练。

设计要点：进行口号训练，如教师喊“注意，地震了。”“蹲下，别动。”“手抱头。”幼儿迅速做好避震准备。听到训练口号后，幼儿迅速蹲在课桌下、厕所等安全区域，用双手护住头。进行逃生路线训练时，在教师带领下，幼儿按秩序穿过逃生路线。

活动要求：准备时，要观察幼儿对动作的掌握熟悉度，关注幼儿的情绪状态。

活动三：地震演习。

第一环节：发出地震信号，开始室内避震演习。

设计要点：按响地震警报，播放广播——“地震来了，请小朋友不要慌张，听老师指挥。”各班教师立即停止授课，开展室内避震演习。教师迅速要求幼儿蹲到课桌下、玩具柜和承重墙旁，而不能躲在横梁和窗下，把一个手臂弯起来护住眼睛，另一只手抱住桌腿，躲在墙角的孩子把双手交叉放在脖子后面保护头部和颈部，把眼睛闭起来，不要喊叫，保持体力，等待救援。演习时间为 1 分钟。

活动要求：演习过程中，教师要注意对幼儿进行防震引导，及时纠正幼儿不正确的动作和姿势，同时要注意维护现场秩序，保障幼儿行动安全。

第二环节：发出地震解除信号，进行逃生演练。

设计要点：发出地震解除警报——“地震暂时解除，现在请小朋友在教师指引下，迅速撤离。”幼儿在教师的带领下，按照规定路线有序地撤离。教师在队伍前、中、后的有效位置护送幼儿安全撤离至指定安全地点。有特殊情况（个别幼儿无法马上撤离的），及时告知应急搜救组人员未撤离学生的情况，由应急搜救组人员负责营救，撤离至指定安全地点。全体师生以最快的速度撤离到安全地带，以班级为单位进行集中，各班幼儿到达集中地后，蹲在地上，迅速用双手护住头，听候指挥，不得到处乱跑。

活动要求：教师要注意撤离时的秩序，防止幼儿相互推挤。如有幼儿摔倒，及时保护，可立即中止演习，谨防伤害、踩踏事故。逃离过程中，关注幼儿情绪，如幼儿出现恐慌、大哭等表现，及时终止该幼儿的演习，给予安抚。

第三环节：结束演习，活动总结。

设计要点：各班教师清点班级人数，报告给年级组长，最后由总指挥汇总。总指挥进行总结讲话，对演习中优秀的师生表现进行表扬和鼓励。全场可播放轻松、欢快的音乐，庆祝演习顺利结束。要让幼儿在顺利完成逃生任务后重新感觉到轻松、愉悦。总指挥宣布演习结束后，各班退场，返回教室，由各班教师对本次演习再进行总结。

活动要求：演习结束后，要关注情绪迟迟无法放松的幼儿，及时予以疏导和安抚。避震活动的总结要精炼，要关注幼儿积极表现的部分，在班级总结时可以设置简单的奖项，如“最听从指挥奖”“团结合作小标兵”等，颁发给具有奖项表述的幼儿，让他们发挥榜样和模范的作用。同时，演习总结可以结合生命安全教育共同进行，让幼儿认识到逃离危险的重要性，要珍惜自己的生命。

活动四：情绪调节训练——遇险我不慌。

设计要点：该活动安排在地震演习之后，旨在帮助幼儿觉察自己在面对危险时会出现的情绪状态，教导幼儿放松和调节情绪的方法。首先，教师引导幼儿进行简单的地震演习回顾，可以以故事接龙的方式，教师先说“那天我在课室，突然听到警报，我感到/我想到/我看到/……”，让幼儿进行故事接龙，说出对演习的感受。故事接龙结束后，教师向幼儿展示各种情绪的脸卡（或者不同的表情图片），并提出问题“地震来临时，我们可能会有怎样的情绪？”，让幼儿选择自己认为可能出现的情绪卡片，并分享自己处于这个情绪状态中会有什么表现，如害怕的情绪下，会哭泣。分享结束后，教师做出总结，讲述在面临危险时，人们可能会出现的情绪表现。随后，教师再次提问“你以前有很害怕的经历吗？你是怎么克服的？”，让幼儿分享自己的经验，引导幼儿相互学习调节情绪的方法。最后，教师进行总结，教授幼儿简易的呼吸放松法和想象放松法，并带着幼儿进行放松训练，使幼儿能够初步掌握放松情绪的方法。

活动要点：在故事接龙时，若幼儿遇到困难，教师应及时予以引导，帮助幼儿表述出自己的感受。在识别情绪和描述情绪的环节中，教师要结合幼儿的体验，总结出与地震相关的情绪感受（恐惧、焦虑等）的具体表现，这部分可以借助动画视频或图片进行呈现。在幼儿分享调节情绪的经验的环节时，教师要予以积极关注，发掘幼儿自身发展出来的调节能力。在最后的放松训练中，教师要带着幼儿边做边学，从而加深幼儿印象。

参考文献

［1］MALCHIODI C A．儿童绘画与心理治疗：解读儿童画［M］．李甦，李晓庆，译．北京：中国轻工业出版社，2005．

［2］KATHRYN G，DAVID G．儿童心理辅导［M］．黄秀梅，译．北京：中国轻工业出版社，2010．

［3］北京师范大学实验幼儿园．幼儿园大型活动的组织与实施［M］．北京：北京师范大学出版社，2015．

［4］蔡宝鸿．初始沙盘及其临床诊断意义研究：行为问题儿童初始沙盘诊断特征的分析与探索［D］．华南师范大学，2005．

［5］蔡裕华．怎样扭转幼儿厌食、偏食坏习惯　要让孩子想吃、爱吃［J］．幼儿教育，1987（7）．

［6］曹靖．预入园活动缓解小班幼儿入园焦虑的研究报告［C］//河北省教师教育学会．河北省教师教育学会第五届优秀课题成果展论文集．2013．

［7］常艳春．幼儿健康要从心灵抓起：俞国良教授访谈［J］．家教指南，2008（4）：11－14．

［8］陈灿锐，申荷永．地震中丧亲学生的沙盘特点［J］．中国心理卫生杂志，2009，23（4）：264－269．

［9］陈芳．萨提亚家庭治疗模式评述［J］．社会心理科学，2013（2）：4．

［10］陈鹤琴．陈鹤琴全集［M］．南京：江苏教育出版社，2008．

［11］陈利丹，陈小暖，毛敏，等．3～6岁学前儿童电子产品使用情况调查与分析：以长沙市两所幼儿园为例［J］．科教文汇，2020（32）：4．

［12］陈小梅．临床作业疗法学［M］．2版．北京：华夏出版社，2013．

［13］陈亦洋．解析儿童抑郁症［J］．中国社区医师，2008，24（6）：2．

［14］陈语，赵鑫，黄俊红，等．正念冥想对情绪的调节作用：理论与神经机制［J］．心理科学进展，2011，19（10）：1502－1510．

［15］程烁宇．音乐治疗及其与音乐教育的异同［J］．新教育时代电子杂志（教师版），2020（17）：187－188．

［16］程玉蓉，甘露．幼儿游戏活动组织与指导［M］．重庆：重庆大学出版社，2015．

［17］崔光成，张嘉玮．儿童中心游戏疗法［J］．中国心理卫生杂志，1994（05）：234－236．

［18］崔建华．心理治疗的理论与实务［M］．厦门：厦门大学出版社，2012．

［19］戴维·迈尔斯. 心理学［M］. 9 版. 北京：人民邮电出版社，2013.
［20］普拉默. 儿童注意力训练游戏［M］. 南京：南京师范大学出版社，2015.
［21］邓兴军. 当心打孩子打出心理问题［J］. 科学大观园，2005（5）：1.
［22］丁海东. 幼儿园游戏组织与指导［M］. 长沙：湖南大学出版社，2015.
［23］董旭花. 应重视幼儿园游戏环境规划［J］. 山东教育，2009（12）：32－34.
［24］杜迎范. 后现代主义视域中的幼儿游戏：特征及实践［J］. 都市家教月刊，2009（09X）186－186.
［25］段湘雁，江桂贞. 发锌测定与偏食厌食儿童的治疗［J］. 微量元素与健康研究，1998，15（4）：2.
［26］段旭君. 基于大尺度脑网络分析方法的脑可塑性研究［D］. 成都：电子科技大学，2013.
［27］弗里曼，罗勃维兹，艾普斯顿. 儿童叙事治疗［M］. 北京：世界图书出版公司，2009.
［28］福建省直广厦幼儿园. 幼儿园亲子活动［M］. 福州：福建教育出版社，2014.
［29］傅瑶，刘肖岑. 为何“急流勇退”?：幼儿失败恐惧情绪的观察与分析［J］. 学前教育，2020（1）：3.
［30］戈登堡 I，戈登堡 H. 家庭治疗概论［M］. 李正云，等译. 西安：陕西师范大学出版社，2005.
［31］龚小梅. 学龄前儿童亲子语言沟通策略［J］. 中外交流，2020，27（31）：368.
［32］古琨如，余瑾，王秋纯. 中国传统文化背景下的作业和作业治疗模式思考［J］. 中国康复，2012，12（27）：467－468.
［33］顾筠. 大班儿童亲社会行为、攻击行为与母亲教养方式的关系［J］. 江苏教育研究，2015（31）：12.
［34］国务院关于印发中国妇女发展纲要和中国儿童发展纲要的通知（国发〔2021〕16 号）［J］. 中华人民共和国国务院公报，2021（29）：40.
［35］韩智，张敏. 图说：幼儿园环境规划与创设［M］. 北京：北京师范大学出版社，2019.
［36］何成勇. 浅谈心理游戏在心理健康教育活动课中的应用［J］. 大众心理学，2011，9，2.
［37］何含姣. 不同气质类型幼儿专注力表现的特点研究［D］. 西安：陕西师范大学，2018.
［38］何红艳. 案析学前期幼儿口吃现象的原因及矫正策略［J］. 山东教育：幼教版，2019（9）：2.
［39］何柳怡，李思娴. 抑郁障碍幼儿随班就读中教师干预的个案研究［J］. 教育导刊（下半月），2015（1）.
［40］胡佩诚. 心理治疗［M］. 北京：中国医药科技出版社，2006.
［41］华爱华. 幼儿游戏理论［M］. 上海：上海出版社，1998.
［42］黄琛春. 通过游戏开展幼儿心理健康教育的探索［J］. 教育界，2021（19）：2.

［43］黄锦文. 作业治疗从寻找意义开始［J］. 中华物理医学与康复杂志，2005，27（1）：56.

［44］黄静. 学龄前儿童社会退缩行为、家庭教养方式、亲子依恋及同伴接纳的关系［D］，沈阳：沈阳师范大学，2013.

［45］黄忠秀. 579 名学龄前儿童咬指甲行为调查［J］. 中国初级卫生保健，2007（9）：25.

［46］纪伟标，孙遥. 幼儿攻击性行为的团体游戏治疗探究［J］. 教育观察，2021（12）：10.

［47］姜华. 浅谈音乐治疗与音乐教育的差异［J］. 黄河之声，2018（23）：61.

［48］柯瑞. 团体咨询的理论与实践［M］. 上海：上海社会科学院出版社，2006：123－352.

［49］可佳琦，王艳芝. 父母共情水平与幼儿安全感的关系研究［J］. 陕西学前师范学院学报，2021（2）：6.

［50］赖景执. 学校教育仪式化的教育人类学分析：以广州某教育培训学校为例［J］. 教育观察，2016（4X）：2.

［51］冷小刚. 试述体育活动与幼儿的心理健康发展［J］. 南京体育学院学报（社会科学版），2003，17（2）：3.

［52］李春玲. 幼儿园大型活动组织与策划手册［M］. 北京：中国轻工业出版社，2015.

［53］李春霞. 新时期如何借助绘画开展幼儿心理疏导工作［J］. 科幻画报，2019（1）：270－271.

［54］李海娟. “绘本阅读＋叙事”方法在儿童社会工作中的应用研究［D］. 重庆：西南大学，2020.

［55］李季湄，冯晓霞.《3—6 岁儿童学习与发展指南》解读［M］. 北京：人民教育出版社，2012.

［56］李建军. 儿童团体治疗［M］. 南京：江苏凤凰教育出版社，2011.

［57］李洁. 高职学前教育专业《幼儿游戏与指导》课程建构与教学探析［J］. 西北成人教育学院学报，2021（4）：45－49.

［58］李丽. 家园合作案例分析［J］. 教育导刊（下半月），2012（11）.

［59］李梦婷. 父亲参与教养、父子依恋与幼儿安全感的关系研究［D］. 武汉：华中师范大学，2020.

［60］李娜娜. 小班幼儿接受早教机构教育、亲子关系、在园适应的现状及其关系研究［D］. 沈阳：沈阳师范大学，2020.

［61］李清，王晓辰，程利国，等. 幼儿攻击性行为装扮游戏矫正的多基线实验研究［J］. 中国心理卫生杂志，2008，22（3）：175－178.

［62］李泉，宋亚男，廉彬，等. 正念训练提升 3～4 岁幼儿注意力和执行功能［J］. 心理学报，2019，51（3）：324－336.

［63］李枢密. “家园共育”中家长参与幼儿园管理的实践探索：以 A 幼儿园为例［D］. 南京：南京师范大学，2017.

[64] 李文娜．4—6 岁儿童恐惧感及其影响因素研究［D］．长春：东北师范大学，2019.
[65] 李响．幼儿也会患抑郁症［N］．医药养生保健报，2008-01-01.
[66] 李小刚．尤金·奥尼尔戏剧在现当代中国的接受和影响［D］．临汾：山西师范大学，2020.
[67] 李岩，刘志伟，张莅颖．幼儿入园焦虑音乐治疗活动示例：我的小乐器［J］．教育导刊（下半月），2012（2）：42-45.
[68] 李滢．幼儿园与端午节文化有机融合教育的实践探究［J］．人文之友，2019.
[69] 梁慧琳．早期家庭教育与幼儿潜能的开发［J］．高等财经教育研究，2006（S2）.
[70] 梁丽玲．家园合作，帮助幼儿养成良好习惯：以锴锴改掉不良卫生习惯为例［J］．知识窗，2015（6）.
[71] 廖美香．如何使用音乐治疗幼儿入园焦虑情绪［J］．开心：素质教育，2017（2）：95.
[72] 廖怡菁，黄美瑶．运动游戏课程与幼儿多元智能之探讨［J］．Nephron Clinical Practice，2012（6）：179-189.
[73] 林贤君，饶淑园．以绘本为载体缓解幼儿入园分离焦虑的探索［J］．陕西学前师范学院学报，2021（3）：5.
[74] 临界冰．共情：好的亲子关系胜过一切教育［M］．北京：清华大学出版社，2018.
[75] 刘海娟．家庭教育心理学［M］．北京：知识产权出版社，2020.
[76] 刘红喜．让儿童的游戏回归本真·实践篇：生活馆·烹饪馆［M］．广州：广东教育出版社，2020.
[77] 刘吉祥，彭程，何仙玉．幼儿园环境创设［M］．长沙：湖南大学出版社，2013.
[78] 刘佳．天津市小学高年级学生亲子依恋与攻击行为的关系［D］．天津：天津师范大学，2018.
[79] 刘磊，陈丹．幼儿心理健康教育活动方案：大班［M］．北京：北京师范大学出版社，2019.
[80] 刘磊，陈丹．幼儿心理健康教育活动方案：中班［M］．北京：北京师范大学出版社，2019.
[81] 刘磊，陈丹．幼儿心理健康教育活动方案：小班［M］．北京：北京师范大学出版社，2019.
[82] 刘视湘，朱小茼，贺双燕．团体心理辅导实务［M］．北京：首都师范大学出版社，2015.
[83] 刘文．幼儿心理健康教育［M］．2 版．北京：中国轻工业出版社，2021.
[84] 刘文．幼儿心理健康教育［M］．北京：中国轻工业出版社，2008.
[85] 刘文利，李佳洋．对我国儿童睡眠现状的再认识［J］．教育家，2021（25）：3.
[86] 刘欣．通过角色游戏培养大班幼儿创造力的行动研究［D］．上海：上海师范大学，2019.
[87] 刘焱．幼儿园游戏与指导［M］．北京：高等教育出版社，2012.
[88] 刘勇．团体心理辅导与训练［M］．2 版．广州：中山大学出版社，2018.

[89] 刘云艳. 幼儿心理素质教育的理论与实践研究 [M]. 北京：教育科学出版社，2009.

[90] 芦宏. 梯度适应模式对 2—3 岁幼儿入园适应性影响的研究 [D]. 沈阳：沈阳师范大学，2019.

[91] 陆佳军，朱敏珏. 绘画治疗：促进儿童心理健康的关键性策略 [J]. 医药界，2020 (13)：1.

[92] 陆瑾. 绘画疗法在团体中的运用及展望 [J]. 校园心理，2016，14 (1)：46 - 48.

[93] 陆雅青. 艺术治疗：绘画诠释：从美术进入孩子的心灵世界 [M]. 重庆：重庆大学出版社，2013.

[94] 罗增让. 儿童分离焦虑的发展变化研究 [J]. 心理发展与教育，2002，18 (4)：5.

[95] 吕沛泓. 正念训练对 4—6 岁幼儿自控力的影响 [D]. 杭州：浙江师范大学，2017.

[96] 马兰. 积极的暗示：教出自信、乐观、努力向上的好孩子 [M]. 北京：北京理工大学出版社，2016.

[97] 马燕. 游戏与儿童心理发展 [J]. 牡丹江教育学院学报，2010 (5)：100 - 101.

[98] 穆慧，韩翠萍，韩凯吉. 作业疗法治疗厌学中学生心理障碍效果分析 [J]. 精神医学杂志，2007，20 (5)：315 - 316.

[99] 欧湘绮. 幼儿心理健康教育的渗透途径及策略：以幼儿园教学活动为例 [J]. 新智慧，2021 (2)：2.

[100] 彭俊英. 幼儿园游戏活动的组织与指导 [M]. 北京：教育科学出版社，2014.

[101] 祁志宏. 萨提亚技术中五种沟通模式解读[EB/OL]. (2016 - 04 - 25) [2021 - 10 - 05]. https://www.psychspace.com/psych/action - blogdetail - uid - 14536 - id - 4882.html.

[102] 钱晓雁. 沙子在儿童沙盘游戏中的象征：以正常儿童个体的沙盘为例[EB/OL]. (2020 - 01 - 26) [2021 - 10 - 05]. https://mp.weixin.qq.com/s/FlTjz5r4KnsalldeLlvp6Q.

[103] 羌轶君. 浸润洗礼，让幼儿在仪式中快乐成长：浅谈幼儿仪式教育的价值 [J]. 好家长，2018 (45)：2.

[104] 秦元东，白碧玮，庄盈媚，等. 幼儿园游戏指导方法与实例：游戏自主性的视角 [M]. 北京：中国轻工业出版社，2018.

[105] 邱学青. 儿童心理的畸变与皈依：与教育大师蒙台梭利对话 [M]. 南京：南京师范大学出版社，2012.

[106] 邱学青. 学前儿童游戏治疗 [M]. 南京：南京师范大学出版社，2007.

[107] 曲亚. 沙盘游戏对幼儿攻击性行为的干预研究 [D]. 大连：辽宁师范大学，2019.

[108] 全国 22 个城市协作调查组. 儿童行为问题影响因素分析：22 城市协作调查 24013 名儿童少年报告 [J]. 中国心理卫生杂志，1993 (1)：13 - 15，46.

[109] 萨提亚. 萨提亚家庭治疗模式 [M]. 广州：世界图书出版公司，2007.

[110] 沙晶莹，王元，房卫鑫. 幼儿入园分离焦虑的研究述评 [J]. 中国健康心理学杂志，2014 (6)：61.

[111] 邵爱红. 幼儿园室内外建构游戏指导 [M]. 北京：中国轻工业出版社，2016.

[112] 佘翠花. 从不同依恋类型特点入手消除幼儿入园焦虑 [J]. 保育与健康, 2006 (09): 52.
[113] 申荷永, 高岚. 沙盘游戏: 理论与实践 [M]. 广州: 广东高等教育出版社, 2004.
[114] 沈建洲. 幼儿园教育环境创设 [M]. 上海: 复旦大学出版社, 2014.
[115] 史文敬, 赵静. 帮助幼儿度过分离焦虑期: 谈让宝宝轻松入园 [J]. 家庭医学 (新健康), 2006 (1).
[116] 斯奈儿. 正念养育: 提升孩子专注力和情绪控制力的训练法 [M]. 北京: 化学工业出版社, 2017.
[117] 斯图尔特. 正念小孩: 收获平静专注与内在力量的50个正念练习 [M]. 北京: 中国青年出版社, 2020.
[118] 孙崇勇, 多兰, 赵红, 等. 亲子关系对幼儿攻击性行为的影响 [J]. 陕西学前师范学院学报, 2020 (12): 8.
[119] 孙利红, 刘立英, 彭颖. 团体心理辅导与拓展训练及其相关理论 [J]. 湖北第二师范学院学报, 2010, 27 (7): 93 - 95.
[120] 谭芳. 幼儿园仪式教育的现状及对策研究 [D]. 南充: 西华师范大学, 2020.
[121] 田代信维. 森田疗法入门: 人生的学问 [M]. 路英智, 译. 北京: 人民卫生出版社, 2006.
[122] 同雪莉. 团体心理辅导 [M]. 西安: 西北大学出版社, 2011.
[123] 童佳君. 短程沙盘游戏疗法对学龄前儿童行为问题的矫治 [D]. 上海: 华东师范大学, 2009.
[124] 汪芬, 黄宇霞. 正念的心理和脑机制 [J]. 心理科学进展, 2011, 19 (11): 1635 - 1644.
[125] 王聪, 王丽媛, 白佼灵, 等. 作业治疗服务在高校心理健康领域的探索 [J]. 科技资讯, 2020 (34): 219 - 221.
[126] 王国芳. 儿童精神分析中的游戏治疗概述 [J]. 心理科学进展, 2000 (4): 30 - 34.
[127] 王红丽. 充满魔力的体验: 儿童及青少年游戏辅导 [M]. 上海: 格致出版社, 2018.
[128] 王琳. 浅谈幼儿的"攻击性"行为 [J]. 作文成功之路 (中旬), 2015 (2).
[129] 王柳苏. 3—6 岁幼儿良好习惯的分类及其养成困境与策略 [J]. 教育观察, 2020, 9 (28): 4.
[130] 王巧婧. 预入园亲子训练对 2—3 岁幼儿入园焦虑的缓解研究 [D]. 长春: 东北师范大学, 2010.
[131] 王巧敏, 黄钢, 章小雷, 等. 沙盘游戏治疗儿童注意缺陷多动障碍的对照研究 [J]. 中国心理卫生杂志, 2010, 24 (09): 691 - 695.
[132] 王淑宜. 音乐疗法对幼儿负性情绪的干预研究: 以"打击乐"为例 [J]. 新智慧, 2020 (15): 31 - 32.
[133] 王小英. 幼儿创造力发展的特点及其教育教学对策 [J]. 东北师大学报: 哲学社

会科学版，2005（2）：6.
[134] 王小钰．提升沟通效能：互动成分技术：《萨提亚模式与自我成长》[EB/OL].（2017－06－20）[2021－10－05]. https://www.jianshu.com/p/be17956d27ae.
[135] 王晓萍．儿童游戏治疗［M］．南京：江苏教育出版社，2010.
[136] 王燕苹．音乐促进幼儿感官统合联动能力发展的实践研究［J］．教育探究，2017（1）：48－52.
[137] 韦涛．以游戏促进幼儿心理健康发展［J］．广西教育，2019（25）：153.
[138] 魏巍．幼儿园环境创设［M］．杭州：浙江工商大学出版社，2016.
[139] 魏中杰．缓解幼儿入园分离焦虑对策研究［J］．赤峰学院学报（自然科学版），2016（21）：52.
[140] 吴婧．音乐治疗和音乐教育的对比研究［J］．文化创新比较研究，2020（13）：19－20.
[141] 吴秀碧．团体咨询与治疗：一种崭新的人际－心理动力模式［M］．北京：中国轻工业出版社，2018.
[142] 席雯婷．从音乐与人类的关系解读音乐治疗的功能［J］．宿州教育学院学报，2020，23（2）：37－40.
[143] 夏晓婷．“绘画三疗法”助力幼儿自信心的个案研究［J］．幼儿美术，2020（5）：2－8.
[144] 夏勇．学龄期儿童恐惧的内容与结构［J］．心理发展与教育，1997（2）.
[145] 小北和小柚．走进大自然，超级变变变，感受自然物带来的奇妙之旅！[EB/OL].（2020－04－21）[2021－10－05]. https://mp.weixin.qq.com/s/k7SRNG4sY_XiP0h6fqdldQ
[146] 小原正俊．关与日本的“作业疗法”的现状：从“作业”的语言束缚中解放出来［A］//中国康复医学会第十届全国运动疗法大会暨“5·12”康复医学国际论坛论文汇编，2009：387.
[147] 肖兴荣，王立娜，王晶．儿童学习力：问题、规律与应对［M］．北京：电子工业出版社，2020.
[148] 孙美秀．单是行为矫正还不够：《华华不再咬指甲了》一文析［J］．山东教育，1999（33）：1.
[149] 谢弗．游戏治疗技巧［M］．成都：四川大学出版社，2007.
[150] 胥兴春，姜晓．社区参与：幼儿劳动教育的协同共育［J］．聊城大学学报（社会科学版），2020（2）：107－113.
[151] 徐光兴．儿童游戏疗法心理案例集［M］．长春：吉林出版集团有限责任公司，2012.
[152] 徐婧雯，刘少英．多动行为与多动症［J］．幼儿教育：父母孩子，2021（5）.
[153] 徐乐然．小班幼儿入园适应问题的小组工作介入［D］．南昌：江西财经大学，2019.
[154] 徐韦．幼儿园绘画活动促进 幼儿心理健康素质的对策探析［J］．安徽教育科研，

2020（18）：3.
［155］许岩，张文新．父亲参与儿童教养研究综述［J］．教育学术月刊，2006，（1）：12－14.
［156］许颖．家园共育建硕果［J］．教育教学论坛，2017（32）：117.
［157］薛艺兵．对仪式现象的人类学解释：上［J］．广西民族研究，2003（2）：8.
［158］严朝珊，彭娟，韩平．5～21岁儿童和青少年作业治疗实践指南：一［J］．康复学报，2020，30（6）：421－431.
［159］杨力．幼儿入园焦虑的个案研究［J］．教育观察，2020（4）.
［160］杨丽珠，BERGEN D．学前儿童在游戏中社交和认知类型发展的研究：中美跨文化比较［J］．心理学报，1995，27（1）：84－90.
［161］杨满云，刘衍玲，郭成．儿童游戏治疗理论及应用［J］．幼儿教育：教育科学，2007，388（12）：42－45.
［162］尹立业．幼儿园中班社会领域活动指导［M］．北京：中国轻工业出版社，2017.
［163］于涛．探索家园共育的有效途径：亲职教育［J］．天津市教科院学报，2010（4）：78－79.
［164］余立平，蔡春凤．重性精神疾病患者家庭儿童发展的研究现况［J］．中国儿童保健杂志，2017（7）：12.
［165］郁翠微．一例“分离性焦虑”幼儿心理辅导个案研究［J］．佳木斯职业学院学报，2020（2）.
［166］郁琴芳，温剑青．教师家庭教育指导实务：学前版［M］．上海：上海社会科学院出版社，2018.
［167］袁芮．家庭治疗在本土情境中的运用：以鲍温家庭系统理论为例［J］．社会工作与管理，2018（2）：5.
［168］袁圆．沙盘游戏治疗对自闭症儿童社会交往的影响［D］．杭州：杭州师范大学，2015.
［169］张潮，陈庆平，刘雪萍，等．学校心理学：学校心理健康教育的理论与应用［M］．北京：新华出版社，2013.
［170］张惠玲．学龄前儿童心理卫生问题调查［J］．中国学校卫生，1999，20（5）：1.
［171］张加朝．三种情绪状态下大班幼儿绘画情感表达状况研究［D］．桂林：广西师范大学，2015.
［172］张日昇，寇延．幼儿箱庭基本特征的初步研究［J］．心理科学，2005，28（4）：788－791.
［173］张亚军．幼儿园教育基础［M］．上海：华东师范大学出版社，2014.
［174］张艳玲．初探团体辅导在幼儿园管理中的运用［J］．当代家庭教育，2021（19）：77－78.
［175］张越嫦．幼儿心理健康教育的渗透途径及策略：以幼儿园教学活动为例［J］．课程教育研究，2019（2）：1.
［176］张镇，李幼穗．亲子依恋质量的影响因素述评［J］．天津师范大学学报（社会科学

版), 2003.
[177] 赵梅. 结构游戏中幼儿健康心理的培养 [J]. 山东教育, 2001 (36): 44 -46.
[178] 郑小琴. 论游戏辅导在儿童心理健康教育中的作用 [J]. 文教资料, 2006 (28): 103 -104.
[179] 郑晓边. 幼儿心理健康促进 [M]. 武汉: 武汉大学出版社, 2015.
[180] 郑雪, 刘雪兰, 王玲. 幼儿心理健康教育 [M]. 广州: 暨南大学出版社, 2006.
[181] 郑茵茵. 利用幼儿园区角活动培养幼儿专注力 [J]. 福建教育学院学报, 2019 (11): 38.
[182] 郑育敏. 论游戏与幼儿创造力的培养 [J]. 学前教育研究, 2003 (10): 5.
[183] 中华人民共和国教育部. 幼儿园教育指导纲要: 试行 [M]. 北京: 北京师范大学出版社, 2001.
[184] 中华人民共和国教育部. 3—6 岁儿童学习与发展指南 [M]. 北京: 首都师范大学出版社, 2012.
[185] 周桂芳. 家园协作模式下幼儿良好行为习惯的养成 [J]. 才智, 2012 (10).
[186] 周丽. 关于"绘画心理疗法"独特作用的综述 [J]. 江苏社会科学, 2006 (S1): 61 -63.
[187] 周念丽, 方俊明. 运用沙箱游戏区分自闭症谱系障碍儿童功能的可行性探索 [J]. 心理科学, 2012, 35 (6): 1507 -1512.
[188] 周素芳. 心理剧治疗及其在受创群体中的应用 [J]. 教师, 2013 (15): 125 -126.
[189] 周晓云, 王建. 从亲子活动现状谈幼儿教育中的父亲角色定位 [J]. 教育导刊 (下半月), 2014 (1): 4.
[190] 周耀飞. 直面课堂的灵动: 幼儿园团体心理辅导 101 例 [M]. 宁波: 宁波出版社, 2016.
[191] 朱婵媚. 不同攻击情境下内隐攻击性特征的实验研究 [D]. 广州: 华南师范大学, 2007.
[192] 朱婷婷. 3—6 岁幼儿不良行为习惯矫正对策研究分析 [J]. 名师在线, 2017 (5): 1.
[193] 卓子欣. 父母喂养风格对3—6 岁儿童饮食行为影响的实证研究 [D]. 阿拉尔: 塔里木大学, 2021.
[194] BATESON G, JACKSON D D , HALEY J, et al. Toward a theory of schizophrenia [J]. Behavioral science, 1956, 1 (4): 251 -264.
[195] BRONFENBRENNER U. The ecology of human development [M]. Cambridge: Harvard University Press, 1979.
[196] GARLICK D. Understanding the nature of the general factor of intelligence: the role of individual differences in neural plasticity as an explanatory mechanism [J]. Psychological review, 2002, 109 (1): 116 -136.
[197] GOODENOUGH F L . The Measurement of Intelligence by Drawings, 1926.

[198] HARRIS A R. Control apparatus [P]. US, US3091674 A, 1963.
[199] KELLOGG R. Analyzing children's art [J]. Leonardo, 1969, 4 (1): 84.
[200] LUTZ A, SLAGTER H A, DUNNE J D, et al. Attention regulation and monitoring in meditation [J]. Trends in Cognitive Sciences, 2008 (12): 163-169.
[201] MINUCHIN S. Families and family therapy [M]. Cambridge, Mass: Harvard University Press, 1974.
[202] SUN Y, LAMOREAU R, O'CONNELL S, et al. Yoga and mindfulness interventions for preschool-aged children in educational settings: a systematic review [J]. Int J Environ Res Public Health, 2021 (18): 6091.
[203] TINGING Z, HONG Z, HAILAN H, et al. History of winning remodels thalamo-PFC circuit to reinforce social dominance [J]. Science, 2017 (357): 162-168.